教育部高等学校材料类专业教学指导

国家级一流本科专业建设成果教材

土木工程材料系列教材

混凝土材料和 结构的劣化与修复

蒋正武　邢　锋　主编

DETERIORATION AND REPAIR
OF CONCRETE MATERIALS AND STRUCTURES

化学工业出版社

·北京·

内容简介

《混凝土材料和结构的劣化与修复》根据教育部高等学校材料类专业教学指导委员会规划教材建设项目任务要求编写。全书以劣化机理、修复原理与技术、性能评估为主线，构建理论分析、技术应用与工程实践相结合的知识体系。具体内容包括混凝土材料的劣化、混凝土结构的劣化、混凝土修复原理与修复材料、混凝土非结构性裂缝修复、混凝土结构加固、混凝土结构修复与防护、混凝土自修复以及混凝土结构修复体系性能评估。本书系统整合前沿学术理论和工程技术发展水平，反映了行业的新知识和新成果。

本书适合作为高等院校材料科学与工程、土木工程、水利工程、交通工程等专业本科生和研究生教材，也可作为工程技术人员的参考用书。

图书在版编目（CIP）数据

混凝土材料和结构的劣化与修复 / 蒋正武，邢锋主编. -- 北京：化学工业出版社，2025.8. --（教育部高等学校材料类专业教学指导委员会规划教材）.
ISBN 978-7-122-48220-4

Ⅰ. TU528

中国国家版本馆 CIP 数据核字第 2025X8A678 号

责任编辑：陶艳玲　　　　　　文字编辑：张亿鑫
责任校对：王鹏飞　　　　　　装帧设计：史利平

出版发行：化学工业出版社
　　　　　（北京市东城区青年湖南街 13 号　邮政编码 100011）
印　　装：三河市君旺印务有限公司
787mm×1092mm　1/16　印张 16¾　字数 402 千字
2025 年 9 月北京第 1 版第 1 次印刷

购书咨询：010-64518888　　　售后服务：010-64518899
网　　址：http://www.cip.com.cn

土木工程材料系列教材编写委员会

顾　问：唐明述　缪昌文　刘加平　邢　锋
主　任：史才军
副主任（按拼音字母顺序）：
　　　　程　新　崔素萍　高建明　蒋正武　金祖权　钱觉时　沈晓冬　孙道胜
　　　　王发洲　王　晴　余其俊
秘　书：李　凯
委　员：

编号	单位	编委	编号	单位	编委
1	清华大学	魏亚、孔祥明	21	中山大学	赵计辉
2	东南大学	张亚梅、郭丽萍、冉千平、王增梅、冯攀	22	西安交通大学	王剑云、高云
3	同济大学	孙振平、徐玲琳、刘贤萍、陈庆	23	北京交通大学	朋改飞、张艳荣
4	湖南大学	朱德举、李凯、胡翔、郭帅成	24	广西大学	陈正、刘剑辉
5	哈尔滨工业大学	高小建、李学英、杨英姿	25	福州大学	罗素蓉、杨政险、王雪芳
6	浙江大学	闫东明、王海龙、孟涛	26	北京科技大学	刘娟红、刘晓明、刘亚林
7	重庆大学	杨长辉、王冲、杨宏宇、杨凯	27	西南交通大学	李固华、李福海
8	大连理工大学	王宝民、常钧、张婷婷	28	郑州大学	张鹏、杨林
9	华南理工大学	韦江雄、张同生、胡捷、黄浩良	29	西南科技大学	刘来宝、张礼华
10	中南大学	元强、郑克仁、龙广成	30	太原理工大学	阎蕊珍
11	山东大学	葛智、凌一峰	31	广州大学	焦楚杰、李古、马玉玮
12	北京工业大学	王亚丽、刘晓、李悦	32	浙江工业大学	付传清、孔德玉、施韬
13	上海交通大学	刘清风、陈兵	33	昆明理工大学	马倩敏
14	河海大学	蒋林华、储洪强、刘琳	34	兰州交通大学	张戎令
15	武汉理工大学	陈伟、胡传林	35	云南大学	任骏
16	中国矿业大学（北京）	王栋民、刘泽	36	青岛理工大学	张鹏、侯东帅
17	西安建筑科技大学	李辉、宋学锋	37	深圳大学	董必钦、崔宏志、龙武剑
18	南京工业大学	卢都友、马素花、莫立武	38	济南大学	叶正茂、侯鹏坤
19	河北工业大学	慕儒、周健	39	石家庄铁道大学	孔丽娟、孙国文
20	合肥工业大学	詹炳根	40	河南理工大学	管学茂、朱建平

编号	单位	编委	编号	单位	编委
41	长沙理工大学	吕松涛、高英力	56	北京服装学院	张力冉
42	长安大学	李晓光	57	北京城市学院	陈辉
43	兰州理工大学	张云升、乔红霞	58	青海大学	吴成友
44	沈阳建筑大学	戴民、张森、赵宇	59	西北农林科技大学	李黎
45	安徽建筑大学	丁益、王爱国	60	北京建筑大学	宋少民、王琴、李飞
46	吉林建筑大学	肖力光	61	盐城工学院	罗驹华、胡月阳
47	山东建筑大学	徐丽娜、隋玉武	62	湖南工学院	袁龙华
48	湖北工业大学	贺行洋	63	贵州师范大学	杜向琴、陈昌礼
49	苏州科技大学	宋旭艳	64	北方民族大学	傅博
50	宁夏大学	王德志	65	深圳信息职业技术学院	金宇
51	重庆交通大学	梅迎军、郭鹏	66	中国建筑材料科学研究总院	张文生、叶家元
52	天津城建大学	荣辉	67	江苏苏博特新材料股份有限公司	舒鑫、于诚、乔敏
53	内蒙古科技大学	杭美艳	68	上海隧道集团	朱永明
54	华北理工大学	封孝信	69	建华建材（中国）有限公司	李彬彬
55	南京林业大学	张文华	70	北京预制建筑工程研究院有限公司	杨思忠

土木工程材料系列教材清单

序号	教材名称	主编	单位
1	《无机材料科学基础》	史才军 王晴	湖南大学 沈阳建筑大学
2	《土木工程材料》（英文版）	史才军 魏亚	湖南大学 清华大学
3	《现代胶凝材料学》	王发洲	武汉理工大学
4	《混凝土材料学》	刘加平 杨长辉	东南大学 重庆大学
5	《水泥与混凝土制品工艺学》	孙振平 崔素萍	同济大学 北京工业大学
6	《现代水泥基材料测试分析方法》	史才军 元强	湖南大学 中南大学
7	《功能建筑材料》	王冲 陈伟	重庆大学 武汉理工大学
8	《无机材料计算与模拟》	张云升	东南大学 兰州理工大学
9	《混凝土材料和结构的劣化与修复》	蒋正武 邢锋	同济大学 暨南大学
10	《混凝土外加剂》	冉千平 孔祥明	东南大学 清华大学
11	《先进土木工程材料新进展》	史才军	湖南大学
12	《水泥混凝土化学》	沈晓冬	南京工业大学
13	《废弃物资源化与生态建筑材料》	王栋民 李辉	中国矿业大学（北京） 西安建筑科技大学

本书编写人员名单

主　编　蒋正武　同济大学
　　　　　邢　锋　暨南大学

主　审　王培铭　同济大学

各章编写人员

第 1 章　蒋正武　同济大学

第 2 章　高小建　哈尔滨工业大学
　　　　　陈铁锋　哈尔滨工业大学
　　　　　张　鹏　青岛理工大学
　　　　　陈　正　广西大学
　　　　　孔丽娟　石家庄铁道大学

第 3 章　刘清风　上海交通大学
　　　　　蔡渝新　上海交通大学
　　　　　姜　伟　同济大学
　　　　　陈　正　广西大学
　　　　　胡　翔　湖南大学
　　　　　胡　捷　华南理工大学
　　　　　牛艳飞　广州大学
　　　　　孟　涛　浙江大学

第 4 章　梅迎军　重庆交通大学
　　　　　刘斯凤　同济大学

第 5 章　刘斯凤　同济大学
　　　　　任　强　同济大学

第 6 章　陈　庆　同济大学
　　　　　姜　伟　同济大学

第 7 章　胡　捷　华南理工大学
　　　　　黄浩良　华南理工大学
　　　　　刘清风　上海交通大学
　　　　　郭文昊　佛山大学

第 8 章　邢　锋　暨南大学
　　　　　王琰帅　深圳大学
　　　　　房国豪　深圳大学
　　　　　张媛媛　深圳大学
　　　　　董必钦　深圳大学
　　　　　王剑云　西安交通大学
　　　　　徐　晶　同济大学
　　　　　黄浩良　华南理工大学

第 9 章　任　强　同济大学
　　　　　李　晨　同济大学
　　　　　张红恩　同济大学等

土木工程材料是当前使用最为广泛的大宗材料，在国民经济中占据重要地位。随着科学技术的飞速发展，对土木工程材料微观结构与宏观性能的认识不断深入，许多新的方法和理论不断涌现，现有教材的内容已不能反映过去二三十年里土木工程材料的进展和成果，无法满足现在教学和学习的需求。

在此背景下，湖南大学史才军教授发起并组织了土木工程材料系列教材的编写工作，得到了包括清华大学、东南大学、同济大学、重庆大学、武汉理工大学、中南大学、南京工业大学、中国矿业大学（北京）等高校的积极响应和大力支持。系列教材共 13 种，全面覆盖了土木工程材料的知识体系，采用多校联合编写的形式，以充分发挥各高校自身的学科优势和各参编人员的专长，将土木工程材料领域的最新研究成果融入教材之中，编写出反映当前技术发展和应用水平并符合现阶段教学要求的高质量教材。教材在知识结构和逻辑上自成体系，很好地结合了基础知识和学科前沿成果，除了介绍传统材料外，对当今热门的纳米材料、功能材料、计算机模拟、混凝土外加剂、固废资源化利用等前沿知识以及相关工程实例均有涉及，很好地体现了知识的前沿性、全面性和实用性。系列教材包括《无机材料科学基础》《土木工程材料》（英文版）《现代胶凝材料学》《混凝土材料学》《水泥与混凝土制品工艺学》《现代水泥基材料测试分析方法》《功能建筑材料》《无机材料计算与模拟》《混凝土外加剂》《先进土木工程材料新进展》《水泥混凝土化学》《混凝土材料和结构的劣化与修复》和《废弃物资源化与生态建筑材料》。

系列教材内容丰富、立意高远，帮助学生了解国家重大战略需求与前沿研究进展，激发学生学习积极性和主观能动性，提升自主学习效果，具有较高的学术价值与实用意义，对于土木工程材料领域的研究与工程应用技术人员也具有重要的参考价值。

中国工程院院士
2023 年 9 月

前　言

混凝土是目前应用最广泛的人造建筑材料之一，广泛应用于建筑、市政、水工和海洋工程等领域。一般来说，混凝土结构具有良好的长期性能和高耐久性，然而，在实际工程应用中，混凝土结构常因设计不合理、施工缺陷，以及各种环境条件下的物理、化学或生物侵蚀等原因在服役期间发生劣化，有的甚至未达到设计寿命而失效。

从科学角度来看，因不同环境下暴露条件的相互作用，且涉及不同的材料以及结构，使得混凝土结构中钢筋腐蚀和混凝土的劣化非常复杂；从经济角度来看，世界各国每年因混凝土结构的腐蚀或破坏而造成的损失费用相当高，此方面也受到越来越多的关注。研究混凝土材料与结构的劣化与修复，对保证我国混凝土结构工程的长期耐久性与使用寿命具有重要的指导意义。

在此背景下，同济大学和暨南大学等高校的教师共同合作编写了本书。混凝土材料和结构的劣化与修复是一门应用科学，涉及物理化学、结构力学、电化学等多学科知识。本书既可作为高等院校材料科学与工程、土木工程、水利工程、交通工程等专业的本科生、研究生用书，也可作为工程技术人员的参考用书。

本书由同济大学蒋正武和暨南大学邢锋任主编。第 1 章由同济大学蒋正武编写；第 2 章由哈尔滨工业大学高小建和陈铁锋，青岛理工大学张鹏，广西大学陈正，石家庄铁道大学孔丽娟编写；第 3 章由上海交通大学的刘清风和蔡渝新，同济大学姜伟，广西大学陈正，湖南大学胡翔，华南理工大学胡捷，广州大学牛艳飞，浙江大学孟涛编写；第 4 章由重庆交通大学梅迎军，同济大学刘斯凤编写；第 5 章由同济大学刘斯凤和任强编写；第 6 章由同济大学陈庆和姜伟编写；第 7 章由华南理工大学胡捷和黄浩良，上海交通大学刘清风，佛山大学郭文昊编写；第 8 章由暨南大学邢锋，深圳大学王琰帅、房国豪、张媛媛和董必钦，西安交通大学王剑云，同济大学徐晶，华南理工大学黄浩良编写；第 9 章由同济大学任强、李晨和张红恩等编写。全书由蒋正武统稿，邢锋校核，王培铭主审。

混凝土材料和结构的劣化机理复杂，修复方式多样，许多修复原理与技术首次系统性纳入教材内容，编写难度较大。同时，由于编者水平有限，书中难免有疏漏与不足之处，敬请广大读者批评指正。

编者
2025 年 5 月

目 录

第3章　混凝土结构的劣化

第 4 章　混凝土修复原理与修复材料

第5章　混凝土非结构性裂缝修复

第6章 /// 混凝土结构加固

第7章 /// 混凝土结构修复与防护

第8章 | 混凝土自修复

第 9 章 // 混凝土结构修复体系性能评估

第 1 章

绪论

1. 理解混凝土组成、微结构与性能的关系。
2. 掌握修复材料与混凝土结构的相容性与整体性内涵。
3. 理解混凝土材料与结构修复方法论。

　　本章旨在介绍混凝土材料的组成与性能、结构分类及其在土木工程中的应用现状。混凝土作为土木工程中最常用的建筑材料，在建筑、桥梁、隧道、水利等基础设施中得到广泛应用。然而，在服役过程中，混凝土结构不可避免地受到环境、荷载等多种因素的影响，导致性能退化甚至失效。因此，深入了解混凝土材料的组成与微观结构，掌握其力学、变形及耐久性能，对提升混凝土结构的长期服役性能及设计寿命具有重要意义。本章从混凝土材料的基础理论出发，系统阐述其组成、微观结构、典型性能指标及其在实际工程中的应用，旨在为读者提供混凝土劣化与修复研究的理论基础。同时，本章还综述了国内外混凝土材料与结构耐久性研究的现状及发展趋势，揭示了不同劣化类型对混凝土性能的影响及其修复对策，为后续章节深入探讨混凝土材料劣化机理及修复技术奠定基础。

1.1 概述

　　混凝土劣化与修复是一门应用科学与技术。混凝土结构工程从建设到其服役全寿命期间，都需要合适的防护与修复。从科学角度来看，混凝土修复过程涉及混凝土劣化机理、检测与成因分析、修复方法与技术、修复材料选择以及修复前后效果评估等多方面的专业理论知识。从工程角度来看，混凝土修复是将专业理论与方法应用到实际工程实践中的应用科学技术。

　　要正确理解混凝土材料与结构的劣化、防护与修复等过程，需首先了解混凝土材料、混凝土结构、混凝土微结构等相关学科术语及其定义。混凝土材料是以水泥作为主要胶凝材料，与砂、骨料、外加剂及其他组分等经水泥水化胶结形成的非均相复合材料；混凝土构件主要是用混凝土材料制成的部件；而混凝土结构是由混凝土基本单元或构件构成的建筑物和构筑物的受力骨架体系。材料、构件与结构三者是相互关联，也是相互区别的，尤其在研究尺度、研究对象及研究部位等方面存在差别。混凝土微结构是指混凝土在细观、微观及纳观等不同尺度下材料组成及结构，又称混凝土微观结构。

　　混凝土材料劣化是指其在外部环境因素的作用下，其微结构、物理性能或化学性能发生变化，导致性能退化，甚至失效。混凝土结构劣化是指其在外部环境因素的物理化学作用下，混凝土材料的性能退化导致裂缝产生、性能退化或承载力下降，甚至破坏。对混凝土结构而言，劣化也称为损伤。

混凝土修复指增强、替换或恢复混凝土结构中受到损害或存在缺陷的材料、组分或单元，确保其使用功能或承载力安全性。混凝土防护是指维持混凝土结构处在正常或恢复原有的条件下，以尽量减少未来潜在的危害所采取的预防性技术。修复体系是指来进行修复的材料、技术或其他组分的集成。混凝土的耐久修复是指修复后的混凝土在它的预计设计寿命中表现出所期望的安全性与作用。

从是否涉及广义的结构承载力角度来看，混凝土修复分为混凝土结构性修复与非结构性修复。混凝土结构性修复指使弱化的构件或单元恢复到原有的设计能力或指增强混凝土结构中的构件，使得结构承载力得到提升或恢复，又称混凝土加固；混凝土非结构性修复是指提高或改变混凝土结构或构件一种或多种性能而进行功能性修复或防护，不涉及结构承载力的改变，又称混凝土修复。

混凝土修复应从整体论进行全面考虑，不仅应考虑混凝土修复材料的性能，更重要的是应考虑修复材料与混凝土结构的相容性与系统性以及修复后混凝土结构的耐久性。

1.2 混凝土材料的组成、微结构与性能

1.2.1 混凝土材料组成与微结构

混凝土由胶凝材料（水泥与矿物掺合料）、骨料、水及化学外加剂等组成，通过胶凝材料水化或固化黏结而形成具有堆聚结构的材料。混凝土材料的组成决定了混凝土不同尺度的微结构。一般，混凝土典型微结构形貌如图 1-1 所示。

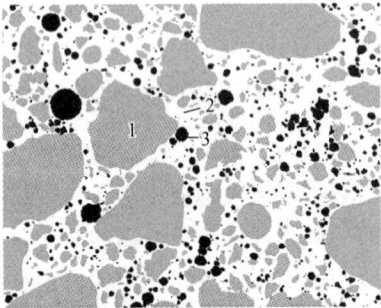

图 1-1　混凝土微结构
1—骨料；2—胶凝材料浆体；3—孔

混凝土材料结构层次可划分成纳观、亚微观、微观、介观（细观）、宏观等不同尺度。一般，纳观尺度是在 1nm 以下观察到的 C-S-H 凝胶或晶体分子尺度结构及凝胶孔特征；亚微观尺度是在 >1~100nm 下观察到的 C-S-H 凝胶和毛细孔特征；微观尺度是指 >100nm~100μm 下观察到的 C-S-H 凝胶、氢氧化钙等水化产物以及未水化熟料颗粒特征；介观尺度指 >100μm~<1mm 观察到的硬化水泥浆、砂、粗骨料、裂缝等形貌；宏观尺度是指 1mm 以上观察到的结构形貌。关于混凝土材料的结构尺度划分，不同学者提出了不同的尺寸界限，不同尺度的结构特征决定了混凝土性能[1]。一般，混凝土材料的多尺度结构划分如图 1-2 所示。

1.2.2 混凝土性能

混凝土性能一般包括和易性、力学性能、变形性能和耐久性等。

宏观 结构 10^{-1}m		钢筋混凝土结构
介观 混凝土 10^{-4}m<尺 度<10^{-3}m		砂浆 粗骨料 界面过渡区
介观 砂浆 10^{-4}m<尺 度<10^{-3}m		硬化水泥浆 砂界面过渡区
微观 硬化水泥浆 10^{-6}m		C-S-H基体 氢氧化钙 未水化熟料颗粒
亚微观 C-S-H基体、 毛细孔 10^{-8}m		C-S-H凝胶 毛细孔
纳观 C-S-H凝胶 10^{-9}m		C-S-H凝胶 凝胶孔

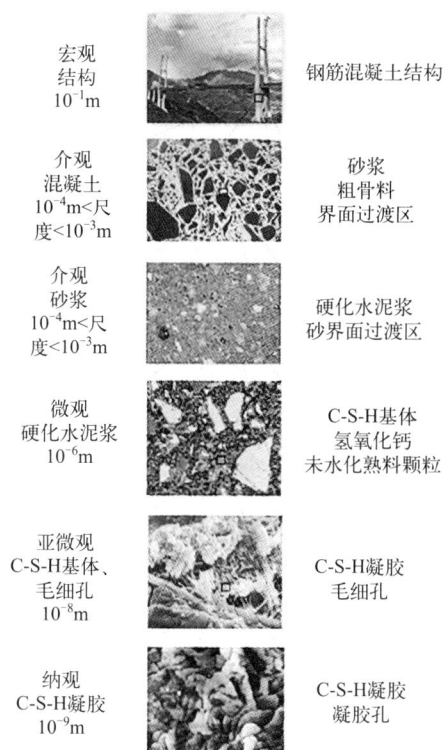

图 1-2　混凝土材料多尺度结构划分
（C-S-H 凝胶是硅酸盐水泥水化的主要产物，呈非晶态或低结晶度的胶体状物质；
C-S-H 基体是水泥浆体中由 C-S-H 凝胶主导的连续相，是微观到介观尺度上的"胶凝骨架"）

（1）和易性

和易性又称工作性，是指混凝土拌合物易于操作（拌合、运输、浇筑、振捣、密实），并获得内部结构密实、质量均匀的结构体的性能。混凝土拌合物的和易性是一项综合的技术性质，包括流动性、黏聚性和保水性三个方面。

流动性是指混凝土拌合物在自重或外部力的作用下能流动，并均匀填满模板的性能。黏聚性是指混凝土拌合物在施工过程中其组成材料之间具有一定的黏聚力，不致产生分层和离析的性能。保水性是指混凝土拌合物在停放和施工过程中，内部水分保持不致严重泌出（即泌水）的性能。

（2）力学性能

力学性能是指混凝土抵抗荷载大小的能力，通常有强度、脆性、韧性等技术指标。强度是混凝土硬化后的主要力学性能，反映混凝土抵抗荷载的量化能力。混凝土强度包括抗压、抗拉、抗剪、抗弯、抗折及握裹强度。其中，抗压强度最大，抗拉强度最小。通常根据 28 天龄期混凝土抗压强度标准值将混凝土材料划分成不同的强度等级，如 C10、C15、C20、C25、C30、C40、C50、C60 等。工程中通常采用混凝土抗压强度等级作为首要设计因素。

混凝土是一种准脆性材料，抗拉性能弱。混凝土的抗拉强度与抗压强度的比值称为拉压比，是反映混凝土脆性大小的简易指标，一般在 1/10～1/5 之间。强度更高的混凝土往往具有更小的拉压比。不论何种混凝土结构，混凝土材料本身的抗拉强度对结构抗开裂性具有重要的意义。降低混凝土的脆性，尤其是高强混凝土的脆性，仍然是混凝土材料研究方向之一。

断裂韧性是表征混凝土材料阻止裂纹扩展的能力，是度量混凝土材料韧性好坏的一个定量指标。混凝土断裂韧性是混凝土试件或构件中有裂纹或类裂纹缺陷情形下发生以其为起点的不再随着载荷增加而快速断裂，即发生所谓不稳定断裂时，材料显示的阻抗值。在加载速度和温度一定的条件下，对混凝土材料而言，它是一个常数，它和裂纹本身的大小、形状及外加应力大小无关，是混凝土材料固有的特性，只与材料本身及加工工艺有关。当裂纹尺寸一定时，混凝土材料的断裂韧性值愈大，其裂纹失稳扩展所需的临界应力就愈大；当给定外力时，若混凝土材料的断裂韧性值愈大，其裂纹达到失稳扩展时的临界尺寸就愈大。它是应力强度因子的临界值，常用断裂前物体吸收的能量或外界对物体所做的功表示，如应力-应变曲线下的面积。混凝土作为准脆性材料，一般断裂韧性较小。

（3）变形性能

变形性能是指混凝土在荷载或环境作用下其自身收缩或膨胀变形能力，有时也称体积稳定性。在实际应用中，混凝土的收缩和膨胀变形都受到不同程度的外部和内部约束。混凝土体积变形若受到约束，往往就会开裂，从而影响混凝土的抗渗性和耐久性，因此，混凝土变形稳定性是其耐久性的基础。

混凝土的变形包括非荷载作用下的变形和荷载作用下的变形。非荷载作用下的变形有化学收缩、干湿变形及温度变形等。荷载作用下变形包括受荷变形和徐变等，根据变形特点可以分为弹性变形和塑性变形等。

（4）耐久性

混凝土耐久性是指混凝土材料抵抗自身和服役环境双重因素长期破坏作用而保持强度、外观完整性和适用性的能力。通常包括抗渗性、抗冻性、抗侵蚀性、抗碳化、抗碱-骨料反应等性能。影响混凝土耐久性的因素很多，混凝土耐久性与混凝土材料组成、结构特征及服役环境等密切相关。

1.2.3 混凝土结构

（1）混凝土结构分类

混凝土经现场浇筑成型或预制拼装成型形成混凝土结构。按是否配置钢筋以及是否对混凝土施加预压应力，混凝土结构分为素混凝土结构、钢筋混凝土结构和预应力（先张法、后张法）钢筋混凝土结构三大类。

图1-3 素混凝土结构（胡佛大坝）

素混凝土结构是指无筋或不配置受力钢筋的混凝土结构。其主要用于承受压力而不承受拉力的构件，如重力堤坝（图1-3）、重力式挡土墙、地坪、路面等。

钢筋混凝土结构是指配置受力的钢筋、钢筋网或钢筋骨架的混凝土结构。其广泛应用于土木（图1-4）、水利和交通等领域的工程，同时应用于原子能工程和机械工程的一些特殊场合，如反应堆压力容器、大吨位水压机机架等。

预应力混凝土结构是指由配置受力的预应力钢筋、通过张拉或其他方法施加预应力的混凝土结构。其应用范围从桥梁（图 1-5）与工业建筑发展到民用建筑、地下建筑、海港码头、水利水电工程等领域，成为高层、大跨度、大空间、重载、特种结构中不可缺少的结构形式之一。

（2）混凝土结构特点

与其他材料的结构相比，混凝土结构的优点体现在以下几个方面：整体性好，可浇筑成一个整体；可模性好，可浇筑成各种形状和尺寸的结构；耐久性和耐火性好；工程造价和维护费用低。

混凝土结构的缺点体现在以下几个方面：混凝土抗拉强度偏低；结构自重比钢、木结构大；室外施工受气候和季节的限制；新旧混凝土不易连接，增加了补强修复的困难；此外，混凝土结构施工工序复杂，周期较大。

素混凝土结构一般在以受压为主的结构构件中采用，如柱墩、基础墙等。当构件的配筋率小于钢筋混凝土中纵向受力钢筋最小配筋百分率时，也应视为素混凝土结构。

图 1-4　钢筋混凝土大楼（哈利法塔）

图 1-5　预应力混凝土结构（贵州平塘特大桥）

钢筋混凝土结构在混凝土中合理配置钢筋，使混凝土和钢筋自身材料的强度得到充分的发挥，可形成承载力较高、刚度较大的钢筋混凝土结构或构件。钢筋和混凝土这种物理、力学性能很不相同的材料之所以能有效地结合在一起共同工作，主要靠二者之间存在黏结力，受荷后协调变形。再者，这两种材料温度线膨胀系数接近，此外，钢筋至混凝土边缘之间的混凝土，作为钢筋的保护层，使钢筋不易锈蚀并提高构件的防火性能。由于钢筋混凝土结构合理地利用了钢筋和混凝土二者性能特点，其在建筑结构及其他土木工程中得到广泛应用。

钢筋混凝土结构的优点如下所述。

① 耐久性好。与钢结构相比，钢筋混凝土结构具有较好的耐久性，它不需要经常保养与维护。在钢筋混凝土结构中，钢筋被混凝土包裹而不易锈蚀，另外，混凝土的强度一般还会随时间增长而略有提高，故钢筋混凝土有较好的耐久性。

② 耐火性好。相对钢结构和木结构而言，钢筋混凝土结构具有较好的耐火性。在钢筋混凝土结构中，钢筋由于包裹在混凝土里面而受到保护，火灾发生时钢筋不至于很快达到流塑状态而使结构整体破坏。

③ 整体性好。相对砌体结构而言，钢筋混凝土结构具有较好的整体性，适用于抗震、抗爆结构。另外，钢筋混凝土结构刚性较好，受力后变形小。

预应力混凝土结构，是通过人为方式引入某一数值的反向荷载用以部分或全部抵消使用荷载的一种加筋混凝土。在混凝土结构构件承受荷载之前，张拉配在混凝土中的高强度预应力钢筋而使混凝土受到挤压，所产生的预压应力可以抵消外荷载所引起的大部分或全部拉应力，也就提高了结构构件的抗裂度。预应力的存在使得预应力钢筋混凝土构件由脆性材料转变为弹性材料。在通常情况下，由于预压力的存在，构件在使用过程中一般不出现裂缝，甚至不会出现拉应力，在这种情况下混凝土的应力、应变、挠度等均可按弹性材料的计算公式计算。

与普通钢筋混凝土结构相比，预应力混凝土结构有许多优点，其优点如下所述。

① 更高的结构刚度、抗扭及抗剪性能。在受弯构件中，采用预应力混凝土结构可以减少构件的挠度，延缓结构裂缝开展，并降低较高荷载水平时的裂缝宽度。在受剪构件中，预应力可以增加截面剪压区面积，延缓截面斜裂缝的产生，提高构件的抗剪承载力。

② 更高的结构抗裂及抗渗性能。采用预应力混凝土结构可以减少结构裂缝数量并降低裂缝宽度，提高结构耐久性。

③ 节约建筑材料、减轻结构自重、降低工程造价。预应力混凝土结构可以充分利用高强度的钢筋和混凝土，使得混凝土和钢筋各自的特性得到发挥。与钢筋混凝土结构相比，一般可节省钢材 30%~40%。

④ 更高的抗疲劳性能。预应力筋经过张拉后，初始应力达到其抗拉强度的 70%~80%，在使用荷载下预应力筋的应力增加很小，变化幅度一般小于 10%，相应的疲劳应力变化幅度变小，同时由于预应力混凝土中裂缝较少，从而提高了结构的抗疲劳性能。

1.3 典型混凝土的工程应用

自水泥发明以来的两百年间，混凝土在性能、施工工艺与功能等方面发生了根本性变革，从单一结构材料向结构-功能材料一体化发展。目前，已开发出不同类型、不同功能的混凝土，如高强混凝土、高性能混凝土、自密实混凝土等，并已广泛应用于建筑、市政、桥梁、水工、海工、隧道、铁路等各类土木工程中。

1.3.1 高强混凝土工程应用

世界上最早大量应用高强混凝土的工程是马来西亚吉隆坡高层建筑 PETRONAS Twin Towers，[石油双塔，图 1-6（a）]为钢筋混凝土结构，底层受压构件采用 C80 高强混凝土浇筑。在钢-混凝土组合结构高层建筑中，美国西雅图的 Two Union Square[双联广场，图 1-6（b）]的部分结构所用的混凝土强度等级达到 C130。

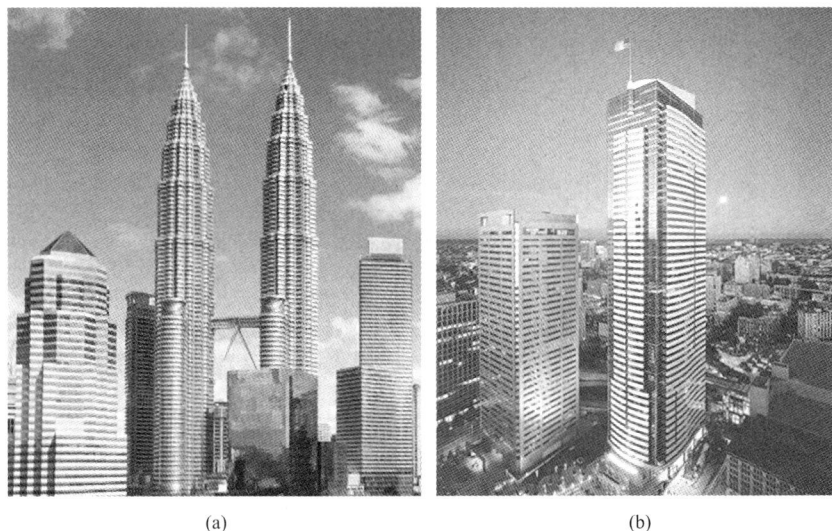

(a)   (b)

图 1-6　石油双塔（a）和双联广场（b）

此外，高强混凝土还广泛应用于大跨度桥梁。我国早在 1980 年前后，铁路部门就在铁道部科学研究院系统研究的基础上，在湘桂铁路复线的来宾红水河斜拉桥（图 1-7）预应力箱梁中使用了高强混凝土（C60），这是我国早期采用泵送高强混凝土施工的工程。

图 1-7　来宾红水河斜拉桥

1.3.2 高性能混凝土工程应用

高性能混凝土是指其安全使用设计寿命远远高于常规混凝土（《建筑结构可靠性设计统一标准》中一级建筑设计寿命只有 50 年）的一类混凝土，其设计使用寿命达 100 年乃至 200

年。日本兴建的明石海峡大桥（图1-8），安全使用设计寿命为100年。连接英法两国英吉利海峡隧道中使用的高性能混凝土，耐久性要求达到200年。

图1-8　明石海峡大桥

作为上海国际航运中心深水港工程重要组成之一的东海大桥，是我国自主建造的第一座跨海大桥，全长32.5公里，在国内首次采用100年设计基准期。世界总体跨度最长、钢结构桥体最长、海底沉管隧道最长的跨海大桥——港珠澳大桥（图1-9）集桥梁、隧道和人工岛于一体，全长55公里，设计使用寿命120年，打破了世界上同类型桥梁的"百年惯例"。世界上最大的水利发电工程——三峡大坝，全长2309m，坝高185m，设计使用年限考虑200年以上。

图1-9　港珠澳大桥

高性能混凝土的另一个重大工程应用实例是杭州湾跨海大桥（图1-10）。杭州湾跨海大桥全长36km，北起嘉兴海盐，南止宁波慈溪，设计使用寿命为100年。

除了上述工程外，我国许多重点工程，如全国各地的隧道、高速铁路和城际快速铁路混凝土都采用高性能混凝土。

图 1-10 杭州湾跨海大桥

1.3.3 自密实混凝土工程应用

自密实混凝土技术作为超高层建筑关键施工技术之一，也是制约超高层建筑发展的难题。20 世纪 80 年代末以前，我国超高泵送施工主要采用接力泵输送的施工方法。80 年代以后，我国超高泵送施工主要采用一泵到顶的混凝土输送方法。1988 年，上海商城工程混凝土施工时一次性将混凝土泵送到 168m 的实体高度；1994 年，东方明珠电视塔工程混凝土施工时一次性将 C40 混凝土泵送到 350m 的实体高度，创造了我国当时一次连续泵送混凝土高度纪录；1997 年，金茂大厦混凝土工程施工一次性将 C40 混凝土泵送到 382.5m 的实体高度，创造了当时混凝土一次泵送高度的世界纪录。2000 年后，上海环球金融中心工程将 C60 混凝土一次泵送至 290m 的实体高度，将 C40 混凝土一次泵送到 492m 实体高度，验证性地将 C80 混凝土一次泵送到 492m 高度，刷新了国内混凝土一次泵送高度纪录。

上海中心大厦（见图 1-11）位于陆家嘴金融贸易区中心，是一座集办公、商业、酒店、观光于一体的摩天大楼，大楼总建筑面积约 $5.8 \times 10^5 \text{m}^2$，地下 5 层，地上 127 层，高 632m，为中国第一、世界第二高楼。混凝土结构施工时，不同高度采用不同强度等级的混凝土，核心筒全部采用 C60 混凝土浇筑，巨型柱混凝土 37 层以下为 C70，37～83 层为 C60，83 层以上为 C50，楼板混凝土强度等级为 C35。2012 年起，核心筒混凝土实体最高泵送高度达 582m，楼板混凝土泵送高度达 610m，成功将 C60 混凝土一次泵送至 582m 的实体高度、C45 混凝土一次泵送至 606m 的实体高度、C35 混凝土一次泵送至 610m 的实体高度，创造了多项混凝土一次连续泵送高度世界纪录。

图 1-11 上海中心大厦

机制砂自密实混凝土是采用机制砂作为细骨料配制而成的自密实混凝土。北盘江大桥（图1-12），是中国境内一座连接云南省曲靖市宣威市普立乡与贵州省六盘水市水城区都格镇的特大桥，全长1341.4m，贵州侧和云南侧桥塔高度分别为269m和247m，桥面至江面垂直距离为565m，桥塔顶部至江面垂直距离为740m。北盘江大桥地处高原边界深山地区，跨越河谷深切600m的北盘江"U"形大峡谷，地势十分险峻，地质条件非常复杂。当地地质灾害频发，风、雾、雨、凝冻等恶劣的自然气候环境，给大型桥梁的抗风、冻雨条件下的结构安全和运营带来严峻考验。在北盘江大桥建设中，从灌注桩、承台、桥台、桥墩到索塔等系列结构，均采用机制砂自密实混凝土，既节省了施工工期，也保证了工程施工质量。

图1-12　北盘江大桥

1.4　混凝土材料与结构耐久性现状

国内外统计资料表明，由混凝土结构的耐久性危害而导致的破坏是巨大的。国外混凝土结构因建设早，耐久性破坏已显现出来，目前更加突出。

近些年，国外已公布大量工程耐久性现状的调查数据。20世纪30年代建造的美国俄勒冈州Alsea海湾上的多拱大桥，施工质量很好，但因早期混凝土的水灰比太大，大量氯离子侵入混凝土，导致钢筋严重锈蚀，引起结构损坏。1984年，美国州际公路网56万座桥梁中，一半以上出现钢筋锈蚀，处于严重失效有9万多座，损失率达16%，美国1998年因钢筋锈蚀而花费的桥梁修复费用为1550亿美元。英国英格兰岛中部环形线的快车道上有11座混凝土高架桥，建于1972年，建造费仅为2800万英镑，建成2年后就出现钢筋锈蚀造成的混凝土顺筋裂缝现象。1974—1989年15年间，其修复费用已高达4500万英镑，为初始造价的1.6倍，每年英国用于修复钢筋混凝土结构的费用达200亿英镑。1962—1964年，挪威对大约700座混凝土结构作了耐久性调查，当时已使用20～50年的占2/3，在浪溅区，混凝土立柱显示破损的断面损失率大于30%的占14%，断面损失率为10%～30%的占24%，板和梁钢筋锈蚀引起严重破损的占20%。澳大利亚Sharp对62座海岸混凝土结构进行调查，发现海岸混凝土结构的耐久性问题都与浪溅区的钢筋异常严重的腐蚀有关。在日本大约有21.4%的钢筋混凝土结构损坏实例是钢筋锈蚀引起的，如果再加上混凝土碳化引起的混凝土结构破坏则所占的比例更高。

因混凝土结构耐久性劣化而导致结构破坏更是逐年增多。2007 年 8 月 1 日，美国明尼苏达州明尼阿波利斯市州际公路Ⅰ-35W 大桥在交通高峰时段瞬间坍塌（图 1-13），约 50 辆汽车坠入密西西比河，事故死亡人数为 13 人，伤者 70 多人[2]。

图 1-13　坍塌的美国明尼苏达州州际公路Ⅰ-35W 大桥

2021 年 6 月 24 日，美国东南部佛罗里达州迈阿密-戴德县的一栋 12 层公寓楼发生局部坍塌（图 1-14）[3]。倒塌的 136 套单元的南座、111 套单元的北座分别在 1981、1982年建成。而公寓楼倒塌前，正在接受 40 年的建筑安全认证，并已着手准备大规模针对生锈钢筋和受损混凝土的维修，但维修还没开始，大楼就倒塌了。而就在"尚普兰塔"公寓倒塌前的 36 小时，公寓地下车库的地面满是积水，混凝土开裂、钢筋已被严重腐蚀。

图 1-14　倒塌的迈阿密-戴德县公寓楼

经调查表明，常年的海水浸泡，海水渗入建筑底层立柱的孔隙，引起钢筋锈蚀与混凝土的剥落，进而开裂和破碎。因此，大楼结构垮塌的直接原因已经很清楚，只要一根支柱有混凝土崩裂，当它被破坏时，产生"多米诺骨牌效应"般的连锁反应，令整栋建筑物倒塌。根据40年前的建筑标准所用的混凝土材料，并未充分考虑海水腐蚀的影响，所以造成了实实在在的混凝土结构长期安全风险。

国外大量的混凝土结构耐久性破坏案例与统计数据表明，混凝土结构耐久性造成的经济损失远远超出了人们的想象。有学者用"五倍定律"形象地说明耐久性的重要性，特别是设计对耐久性问题的重要性。设计时发现，新建项目在钢筋防护方面，每节省1美元，则钢筋锈蚀时采取措施多追加5美元，混凝土开裂时多追加维护费用25美元，严重破坏时多追加维护费用125美元。

我国目前仍处于基础设施全面建设时期，现在我国在建的一些重大混凝土工程，如大坝、跨海大桥、桥梁、公路、港口、机场、隧道、高层建筑等投资巨大，这些工程若因混凝土耐久性引起结构劣化破坏，修复难度大，经济损失将是巨大的。

近几十年来，我国公共基础设施建设迅猛发展。但同时，我国混凝土结构耐久性破坏问题也逐渐显现出来，且日益严重。很多混凝土结构工程因各种劣化原因，可能会相继发生混凝土结构开裂、剥落、钢筋锈蚀，甚至坍塌事故。

在我国沿海地区，使用7~25年的桥梁，有89%出现钢筋锈蚀问题，连云港某桥梁使用不到3年、宁波某桥梁使用不到10年，就出现了梁柱顺筋开裂的现象。原交通部有关单位曾对华南华东地区27座海港混凝土结构进行了调查，发现其中因钢筋锈蚀导致的结构破坏占74%；原交通部第四航务工程局下属科研所曾对华南18座码头调查，调查结果表明，80%以上的码头发生了严重或较严重的钢筋锈蚀破坏，出现锈蚀破坏的时间有的仅为建设期后5~10年[4]。

我国桥梁耐久性劣化更加严重。由于交通量与日俱增，车辆载重不断提升，加上缺乏例行维修，桥梁多处于带病超负荷的工作状态，因而进一步加快其损坏速度。"十三五"期间，全国共投入改造资金589亿元，改造危桥2.8万座。

图1-15 虎门大桥发生异常抖动时的现场

2020年5月5日下午，虎门大桥发生异常抖动（图1-15）[5]。莞佛高速虎门大桥段是位于珠江口核心区域的一条重要的过江通道。虎门大桥于1997年6月9日正式通车。自通车起，虎门大桥日均车流量持续增加，同时，虎门大桥修复加固次数高达21次。

经过调查发现，此次虎门大桥发生异常抖动的原因主要有以下几点。

① 桥梁耐久性问题。主缆中跨位置附近主缆顶、底面腐蚀较严重；入东锚口处位置附近主缆两侧腐蚀较严重；中跨和入东锚口处主缆位置均有3~4层腐蚀较严重的钢丝，继续往主缆中心腐蚀较轻；上游侧38号吊索钢丝绳断裂，发生于钢箱梁内侧锚头处，旧索从内而外发生锈蚀。已拆除吊索又发现多根出现锈蚀。箱梁内横隔板、U肋与顶板间的疲劳裂纹的数量每年均有不同程度的增加。悬索桥桥面板发生腐蚀：2019年11月检测发现，东行慢车道（全长888m），缺陷长度45.7m，数量196处；西行慢车道（长442m），缺陷长度14.4m，

数量 79 处。主塔塔壁内外侧存在裂缝；主塔顶（索鞍底部位置）外墙网裂；塔壁内侧锈胀、露筋（基础稳定）。锚碇外墙存在大量裂缝（锚碇稳定）。

② 主梁断面气动特性。工字型钢使风在主梁处形成涡旋；"水马"的设置造成桥面上部也形成风旋涡放大涡激振动的振幅。

③ 气象条件。虎门大桥发生抖动时风向垂直于桥中轴方向；恒定风速 6.5～11m/s；持续时间大于 30 分钟。持续长时间稳定的、特定的风速区间，稳定风向的气象条件易诱发涡振。

大量事实已经表明，我国已有为数不少的混凝土结构工程，在远低于设计寿命期内就发生严重破坏，面临已建工程过早劣化的巨大压力。我国正处于基础建设高峰期，特别应注意吸取西方国家的经验教训，提高重大混凝土工程的耐久性，延长使用寿命。

因此，如何防止混凝土结构耐久性的劣化，如何对既有混凝土结构进行有效、耐久的修复、维护与防护，不仅对提高混凝土结构的安全性起至关重要的作用，而且对延长混凝土结构耐久性与使用寿命也是必不可少的。

1.5 混凝土材料与结构修复方法论

混凝土修复是一门应用科学与技术。

1.5.1 整体方法论

所谓整体论的方法论（整体方法论），就是一种从事物整体上把握事物本质和发展规律的方法，是运用整体论分析事物发展规律的方法。对整体方法论，应避免两个理解误区：一是整体并非一定大于部分之和，整体性不是部分诸属性的简单加和或集总，而是它们的整合效应，这一整合常常会伴随对部分属性的屏蔽与放大作用；二是整体方法论并非对还原方法论的根本超越，而是扬弃与综合。

混凝土是一种复杂的、非均质的多相复合材料系统，从水泥浆体、混凝土，到钢筋混凝土构件与结构的性能都不能用其中单个组分行为的简单叠加来表征。混凝土的性能及其影响因素也应用整体方法论来分析。一个简单的混凝土修复体系也包括混凝土修复相、过渡区与基层混凝土等部分，因此，采用整体方法论分析、设计混凝土修复可有效认识复杂环境对混凝土的劣化破坏机理，影响修复的因素等，可避免采用还原论导致的"只见树木不见森林"的现象。

1.5.2 基于整体方法论的混凝土修复

耐久的混凝土修复不仅要考虑外部环境的影响，还应考虑基层混凝土内部环境的变化，以及它们之间可能的相互影响。耐久的混凝土修复必须具备以下几个基本条件[6]。

① 修复材料的高耐久性。
② 消除混凝土劣化的本因。
③ 修复材料与混凝土结构的良好相容性。
④ 修复后混凝土结构的整体性与长期耐久性。

典型的混凝土修复体系示意图如图 1-16 所示。从整体方法论来看，混凝土修复体系是一个三相复合系统，如图 1-17 所示。这种修复体系的特性和耐久性受这三相特性［既有混凝土、修复相和它们之间的界面段（过渡区域）］的控制。典型的混凝土修复体系的破坏模型可归纳为如图 1-18 所示的三种类型。

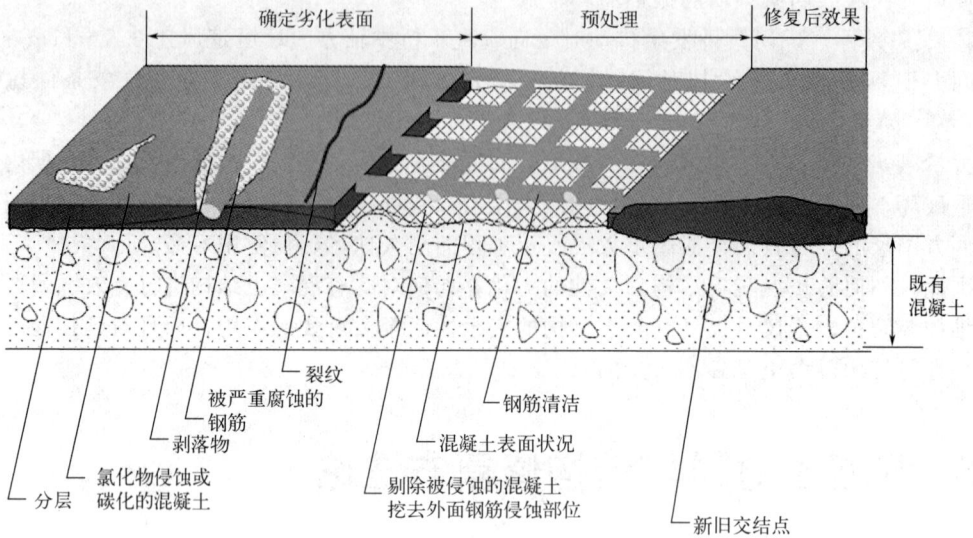

图 1-16　混凝土修复体系

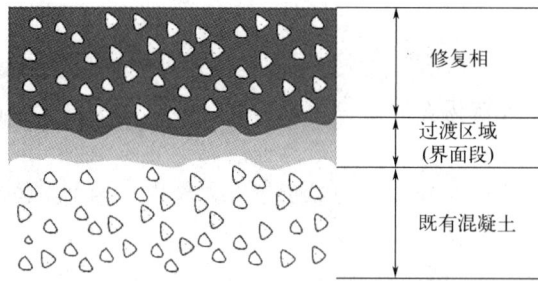

图 1-17　混凝土修复的三相复合系统

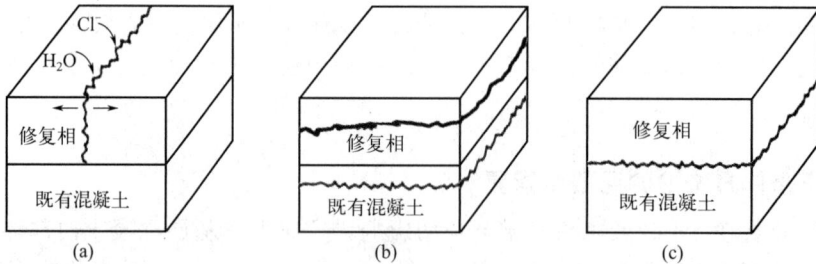

图 1-18　典型的混凝土修复体系的破坏模型
（a）修复材料内的横向开裂；（b）既有混凝土或修复相中纵向开裂；（c）黏结界面层的纵向开裂

　　在任何混凝土修复体系耐久性的检测中，区别两种基本的耐久性是重要的。首先，耐久的修复相的效果；其次，耐久的修复后的整体结构的效果。

　　无法形成耐久的混凝土修复体系的根本原因是人们往往过于信赖仅仅在修复相上的修复

工作，而忽略了整体结构性能上修复的影响，忽视了系统概念。

耐久的混凝土修复应采用整体方法论进行设计与实施。混凝土修复目的是使修复的混凝土结构预期的使用性能更耐久。混凝土修复根本目标不是仅产生良好的修复相，而是良好地修复混凝土结构。

混凝土修复是一个复杂的系统。因此，在混凝土修复的过程中，应充分考虑混凝土修复体系中各项子系统的目的及其相互作用。

从整体方法论出发，耐久的混凝土修复应考虑以下因素。

（1）修复材料与既有混凝土的相容性

修复体系中的相容性可以被定义为物理化学性能、电化学性质的平衡，以及修复材料和既有混凝土结构的尺寸相容性，保证修复后混凝土结构能承受荷载、体积的变化和化学侵蚀，且电化学性质保持稳定。

修复体系的各相之间体积变化的相容性是防止修复层开裂的重要基础，主要包括弹性模量、热膨胀系数、力学性能等方面的相容性。比如，当修复体系相邻相的体积变化受到约束，便会产生拉应力，当其超过修复体系的抗拉强度时，将导致修复的混凝土结构的开裂。

（2）修复相的渗透性

渗透性对混凝土材料的耐久性是十分关键的。修复体系不是复合材料而是材料的复合系统的观点常被忽略。相比于修复材料自身的抗渗性，修复中产生的裂缝或脱粘等缺陷对修复效果影响更显著；起始于修复表面的与宽裂纹相连的微裂纹在降低渗透性和耐久性方面比修复材料本身起更重要的作用。因此，在表面可见的裂纹与不可见的微裂纹相互搭接之前，修复材料的渗透性可以忽略不计。

裂缝对于水泥基材料的耐久性有很大的影响，因此，应尽可能地减少修复材料自身及其与既有混凝土界面间的裂缝。

（3）外部环境

混凝土修复设计首先应了解混凝土结构处于何种环境以及在这种环境下混凝土内部发生的过程及变化。在修复体系中，内部环境是一个动态目标——外部传递机制因内部传递机制的存在而不断变化。含有盐的水会由于温度和压力梯度而传递。只要存在浓度差，溶质便可以通过扩散在含水的混凝土中运动。混凝土结构内外部环境以及它们的相互作用，逐渐成为影响混凝土劣化破坏的主要因素。

（4）修复体系的设计

对于修复体系，首先应了解其子系统和其他各项（既有钢筋混凝土、过渡区域、修复材料）基本情况。合理的设计是良好的混凝土修复的关键，必须充分认识到修复工程和新建工程之间存在着根本的差别，这些差别主要表现在以下方面。

新建的、质量良好的混凝土结构可在设计使用寿命内对钢筋进行保护。受腐蚀破坏的混凝土结构修复主要抑制腐蚀或把腐蚀降低到最低程度。钢筋和混凝土之间界面的情况在新建结构和修复结构中是不同的，在高质量新建结构中，连续钢筋和混凝土有一致的黏结；在修复结构中，混凝土清除操作使得修复边缘处的黏结削弱，因此，钢筋和混凝土之间的黏结是耐久性修复工程的一项重要内容。

修复体系中分层和开裂的风险明显高于新建结构。基底对修复材料收缩的限制作用可能导致开裂，最终导致钢筋的腐蚀，采用具有较低收缩、徐变和弹性模量的修复材料，可以降低开裂风险。

新建钢筋混凝土和修复混凝土结构具有不同的电化学特征。在新建结构中，开始整个钢筋基本上处于统一的环境条件。在修复后结构中，电连通的钢筋系统可能同时存在于不同环境条件。新建钢筋混凝土结构和修复混凝土结构有不同的电化学相容性，因此必须有不同的保护策略。

（5）混凝土修复技术与材料

选择正确的混凝土修复技术是良好的混凝土修复基础。混凝土修复技术的选择应遵循以下基本原则与步骤。

为客观地评价混凝土结构的劣化破坏，必须确定什么原因引起的破坏。这些破坏的原因可能是机械磨损作用、空蚀或水力作用引起的侵蚀、溶蚀、冻融、氯盐侵蚀、化学侵蚀、预埋金属的锈蚀等。

不论是何种原因造成混凝土结构劣化破坏，关键是确定破坏程度。在此基础上，选择合适的修复技术与材料。如果是一般暴露环境条件的混凝土破坏，则采用高性能混凝土进行更新可确保耐久性；而如果高性能混凝土被破坏，原因可能更复杂，需要进行更深入的检测与分析，或改变暴露环境条件。

钢筋锈蚀引起的膨胀劣化需要更为详细的研究，简单地更换劣化的混凝土与恢复钢筋的初始保护层并不能从根本上解决问题。同时，如果混凝土结构受到盐污染，使用新的混凝土时，电解条件会改变。在进行任何修复之前必须考虑到这些条件的变化可能会导致的后果。

为了确保修复结构的耐久服役，混凝土修复工作必须考虑影响修复方法与技术选取的诸多因素。

思考题

1. 混凝土不同尺度上的组成与结构特点有哪些？
2. 混凝土和易性包括哪些方面？
3. 混凝土体积稳定性与耐久性的关系是什么？
4. 混凝土结构的类型及特点有哪些？
5. 素混凝土结构的应用场景有哪些？
6. 与钢筋混凝土结构相比，预应力混凝土结构的优势有哪些？
7. 总结国内外混凝土结构耐久性出现问题的因素。
8. 修复相容性包含哪些方面？
9. 耐久的修复系统需满足哪些条件？
10. 修复材料是否强度越高越好？

参考文献

［1］ Mehta P Kumar，Monteiro Paulo J M. Concrete：Microstructure，Properties，and Materials［M］. New York：McGraw-Hill，2006.

［2］ 王跃年，胡海波. 明尼阿波利斯市州际公路Ⅰ-35W大桥坍塌事故调查［J］. 世界桥梁，2008(4)：68-69.

［3］ 原因未查明修法未跟上　警钟当长鸣［N］. 中国应急管理报，2022-05-25.

［4］ 汪燃原，孔纲，卢锦堂. 混凝土中热浸镀锌钢筋的研究及应用［J］. 电镀与涂饰，2009,10(28)：22-25.

［5］ 本刊综合. 虎门大桥振动原因初步查明［J］. 中国公路，2020(10)：26.

［6］ 蒋正武，龙广成，孙振平. 混凝土修补：原理，技术与材料［M］. 北京：化学工业出版社，2009.

第 2 章

混凝土材料的劣化

⊛ **本章学习目标**

1. 掌握混凝土主要服役环境类型。
2. 掌握不同环境下混凝土材料劣化的原理。
3. 熟悉混凝土材料劣化的防治或改善措施。

本章主要介绍混凝土材料在不同服役环境下的劣化机理与行为，详细分析环境因素如冻融循环、碳化、硫酸盐侵蚀、海水腐蚀、碱-骨料反应、化学腐蚀、微生物腐蚀等对混凝土结构造成的破坏。本章从劣化机制出发，揭示了这些环境作用是如何通过改变混凝土的微观结构和成分，进而导致材料物理、力学性能的退化。劣化不仅降低混凝土的耐久性，还会引发结构开裂、剥落、强度下降等问题，最终导致结构失效。因此，本章通过对各种劣化机理及其影响因素的深入探讨，旨在为后续章节中混凝土修复与防护技术研究提供理论依据，同时帮助读者理解如何通过材料设计和工艺控制来改善混凝土的耐久性，延长结构的服役寿命。

2.1 混凝土的主要服役环境类型

混凝土是土木工程结构的基石，直接暴露于结构所服役的环境中。显然，混凝土的服役环境条件复杂而且不断变化，直接影响了混凝土材料与结构的耐久性。一般而言，根据服役环境所含介质种类和温湿度条件，可将服役环境分为以下几类。

（1）潮湿环境

潮湿环境是指经常处于潮湿或水中的混凝土服役环境，这类环境在基础设施工程结构（主要涉及与地面接触混凝土或埋入地下的结构混凝土，如地铁、建筑物基础、蓄水设施等）中较为常见。

（2）干湿交替环境

干湿交替环境是指在降水渗透、水体浸润、地下水位变化及毛细水升降等反复作用下，混凝土材料产生周期性含水状态变化的环境。干湿交替环境常见于处于水位变化区的混凝土结构、堤坝或是与水面接触的结构混凝土部位。干湿交替环境对混凝土性能的影响非常大，特别是在含盐类介质的条件下，溶液引起混凝土的盐结晶侵蚀破坏，此时混凝土的劣化将非常迅速。

（3）氯盐侵蚀环境

氯盐侵蚀环境是指环境中含有较多氯离子的服役环境，包括寒冷地区撒除冰盐的路面、近海与海水环境、浴场、含氯盐的土质环境以及工业氯气排放区域。氯盐对混凝土的破坏主要是诱导钢筋锈蚀产生膨胀性锈蚀产物，以及盐溶液饱和结晶产生膨胀压力引起的混凝土开裂。这类环境对钢筋混凝土结构的破坏非常严重，是影响钢筋混凝土结构耐久性的重要原因之一。

（4）硫酸盐侵蚀环境

硫酸盐侵蚀环境是指环境中含有较多硫酸根离子的服役环境，我国存在较多的硫酸盐环境，包括西北的盐渍土、西南的膏盐环境以及地下水中的硫酸盐环境等。硫酸盐对混凝土的侵蚀主要是通过化学作用和物理结晶作用。

（5）碳化环境

碳化环境是指存在 CO_2 气体介质的环境。CO_2 气体是大气中的重要组成部分，因此碳化环境广泛存在，CO_2 气体也是影响结构混凝土性能的重要因素。特别是随着现代工业化的不断发展，大气中的 CO_2 气体浓度在逐渐增加，其对混凝土结构的影响也将增大。

（6）强酸、强碱腐蚀环境

这类环境常见于酸、碱化学工业厂房，以及自然界中的碳酸、酸雨等。

（7）极端温度环境

极端温度环境指超低温或是高温环境以及混凝土内外温差大的环境，如液氮超低温工业环境、零摄氏度以下的冰冻环境、100℃以上的高温高热工业环境等。在这些极端环境条件下，混凝土的组成、微结构或性能将发生显著的变化。

2.2 混凝土冻融劣化

自然界中冷热交替现象普遍存在，特别是在我国北方严寒地区，冻融破坏是混凝土最常见的耐久性劣化形式之一。混凝土冻融劣化是指混凝土中的游离水受冻结冰后体积膨胀并在内部产生应力，在反复作用下引起内部不均匀冻胀变形，从而导致混凝土性能劣化的情况。

2.2.1 冻融作用机理

混凝土冻融破坏会导致孔隙粗化和微裂缝的出现和发展，在宏观特性上则表现为弹性模量、强度等力学性能严重下降。对于其劣化机理，国内外学者提出了一系列理论与假说，其中具有代表性的是静水压假说和渗透压假说[1]。

（1）静水压假说

静水压假说认为混凝土是由硬化水泥浆体和骨料组成的含有孔隙的材料，且孔隙之间的尺寸差异很大。不同尺寸孔隙中水的饱和蒸气压是不同的，孔径越小，其内部水的饱和蒸气压越小，冰点也越低。混凝土孔隙水的冻结是一个渐进过程，当温度降低至 $-1.5 \sim -1$℃

时，大尺寸毛细孔中的水首先开始结冰。一般认为温度在－12℃时，毛细孔中的水全部冻结。而凝胶孔中的水与固相水化物有牢固的结合力，加之孔径极小，冰点更低。混凝土孔隙水在负温下发生物态变化，由水转化成冰时会产生体积膨胀，迫使未结冰的水从结冰区向外迁移，产生静水压力，在毛细孔的约束下会对混凝土产生拉应力。当静水压力大到混凝土强度不能承受时，混凝土会发生膨胀开裂以致破坏。

（2）渗透压假说

渗透压是由孔隙内冰和未冻结的水两相的自由能之差形成的。由于表面张力作用，冰的蒸气压小于水，在大尺寸毛细孔中的水结冰后，由冰与过冷水的饱和蒸气压差引起水分迁移而形成渗透压，同时过冷水迁移渗透会使毛细孔中冰的体积不断增大，从而产生更大的膨胀压力。此外，混凝土孔溶液含有钠离子、钾离子、钙离子等多种离子，冻结区水结冰后，未冻溶液中的离子浓度增大，与周围液相中盐的浓度差也会产生渗透压。值得注意的是，毛细孔壁压力可以抵消一部分渗透压。此外，当毛细孔水向尚未饱水的空气泡迁移时，失水的毛细孔壁受到的压力（水泥浆体收缩）也能抵消一部分渗透压。与空气泡间距越小，失水收缩越大，起到的渗透压抵消作用也就越大。

综上所述，冻结对混凝土的破坏是水结冰体积膨胀造成的静水压力以及冰水蒸气压和盐浓度差造成的渗透压共同作用的结果。

2.2.2 除冰盐对冻融作用的影响

高速公路和城市道路在冬季为防止因结冰和积雪导致车辆打滑发生交通事故，经常向路面、桥面撒盐（NaCl 或 $CaCl_2$）除冰以保证车辆及行人的安全。然而，除冰盐会加重混凝土的冻害损伤，而且渗入钢筋混凝土后还会引发严重的钢筋锈蚀。表面剥蚀是混凝土盐冻最主要的破坏特征，见图 2-1。破坏从混凝土表面逐步向内部发展，在遭受破坏的混凝土表面能清楚地看到分层剥落及泛白。

图 2-1 混凝土除冰盐侵蚀破坏

除冰盐破坏从本质上看是混凝土冻融破坏的一种特殊形式，但冻融与氯盐溶液的共同作用比单一冻融作用严酷、复杂得多。除冰盐对混凝土冻融破坏的影响主要体现在以下方面。

① 除冰盐具有吸湿保水作用，会较大程度地增加混凝土饱水度和饱水时间。毛细孔壁吸附的盐会造成毛细孔内溶液浓度差，毛细孔会借助毛细孔张力和浓度差产生的渗透压吸水，使混凝土长期饱水而增大混凝土冻融破坏程度。

② 除冰盐造成的混凝土内部离子浓度差，使混凝土各层的结冰程度产生差异，进而导致混凝土孔隙中产生更大渗透压，并引起内部应力。同时，含盐混凝土由于孔溶液过饱和而很容易结晶，对混凝土产生膨胀应力。

③ 由于除冰盐产生的过冷水处于不稳定状态，其在毛细孔中结冰速度更快，产生更大的静水压。除冰盐使冰雪融化时还会吸收大量热量，使冰雪覆盖下的混凝土温度大幅降低，产生额外冻害。

另外，除冰盐对混凝土的冻融破坏也有一定化学原因。NaCl 和 $CaCl_2$ 溶液在低浓度（≤12%）时对混凝土的化学侵蚀较小，而当浓度超过 20% 时会对混凝土造成严重的破坏，且 $CaCl_2$ 与 NaCl 相比侵蚀作用更强，其会与水化产物反应生成弗里德尔盐［Friedel's salt，$Ca_2Al(OH)_6Cl$］，并在不同温度下表现出不同破坏形式。当温度高于 30℃ 时，弗里德尔盐会溶出，当温度低于 30℃ 时，弗里德尔盐则在内部形成。其属于膨胀性产物且主要集中在混凝土表层，故会导致混凝土表层剥落。

2.2.3 混凝土抗冻性主要影响因素

（1）水胶比

水胶比能直接影响混凝土的孔隙率及孔结构，对纯水泥混凝土，水胶比即水灰比。随着水胶比的增大，混凝土中可饱水的开口孔总体积增加，平均孔径也增大，因此混凝土的抗冻性必然降低。当混凝土水胶比从 0.4 增加到 0.6 时，其抗冻性能将大幅下降至原来的几十分之一。因此，严寒条件下使用的混凝土其水胶比应小于 0.5。

（2）原材料

普通硅酸盐水泥混凝土的抗冻性优于混合硅酸盐水泥混凝土；减水剂和引气剂的掺入均能提高混凝土抗冻性；骨料对混凝土抗冻性的影响则主要取决于其本身抗冻性及吸水率。一般的碎石及卵石能满足混凝土抗冻性要求，只有风化岩等坚固性差的骨料才会影响混凝土的抗冻性。对处于严寒地区或潮湿、干湿交替环境下的混凝土则应注意选用优质的骨料。多孔轻骨料对混凝土抗冻性的影响与其预湿程度有很大联系，通常预湿程度越高的轻骨料所配制的混凝土抗冻性越差。此外，当水胶比较低时，轻骨料在混凝土内部的自养护作用对界面过渡区微结构的改善则能一定程度上提高其抗冻性。

（3）饱水程度

多孔材料受冻融破坏的程度与材料含水量有很大关系。混凝土的吸水体积与全部孔隙体积之比即饱水程度。在特定配比下，混凝土存在一极限饱水度，当实际饱水程度达到或超过该极限饱水度时，即使经少数几次冻融循环混凝土也将破坏；反之，则不易被冻坏。一般来讲，在气相环境中使用的混凝土，其饱水程度均达不到该极限值。而对于处于水位变动区的混凝土，由于经常处于干湿交替环境，其饱水程度通常很高，受冻时极易破坏。

（4）平均气泡间距

在静水压假说中，如未冻结水在冰的压力作用下能迅速逃逸到自由空间，则压力消除，混凝土冻害减轻。因此，未冻结水到达自由空间的距离（平均气泡间距）越大，则静水压力越大，对混凝土抗冻性越不利。一般认为，高抗冻性混凝土，平均气泡间距应小于0.25mm。拌制混凝土时掺入适量的引气剂可增加混凝土含气量，引入的微小气孔在受冻初期能起到减少毛细孔静水压力的作用，提高混凝土抗冻性。

2.2.4 混凝土抗冻性的防护措施

目前，提高混凝土抗冻性的措施主要有以下几点。

（1）掺用引气剂

引气剂可以明显地降低混凝土拌合水的表面张力，使混凝土内部产生大量的微小稳定的封闭性气泡，从而使混凝土中游离水结冰产生的膨胀得到缓解，起到缓冲减压的作用；封闭性气泡则可以阻断混凝土内部毛细孔与外界的通路，降低混凝土的渗透性。这些气泡还能起到润滑作用，改善混凝土和易性，使其较少离析泌水。

（2）控制水胶比

当混凝土水胶比较大时，其内部会形成大量开口孔隙并互相连通，形成毛细孔连通体。具有这种孔结构的混凝土渗透性、吸水性都很强，更容易受到冻融破坏。而当水胶比较小时，混凝土硬化后密实度高，存在于内部的游离水减少，孔结构得到改善，混凝土抗冻性提高。

（3）选择合适的原材料

对有抗冻性要求的混凝土应优先选择硅酸盐水泥、普通硅酸盐水泥；骨料应限制黏土、淤泥等杂质含量，并尽量选用吸水率小、坚固性良好的碎石；在混凝土中掺入适量的纤维材料以及硅灰、粉煤灰等矿物掺合料也有利于混凝土抗冻性的改善。

（4）优化混凝土施工质量

良好的施工质量是提高混凝土抗冻性的有效保障。在施工中应注意防止混凝土拌合物离析、泌水和漏浆；加强养护，减少水分蒸发，防止产生或减少表面裂缝；在冬季采用防护保温措施，严格避免早期混凝土受冻。

2.3 混凝土碳化

2.3.1 碳化机理

混凝土是一种多孔材料，在其内部往往存在着大小不同的孔隙、微裂缝、气泡等缺陷，具有一定的透气性。空气会扩散到混凝土内部充满孔隙，而后空气中的二氧化碳气体溶解于毛细管中的孔溶液，与水泥水化过程中产生的氢氧化钙和水化硅酸钙等物质发生化学反应，形成碳酸钙[2]。这种混凝土中氢氧化钙被二氧化碳反应消耗而导致碱度降低的现象被称为混凝土的碳化。

大量的研究表明，混凝土的碳化过程是二氧化碳气体由表及里向混凝土内部逐渐扩散、反应复杂的物理化学过程，主要的碳化反应方程如下：

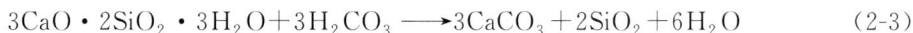

$$CO_2 + H_2O \longrightarrow H_2CO_3 \tag{2-1}$$

$$Ca(OH)_2 + H_2CO_3 \longrightarrow CaCO_3 + 2H_2O \tag{2-2}$$

$$3CaO \cdot 2SiO_2 \cdot 3H_2O + 3H_2CO_3 \longrightarrow 3CaCO_3 + 2SiO_2 + 6H_2O \tag{2-3}$$

$$2CaO \cdot SiO_2 \cdot 4H_2O + 2H_2CO_3 \longrightarrow 2CaCO_3 + SiO_2 + 6H_2O \tag{2-4}$$

当混凝土孔溶液的 pH 值≥9.88 时，钢筋表面的钝化膜开始产生；当 pH 值≥11.50 时，钝化膜才会较为完整地覆盖钢筋表面。而发生碳化反应后的混凝土 pH 值在 8.5～9.0 之间，较低的 pH 值使钢筋表面钝化膜损伤、溶解，导致钢筋更易发生锈蚀，降低钢筋的受力性能，甚至丧失承载力。由此可见，混凝土的碳化会改变混凝土的组成与微结构，对混凝土的物理化学特性有着明显的影响。

2.3.2 碳化的影响因素

混凝土碳化的影响因素分为材料因素和外界因素两类。材料因素指的是制备混凝土时，所采用的原材料对混凝土碳化速度的影响，具体如下。

（1）水胶比

水胶比是影响混凝土碳化速度的重要因素之一。相同条件下，混凝土碳化速度与水胶比呈正相关关系。这是因为水胶比较大时，往往混凝土内部密实性较低，CO_2 更易渗透混凝土内部，与可碳化物质发生碳化反应。

（2）水泥的品种与用量

水泥品种会影响混凝土中各种矿物的含量，掺有混合材的水泥水化后单位体积中可碳化的物质含量较少，且活性混合材二次水化反应还会消耗一部分 $Ca(OH)_2$，使可碳化物质含量进一步降低，使碳化速度加快。

水泥用量能决定单位体积混凝土中水泥熟料的多少，也是决定混凝土中可碳化物质含量的主要因素之一。水泥用量越大，则单位体积混凝土可碳化物质含量越多，碳化速度越慢。

（3）矿物掺合料

矿物掺合料在混凝土中的使用，一方面，会降低水泥用量，从而减少混凝土中的可碳化物质，加快混凝土的碳化速度；另一方面，部分活性较高的矿物掺合料由于二次水化作用能提高混凝土密实度，在一定程度上又会延缓混凝土的碳化。总体而言，矿物掺合料的使用会加快混凝土的碳化速度，而不同种类的矿物掺合料由于物理化学特性的区别，其对混凝土碳化速度的影响也存在差异。一般来说，粉煤灰对混凝土碳化的加速作用强于矿渣粉。

（4）混凝土外加剂

外加剂往往可以提高混凝土的抗碳化性能。以减水剂为例，为了提高混凝土的和易性，在实际工程中往往向混凝土中添加适量减水剂来改善混凝土的流动性。由于混凝土中各种矿物的电荷特性存在差异，各种矿物在其内部往往相互吸引，形成絮状结构，降低整体流动性。添加减水剂后，其可形成很多阴离子吸附于混凝土的水化物表面，降低体系内部各物质相互吸引力，减少絮状结构的形成，从而使混凝土内部各物质分布均匀，孔隙变小，抗碳化性能得到提高。除此之外，合理使用引气剂、抗冻剂等外加剂也可以使混凝土的抗碳化性能有所提高。

影响混凝土碳化的外界因素有以下几点。

（1）环境因素

① CO_2 浓度。渗入混凝土内部的 CO_2 随着大气中 CO_2 的浓度增大而增多，而碳化速度与 CO_2 浓度的平方根呈正相关关系，则一般情况下，CO_2 浓度越高，混凝土碳化反应速度就越快。

② 温度。温度升高一方面可促进碳化反应速度的提高，另一方面还可以加快 CO_2 的扩散速度。因此，环境温度越高，混凝土的碳化速度越快。

③ 相对湿度。CO_2 溶于水就会生成 H_2CO_3，H_2CO_3 与 $Ca(OH)_2$ 发生反应，因此在环境比较干燥的条件下，混凝土是难以发生碳化的。混凝土的碳化过程就是一个释放水分的过程，所以在一定环境下湿度过大，就会使生成的水分难以释放，最终也会阻碍混凝土碳化的进程。此外，若相对湿度过高，则混凝土中孔隙均被水填满，CO_2 难以进入混凝土内发生碳化反应，也降低了混凝土碳化速度。相关的实验指出，当环境湿度在 56% 到 75% 之间时，混凝土的碳化速度最快。

（2）受力状态

受力状态对混凝土的碳化速度有直接影响。处于受压作用下的混凝土，当压应力相对较小时，混凝土内部孔隙受到压缩，可以延缓混凝土的碳化；而当压应力进一步增大，则会使混凝土产生微裂缝，使碳化速度加快。处于拉应力下的混凝土，受拉导致的开裂会加快混凝土碳化速度，且拉应力越大后果越严重。

（3）施工因素

影响混凝土碳化速度的施工因素主要有施工质量和养护条件两个方面。在实际工程中，如果浇筑和振捣不良，则会导致混凝土内部有较大孔隙；浇筑完成后，若没有得到较好养护，也会使混凝土发生严重收缩，表面不密实，甚至出现裂缝；若采用蒸汽养护，由于气、液、混凝土的热膨胀系数均不同，还会产生变形不协调的现象。这些都会加快混凝土的碳化进程。故良好的施工条件也是减少混凝土碳化影响的重要因素。

2.3.3 混凝土的碳化规律

国内外学者对大量的混凝土碳化试验结果进行分析，提出了混凝土碳化深度的数学模型。常见的混凝土碳化深度预测模型主要分以下几类[3]。

（1）理论模型

苏联学者阿列克谢耶夫等认为控制混凝土碳化速度的是 CO_2 在混凝土孔隙中的扩散过程。根据菲克第一定律以及 CO_2 在多孔介质中扩散和吸收的特点，得到混凝土碳化理论数学模型：

$$x = \alpha\sqrt{t} = \sqrt{\frac{2 \times D_e \times C_0}{M_0}}\sqrt{t} \tag{2-5}$$

式中，x 为碳化深度，m；α 为碳化系数，$m/s^{1/2}$；t 为碳化时间，s；D_e 为 CO_2 在混凝土中的有效扩散系数，$m^2 \cdot s$；C_0 为环境中 CO_2 的浓度，mol/m^3；M_0 为单位体积混凝

土的 CO_2 吸收量，mol/m^3。

式（2-5）用有效扩散系数 D_e 反映 CO_2 在混凝土孔隙中扩散的能力，用单位体积混凝土吸收 CO_2 的量 M_0 反映混凝土碳化过程中吸收 CO_2 的能力。碳化系数 α 体现了混凝土的抗碳化性能，它不仅与混凝土的水灰比、水泥品种、水泥用量、养护方法及孔结构有关，而且还与环境的相对湿度、温度及 CO_2 浓度有关。该模型形式简单，当相对湿度大于等于 55％时，与试验结果符合程度较好。但在相对湿度小于等于 55％时，由于碳化速度不再受 CO_2 扩散过程所控制，该模型与试验结果出入较大。除了阿列克谢耶夫模型，理论模型还有 Papadakis 模型、张誉和蒋利学推导的模型等。

（2）经验模型

很多学者基于菲克第一定律建立了混凝土碳化的经验数学模型。他们根据对影响碳化速度因素的理解，分别通过试验归纳出碳化系数 α。由于不同学者考虑的影响因素不同，各经验公式的差别主要在于 α 的形式不同。因此得到了众多的预测模型，其中代表性的有许丽萍式、Nishi 式、朱安民式及日本建筑学会推荐式。也有不少学者用抗压强度来预测碳化深度。

（3）随机模型

混凝土碳化是一个复杂的物理化学过程，且混凝土所处环境和本身性质具有较大的随机性。因此，混凝土碳化过程也可采用非平稳随机过程模拟，依据实测值，利用统计学方法，实现对混凝土碳化深度的预测。

2.4 混凝土的化学腐蚀

2.4.1 硫酸盐侵蚀

混凝土服役环境中经常含有硫酸盐，如土壤、地下水、腐烂的有机物、工业废水、酸雨等。硫酸盐侵入混凝土内部，会与水泥水化产物发生一系列复杂的化学反应，生成溶解度较低的盐类晶体，如钙矾石、石膏等，引起混凝土膨胀、开裂、剥落和解体；同时，水泥石中氢氧化钙（CH）和水化硅酸钙（C-S-H）等组分发生溶出或分解，导致水泥石强度和黏结性能损失[4]。混凝土硫酸盐侵蚀的特征通常是表面发白，损坏通常从棱角处开始，接着裂缝开展、剥落，最后导致混凝土软化、强度丧失。

2.4.1.1 硫酸盐侵蚀机理

根据腐蚀产物和破坏特征，混凝土硫酸盐侵蚀可分为以下几种类型。

（1）钙矾石结晶型

除硫酸钡外，绝大多数硫酸盐对混凝土有显著的侵蚀作用。硫酸盐能与水泥石中的 $Ca(OH)_2$ 反应生成石膏，石膏再与水泥石中的水化铝酸钙反应生成三硫型水化硫铝酸钙（$3CaO \cdot Al_2O_3 \cdot 3CaSO_4 \cdot 32H_2O$，又称钙矾石）[5]，以 Na_2SO_4 为例：

$$Ca(OH)_2 + Na_2SO_4 \cdot 10H_2O \longrightarrow CaSO_4 \cdot 2H_2O + 2NaOH + 8H_2O \qquad (2\text{-}6)$$

$$3CaO \cdot Al_2O_3 \cdot 13H_2O + 3(CaSO_4 \cdot 2H_2O) + 13H_2O \longrightarrow 3CaO \cdot Al_2O_3 \cdot 3CaSO_4 \cdot 32H_2O \tag{2-7}$$

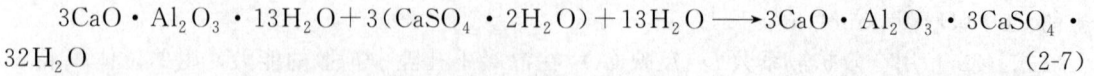

钙矾石是溶解度极小的盐类矿物，在化学结构上结合了 $30\sim32$ 个结晶水，其体积约为原水化铝酸钙的 2.5 倍。其矿物形态是针状晶体，在原水化铝酸钙的固相表面呈刺猬状析出，放射状向外生长，互相挤压而产生极大的结晶应力，致使混凝土微结构产生破坏。钙矾石膨胀破坏通常表现为混凝土试件表面出现少数较粗大的裂缝。

（2）石膏结晶型

当侵蚀溶液中 SO_4^{2-} 的浓度较高时，不仅会有钙矾石生成，而且还会有石膏结晶析出[6]。其离子反应方程为

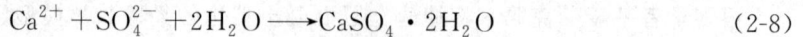

$$Ca^{2+} + SO_4^{2-} + 2H_2O \longrightarrow CaSO_4 \cdot 2H_2O \tag{2-8}$$

水泥石内部形成二水石膏，体积相对于氢氧化钙会膨胀 1.24 倍，使水泥石因内应力过大而破坏。根据浓度积规则，只有当 SO_4^{2-} 和 Ca^{2+} 的浓度积大于等于 $CaSO_4$ 的浓度积时才能有石膏结晶析出。通常来说，当 SO_4^{2-} 浓度非常高时，石膏结晶侵蚀起主导作用。石膏结晶侵蚀的混凝土试件没有粗大裂纹，但会出现整体溃散现象。

（3）$MgSO_4$ 溶蚀-结晶型

在所有硫酸盐中，$MgSO_4$ 对混凝土侵蚀破坏性最大。其原因主要是 Mg^{2+} 和 SO_4^{2-} 均为侵蚀源，二者相互叠加，构成严重的复合侵蚀。其反应方程为

$$Ca(OH)_2 + 2H_2O + MgSO_4 \longrightarrow CaSO_4 \cdot 2H_2O + Mg(OH)_2 \tag{2-9}$$

$$C\text{-}S\text{-}H + 5H_2O + MgSO_4 \longrightarrow CaSO_4 \cdot 2H_2O + Mg(OH)_2 + 2H_2SiO_4 \tag{2-10}$$

除了石膏与钙矾石晶体引起膨胀应力外，$Ca(OH)_2$ 转化成 $Mg(OH)_2$ 会降低水泥石孔溶液碱度，引发 C-S-H 凝胶分解，导致混凝土强度和黏结性降低。严重的硫酸镁侵蚀甚至会使混凝土变成完全没有胶结性的糊状物。

（4）碳硫硅钙石结晶型

在实际工程环境中，CO_2 的存在使硫酸盐侵蚀变得更加复杂。溶解在水中的 CO_2 与水泥石中的氢氧化钙会发生反应生成 $CaCO_3$，在硫酸盐和碳酸盐的共同作用下，水泥石逐渐被分解破坏，使混凝土转变为一种无黏结能力的泥状物质，即碳硫硅钙石（TSA）[7]。TSA 的形成机理可分为直接反应和钙矾石转化两种，其反应方程式分别为

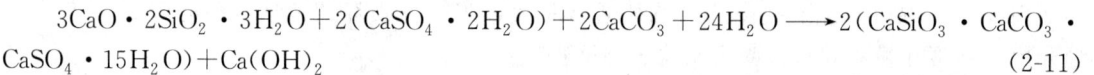

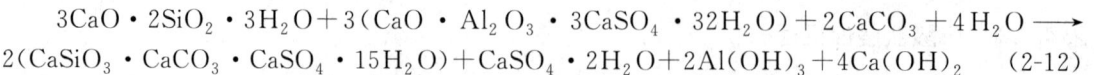

$$3CaO \cdot 2SiO_2 \cdot 3H_2O + 2(CaSO_4 \cdot 2H_2O) + 2CaCO_3 + 24H_2O \longrightarrow 2(CaSiO_3 \cdot CaCO_3 \cdot CaSO_4 \cdot 15H_2O) + Ca(OH)_2 \tag{2-11}$$

$$3CaO \cdot 2SiO_2 \cdot 3H_2O + 3(CaO \cdot Al_2O_3 \cdot 3CaSO_4 \cdot 32H_2O) + 2CaCO_3 + 4H_2O \longrightarrow 2(CaSiO_3 \cdot CaCO_3 \cdot CaSO_4 \cdot 15H_2O) + CaSO_4 \cdot 2H_2O + 2Al(OH)_3 + 4Ca(OH)_2 \tag{2-12}$$

该体系中，$Ca(OH)_2$ 处于亚稳定状态，会与 CO_2 发生反应生成碳酸盐，并继续参与上述反应，直至消耗殆尽。

2.4.1.2 混凝土抗硫酸盐侵蚀性能主要影响因素

（1）水泥品种

混凝土的抗硫酸盐侵蚀能力与水泥熟料矿物组成直接相关。降低铝酸三钙（C_3A）和硅

酸三钙（C_3S）的含量，便会减少钙矾石和石膏的生成，从而提高混凝土的抗硫酸盐侵蚀能力。掺粉煤灰等活性掺合料也能够显著提高混凝土的抗硫酸盐侵蚀能力。

（2）混凝土的密实性

混凝土的密实程度越高，侵蚀溶液越难渗入混凝土的孔隙内部，因此在水泥石孔隙内产生有害物质的速度和数量必然减少。另外，混凝土密实度的改善，也会使混凝土的强度提高，从而增强对硫酸盐侵蚀开裂的抵抗能力。

（3）侵蚀溶液离子组成与浓度

溶液中硫酸根浓度越高，对混凝土的腐蚀破坏越严重。当侵蚀溶液中 SO_4^{2-} 和 Mg^{2+} 共存时，将发生硫酸镁破坏；而当侵蚀溶液中 SO_4^{2-} 和 Cl^- 共存时，会使钙矾石结晶数量减少，从而减轻硫酸盐侵蚀破坏程度。

（4）侵蚀溶液的 pH 值

当 pH＝12～12.5 时，钙矾石结晶析出，当 pH＝10.6～11.6 时，石膏结晶析出，当 pH＜10.6 时，钙矾石开始分解。另外，当 pH＜12.5，C-S-H 凝胶体也将逐渐溶解，其钙硅比逐渐由 pH＝12.5 时的 2.12 降到 pH＝8.8 时的 0.5。在这一过程中，水化产物的溶解-过饱和-结晶过程不断进行。

2.4.1.3 硫酸盐侵蚀混凝土的预防

配制抗硫酸盐侵蚀的混凝土，宜选低 C_3A 含量的水泥（如抗硫酸盐水泥）和掺活性混合材的水泥。当天然火山灰质、粉煤灰与抗硫酸盐水泥联合使用，或掺入硅粉等超细掺合料时，混凝土的抗硫酸盐侵蚀性能会显著改善。凡提高密实度的措施也均可显著改善混凝土的抗硫酸盐侵蚀能力。这些措施包括降低水灰比、调整骨料级配、采用适当的外加剂及改进施工方法等。此外，采用高压蒸汽养护能消除游离氧化钙，使水化产物结晶度提高、反应活性降低，抗硫酸盐侵蚀性能提高。当侵蚀作用较强时，还可在混凝土表面涂覆耐腐蚀性强且不透水的保护层（如沥青、塑料、玻璃等）。

2.4.2 海水侵蚀

在海洋服役条件下，受强烈的多离子侵蚀和恶劣环境耦合作用，混凝土破坏机理十分复杂。其中，海水化学侵蚀包括氯盐、硫酸盐和镁盐等多种侵蚀作用，海水不但会与水化产物发生化学反应生成膨胀性或无胶结性产物，而且会引起钢筋锈蚀。在物理上，则有干湿循环引起的胀缩和盐析结晶引起的孔壁破裂，主要表现为混凝土开裂、剥落。此外，在寒冷地区还要受到冻融循环和浮冰的冲击磨损作用[8]。混凝土暴露在海洋环境的部位可分为大气区、浪溅区、潮差区（水位变动区）和水下区。各区带的主要破坏形式和影响因素如图 2-2 所示。

浪溅区和潮差区的混凝土通常处于频繁的干湿交替和强紫外线辐射作用下，海水腐蚀性离子对混凝土的侵蚀更加严重。进入混凝土内的氯离子可以分为自由（游离）氯离子和结合氯离子。其中，自由氯离子会降低孔溶液 pH 值，引起钢筋锈蚀；而结合氯离子则与氢氧化钙、水化硫铝酸钙等水化产物发生化学反应，生成弗里德尔盐。当氯离子浓度进一步提高

钢筋

钢筋锈蚀、
混凝土开裂

冻融循环和湿度梯度

海浪、沙砾和
漂浮物的冲刷

离子侵蚀破坏

混凝土结构

大气区:主要受海盐微粒和陆地天气的影响

浪溅区:海浪飞溅导致的干湿循环和
海浪、沙砾的冲蚀破坏

潮差区:主要受溶解氧、流速、温度、盐度、
pH值、污染因素和生物因素的共同影响

水下区:受海水离子侵蚀、海洋微生物的影响

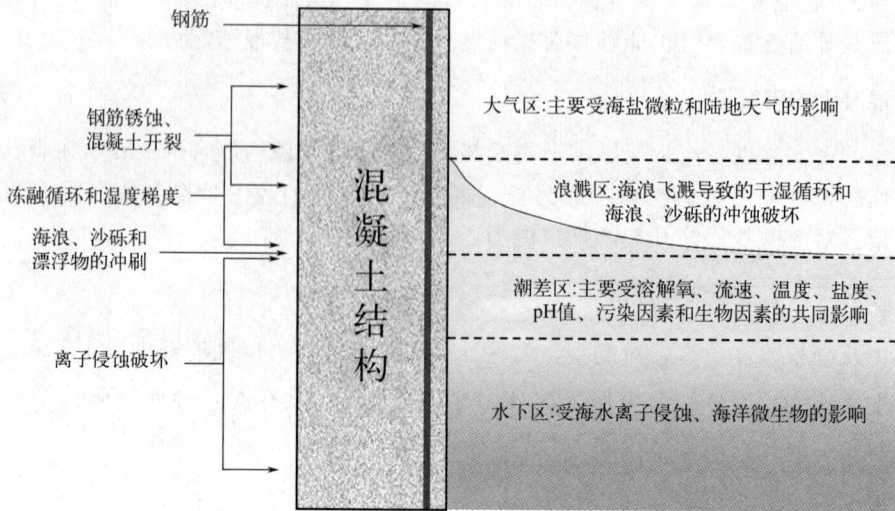

图 2-2　海洋混凝土各区带的主要破坏形式和影响因素

时，则会与氢氧化钙反应生成羟基水合氯化钙复盐（$x\mathrm{CaO} \cdot y\mathrm{CaCl}_2 \cdot z\mathrm{H}_2\mathrm{O}$），产生明显的体积膨胀并导致混凝土开裂。

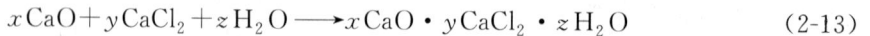

$$x\mathrm{CaO} + y\mathrm{CaCl}_2 + z\mathrm{H}_2\mathrm{O} \longrightarrow x\mathrm{CaO} \cdot y\mathrm{CaCl}_2 \cdot z\mathrm{H}_2\mathrm{O} \tag{2-13}$$

镁盐约占海水总盐量的 15.8%，是含量仅次于氯化钠的一种可溶性盐。镁盐对混凝土产生的侵蚀多由氯化镁和硫酸镁引起，而其中以硫酸镁腐蚀更为严重。腐蚀机理如式（2-9）、式（2-10）所示。

为了提高钢筋混凝土在海洋环境中的耐久性，可以从材料选择、结构设计、施工质量和设置防护层等方面着手。对海洋工程的钢筋混凝土结构采用高强度、高密实的混凝土；在浪溅区严格控制混凝土的最大裂缝宽度不超过 0.2mm，增加混凝土保护层的厚度，同时可设置树脂浸渍、涂刷面层、阳极保护等保护措施。

2.4.3　酸侵蚀

在城市地下水管网、工厂排污或排烟管道、废水处理池、化学药品仓库等服役环境下，混凝土可能遭受酸侵蚀。另外，酸雨也是混凝土受到酸性侵蚀的重要原因之一。酸雨是指 pH 值小于 5.6 的雨雪或其他形式的降水，我国的酸雨地区面积最高时约占全国面积的30%，酸雨对钢筋混凝土材料造成了严重损害。酸雨中主要酸性物质为硫酸和硝酸，盐酸占比相对较少。

混凝土的酸侵蚀主要是由水泥水化产物氢氧化钙和水化硅酸钙凝胶与酸性离子发生反应导致的。氢氧化钙易与酸性物质发生酸碱中和反应，在酸性环境下会迅速溶解、流失。水化硅酸钙凝胶的稳定存在依赖于 pH 值高于 12.4 的碱性环境，一方面，酸侵蚀通过消耗氢氧化钙引起孔溶液碱度持续降低，导致水化硅酸钙凝胶脱钙分解和钢筋锈蚀；另一方面，酸性物质直接与水化硅酸钙凝胶反应，将其转化为钙盐、无胶结性的钙盐和含硅残渣。大多数强酸对混凝土的侵蚀速度较快，而某些弱酸（如磷酸），则会与氢氧化钙反应生成不溶性的钙盐，这些钙盐会堵塞水泥石孔隙，阻挡后续酸性物质的侵入，从而延缓侵蚀。

为了提高混凝土抗酸侵蚀的性能，可采用优化胶凝材料组成，降低水胶比以提高密实度，提高矿物掺合料的掺量以减少水泥石中氢氧化钙含量，或采用耐酸性能更强的水泥（如硫铝酸盐水泥）等方法，也可以在混凝土表面设置耐蚀保护层，如沥青、橡胶涂层，或使用四氟化硅气体对混凝土进行表面处理，通过生成不溶于水的二元弱酸提高表面密实度。

2.4.4　淡水溶出性侵蚀

对于长期接触或浸泡于淡水中的混凝土结构，如地铁管廊壁、引水隧洞、大坝内壁等，其表面常会析出白色的氢氧化钙沉积物，严重时会发生淡水溶出性侵蚀破坏。溶出性侵蚀又称为软水侵蚀或钙溶蚀，是混凝土孔溶液中的钙离子在混凝土内外离子浓度梯度作用下，不断向外部迁出，进而打破了混凝土孔溶液与水化产物中钙元素的溶解平衡，导致氢氧化钙与C-S-H相继发生溶解和脱钙。其最终导致水泥石疏松多孔、强度降低，同时也会加速其他侵蚀破坏的发生。

水泥石的溶蚀过程，一般可以分为三个阶段，如图 2-3 所示，分别对应溶蚀初始阶段氢氧化钙（C-H）的溶解，氢氧化钙全部溶解后 C-S-H 凝胶的缓慢脱钙和 C-S-H 中含钙量降低到一定程度后的迅速脱钙。

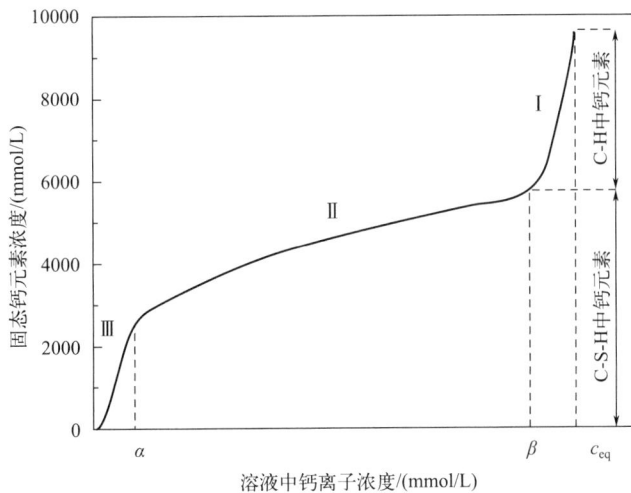

图 2-3　水泥石溶蚀的典型钙元素平衡曲线

混凝土淡水溶出性侵蚀的速度主要受内部和外部两方面因素影响。水灰比是混凝土钙溶出速度的最重要影响因素，较低的水灰比能够明显提高水泥石密实度，降低钙溶出速度。水泥种类和矿物掺合料也对钙溶出速度有明显影响，使用含钙量较低的水泥并提高矿物掺合料的掺量能够有效降低氢氧化钙的含量和 C-S-H 的钙硅比，从而降低钙溶出速度。在外部因素中，当水压力较小时，主要发生接触溶蚀，此时溶蚀速度与混凝土和水体之间的接触面积成正比，通常较慢；当水压力较大时，则主要发生渗透溶蚀，随着水压力的增大，溶蚀速度也明显加快。随着温度的提高，钙离子的扩散速度加快，会加速溶蚀破坏的发生。

2.5 混凝土碱-骨料反应

碱-骨料反应是指混凝土中的碱性物质与具有碱活性的骨料间发生的膨胀性化学反应，其中碱性物质指氢氧化钠和氢氧化钾。此反应能引起混凝土体积膨胀和开裂，使混凝土的力学性能下降，严重影响结构的安全性和使用寿命[9]。碱-骨料反应一旦发生，很难阻止，更不易修复，因此也被称为混凝土的"癌症"。世界各国因碱-骨料反应引起的混凝土工程破坏众多，包括大坝、桥梁、海堤、立交桥、铁道轨枕等。根据骨料种类和破坏机理，碱-骨料反应可分为碱-硅酸反应（ASR）和碱-碳酸盐反应（ACR）两大类。

2.5.1 碱-骨料反应机理

2.5.1.1 碱-硅酸反应

碱-硅酸反应是指混凝土孔溶液中的碱与骨料中的活性 SiO_2 发生反应，生成具有很强吸水膨胀特性的碱硅酸凝胶，从而使混凝土开裂破坏。碱-硅酸反应是迄今分布最广、研究最多的碱-骨料反应类型。常见的碱活性 SiO_2 包括蛋白石、鳞石英、方石英、隐晶、微晶或玻璃质石英等。此外，破裂严重的粗晶石英或应变石英也可能具有碱活性。含这类矿物的岩石种类较多，如花岗岩、流纹岩、安山岩、珍珠岩、玄武岩、石英岩、燧石和硅藻土等。但是，岩石是否表现出碱活性还与活性 SiO_2 在岩石中的含量有关。对于高活性矿物，如蛋白石，一般认为 SiO_2 含量达到 $2\%\sim5\%$，岩石就具有碱活性；而对于活性较弱的应变石英，SiO_2 含量达到 20% 以上时岩石才具有碱活性。

水泥中的碱性物质主要包括 Na_2O 和 K_2O，在水泥水化过程中，它们在孔溶液中溶解形成 Na^+、K^+ 和 OH^- 等离子。水泥的主要水化产物是 C-S-H 和 $Ca(OH)_2$，$Ca(OH)_2$ 可以在孔溶液中溶解生成 Ca^{2+} 和 OH^-，但 Na^+、K^+ 的存在使 $Ca(OH)_2$ 溶解度降低，因此实际孔溶液的 pH 值远高于 $Ca(OH)_2$ 饱和溶液。碱-硅酸反应中首先起作用的是 OH^-，而不是 Na^+ 和 K^+。

碱-硅酸反应通常由骨料颗粒表面活性二氧化硅的溶解开始，二氧化硅中的氧原子被羟基化：

$$Si—O—Si+H_2O \longrightarrow Si—OH\text{---}OH—Si \tag{2-14}$$

在高碱性溶液中，Si—OH 继续与 OH^- 相互作用，导致羟基化进一步加剧：

$$Si—OH+OH^- \longrightarrow Si—O^-+H_2O \tag{2-15}$$

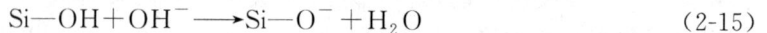

当更多的 Si—O—Si 键被打开，凝胶就在骨料颗粒表面逐渐形成。带负电荷的凝胶强烈地吸引带正电荷的离子，使 Na^+、K^+ 和 Ca^{2+} 向骨料表面的凝胶扩散。在低碱水泥中，Ca^{2+} 较多而 Na^+、K^+ 较少，便会生成比较稳定的 C-S-H 凝胶体，与水泥水化产物类似。在高碱水泥中，Na^+、K^+ 较多而 Ca^{2+} 较少，此时生成的碱硅酸盐凝胶黏性和吸水性更强，便会导致硅酸盐凝胶体积膨胀，引起混凝土开裂[10]。因此，混凝土碱-硅酸反应可通过以下反应式表达：

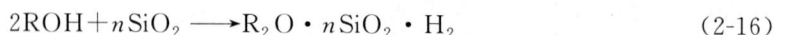

$$2ROH+nSiO_2 \longrightarrow R_2O \cdot nSiO_2 \cdot H_2 \tag{2-16}$$

式中，R代表Na、K。

2.5.1.2　碱-碳酸盐反应

碱-碳酸盐反应是指黏土质白云石质石灰岩与水泥中的碱发生反应而导致混凝土膨胀开裂破坏。并非所有的石灰岩都会发生这种破坏，只有具有如下特征的石灰岩才会发生碱-碳酸盐反应：矿物组成中白云石与石灰石含量大致相等，另外含有 $5\%\sim20\%$ 的黏土杂质；白云石颗粒粒径在 $50\mu m$ 以下，并且被微晶方解石和黏土颗粒包裹。

碱-碳酸盐的反应机制与碱-硅酸反应完全不同，碱与白云石之间会发生去白云石化反应，生成水镁石和方解石：

$$CaCO_3 \cdot MgCO_3 + 2ROH \longrightarrow Mg(OH)_2 + CaCO_3 + R_2CO_3 \tag{2-17}$$

反应生成物中的碳酸盐（ R_2CO_3 ）会与水泥石中的 $Ca(OH)_2$ 继续反应生成ROH：

$$R_2CO_3 + Ca(OH)_2 \longrightarrow 2ROH + CaCO_3 \tag{2-18}$$

碱性物质ROH会再次与白云石发生去白云石化反应，因此碱可以循环参与碱-碳酸盐反应。

理论上来说，去白云石化反应是一个固相体积减小的过程，因此去白云石化反应本身并不引起体积膨胀。但由于去白云石化反应生成的水镁石和方解石晶体颗粒细小，这些颗粒间存在大量孔隙，固相反应产物堆积起来的框架体积大于反应物白云石的体积，在限制空间条件下，固相反应产物的框架体积的增大以及水镁石和方解石晶体生长会产生较大的结晶膨胀应力。因此，碱-碳酸盐反应导致骨料体积膨胀，进而引发混凝土开裂。

除了以上两类碱-骨料反应，混凝土中的碱还会与某些层状硅酸盐矿物反应，使层状硅酸盐的层间距离增大，导致骨料膨胀和混凝土开裂，即碱-硅酸盐反应。研究证实，大多数具有层状结构的硅酸盐矿物不具有碱活性，个别能产生膨胀反应的层状硅酸盐中含有微晶石英或玉髓。因此，所谓的碱-硅酸盐膨胀反应的实质还是碱-硅酸反应。

2.5.2　碱-骨料反应条件和破坏特征

2.5.2.1　碱-骨料反应的基本条件

混凝土发生碱-骨料反应破坏必须具备三个必要条件：混凝土中含有足量的碱（ Na_2O 和 K_2O ）、骨料中含有碱活性矿物、混凝土处于潮湿环境。

（1）混凝土中的碱含量

混凝土中的碱既包括来自水泥、外加剂、掺合料、骨料、拌合水等混凝土内在组分的碱性物质，也包括外部环境侵入混凝土中的碱性物质。实际应用中，钠、钾含量通常折合成当量 Na_2O（ $Na_2O + 0.658K_2O$ ）表示，当量 Na_2O 小于 0.6% 的水泥为低碱水泥。

混凝土碱含量的安全限值与骨料中活性矿物的种类及其活性程度有关。对于碱活性碳酸盐骨料，混凝土发生碱-骨料反应破坏的最低碱含量安全限值显著低于碱活性硅质骨料。目前，各国对混凝土碱含量的安全限值并不完全一致，如德国、英国、加拿大、日本规定混凝土的碱含量限值是 $3.0kg/m^3$，新西兰和南非则分别是 $2.5kg/m^3$ 和 $2.1kg/m^3$。由于水泥中的高碱含量还会降低水泥与减水剂的相容性、增大混凝土的早期开裂风险，我国标准《通用硅酸盐水泥》（GB 175—2023）中规定，当用户要求提供低碱水泥时，其碱含量应由买卖双方协商确定。

（2）骨料的碱活性

含活性二氧化硅的岩石分布很广，具有碱活性的碳酸盐骨料相对较少。随着我国对碱-骨料反应研究的深入开展，发现我国碱活性骨料分布十分广泛，在北京、辽宁锦州、河南平顶山、新疆塔城、江苏仪征、广西红水河、长江中上游地区有活性硅质骨料分布，在山西太原、山东潍坊、河南平顶山则有活性碳酸盐骨料分布。

（3）潮湿环境

碱-硅酸反应和碱-碳酸盐反应发生都要有足够的水，只有在空气相对湿度大于 80% ，或直接接触水的环境中，碱-骨料反应破坏才会发生。因此，有效隔绝水也是防治碱-骨料反应破坏的有效措施。

2.5.2.2　碱-骨料反应的破坏特征

（1）时间特征

国内外工程碱-骨料反应破坏的案例表明，碱-骨料反应破坏通常发生在混凝土服役 $5\sim 10$ 年，比混凝土收缩开裂发生速度慢，但比其他耐久性破坏速度快。

（2）膨胀开裂特征

碱-骨料反应破坏是由反应产物的体积膨胀引起的，往往使混凝土发生整体位移或变形；对于不受约束和荷载的部位，或约束和荷载较小的部位，碱-骨料反应破坏表现为网状裂缝；两端受约束的混凝土，还会发生弯曲、扭翘等现象。

（3）凝胶析出特征

发生碱-硅酸反应的混凝土表面经常可以看到有透明或淡黄色凝胶析出，析出的程度取决于碱硅酸反应的程度和骨料的种类。碱-碳酸盐反应中未生成凝胶，故混凝土表面不会有凝胶析出。

（4）部位特征

碱-骨料反应破坏的一个明显特征就是越潮湿的部位反应越强烈，膨胀和开裂破坏越明显。

（5）内部特征

混凝土会在骨料间产生网状的内部裂缝；有些骨料发生碱-骨料反应后，会在骨料周围形成一个深色的反应环。

2.5.3　碱-骨料反应的预防措施

根据碱-骨料反应的破坏机理与发生条件，可以通过以下途径进行预防和控制。

（1）控制混凝土中的有效碱含量

水泥是普通混凝土的主要碱性物质来源，应尽量采用低碱水泥，降低混凝土的水泥用量。同时，也要控制其他原材料中的可溶性碱性物质含量。

（2）选用低碱活性骨料

对于重要的混凝土工程，必须通过碱活性检验，优先采用非潜在碱活性的粗细骨料。另外，也可以用 $25\%\sim30\%$ 的石灰石或其他非活性的骨料"稀释"活性骨料，以降低混凝土的碱-骨料反应概率，减小膨胀性。

（3）掺入大量矿物掺合料

掺入矿物掺合料，如磨细高炉矿渣粉、粉煤灰、硅灰、磨细浮石粉等，可以降低混凝土的有效碱含量。矿渣粉、粉煤灰等矿物掺合料中的部分碱为不可溶性，不会与活性骨料发生反应。使用活性矿物掺合料会生成高硅碱比的碱-硅酸凝胶，其膨胀性较小。由于物理填充和二次水化反应，合理掺入矿物掺合料会使混凝土密实度提高，减少外部水的进入，也能在一定程度上减轻碱-骨料反应破坏。

（4）减少水的供给

碱-骨料反应的水分是导致混凝土产生膨胀破坏的根本原因，通过配合比优化，提高混凝土密实度、预防收缩开裂、改善骨料界面过渡区等均可减少水的渗入。另外，也可以对混凝土进行防水和憎水处理。

2.6 混凝土收缩开裂

2.6.1 混凝土收缩的类型

收缩是混凝土材料的固有属性，是混凝土在凝结硬化及使用过程中，由水分散失或者其他物理化学因素作用而导致体积减小的现象[11]。从应力角度来讲，混凝土的收缩是在无外荷载作用下的一种徐变过程，仅仅取决于混凝土自身材料的组成和外界环境的变化。其按照成因可分为由水分迁移（或消耗）导致的收缩，如塑性收缩、化学减缩、自收缩、干燥收缩，由碳化引起的碳化收缩，以及由温度变化产生的温度收缩等。

（1）塑性收缩

从混凝土拌合完成后到凝结硬化前的一段时间内，水泥水化反应激烈，分子链逐渐形成，并出现泌水和水分急剧蒸发的现象。塑性收缩是指在初凝前由于水分蒸发，混凝土内部水分不断向表面迁移，形成塑性阶段的体积收缩[12]。

（2）化学减缩

化学减缩又称水化收缩，是指水泥水化过程中绝对体积的减小，包括初凝之后产生的内部孔隙。化学减缩大小主要与水泥矿物组成有关。研究表明，硅酸盐水泥浆体完全水化后，体积减缩总量为 $7\%\sim9\%$，其中水泥主要矿物 C_3A 水化收缩量最大，其次分别是铁铝酸四钙（C_4AF）、硅酸三钙（C_3S）和硅酸二钙（C_2S）。

（3）自收缩

自收缩是指密封（与外界无水分交换）条件下混凝土表观体积的减小[13]。化学减缩导致混凝土结构孔隙中的水分减少是自收缩发生的重要原因，但化学减缩并不等同于自收缩。混凝土自收缩与水灰比密切相关，随水灰比的降低其占总收缩的比重逐渐增加。

（4）干燥收缩

干燥收缩是指在混凝土骨架形成后其内部与外界环境存在湿度梯度，导致混凝土内部水分迁移，而引起混凝土的收缩。干燥收缩持续时间较长，是混凝土最主要的收缩类型，其发展和毛细孔隙中的水分扩散息息相关[14]。

（5）温度收缩

在混凝土硬化过程中，水泥水化反应放热，导致混凝土体积膨胀，随后又逐渐冷却到环境温度导致其体积减小，混凝土这种随温度变化的现象即温度收缩。其大小与混凝土的热膨胀系数、混凝土内部最高温度和降温速率等因素有关。

（6）碳化收缩

水泥水化产物与空气中的 CO_2 在有水的条件下发生化学反应，生成 $CaCO_3$ 和游离水的过程，称为碳化作用。由碳化作用引起的混凝土收缩变形称为碳化收缩。碳化收缩量的大小与水泥水化产物中 $Ca(OH)_2$ 含量、环境中 CO_2 的浓度以及湿度有关。

2.6.2 混凝土干燥收缩机理

混凝土的收缩通常以自收缩与干燥收缩为主，适用于干燥收缩的一些机理（如毛细管张力理论），也同样适用于自收缩，但干燥收缩和自收缩在混凝土内相对湿度降低的机理上存在不同。以下重点介绍混凝土干燥收缩的四种理论：毛细管张力理论、表面张力理论、拆开压力理论、层间水移动理论。

（1）毛细管张力理论

毛细管张力理论认为水泥石干燥收缩与其干燥过程中毛细管水的弯液面有关。毛细管张力学说最早由 T. C. Powers 提出，该理论认为随着毛细孔和凝胶孔中水分的散失，孔隙中会形成弯液面，由于表面张力作用，弯液面便会产生指向液体外部的附加压力，并且孔径越细、孔内湿度越低，弯液面曲率越大，附加压力也就越大，孔壁便处于不断拉紧的状态，混凝土也因此处于不断收缩的状态。由 Kelvin 公式可知，相对湿度（RH）与弯液面曲率半径的关系：

$$\ln(RH) = -\frac{2\gamma V_m}{RTr} \tag{2-19}$$

式中，γ 为孔隙内液体的表面张力，N/m；V_m 为水的摩尔体积，m^3/mol；R 为摩尔气体常数，8.314J/(mol·K)；T 为热力学温度，K；r 为孔隙弯液面的曲率半径，m。

结合经典毛细管应力作用 Young-Laplace 公式：

$$\sigma_{cap} = \frac{2\gamma\cos\theta}{r} \tag{2-20}$$

式中，σ_{cap} 为毛细管应力，N/m^2；θ 为固相和液相接触角，(°)。

联合式（2-19）与式（2-20），可得到 Kelvin-Laplace 公式：

$$\sigma_{cap} = \frac{2\gamma\cos\theta}{r} = -\frac{RT\ln(RH)}{V_m} \tag{2-21}$$

式（2-21）很好地解释了毛细管应力与溶液表面张力、毛细管半径以及内部相对湿度之间的关系。由上述分析可知，大孔失水引起的收缩是比较小的，毛细孔径越小，失水造成的收缩应力越大。由于水泥石失水是先从大孔开始的，所以水泥石水化初期收缩应力比较小，随着水泥石进一步失水，毛细管应力增大，体系宏观收缩也会显著增大。但毛细管张力只在一定孔径范围内起作用，当毛细管太细而不能保持溶液弯液面时，毛细管张力也随之消失。

（2）表面张力理论

材料的表层分子或原子由于受力不均匀，相较内部的分子或原子处在高能量状态，这种差异使材料表面产生张力。混凝土表面的吸附水层可降低其表面张力，但随着相对湿度的降低，C-S-H 凝胶失去吸附水，表面张力增加，其附加的压缩应力便可导致混凝土体积的收缩。

（3）拆开压力理论

水泥石中的 C-S-H 凝胶体在范德瓦耳斯力作用下，吸引周围的凝胶颗粒，使其相邻表面紧密接触。当凝胶体表面吸附水时，产生拆开压力（由吸附膜中水分子的趋向决定）。拆开压力随吸附水膜厚度的增加（相对湿度的增加）而增大，当超过范德瓦耳斯力时，拆开压力迫使凝胶颗粒分开而引起膨胀。而当相对湿度降低时，拆开压力减小，凝胶体颗粒在范德瓦耳斯力作用下吸引在一起，凝胶颗粒间距减小，从而产生收缩。

（4）层间水移动理论

C-S-H 凝胶在低于一定相对湿度时会失去层间水，层间水的失去对水泥基材料的不可逆收缩产生很大影响。苏联学者谢依金认为，当空气相对湿度小于 45％时，将失去 C-S-H 凝胶的层间水，空气相对湿度越小、温度越高水泥石中 C-S-H 凝胶的层间水失去越多，混凝土的收缩越大。

2.6.3　混凝土收缩开裂的控制措施

目前，已开发出许多种混凝土减缩防裂措施，按其作用机理不同可分为外养护法、内养护法、减缩剂法、膨胀补偿法和纤维增韧法等。

（1）外养护法

外养护法是最常用的一种混凝土收缩控制方法。其作用机理也很明确，即阻止混凝土表面水分散失，使混凝土与周围环境隔离，避免混凝土发生塑性收缩和开裂。混凝土外养护主要分为两类，即湿养护（包括蒸汽养护、喷水养护等）和密封养护（包括覆盖稻草、包裹塑料薄膜等）。此外，研究者们还开发了化学外养护剂（如高分子乳液、水玻璃等），其可以达到阻止混凝土水分散失的目的，其使用方便程度和养护效率均高于传统外养护方法。

（2）内养护法

通过向混凝土中掺加具有吸水、释水能力的材料，以实现从内部对混凝土进行养护，即内养护，其已成为一种被广泛关注的新型养护方法。内养护作用并不复杂，在混凝土浇筑成型后，混凝土内部含水量随着胶凝材料水化消耗和向环境中扩散而逐渐降低，混凝土内部相对湿度由初始饱和状态开始下降，此时预吸水的内养护材料开始向混凝土内部释放水分，使混凝土内部相对湿度维持在较高的水平，从而减小混凝土早期收缩，另外，较高的相对湿度促进混凝土内部胶凝材料持续水化，使混凝土内部更密实，提高混凝土强度。目前广泛使用的内养护材料主要有聚合物类高吸水树脂材料和多孔轻骨料等。

（3）减缩剂法

减缩剂一般为聚醚、聚醇、低级醇亚烷基环氧化合物，将其掺入混凝土中，可以降低水泥石孔溶液的表面张力，进而减小在不饱和毛细孔中因弯液面形成而引发的内外压力差，因此可以降低混凝土的收缩。

（4）膨胀补偿法

膨胀补偿法是在水泥水化反应早期，利用膨胀剂自身水化产生的具有较大膨胀性的水化产物来实现对混凝土收缩的补偿和控制。膨胀剂按其膨胀源主要可归为钙矾石类、氧化钙类、氧化钙-钙矾石复合类以及氧化镁类等几类。

（5）纤维增韧法

随着混凝土抗压强度的提高，其脆性表现也越显著，而纤维具有抑制混凝土收缩、提高混凝土抗拉强度、增加混凝土韧性的作用，能够减小混凝土，尤其是高强高性能混凝土的收缩开裂风险，不同类型纤维对混凝土收缩抑制效果不同。

上述常用或研究较多的混凝土减缩防裂措施都有各自的使用条件和局限性，其减缩防裂效果也各有特点。在一般情况下，使用单一的减缩措施对收缩能够起到一定的抑制作用，但在减缩和抗裂要求较高，且保证混凝土其他性能不劣化的前提下，使用单一的减缩措施往往并不能满足要求，因此，人们开始关注两种甚至多种减缩措施复合使用的新途径，如内养护与减缩剂复合使用、纤维与膨胀剂复合使用等。研究表明，两种或多种减缩措施的复合使用，能发挥叠加或协同效应，其减缩防裂效果优于单一措施，对高性能混凝土收缩开裂的控制更为有效。

2.7 混凝土磨损

2.7.1 磨损的定义

磨损是指由两种材料（物质）接触及相对运动而引起材料逐渐损伤的现象。相对运动包括滑动、滚动、振动等，此时相互摩擦的一对材料进行一动一静或者二者非等速的运动。逐渐损伤量便是磨损量，单位时间的质量或体积损失，叫作磨损速度。在滑动摩擦情况下，若滑速恒定，则可用单位滑动距离的质量或体积损失来表示磨损速度。与很多自然现象相似，磨损速度不是恒定的，一般也有如图 2-4 所示的三个阶段：开始时，磨去表面突出部分，磨损速度大（Ⅰ区）；随后摩擦面变得光滑，磨损量变化不大（Ⅱ区）；在Ⅲ区，摩擦面分层损耗，又会再次加速磨损。

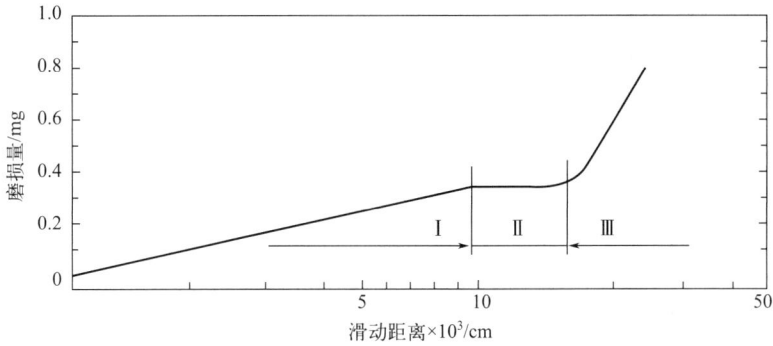

图 2-4　磨损的三个阶段

2.7.2　混凝土磨损的基本形式和机理

实际工程中混凝土磨损现象十分普遍，如在水工混凝土中水与混凝土接触或相互运动引起磨损，混凝土仓壁内侧与仓料的摩擦引起磨损，行驶车辆过程中轮胎对路面混凝土的磨损。

混凝土作为一种多相且多层次的复合材料体系，其宏观结构所显现的不均匀性间接反映了混凝土内部微结构的复杂性，其磨损特征完全不同于常规金属材料。混凝土内部存在的大量孔洞及缺陷加剧了磨损损伤进度，并表现出特有的磨损损伤机制。混凝土的磨损是一个复杂的物理力学过程，除材料本身的性能外，它还与磨损方式及条件密切相关[15]。在工程上混凝土的主要磨损形式有黏着磨损、磨粒磨损、疲劳磨损、侵蚀磨损，见图 2-5。

（1）黏着磨损

黏着磨损理论主要讨论弹性球体和刚性平面的接触磨损现象。当物体与混凝土接触并产生相对运动时，分布于接触表面上的微凸体最先发生触碰，见图 2-5 （a）。在法向载荷作用下，微凸体承受的局部压力超过材料的屈服强度，导致塑性变形产生，微凸体与材料分离形成游离磨粒。在此基础上，阿查德（Archard）推导出黏着磨损计算模型：

$$V = k \frac{WL}{H} \tag{2-22}$$

式中，V 为混凝土磨损体积，m^3；k 为产生磨粒的无量纲概率系数，其大小取决于两个接触平面的材料性质以及环境因素，范围在 $10^{-7} \sim 10^{-2}$ 之间；W 为法向载荷，N；L 为两平面的相对滑动距离（磨损距离），m；H 为混凝土硬度，N/m^2。由式（2-22）可知，磨损体积与磨损距离成正比，且物体与混凝土的接触压力以及混凝土自身的强度是决定混凝土耐磨性能的重要参数。

（2）磨粒磨损

磨粒磨损是指在摩擦过程中，由于外界硬质颗粒或者摩擦副材料自身颗粒脱离，表层形成磨粒进而造成表层磨损损伤加剧的现象［见图 2-5 （b）］，主要包括二体磨粒磨损以及三体磨粒磨损。其中，二体磨粒磨损是指磨粒在固体表面相对运动产生的磨损，根据磨损的角度不同，材料损伤现象通常伴随着微小犁沟或者较深沟槽的形成，并伴有大颗粒材料脱落；三体磨粒磨损是指磨粒存在于两个相互接触的摩擦材料之间，并伴随接触移动活动于两材料

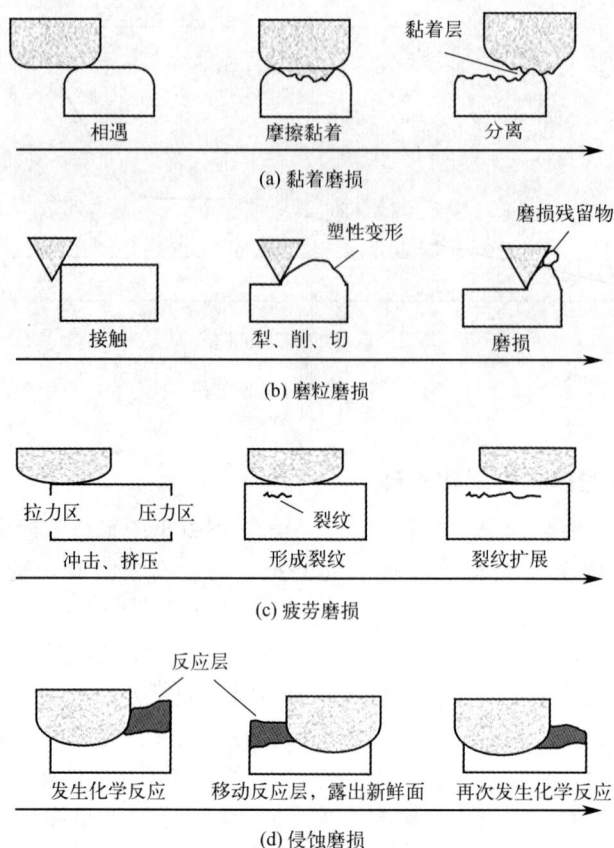

图 2-5　混凝土磨损的基本形式

之间。关于磨粒磨损对混凝土表层的破坏机制主要有以下 3 种假说：微切削假说、压痕破坏假说和疲劳破坏假说。微切削假说假设磨粒是具有锥形的硬质颗粒，其在软材料上滑动犁出沟槽，据此推导的磨粒磨损表达式为

$$V = KL\ \frac{2W}{\pi\sigma\tan\alpha} = k_s\ \frac{WL}{H} \tag{2-23}$$

式中，α 为圆锥体的半角，$(°)$；W 为载荷，N；K 为微凸体相互作用产生磨粒的概率；L 为滑动距离，m；σ 为屈服极限，N/m^2；k_s 为磨粒磨损系数。式（2-23）考虑了混凝土的屈服极限 σ 与硬度 H 存在 $H \approx 3\sigma$ 的关系。磨粒磨损系数 k_s 包含了摩擦角度、磨粒材料性质等因素。由式（2-23）可以推导出，磨粒磨损产生的磨损量与接触压力以及材料硬度（强度）密切相关，磨损量随着接触压力的增大而增大，随着材料硬度的增大而减小。

（3）疲劳磨损

疲劳磨损是指两个相互接触的摩擦材料表面，由于循环接触应力作用而产生塑性变形，最终导致摩擦材料表面点蚀甚至剥落的损伤现象，见图 2-5（c）。其损伤机理可以使用赫兹理论进行解释：在磨损过程中，由于外荷载循环作用，受到最大切应力处的材料最先发生塑性变形并产生裂纹，裂纹沿着最大切应力的方向延伸至材料表面导致表面颗粒脱落，形成疲劳破坏。关于疲劳磨损产生的原因和机理存在多种推论，目前普遍认为荷载施加程度与材料的自身性质是影响疲劳磨损的关键因素。在疲劳磨损过程中，法向作用力增大将直接导致切

向摩擦力增大，从而加剧材料表层的磨损量，降低材料使用寿命。

（4）侵蚀磨损

侵蚀磨损是指被磨损物和磨损物接触表面有能够发生化学反应的物质时，在相互磨损、移动下，反应物被磨损，露出新鲜界面，再次发生化学反应，磨损反复进行，不断使反应物演变为磨损残留物，或在被磨损物表面形成颗粒粗大的反应物等现象，见图2-5（d）。

2.7.3 混凝土耐磨性主要影响因素

根据混凝土磨损机理可知，混凝土的材料特性是影响其耐磨性的关键因素。影响混凝土耐磨性的因素主要有以下几点。

（1）水泥细度和水泥石强度

水泥的耐磨性与水泥细度和水泥石强度有关。水灰比小、水泥强度高时，水泥石的密度增大，表面硬度愈高，使得表面颗粒不易磨损脱落。在水泥用水量基本相同时，水泥的细度愈细，水泥水化愈充分，水泥的强度越高，其耐磨性也越高。水泥的强度又与水泥矿物成分有关，提高 C_3S 成分，可提高水泥强度，特别是早期强度，进而提升其耐磨性。

（2）骨料

骨料的特性差异直接影响其与水泥浆体的黏结咬合性能，这决定了骨料是否容易磨损剥落。粗糙度较大的骨料相互之间、骨料与浆体的机械咬合力强。粗糙颗粒会增大骨料与浆体的接触面积，能够保证骨料与浆体充分黏结，不易剥落；坚固性强的骨料强度高，在混凝土受荷情况下骨料颗粒不易压碎。

粗骨料的耐磨性也会影响混凝土耐磨性。在混凝土受磨损的状态下，表面的硬化水泥浆薄层即水泥砂浆面层先被磨损，露出混凝土中体积占比较大的粗骨料，此时粗骨料提供了部分的受磨面积，意味着混凝土耐磨性随粗骨料耐磨性同步提升。

（3）矿物掺合料

矿物掺合料对混凝土耐磨性有正面和负面的双重作用。矿物掺合料的火山灰效应可改善混凝土的界面黏结状态，有的掺合料（如粉煤灰内的大量玻璃微珠）也可以使混凝土拌合流动性和黏聚性增强，提高混凝土内部密实度，从而提高混凝土的耐磨性。此外，玻璃微珠结构致密，抗压强度及弹性模量很高。有研究表明，厚壁空心微珠的抗压强度可达到700MPa以上，弹性模量可达到34.3GPa，这种特性有助于提高混凝土的耐磨性。但掺合料掺量过大时，部分矿物掺合料不能完全水化，会降低混凝土的耐磨性。

（4）混凝土韧性

混凝土韧性越强，混凝土在反复变形中能够消耗越多的冲击与磨耗能量，从而提升混凝土的耐磨性。

2.7.4 混凝土耐磨性的改善措施

提高混凝土耐磨性能的主要措施包括提高混凝土的强度、断裂韧性、硬度或降低弹性模量等。具体来说，可对混凝土配合比、材料特性进行优化，以及在细观、微观结构等方面进行调控。

提高混凝土的强度是改善混凝土耐磨性的直接方法。适当减小水灰比可提高混凝土强度。而在同强度情况下，骨料粒径会影响混凝土的耐磨性，由于骨料粒径影响其比表面积，即骨料粒径越小其比表面积越大，骨料和浆体的黏结强度就越强。此外，骨料的特性也会影响混凝土耐磨性，选用表面粗糙度大、坚固性高的骨料能够保证其具有优良的抵抗破碎能力以及骨料与浆体之间良好的黏结性能。

提高混凝土韧性能够改善其耐磨性。在实际工程中，可采用聚合物和纤维改善混凝土耐磨性，其作用机理主要有：①聚合物改善了新拌混凝土的工作性能，同时聚合物乳液中含有大量表面活性物质，在混凝土水化过程中增加了乳液与骨料及水化产物的黏附性，乳液失水后形成的聚合物薄膜紧密吸附在骨料表面，填塞在骨料-水泥石界面区，这种空间网状结构保证了混凝土基体在冲击荷载和磨损削切作用下不易开裂或脱落；②纤维具有"桥联"作用，即乱向分布在混凝土内部的纤维阻碍了因磨损产生的裂缝扩展。

在无宏观缺陷的工况下，混凝土的细观结构成为其耐磨性的关键影响因素。采用掺合料（如粉煤灰、矿渣及硅灰等）等量取代砂子的方式，可改善混凝土耐磨性。原因在于掺合料颗粒相比水泥更为细小，可以充分填充在混凝土内部孔隙和水泥与骨料界面裂隙内，优化基体孔结构；此外，掺入掺合料还可改变基体氢氧化钙的含量。

此外，有学者研究发现将一些纳米颗粒掺入混凝土中，能够有效改善其耐磨性。原因在于纳米材料具有晶核作用，能加快水泥水化反应进程和改变水化产物，使胶凝体形成三维网格结构；同时，纳米颗粒能有效填充水泥中的凝胶孔隙。

2.8　混凝土冲蚀

2.8.1　冲蚀的定义

冲蚀是指液体或固体以松散的小颗粒按一定速度或角度对材料表面进行冲击而造成的一种材料损耗现象，也称为冲蚀磨损。能产生冲蚀破坏现象的粒子一般比被冲蚀材料的硬度大，但在高速流动时，很软的粒子如水滴也会造成材料冲蚀磨损。广义上说，大自然的风雨对建筑物造成的破坏、地形地貌随时间的自然演变都包含了冲蚀作用的结果。

冲蚀是两相或者多相流动介质冲击物体表面产生的损耗现象，这种介质可以是气固两相流，也可以是液固两相流。在水利工程中，水流挟带泥沙、碎石、砾石、冰块及其他碎屑残渣等形成液固两相流反复撞击混凝土表面，引起混凝土表面层冲蚀磨损的现象非常普遍。特别是黄河及其支流，金沙江、大渡河等河流的含沙量很高，这些流域的水工混凝土面临的冲蚀损伤问题十分突出。水工混凝土的冲蚀磨损主要发生在水利设施的溢洪道护坦、消力池、泄洪洞、排水管道或涵洞及隧道衬砌等部位。另外，桥梁工程、海洋工程也会受到冲蚀磨损作用。

2.8.2　冲蚀破坏机理

材料的冲蚀磨损与表面防护是一个复杂的多学科交叉问题，研究者们已试图提出一些理论模型来解释或预测材料的冲蚀磨损行为。到目前为止，还没有一种理论能够全面地揭示冲蚀磨损对材料的内在作用机理，目前，冲蚀磨损的主要作用机理或理论包括以下几种[16]。

（1）微切削理论

Finnie 研究了有足够硬度且不发生变形的刚性粒子对材料的冲蚀磨损，从而提出了微切削理论。该理论认为固体颗粒像微型刀具，划过材料表面时会切除局部表面而产生磨损破坏。材料的体积冲蚀率 V 随入射角 α 变化的综合表达式为

$$V = K \frac{mu^2}{p} f(\alpha) \tag{2-24}$$

$$f(\alpha) = \begin{cases} \sin 2\alpha - 3\sin^2\alpha, \alpha < 18.5° \\ \cos^2\alpha/3, \alpha \geqslant 18.5° \end{cases} \tag{2-25}$$

式中，K 为常数；m 为颗粒的质量，kg；u 为颗粒速度，m/s；p 为颗粒与材料间的弹性流动应力，N/m^2。

经实验验证，该模型能够较好地解释低冲击角下材料受刚性粒子冲蚀的作用规律，但是对高冲击角或脆性材料的冲蚀预测偏差较大。

（2）变形磨损理论

Bitter 将冲蚀磨损分为切削磨损和变形磨损两部分，冲击角为 90° 时的冲蚀磨损主要与颗粒冲击时材料的变形有关，该理论认为冲蚀破坏是力学因素造成的。当颗粒对材料表面的冲击应力 σ 小于材料的屈服强度 σ_s 时，材料只发生弹性变形；当 $\sigma > \sigma_s$ 时，则会形成裂纹，材料产生弹性和塑性两种变形。基于冲蚀过程中的能量平衡，可以推导出变形磨损量和切削磨损量，材料的总磨损量为两者之和。

（3）临界应变量理论

Hutchings 认为在冲蚀过程中材料表面会发生弹性变形，进而提出以临界应变作为冲蚀磨损的评判标准：只有当形变达到临界值 ε_c 时，才会发生材料流失。该理论把 ε_c 作为材料塑性的衡量指标，其值由材料的微观结构决定。假设大量随机分布的球状粒子以相同速度冲击材料表面，从而使材料产生相同模式的弹性变形，据此可推导出如下关系式：

$$E = 0.033 \frac{\alpha \times \rho \times \sigma^{1/2} \times v^3}{\varepsilon_c^2 \times p^{3/2}} \tag{2-26}$$

式中，E 为材料的质量冲蚀率；α 为表征压痕量的体积分数；ρ 和 σ 分别为被冲蚀材料和冲蚀颗粒的密度，kg/m^3；v 为冲击速度，m/s；p 为外压，N/m^2。该理论解释球状颗粒正向冲蚀造成的磨损较为成功，但对于其他情况下的磨损该理论尚未被普遍认可。

对于塑性材料而言，微切削理论适用于解释刚性颗粒的低入射角冲蚀情况，变形磨损理论则着重于冲蚀过程中的变形历程及能量变化，而临界应变量理论的意义在于引入临界应变来评价材料的冲蚀行为。

关于固体颗粒对脆性材料的冲蚀作用机理，相关研究起步较晚，目前较有影响的是弹塑性压痕破裂理论。一般认为，初始裂纹萌生于固体颗粒与材料表面接触位置附近存在缺陷的地方。只要固体颗粒的冲蚀负荷或冲击速度足够大，在入射粒子冲击点即会出现塑性变形，进而产生平行于冲击面的横向裂纹或环状裂纹；如果是尖角粒子冲击表面，则会引发径向裂纹。前者将使材料强度退化，而后者被认为是材料流失的根源。此外，如果脆性固体颗粒冲

击材料表面，冲蚀过程中颗粒也会发生破碎，这种破裂后的颗粒碎片还会对冲击面产生二次冲蚀。

2.8.3 冲蚀的影响因素

对于液固两相流冲蚀来说，影响冲蚀磨损的因素主要有以下几方面。

（1）固体颗粒性质

在同样条件下，多角状磨粒比球状圆滑磨粒对混凝土冲蚀磨损更严重。混凝土的冲蚀磨损率随着冲蚀流体中固体颗粒尺寸增大而加重，但当固体颗粒尺寸增加到某一临界值后，冲蚀磨损率几乎不变或变化较小。当固体颗粒物与混凝土材料的表面硬度之比小于 1.2 时，冲蚀破坏随着该比值的减小而降低。一般认为，材料的冲蚀损坏会随着流体中颗粒数量增加而加重，但当颗粒浓度很大时，由于粒子之间的相互碰撞及回弹，冲蚀率则会有所降低。

（2）流体特性

当流速较低时，流体中的固体颗粒只会与混凝土材料表面发生弹性碰撞，当高于临界流速时，材料冲蚀率会随流速和压力提高而加大。通常把材料表面和流体运动轨迹之间的夹角称为冲蚀入射角。对于塑性材料，入射角在 $20°\sim30°$ 时冲蚀率最大；对于脆性材料，最大冲蚀率一般出现在近 $90°$ 角处。大多数材料并非典型的脆性或韧性材料，水平冲击时以塑性冲蚀为主，大角度冲击时以脆性冲蚀为主。

（3）冲蚀时间

通常来说，冲蚀颗粒开始冲击混凝土表面时，会出现暂时的表面密实强化现象，此阶段的冲蚀磨损率较低。但随着冲蚀时间延长，材料表面会逐渐发生破损和流失，冲蚀破损不断加重。

（4）材料的特性

表面硬度对混凝土的抗冲蚀性能具有重要影响，但不是决定性因素，并不能认为混凝土材料的硬度和强度越高，其抗冲蚀性能就越好。决定材料抗低角度冲蚀性能的主要因素是硬度和强度，而抗高角度冲蚀能力取决于材料的韧性；对于韧性好的混凝土来说，即使其硬度较低，依然具有较高的抗冲蚀能力。表面气孔等缺陷的存在使得裂纹容易在这些部位萌生扩展，不利于提高混凝土抗冲蚀性能。

2.8.4 混凝土抗冲蚀性能的改善措施

为了提高混凝土抗冲蚀性能，通常从配合比优化设计、水工结构设计、表面防护处理等方面入手。通常来说，对水工混凝土材料，采用低水胶比、掺入硅灰等优质矿物掺合料、适量聚合物乳液改性、引入钢纤维和其他抗裂纤维等，均能显著提高其抗冲蚀性能。从水工结构设计的角度，可以优化构筑物外形尺寸，尽可能使水流顺直、减小冲击角度，以减轻水流和固体颗粒的抗冲蚀破坏。在表面防护方面，一些水工结构的过流部位常采用更高等级的抗冲耐磨混凝土保护层，如泄水建筑物的溢流面、消力池底板、输水隧洞、导流隧洞等处的衬砌混凝土。此外，也有在混凝土表面黏结高耐磨材料涂层或聚合物材料进行保护的做法，如黏结弹性聚氨酯、超高分子量聚乙烯等，不仅施工工艺简单经济，而且易于修复。

2.9 混凝土热损伤

混凝土热损伤是指在内外温差或高温环境下，混凝土材料因受热或冷而发生的一系列物理和化学变化，导致其结构和性能受到损害的过程。这种热量来自混凝土内部或外部环境。这些变化包括水分蒸发、骨料和水泥基材料的热膨胀或收缩、热裂纹的产生等，最终导致混凝土的强度和稳定性降低，表面出现龟裂、剥落等现象，内部结构也会遭到破坏。

我国《大体积混凝土施工标准》（GB 50496—2018）将大体积混凝土定义为：混凝土结构实体最小尺寸不小于 1m 的大体量混凝土，或预计会因混凝土中胶凝材料水化引起的温度变化和收缩而导致有害裂缝产生的混凝土。大体积混凝土结构实体庞大、混凝土用量大，施工过程中混凝土产生的水化热导致内部与表面产生相当可观的温差，控制不当将导致应力过大而产生温度裂缝，因此应及时采取合理的措施，避免引发工程质量问题。

2.9.1 混凝土热损伤机理

（1）水泥水化热

水泥所包含的各种化合物是高温反应形成的不平衡产物，因此，这些化合物处于高能态。水泥水化时，其所含化合物与水发生反应，从而向稳定的低能态过渡，且伴随着能量的释放。因此，水泥的水化反应是一个放热反应。硅酸盐水泥的放热速率在达到初凝之后会急剧增加，尤其对于大体积混凝土结构物，水泥放出的热量易聚集在结构物内部不易散发。

通过实测，水泥水化热引起的温升最高可超过 30℃。水泥水化热引起的绝热温升，与混凝土单位体积中水泥用量和水泥品种有关，并随混凝土的龄期按指数关系增长，一般在 10～12 天接近最终绝热温升。在实际工程中，受自然散热的影响，混凝土内部的最高温度多数发生在混凝土浇筑后的最初 3～5 天。由于浇筑初期混凝土的强度和弹性模量都很低，其对水化热引起的急剧温升变形约束不大，相应的温度应力也较小。随着混凝土龄期的增长和弹性模量的增高，对混凝土内部降温收缩的约束愈来愈大，以至产生很大的拉应力。当混凝土的抗拉强度不足以抵抗这种拉应力时，便开始出现温度裂缝。

（2）外界气温变化的影响

环境温度对大体积混凝土的影响主要是通过影响混凝土表面的温度来改变混凝土内部温度场。外界气温骤降会导致混凝土表面降温，并在表面产生收缩裂缝；而混凝土内部温度较高，由于热胀冷缩发生膨胀，导致混凝土内部产生大量裂缝。

（3）约束条件与温度裂缝的关系

混凝土在变形过程中，必然会受到一定的"约束"或"抑制"而阻碍变形，这就是约束条件。大体积混凝土由于温度变化会产生变形，而这种变形受到约束，便产生了应力，这就是温度变化引起的应力状态。而当应力超过某一数值，便会产生裂缝。

2.9.2 混凝土热损伤主要影响因素

混凝土温度应力的大小取决于水泥成分、水化热、拌合浇筑温度、环境温度、收缩变形及当量温度等因素，同时也与混凝土的降温散热条件和混凝土升降温速度密切相关。而混凝土抗拉强度的提高与混凝土本身材料性能有关，此外，还与施工方案等因素有关。混凝土热损伤的主要影响因素如下。

（1）入模温度

混凝土的入模温度也称浇筑温度，它是混凝土水化热温升的基础，入模温度越高，混凝土的热峰值也必然越高。工程实践中在高温季节浇筑大体积混凝土常采用骨料预冷、加冰拌和等措施来降低浇筑温度，控制混凝土最高温升。

（2）水泥品种及矿物掺合料

水泥基材料的水化放热行为因水泥品种不同而异。与普通硅酸盐水泥相比，以氯氧镁水泥为代表的镁水泥水化早期放热量相对较大；而铝酸盐水泥则水化放热速率较快，但总放热量比普通硅酸盐水泥少。矿渣硅酸盐水泥和火山灰质硅酸盐水泥分别以矿渣粉和火山灰质混合材料代替水泥熟料，因此水化放热量及水化放热速率降低。

不同水泥熟料矿物的水化热也各不相同。在硅酸盐水泥中，单位质量矿物水化热最大的是 C_3A，其次是 C_3S，再次是 C_4AF，C_2S 的水化放热量最小。因此，C_3A 与 C_3S 含量高的水泥，水化热高、放热速率快。

（3）环境温度

环境温度变化对混凝土底板内热峰值影响不大，但对混凝土内外温差影响较为显著。环境温度越低，混凝土表面温度也越低，从而加剧了内外温差。因此，在寒潮来临时进行混凝土浇筑对控制温度裂缝是不利的。

（4）混凝土的导热性能

热量在混凝土内传导的能力反映在其导热性能上。混凝土的热导率越大，热量传递率就越大，则其与外界热交换的效率也越高，从而降低混凝土内最高温度和混凝土内外温差。此外，混凝土导热性能越好，热峰值出现的时间也会越提前。混凝土热导率一般均较小，潮湿状态会影响混凝土热导率。

（5）几何尺寸

大体积混凝土底板的长度对裂缝也有影响，底板越长，越容易产生裂缝。这是因为温度应力与浇筑块长度有关。

（6）施工方法

分块、分层浇捣方法可以减少温度收缩应力、控制裂缝的扩展，还有利于混凝土内部散热和减少约束作用。

（7）收缩变形

混凝土中含有大量孔隙，这些孔隙中存在的水分蒸发会引起混凝土收缩。"热胀干缩"的性质对裂缝控制极为重要。在实际工程大体积混凝土温度裂缝控制的计算中，可将混凝土的收缩换算成相当于引起同样变形所需要的温度值，即"收缩当量温差" ΔT，以便于利用温差计算混凝土的应力。

$$\Delta T = \varepsilon_c / \alpha \qquad\qquad (2\text{-}27)$$

式中，ε_c 为混凝土的收缩变形值；α 为混凝土的温度膨胀系数，$\mathrm{{}^\circ\!C^{-1}}$。

2.9.3 混凝土热损伤的控制措施

在大体积混凝土施工中，考虑温度应力的影响，设法降低混凝土内部的最高温度，减小其内外温差是解决温度裂缝的主要控制措施。这与混凝土的各种组成材料的特性、结构物的体型大小、约束条件等诸多因素相关。混凝土温度裂缝的主要控制措施概括起来包括以下几点。

（1）合理选择原材料，优化混凝土配合比

选择混凝土原材料，优化配合比的目的在于减小混凝土的绝热温升、提高抗拉强度和极限拉伸变形能力、减小热强比，实现混凝土的低收缩或微膨胀。根据实践经验主要有以下几条措施：

① 水泥品种及用量。水泥水化热是大体积混凝土发生温度变化而导致体积变形的主要根源。为了降低水泥的水化热、减小混凝土的体积变形，大体积混凝土一般采用中热硅酸盐水泥和低热矿渣水泥。除此之外，还应在满足性能要求的基础上尽量减少水泥用量。

② 掺用掺合料。掺加掺合料可以有效降低水化的峰值温度，推迟水化放热峰值的出现时间。

③ 掺外加剂。掺减水剂可有效地提高混凝土强度、减少水泥用量。缓凝型减水剂还有延缓水泥水化的作用。因此，掺入减水剂能降低水化温升，还可延迟水化热释放速度。此外，缓凝型减水剂在大体积混凝土中可以避免冷接缝，提高工作性及流动性，有利于泵送。

④ 调整骨料粒径和级配。对于粗骨料，通常选用连续级配为 $10\sim40\mathrm{mm}$ 的碎石，泥浆含量小于等于 1%；对于细骨料，通常细度模数为 $2\sim3.11$，泥浆含量应不超过 3%。

（2）合理进行温度控制

对于大体积混凝土的温度控制，主要考虑三个特征值：入模温度、最高温度及养护温度。混凝土的入模温度取决于各种原材料的初始温度，主要控制方法是施工时加冰冷却拌合水、骨料和水泥，尽量选择较低气温时段浇筑混凝土。最高温度可在混凝土内部预埋水管进行控制，利用冷却水管内流通的制冷水带走大体积混凝土内部积聚的水泥水化热，削减浇筑层水化热温升。这种方法具有良好的适用性和灵活性，且能有效控制整个结构内部温度，在国内外得到了广泛应用。而对于养护温度控制，为了使大体积混凝土的内外温差降低，可采用混凝土表面保温的方法，减小混凝土内外温差。常用的保温材料有模板、草袋、湿砂、锯末等，保温材料不仅要放置在混凝土的表面，还要注意结构物四周的保温。

（3）分块、分层浇筑

分块、分层浇筑有两方面的目的：一是为了便于施工，将庞大的结构体逐块、逐层地进行浇筑；二是为了防止裂缝，减小基础块的尺寸，增加散热面，从而降低施工期间的温度应力，以减小产生裂缝的可能性。

（4）加强施工温度监测

混凝土温升最快的阶段在浇筑后的 $3\sim5$ 天，在这期间，宜每 30 分钟读取一次数据，之后数据的读取时间可以延长，建议在混凝土浇筑后的 6～20 天，每 3 小时读取一次数据，浇筑后的 21～30 天，每 6 小时读取一次数据。

（5）采用先进的施工技术

在加强混凝土质量控制的同时，应积极推广新技术、新材料与新工艺的应用，以减少混凝土的开裂。例如，相变储能技术是一种利用相变材料在温度高于相变点时吸收热量而发生相变（储能过程），当温度下降到低于相变点时发生逆向相变（释放能量过程）进行工作的技术。利用相变储能技术调控混凝土温度的自控方法为最终解决混凝土因水泥水化热所引起的温升而造成的早期温度裂缝提供了全新的智能化解决方案。

（6）合理组织施工

在施工过程中应精心安排混凝土施工时间：在高温季节施工时，混凝土浇筑时间尽量安排在 16 时至翌日上午 10 时前，以减少混凝土温度回升。新旧混凝土浇筑间隔时间为 5～7 天，相邻浇筑坝块高差控制在 8m 以内。

总的来说，混凝土的物理力学特性决定了大体积混凝土温度变形是不可避免的，掌握混凝土裂缝的产生原因对于进行合理的结构设计和施工是极为重要的。从材料质量、施工技术、环境状态等方面采取措施综合治理，才能消除混凝土热损伤风险。

2.10 混凝土微生物腐蚀

混凝土微生物腐蚀是一种特殊类型的腐蚀，它是由微生物在混凝土表面附着并进行繁殖代谢形成的生物膜所引起的。这种生物膜会对混凝土产生腐蚀作用，导致混凝土表面污损、表层疏松、砂浆脱落、骨料外露，严重时甚至会产生开裂和钢筋锈蚀等问题，这不仅影响混凝土建筑的整体功能，还会导致严重的经济损失。

微生物对混凝土材料的腐蚀主要集中在污水管道、污水处理池以及海洋建筑等微生物富集区。目前，世界各地均面临大量地下污水管网的老化和劣化问题，污水管道的修复或更换耗资巨大。

2.10.1 微生物对混凝土的腐蚀机理

对混凝土有腐蚀作用的微生物主要包括硫酸盐还原细菌、硫氧化细菌等。在厌氧环境下，硫酸盐还原细菌主要是脱硫弧菌属的细菌，其会将管道底部的硫酸盐或有机硫还原为 H_2S，而 H_2S 是一种酸性气体，可以降低混凝土表面 pH 值，为硫氧化细菌的生长繁殖提供条件。污水中的厌氧微生物代谢生成的草酸、乙酸、丙酸等有机酸会与水泥石中的钙离子形成可溶性螯合物，导致 C-S-H 凝胶分解并丧失胶结能力；硝化细菌能够通过对胺的硝化作用生成硝酸，同样会导致 C-S-H 凝胶分解；异氧真菌则能在很大的 pH 值范围内分解含硫的有机物质，为硫氧化细菌的生长提供营养，加速其产酸代谢，从而加快腐蚀进程。在好氧环境下，硫氧化细菌主要是硫杆菌属的细菌，可以将 H_2S 气体转化为生物硫酸。实验证明，硫氧化细菌的数目与混凝土的劣化程度成正比。

污水管道内部混凝土的微生物腐蚀作用机理如图 2-6 所示。污水中的悬浮物沉积于底部形成淤泥，有机物质成为好氧微生物的营养源，被逐步分解。待水中溶解氧被消耗殆尽后，氧化作用停止，水体变为厌氧环境。此时，硫酸盐还原细菌将管道底部的硫酸盐或有机硫还原为 H_2S，H_2S 进入管道上部未充水空间；在好氧环境下，硫氧化细菌将其氧化为生物硫酸，硫酸渗入混凝土，与水泥石中的 $Ca(OH)_2$ 反应生成石膏，并进一步与 C_3A 反应生成钙矾石这种膨胀性的产物，从而导致混凝土管壁的腐蚀破坏，具体反应方程式见式（2-28）～式（2-31）。

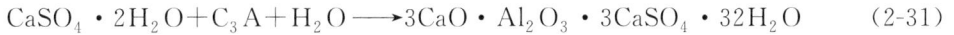

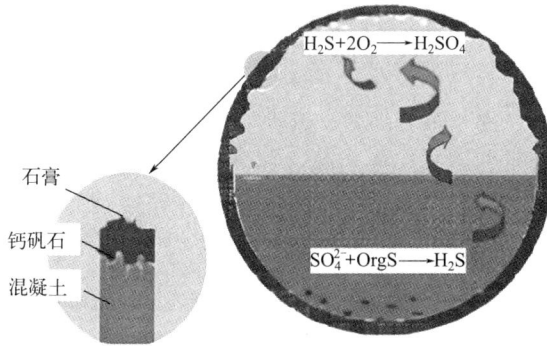

$$SO_4^{2-} \xrightarrow{\text{硫还原菌}} H_2S \tag{2-28}$$

$$H_2S + H_2O \xrightarrow{\text{硫氧化菌}} H_2SO_4 \tag{2-29}$$

$$H_2SO_4 + Ca(OH)_2 \longrightarrow CaSO_4 \cdot 2H_2O \tag{2-30}$$

$$CaSO_4 \cdot 2H_2O + C_3A + H_2O \longrightarrow 3CaO \cdot Al_2O_3 \cdot 3CaSO_4 \cdot 32H_2O \tag{2-31}$$

图 2-6　混凝土微生物腐蚀作用机理图[17]
（OrgS 为有机硫）

新制备的混凝土表面 pH 值高达 12～13，碱性环境不适合微生物生长，故该阶段微生物引起的腐蚀甚微，几乎不会发生质量损失。但是，随着碳化、钙溶出、硫代硫酸以及大气氧化 H_2S 形成聚硫酸等一些非生物（化学）反应的进行，混凝土表面 pH 值会逐渐降低。当 pH 降到 9 左右时，嗜中性硫氧化细菌开始在混凝土表面生长，并通过消耗 H_2S 和其他硫化合物（如亚硫酸盐、硫代硫酸盐等）的硫氧化反应生成生物硫酸，进一步降低混凝土表面 pH 值。当其降至约为 4 时，嗜酸性硫氧化细菌菌种（如嗜酸性氧化亚铁硫杆菌）开始大量繁殖产酸，进一步降低 pH 值，从而使混凝土遭受严重腐蚀。

生物酸对混凝土的腐蚀不同于化学酸。微生物需在混凝土表面附着，然后进行繁殖代谢形成生物膜，进而对混凝土产生腐蚀。生物硫酸会在混凝土气液交界面处的生物膜内聚集，此时含硫化合物为电子供体，硫氧化菌为电子携带中间体，含硫化合物通过硫氧化菌把失去的电子转给电子受体硫酸根离子，硫氧化菌显负电，混凝土中的钙离子显正电，二者由于电性相反而相互吸引，聚集到混凝土气液交界面处并通过代谢作用形成具有大量孔隙的生物膜，硫氧化菌转化的硫酸根离子通过生物膜孔隙以静电作用的方式对钙离子定向吸引从而造成靶向破坏。生物膜的形成与细菌种类、混凝土材料组成和表面特性、溶液化学性质等因素有关，膜中 pH 值、微生物的种类和数量因环境不同而有差异，生物膜控制传质过程，对微生物腐蚀进程产生影响。嗜酸性的微生物可在混凝土生物膜内保持活性并大量繁殖，材料表面生物膜对膜内微生物具有保护作用。因此，生物膜对混凝土的微生物腐蚀具有重要影响。

生物膜内微生物的高度繁殖代谢及向混凝土内部的穴居，使得生物酸对混凝土的腐蚀作用远大于化学酸。

2.10.2　混凝土微生物腐蚀的防治措施

基于微生物对混凝土的腐蚀机理可知，提高胶凝材料的抗硫酸侵蚀性能、控制腐蚀传质过程、抑制或减少生物硫酸的生成都能缓解混凝土的微生物腐蚀。因此，目前的防治措施主要包括混凝土改性、涂层保护和微生物灭杀技术 3 大类。

（1）混凝土改性

混凝土改性主要通过对混凝土配合比的优化设计来提高其耐酸、抗渗和抗裂性，主要包括水泥品种的选择、矿物掺合料的选用、聚合物和纤维的掺加等。实践证明，铝酸盐水泥制备的混凝土污水管道其耐腐蚀性明显优于硅酸盐水泥混凝土。在混凝土中掺加粉煤灰、矿渣粉等掺合料，可减少水泥石中石膏、钙矾石这些腐蚀产物的生成，提高其耐微生物腐蚀性能。以上均是通过改变胶凝材料的组成，延缓混凝土的中性化或酸腐蚀进程。此外，还可通过在混凝土中添加聚合物（如环氧树脂等）来提高混凝土的密实度和抗渗性；而纤维的掺入则可有效抑制腐蚀产物导致的裂缝扩展，从而减少腐蚀介质向混凝土内部的传输。

（2）涂层保护

涂层是抑制混凝土腐蚀最简单有效的方法之一。涂层可在混凝土表面形成一个连续的膜，作为物理屏障，防止腐蚀性物质渗透到混凝土内。目前用于防治混凝土微生物腐蚀的表面涂层可分为两类：一类是惰性涂层，多为有机物，如环氧树脂、丙烯酸、聚氨酯等，通过避免混凝土与微生物接触，从而起到刚性阻隔，防止生物酸侵蚀的作用；另一类为功能涂层，须具有酸中和或抑菌、杀菌功效。中和性涂层有碳酸钠、氧化钙、氧化镁、氢氧化镁等，通过在混凝土表面形成一层碱性保护层，用来中和生物硫酸，并提高混凝土表面 pH 值，抑制硫氧化细菌的繁殖，杀菌功能涂层则是以无机或有机胶凝材料为载体，通过掺加杀菌组分在混凝土表面形成一层具有杀菌、抑酸功能的涂层，如硫黄砂浆涂层。

（3）微生物灭杀技术

微生物灭杀技术是建立在微生物腐蚀作用机制基础上的主动措施，也是近年来混凝土微生物腐蚀防治研究中最活跃的领域。通过在混凝土内部掺加可抑制或灭杀硫氧化细菌的功能组分来控制生物硫酸的生成。目前，国外报道的用于混凝土的杀菌剂有卤代化合物、季铵盐化合物、杂环胺、碘代炔丙基化合物、金属（铜、锌、铅、镍）氧化物、金属（铜、锌、铅、锰、镍）酞菁、钨粉或钨的化合物、银盐、有机锡等。其中，水溶性杀菌剂易溶出消耗，缺乏长效性；重金属离子可能造成水污染；而金属镍化合物、金属钨化合物及金属酞菁具有掺量少、分散性好的特点，是高效的防混凝土微生物腐蚀杀菌剂。不过，将杀菌剂作为功能组分掺入混凝土时，还需考虑其对混凝土自身性能（如工作性及强度等）的影响。

随着城市用水量和污水排放量不断增大，污水成分愈加复杂，无疑将加剧管道混凝土的腐蚀，由此带来管道耐久性退化、服役寿命缩短等问题。通过对混凝土的简单改性并不能显著降低微生物的腐蚀，表面涂层虽可隔离混凝土与侵蚀性介质的接触，但也存在开裂、剥落、磨损等缺陷，而综合考虑杀菌功效、时效及在混凝土中适应性等方面的杀菌剂品种及掺量选择仍需进一步深入研究。

思考题

1. 国家标准关于混凝土抗冻性试验的慢冻法、快冻法及单面冻融法各自适合测定的冻融环境条件及破坏评价指标有何不同？
2. 水在混凝土碳化过程中的角色是什么？
3. 为什么生产硅酸盐水泥时掺适量石膏对水泥不起破坏作用？
4. 海洋混凝土各区带的主要破坏形式有哪些？
5. 混凝土发生碱-骨料反应的必要条件是什么？如何预防碱-骨料反应？
6. 混凝土收缩对钢筋混凝土构件有何影响？
7. 混凝土磨损有哪些形式？分别具有什么特点？
8. 对于非满流设计的重力污水管道，为什么气相区、水位区混凝土腐蚀劣化与液相区相比更为严重？
9. 为什么只有大体积混凝土才会有热损伤？
10. 微生物腐蚀与硫酸盐侵蚀的异同有哪些？

参考文献

[1] Wang Ruijun, Hu Zhiyao, Li Yang, et al. Review on the deterioration and approaches to enhance the durability of concrete in the freeze-thaw environment[J]. Construction and Building Materials, 2022, 321:126371.

[2] Šavija Branko, Luković Mladena. Carbonation of cement paste: Understanding, challenges, and opportunities[J]. Construction and Building Materials, 2016, 117:285-301.

[3] 肖佳, 勾成福. 混凝土碳化研究综述[J]. 混凝土, 2010, 1:40-44, 52.

[4] Neville Adam. The confused world of sulfate attack on concrete[J]. Cement and Concrete Research, 2004, 8(34):1275-1296.

[5] Collepardi Mario. A state-of-the-art review on delayed ettringite attack on concrete[J]. Cement and Concrete Composites, 2003, 4(25):401-407.

[6] Tian Bing, Cohen Menashi D. Does gypsum formation during sulfate attack on concrete lead to expansion? [J]. Cement and Concrete Research, 2000, 1(30):117-123.

[7] Rahman M Mahbubur, Bassuoni Mohamed T. Thaumasite sulfate attack on concrete: Mechanisms, influential factors and mitigation[J]. Construction and Building Materials, 2014, (73):652-662.

[8] Yi Yong, Zhu Deju, Guo Shuaicheng, et al. A review on the deterioration and approaches to enhance the durability of concrete in the marine environment[J]. Cement and Concrete Composites, 2020, 113:103695.

[9] 唐明述. 碱硅酸反应与碱碳酸盐反应[J]. 中国工程科学, 2000, 1:36-42.

[10] Figueira Rita Bacelar, Sousa Rui M, Coelho Luís, et al. Alkali-silica reaction in concrete: Mechanisms, mitigation and test methods[J]. Construction and Building Materials, 2019, 222:903-931.

[11] Liu Jiaping, Tian Qian, Wang Yujiang, et al. Evaluation method and mitigation strategies for shrinkage cracking of modern concrete[J]. Engineering, 2021, 3(7):348-357.

[12] Kurup Divya S, Mohan Manu K, Van Tittelboom Kim, et al. Early-age shrinkage assessment of

cementitious materials：A critical review[J]. Cement and Concrete Composites,2024,145：105343.

[13] Wu Linmei, Farzadnia Nima, Shi Caijun, et al. Autogenous shrinkage of high performance concrete：A review[J]. Construction and Building Materials,2017,149：62-75.

[14] Tran Nghia P，Gunasekara Chamila，David W Law，et al. A critical review on drying shrinkage mitigation strategies in cement-based materials[J]. Journal of Building Engineering,2021,38：102210.

[15] Omoding Nicholas，Cunningham Lee S，Lane-Serff Gregory F. Review of concrete resistance to abrasion by waterborne solids[J]. ACI Materials Journal,2020,3(117)：41-52.

[16] 李力，魏天酬，刘明维，等. 冲蚀磨损机理及抗冲蚀涂层研究进展[J]. 重庆交通大学学报（自然科学版），2019,8(38)：70-74,91.

[17] Roberts Deborah J，Nica Dana，Zuo Geyan，et al. Quantifying microbially induced deterioration of concrete：Initial studies[J]. International Biodeterioration & Biodegradation,2002,4(49)：227-234.

混凝土结构的劣化

本章学习目标

1. 理解混凝土早期开裂损伤与疲劳损伤的特点。
2. 掌握混凝土中钢筋腐蚀的原理。
3. 了解混凝土寿命预测模型。

本章集中讨论了混凝土结构的劣化现象及其机制。混凝土结构在实际服役过程中，不仅面临材料内部劣化的挑战，还会因环境条件和服役荷载的耦合作用导致整体结构性能下降，如钢筋锈蚀、疲劳损伤及早期开裂等问题。通过系统分析这些劣化现象的形成过程及诱发条件，本章详细阐述了混凝土早期收缩变形、热变形及环境因素引起的钢筋腐蚀和结构劣化的机理。此外，本章还介绍了混凝土结构耐久性评估与寿命预测的常用方法，探讨了典型耐久性预测模型的理论基础及其在实际工程中的应用。本章内容旨在为读者提供混凝土结构劣化与寿命预测的系统化理论框架，帮助其在实际工程中有效地评估和预防混凝土结构的耐久性问题。

3.1 混凝土结构的早期开裂损伤

按照混凝土结构劣化出现的时间，可分为早龄期损伤和长期服役损伤两大类；按照结构中发生劣化的材料，可分为结构混凝土的损伤，以及结构混凝土内部钢筋的腐蚀。如第 2 章所述，水化放热和收缩是混凝土材料的固有属性。当我们把目光从微米、毫米等"材料尺度"扩展到米、十米等"结构尺度"，这些材料在水化早期明显的水化放热、收缩等会给混凝土结构带来明显的热变形、收缩变形等。当这些变形受到内外部约束时，则会产生拉应力，而混凝土属于典型的准脆性材料，抗拉强度一般是抗压强度的 $1/20 \sim 1/10$。早龄期混凝土的强度尚未充分形成，一旦其承受的拉应力过大，内部初始微裂纹会以更快的速度发展连通成为宏观裂缝。因此，在混凝土结构设计时，若没有充分考虑材料早龄期的水化热、收缩等特性，则容易发生混凝土的早期开裂，继而引起结构的损伤。

3.1.1 早期热变形开裂

如第 2 章所述，由于水化放热以及与外界环境发生热交换，混凝土内部温度出现不均匀分布，便会产生温度应力进而引起开裂。混凝土结构在早龄期时热变形开裂产生的原因及其改善的设计因素如下。

（1）混凝土结构热变形开裂的原因

以大体积混凝土为例，其容易产生温度变形的原因包括两方面：一方面，内部迅速产生的水化热不容易散发而表面热量容易散发；另一方面，过大的体积容易在混凝土内部形成较大的温度差。

温度变形产生的应变 ε 取决于热膨胀系数 α 和温度差 ΔT，可以通过下式计算：

$$\varepsilon = \alpha \Delta T \tag{3-1}$$

式中，ε 为应变；α 为混凝土的热膨胀系数，一般为 $(8 \sim 12) \times 10^{-6} \text{℃}^{-1}$，可按平均热膨胀系数 $10 \times 10^{-6} \text{℃}^{-1}$ 计算，定义为温度变化 1℃ 时单位长度的变化；ΔT 为最大温差，内部最大温度为新拌混凝土的入模温度加上绝热温升，最小温度为表面最低温度，取值为环境或服役温度减去热损失温降。

温度变形产生的拉应力 σ 大小等于应变 ε 与弹性模量 E 的乘积：

$$\sigma = \varepsilon E \tag{3-2}$$

式中，σ 为拉应力；E 为弹性模量。

例如，假设混凝土早龄期（α 可取 $1 \times 10^{-5} \text{℃}^{-1}$）最大温升 ΔT 为 30℃，则 30℃ 引起的应变 $\varepsilon = \alpha \Delta T = 3 \times 10^{-4}$。早龄期混凝土弹性模量约为 $1.5 \times 10^{4} \text{MPa}$，则温度变形产生的拉应力 $\sigma = \varepsilon E = 4.5 \text{MPa}$，而普通混凝土的抗拉强度一般小于 3MPa，所以容易开裂。

因此，混凝土结构热变形开裂的原因可归纳为：混凝土水化放热量大、表面温度低、厚度大导致热传导慢等引起内外温差大，以及混凝土早期抗拉强度较低等。

（2）改善混凝土结构热变形开裂的设计因素

温度梯度，即内外温度差是混凝土结构热变形的关键，其设计因素可从结构尺寸与材料选择分析。

由于建筑物/构筑物功能的需求，需要设计较大厚度的混凝土构件，如厚度 1 米以上的混凝土楼板。当混凝土构件的厚度较大时，内部较高的水化热难以迅速从表面散去，从而形成内外温度场。

减少混凝土构件厚度方向的温度差在设计上有两个途径：①采用分层浇筑混凝土，通过设置浇筑时间间隔，使得先浇筑的混凝土水化热能够部分释放；②对表面的养护温度进行设计，一般而言是提高早期的养护温度，以降低内外温度差。

3.1.2 早期收缩变形开裂

收缩带来的材料体积变形是导致混凝土结构开裂的主要原因，当材料的体积变形被约束后，会产生约束拉应力，而当约束拉应力超过混凝土的抗拉强度时，结构便会发生开裂。第 2 章已详细阐述了混凝土的收缩类型、产生机理等内容，本节将从结构尺度上进一步阐述混凝土结构收缩变形开裂的产生原因和改善措施。

（1）混凝土结构收缩变形开裂的原因

单纯的变形并不会产生应力和裂缝，只有变形得不到满足或者说受到限制的时候，才会产生应力并导致开裂。实际工程结构中，混凝土总是处于模板、钢筋、支座和相邻构件的约束状态下，这些因素都会阻碍自由变形的发展，从而在结构内部产生约束拉应力。约束应力的大小除了和变形量有关外，还与材料的弹性模量、结构的刚度以及混凝土在约束应力作用下的徐变松弛等因素有关。下面将对徐变变形、约束效应和应力水平分别展开讨论，以阐明引起混凝土结构早期收缩变形开裂的原因。

① 徐变变形。混凝土在一定水平的持续应力作用下，应变随时间逐渐增大，这一现象称为徐变。虽然徐变主要指的是持续应力作用下的长期变形行为，但是对早龄期混凝土而言，徐变现象同样重要。由于较高的徐变变形和相当可观的松弛现象，混凝土早龄期徐变对热应力、收缩应力等有明显的松弛作用。徐变包含基本徐变和干燥徐变：不和外界环境发生湿度交换下的徐变称为基本徐变，而干燥徐变则伴随着混凝土的干燥而发生。通常情况下，基本徐变和干燥徐变并没有严格的区分，而是一起考虑的。

徐变产生的拉应力为

$$\sigma = K_r \frac{E}{1+\varphi} \alpha \Delta T \tag{3-3}$$

式中，K_r 为约束程度；φ 为徐变系数。

混凝土发生徐变的原因较为复杂，通常情况下，除了物理吸附水的失去外，还存在其他原因。由于荷载会从水泥浆体转移到与之黏结的骨料上，水泥浆体所承受的应力逐渐减小，而骨料受到的荷载持续增大，这使得混凝土中的骨料出现延迟弹性应变，对总徐变是有利的。界面过渡区的微裂缝对于徐变也存在促进作用，当混凝土在干燥条件下受到持续的应力作用，徐变应变会随着干缩引起的附加微裂缝的增加而增大。因为徐变是在持续应力下的非线型变形，其与应力的大小、施加应力的龄期直接相关。除应力外，徐变的影响因素与收缩基本相同，但很多因素最终归结为应力水平和加载龄期的影响。徐变的影响因素很多，涉及水泥品种、水灰比、骨料、养护条件、环境湿度、构件尺寸、工作环境、初始加载时间、加载特点等，而徐变受这些因素的影响也各不相同。

目前，学术界已经提出了一些理论来解释混凝土的徐变机理。黏性流动理论认为，混凝土的徐变由水化浆体产生，当受到持续荷载作用时，水泥浆体发生黏性流动产生徐变；塑性流动理论认为徐变是一种晶体的流动，如晶格滑动导致徐变；渗流理论认为，当水化水泥浆体承受持续应力时，C-S-H 凝胶将失去大量的物理吸附水，因此浆体将出现徐变应变。通常而言，徐变现象并不能由单一理论进行完整的解释，而是要从多因素进行考虑。基于大量的试验研究和理论分析，黏性流动理论和渗流理论被认为是混凝土徐变的主要原因。

徐变对混凝土早期开裂起到"缓解"作用，在更高的应力水平下，徐变作用更为明显。对混凝土早龄期的徐变特征进行准确的计算，是判别混凝土是否开裂的重要前提。

② 混凝土结构的约束。约束是固体之间力学属性的体现，不同结构构件之间的接触、连接都会产生约束作用。约束也是混凝土早期性能的重要影响因素，可分为外约束和内约束。在现浇混凝土结构中，混凝土的变形可能被基础、模板、临近构件等约束，从而产生拉应力，这通常称为外约束。当把分析尺度依次降低时，水泥砂浆的变形被粗骨料约束、水泥净浆的变形被细骨料约束，这通常称为内约束。实际上，无论是在设计阶段还是施工阶段，都需要给予早龄期混凝土的约束效应以及约束应力更多的关注，对约束条件进行准确的定性与定量分析是确定混凝土结构约束拉应力的关键。

③ 混凝土结构的应力水平。通常把材料的实际受荷强度与设计的最大强度之比称为应力水平。混凝土结构在服役阶段，其应力水平一般在 20%～40%。然而，在早龄期时，较明显的体积变形产生的约束拉应力往往很高；另外，此时混凝土的强度尚未完全形成，特别

是抗拉强度较低。一般来说，混凝土结构早龄期的应力水平可能达到80%，这就是混凝土在早期容易产生开裂现象的原因。

（2）改善混凝土结构收缩变形开裂的设计因素

从设计角度来看，控制混凝土结构收缩变形的主要措施包括降低混凝土结构的早期收缩和减小混凝土结构的约束条件。

① 降低混凝土结构的早期收缩。第一个思路是采用低收缩的混凝土材料，具体措施包括在制备混凝土材料时，减少胶凝材料用量、使用弹性模量较大的骨料、掺加膨胀剂或减缩剂、采用蒸汽养护等，详见第2章。第二个思路是减少结构的纵向长度，从理论上讲，混凝土结构在纵向上出现裂缝的宽度总和，即混凝土在纵向上的收缩值。因此，减少混凝土的纵向长度，就能减少裂缝的总宽度。

② 减少混凝土结构的约束条件。约束是混凝土结构产生变形变化时引起应力的主要原因，若其变形不受其他物体或构件的约束，呈完全自由地变形，当然也就不会产生裂缝。因此，减少混凝土结构的约束条件可以有效防止早期收缩变形开裂。一般来说，在结构层次上，约束主要体现为边界约束，可分为已经浇筑的混凝土构件对新浇筑混凝土构件的变形约束作用和先浇筑的混凝土通过连接处的钢筋对后浇筑混凝土的变形约束作用这两类。所以，在结构设计时，常采用整体浇筑替代分阶段浇筑、在叠合墙交界面处取消锚固等强连接、调整钢筋的锚杆深度和间距等方法，来减少混凝土结构的约束条件。

3.1.3　提高混凝土早期抗拉强度的设计方法

提高混凝土的早期抗拉强度是防止混凝土结构早期开裂损伤的有效措施之一。提高混凝土自身性能，意味着需要对原材料进行优选，并对配合比进行优化，在满足混凝土强度的要求下，可以提高其早期抗拉强度和抗裂性能。

此外，还需注意的是，通过设计方法来提高混凝土早期抗拉强度是一个综合考虑的过程，具体应用时应充分了解各种方法和技术对强度提升的作用机理，并结合特定工况和可用原材料情况开展实施。若设计方法合理得当，能最大程度地防止混凝土结构的早期开裂损伤，这比事后再对其进行裂缝修复更具有实际意义和工程价值。

3.2　环境因素引起的钢筋混凝土结构腐蚀与劣化

在服役过程中，钢筋混凝土结构会受到各种外界环境因素的影响，如大气中 CO_2 的碳化作用、滨海或寒冷地区使用除冰盐引起的氯离子侵蚀、温度变化导致的结构混凝土劣化等。混凝土呈碱性，结构内部钢筋在碱性环境下其表面可形成一层致密的钝化膜，使钢筋相对于中性与酸性环境下不易腐蚀。然而，如第2章所述，环境中 CO_2、氯离子等侵蚀性物质进入混凝土内部，通过孔溶液传输到钢筋表面，改变了钢筋周围混凝土中的碱性环境并导致钢筋发生腐蚀。另外，在高温环境作用下，结构混凝土内部会发生水化产物脱水分解、骨料膨胀、界面过渡区损伤等一系列物理化学变化，从而造成混凝土表面颜色改变、产生裂缝，甚至引起表层剥落、发生爆裂等。因此，掌握环境因素作用下钢筋混凝土结构腐蚀与劣化的原理和形成原因是开展钢筋混凝土结构耐久性设计、评估及控制的基础，这对提高混凝土结构服役寿命至关重要。

3.2.1 钢筋锈蚀原理

钢筋的腐蚀过程主要伴随着一系列电化学反应过程的发生，如图 3-1 所示。水泥水化产物主要包括 C-S-H 凝胶和氢氧化钙，并且混凝土孔溶液中的氢氧化钙通常情况下处于饱和状态。除了氢氧化钙之外，混凝土孔溶液中还含有一定量的氢氧化钠。一般情况下，混凝土内部孔溶液的 pH 值在 12.5 左右。在这样的强碱性环境中，钢筋表面形成一层 $(2\sim6)\times10^{-9}$ 米厚的水化氧化物膜（$nFe_2O_3\cdot mH_2O$），即钝化膜，从而可以阻止钢筋锈蚀反应的发生和发展。但是，当钢筋表面的钝化膜受到破坏，成为活化态时，钢筋就容易发生腐蚀。混凝土在碳化、氯离子渗透等侵蚀作用下，钢筋表面在碱性环境中生成的钝化膜被破坏而丧失对钢筋的保护作用，导致钢筋生锈腐蚀。钢筋腐蚀反应过程中生成的铁锈体积是原金属体积的 2~6 倍，其体积膨胀会在混凝土内部形成内应力并在局部形成应力集中现象。由于钢筋混凝土内钢筋腐蚀现象的发生，混凝土保护层沿钢筋纵向开裂，会进一步加速腐蚀物质的传输。因此，钢筋腐蚀一旦发生，随着时间的推移，将显著降低构件的承载力与可靠性，最终危及结构整体的安全。

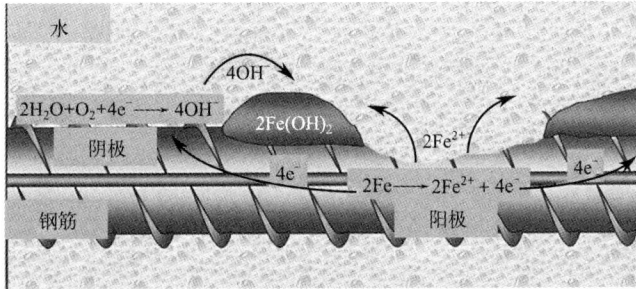

图 3-1　钢筋腐蚀机理示意图

呈活化态的钢筋表面所发生的腐蚀反应主要包括一系列电化学反应，其机理为钢筋周围存在水分时，在钢筋表面发生铁电离的阳极反应，而在钢筋周围的溶液中发生溶液态氧还原的阴极反应，阳极反应和阴极反应以相同的速度进行，其反应式如下：

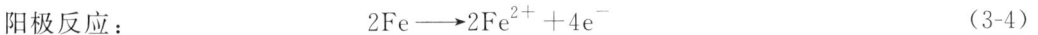

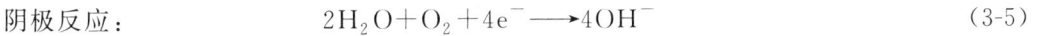

阳极反应：
$$2Fe \longrightarrow 2Fe^{2+}+4e^{-} \tag{3-4}$$

阴极反应：
$$2H_2O+O_2+4e^{-} \longrightarrow 4OH^{-} \tag{3-5}$$

腐蚀过程的全反应是阳极反应和阴极反应的结合，在钢筋表面析出氢氧化铁，其反应式为

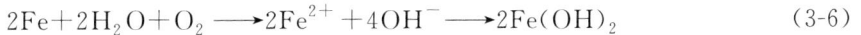

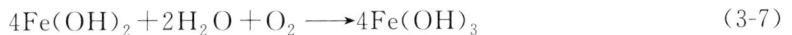

$$2Fe+2H_2O+O_2 \longrightarrow 2Fe^{2+}+4OH^{-} \longrightarrow 2Fe(OH)_2 \tag{3-6}$$

$$4Fe(OH)_2+2H_2O+O_2 \longrightarrow 4Fe(OH)_3 \tag{3-7}$$

氧化生成的氢氧化铁 $Fe(OH)_3$ 一部分转化为 $nFe_2O_3\cdot mH_2O$（红锈），另一部分氧化不完全的则生成 Fe_3O_4（黑锈），在钢筋表面形成锈层。铁锈体积膨胀，对钢筋周围混凝土产生膨胀应力，使混凝土沿钢筋方向发生开裂。这种开裂通常称为"顺筋开裂"，开裂使有害物质入侵的速度加快，进一步加速钢筋锈蚀反应，并最终导致混凝土保护层的剥落。

在一些情况下，钢筋混凝土结构处于带裂缝工作的状态。根据电化学作用原理，钢筋锈蚀必须具备以下 4 个条件：

① 钢筋表面要有电势差；

② 阴极和阳极之间要有电介质；

③ 阳极处的金属表面处于活化状态；

④ 阴极处钢筋表面要有足够数量的氧气和水分。

对于裂缝处的钢筋，一般大气环境下，条件①和②是具备的；从客观上讲，裂缝处为阳极，混凝土未开裂处为阴极，由于裂缝处钢筋暴露于空气中，钢筋失去混凝土内部碱性环境对钢筋表面钝化膜形成和稳定性的保障，钢筋脱钝从而处于活化状态，因此条件③也是具备的；而对于条件④，氧气的扩散速度越大，钢筋腐蚀越快，因此腐蚀的速度取决于混凝土的密实度及保护层厚度，混凝土密实度越差、保护层厚度越小，腐蚀发生的速度越快。

3.2.2　混凝土中物质传输机理

混凝土的传输性能，如渗透系数、扩散系数等，是表征混凝土结构耐久性的重要指标之一。外界环境中的气体、水分、离子等物质可通过混凝土中与外界连通的孔隙传输到混凝土内部，若环境中的这些物质对混凝土结构保护层或钢筋具有侵蚀性，则其在混凝土中的传输将直接影响钢筋混凝土结构的耐久性与安全性。值得注意的是，混凝土作为一种多组分多孔介质材料，物质在其中的传输是一个复杂的过程，根据不同的驱动力，以及在传输过程中物质是否与混凝土固相相互反应，物质传输机理主要分为渗透、扩散、毛细管作用、电迁移、物质反应几大类。

（1）渗透

在压力差的作用下气体或者液体由高压力处流向低压力处。达西定律是达西于 1856 年通过沙柱渗透试验得到的，描述了多孔介质中渗透速度与水力梯度呈线性关系的运动规律，常被用于层流状态下非黏性土渗透研究。在 20 世纪 80 年代，达西定律被用于预测水泥浆体的渗透性能，如式（3-8）所示：

$$V = \frac{Q}{S} = \frac{k\rho g}{\mu} \times \frac{\Delta h}{L} \tag{3-8}$$

式中，V 为渗透速度，m/s；Q 为单位时间内的流量，m^3/s；S 为流体通过的横截面积，m^2；ρ 为流体的密度，kg/m^3；g 为重力加速度，m/s^2；Δh 为水头损失，m；μ 为动力黏度，Pa·s；L 为沿着渗透方向的样品的厚度，m；k 为固有渗透率，m^2，它与多孔介质的属性有关而与流体无关。

目前获得混凝土渗透系数的方法主要可以分为试验和模拟两大类。试验最常用的方法为稳态流动法，即将试件各侧面密封，对混凝土施加水压，测定稳定状态后单位时间内透过混凝土的水量，按照达西定律计算渗透系数。但是对于密实的高性能混凝土，稳态流动法试验效果不太理想，常使用非稳态的方式进行测定。在计算机数值模拟上，利用水化模拟软件，可建立水泥基材料的微观孔隙结构，便于进一步分析水泥基材料孔结构与渗透性能的关系[1]。

（2）扩散

在浓度梯度的作用下孔溶液中离子由高浓度向低浓度运动。混凝土处于饱和状态且没有外加电场时，当外界离子浓度高于混凝土孔溶液中的离子浓度，离子主要通过扩散形式侵入混凝土内部，并遵循菲克定律。如果沿着扩散方向的浓度梯度为定值，则扩散通量只与扩散系数成正比，可用菲克第一定律表示：

$$J = -D \nabla C \tag{3-9}$$

式中，J 为扩散通量，即在单位时间内通过垂直于扩散方向单位截面积的扩散物质流量，$g/(m^2 \cdot s)$；D 为扩散系数，m^2/s；∇C 为浓度梯度；"$-$"表示扩散方向为浓度梯度的反方向，即扩散是由高浓度区向低浓度区进行的。

当考虑物质传输的时间（t）效应时，依据质量守恒定律，在扩散过程中的浓度分布是位置与时间的函数，这种情况下认为服从菲克第二定律，即

$$\frac{\partial C}{\partial t} = -\nabla J = D \nabla^2 C \tag{3-10}$$

测试扩散系数最常见的方法为自然扩散法，其测试结果往往受到许多因素的影响，如水灰比、水化程度、孔隙率、孔隙连通度与曲折度等[2]。

（3）毛细管作用

多孔材料在非饱和状态下，液体在毛细管表面张力的作用下被吸入材料内部。在非饱和状态下，混凝土的驱动力为毛细管力，不能用式（3-8）中的渗透速度来表示液体在材料内部的传输过程，通常使用 Richard 方程来描述一维方向的毛细吸水过程：

$$\frac{\partial \theta}{\partial t} = \frac{\partial}{\partial x}\left[D(\theta)\frac{\partial \theta}{\partial x} + K(\theta)\right] \tag{3-11}$$

$$\theta = \frac{\Theta - \Theta_i}{\Theta_s - \Theta_i} \tag{3-12}$$

式中，θ 为材料的相对含水量；t 为时间；x 为深度；D 为在一定饱和度下混凝土内的扩散系数；K 为水力传导率，其物理意义表示重力因素对水分的影响；Θ 为含水量的体积分数；Θ_s 和 Θ_i 分别为饱和状态和干燥状态下的含水量体积分数。当 $\theta=0$ 时表示完全干燥，而当 $\theta=1$ 时表示处于完全饱和状态。

由于毛细吸水的时间相对较短，混凝土中水分受到的重力作用可以忽略，则式（3-11）可以简化为

$$\frac{\partial \theta}{\partial t} = \frac{\partial}{\partial x}\left[D(\theta)\frac{\partial \theta}{\partial x}\right] \tag{3-13}$$

测重法和钻孔法是最常用的表征毛细孔作用下材料内部吸水量变化的方法，但是由于其会对材料造成破坏，近些年来一些无损伤的测试方法被用于评价非饱和状态下水分的侵入程度，如核磁共振成像方法、γ 射线仪法，以及热中子辐射成像技术等。

（4）电迁移

在电位梯度作用下，电解质中离子发生定向迁移。在外加电场或者由孔溶液中离子浓度分布不均匀产生的内电场作用下，混凝土中的各种离子将在电场的影响下发生定向移动[3]。在电位梯度作用下，离子物质的迁移行为满足 Nernst-Planck 方程：

$$J_i = -D_i \nabla C_i + C_i u - \frac{zF}{RT}D_i C_i \nabla U \tag{3-14}$$

式中，J_i 为离子 i 的通量，$mol/(m^2 \cdot s)$；D_i 为离子 i 的扩散系数，m^2/s；C_i 为液相中离子 i 的浓度，mol/L；u 为溶质的流速，m/s；z 为离子的电荷数；F 为法拉第常数，

96485C/mol；R 为摩尔气体常数，8.314J/(mol·K)；T 为热力学温度，K；U 为电压，V。

式（3-14）中等号右侧的第一项、第二项和第三项分别代表由浓度梯度、对流和电位梯度效应所造成的离子迁移，当混凝土处于饱和状态下，对流效应可以忽略。

（5）物质反应

物质在混凝土中传输时会与混凝土中的物质发生反应，或被混凝土孔隙、凝胶结构表面吸附，这时物质在混凝土中的传输过程可以描述为

$$\frac{\partial C}{\partial t} = D \nabla^2 C - R \tag{3-15}$$

式中，R 表示在传输过程中发生的物质反应。

以氯离子的固化行为为例，当混凝土结构暴露在氯盐环境中时，部分自由氯离子在混凝土中传输时会被固化成 Friedel 盐（化学固化），另还有一部分在范德瓦耳斯力的作用下紧密地吸附于孔表面（物理吸附）。氯离子发生的化学固化和物理吸附作用都会降低其扩散速率，从而延缓钢筋混凝土结构中钢筋锈蚀开始的时间。除了氯离子以外，在硫酸盐侵蚀过程中，硫酸根离子会与混凝土中 AFm（单硫型水化硫铝酸钙）反应生成 AFt（钙矾石），产生体积膨胀造成混凝土开裂。此外，碳化作用还会将混凝土中部分已固化的氯离子释放出来，降低氯离子的固化率，进而缩短钢筋发生锈蚀所需的时间。

可以看出，在判断混凝土中物质传输的驱动力时，需要根据不同的情况选择合适的方法来描述和分析传输过程，这是进一步分析钢筋混凝土结构腐蚀与劣化过程的必要步骤。

3.2.3 混凝土碳化诱导的钢筋腐蚀

碳化是指大气中的 CO_2 与混凝土中的碱性物质发生复杂物理化学反应的过程，碳化会使混凝土的碱度下降，引起钢筋的腐蚀，对混凝土结构的耐久性产生潜在威胁。

（1）碳化诱导钢筋腐蚀机理

CO_2 气体溶解于混凝土的孔溶液中，并与水泥水化产生的碱性物质［如 $Ca(OH)_2$、C-S-H 凝胶以及微量的 NaOH、KOH］发生中和反应，生成 $CaCO_3$ 和微量的 Na_2CO_3、K_2CO_3。其中，CO_2 与氢氧化钙的反应不同于氯化氢、二氧化硫、二氧化氮等气体与氢氧化钙的反应，这些气体溶于水会形成强酸（如盐酸、硫酸、硝酸等），从而对混凝土的水泥石基体具有侵蚀作用。因此，碳化对混凝土本身负面影响较小，其副作用主要是降低了混凝土孔溶液的 pH 值。CO_2 与氢氧化钙进行中和反应的反应式为

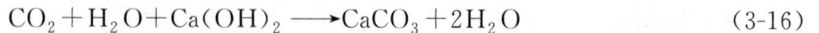

$$CO_2 + H_2O + Ca(OH)_2 \longrightarrow CaCO_3 + 2H_2O \tag{3-16}$$

随着碳化的继续进行，只要有足够的 CO_2 和水，CO_2 和水会进一步与碳酸钙反应生成可溶性的碳酸氢钙。碳酸钙与碳酸氢钙的平衡反应为

$$CaCO_3 + H_2O + CO_2 \longrightarrow Ca(HCO_3)_2 \tag{3-17}$$

随着混凝土内部氢氧化钙的消耗，由于孔溶液中 OH^- 浓度的降低，pH 值将逐渐减小。当 pH 值减小到一定程度时，钢筋与碱性物质之间的钝化反应向逆反应方向进行，导致钢筋钝化膜中的 Fe_2O_3 和 $Fe(OH)_2$ 开始分解，即造成钢筋钝化膜溶解而失去对钢筋的保护作用。钝化膜破坏后，钢筋与环境中的水和氧气发生反应引起腐蚀，而碳化诱导的钢筋腐蚀一

般是均匀腐蚀，如图 3-2 所示。

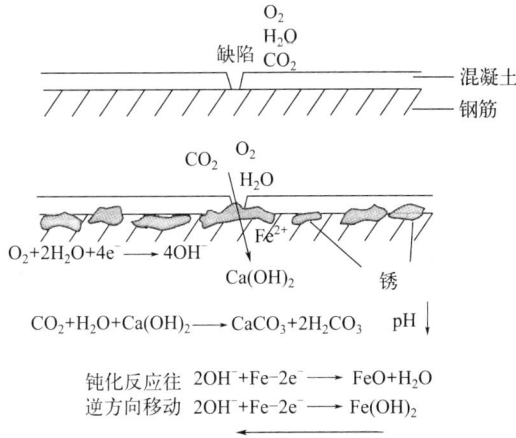

图 3-2　碳化诱导钢筋腐蚀过程

（2）钢筋腐蚀的临界孔溶液 pH 值

钢筋钝化膜中的 Fe_2O_3 和 $Fe(OH)_2$ 开始分解时的 pH 值即为钢筋腐蚀的临界孔溶液 pH 值。由于 $Ca(OH)_2$ 在孔溶液中溶解达到饱和即不再溶解，所以只有当碳化反应使孔溶液碱度降到低于饱和 $Ca(OH)_2$ 平衡浓度时，$Ca(OH)_2$ 作为储备碱才能继续溶解到孔溶液中。当碳化反应持续进行使混凝土中不再有足够量的 $Ca(OH)_2$ 溶解以维持平衡时，继续碳化将会降低孔溶液碱度。一般认为，当碱度下降到 pH 值为 11.5 时，钢筋表层钝化膜开始失去稳定性，鉴于此，通常将 pH＝11.5 作为钢筋腐蚀的临界孔溶液 pH 值。由于 C-S-H 凝胶在孔隙水中溶解度极低，其水溶液 pH 值在 10.1 左右甚至更低，也就是当混凝土孔溶液 pH 值在 10.1 以上时，C-S-H 凝胶对混凝土孔溶液碱度的贡献十分有限。因此，不同钙/硅摩尔比的 C-S-H 凝胶是否参与混凝土的碳化反应与其在孔隙水中溶解度及其产生的 OH^- 平衡浓度有关。当混凝土孔溶液的 pH 值下降到 10.1 以下时，C-S-H 凝胶的溶解平衡被打破，其作为碱储备开始发挥作用。随着碳化反应的进行，当混凝土的 pH 值小于 10 时，混凝土孔溶液环境完全失去对钢筋的保护作用，钢筋完全脱钝。

3.2.4　氯离子诱导的钢筋腐蚀

3.2.3 节介绍了由于混凝土碳化引起的钢筋腐蚀，通常情况下，碳化作用主要引起钢筋发生均匀腐蚀，而氯离子侵蚀对钢筋造成的是局部腐蚀，主要是点蚀。相比于碳化作用，氯离子侵蚀诱导的钢筋腐蚀对结构的破坏程度更大，破坏发生的时间也更短。

（1）氯离子诱导钢筋腐蚀机理

氯离子对钝化膜具有较强的穿透能力，当氯离子在钢筋表面积聚到一定浓度时将导致钢筋钝化膜破坏。不同于碳化诱导的钢筋均匀腐蚀，氯离子侵蚀引起的是钢筋钝化膜的局部破坏，钝化膜局部破坏处成为小阳极，由钝化膜保护的大部分钢筋表面成为大阴极，从而形成由小阳极与大阴极组成的电化学腐蚀电池，使得钢筋发生不均匀分布的"坑蚀"现象，如图 3-3 所示。

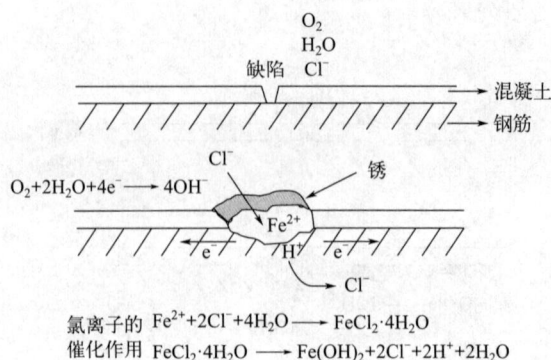

图 3-3　氯离子诱导钢筋腐蚀过程

氯离子破坏钝化膜的过程可用以下三个模型进行描述：①吸附-置换；②化学-机械；③迁移-渗透。第一种模型主要认为，Cl^- 吸附在钝化膜上，同时把钝化膜中的 O^{2-} 置换出来，从而破坏钝化膜；第二个模型认为氯离子降低了界面的张力，当吸附离子之间的排斥力足够大时，会导致裂纹和缺陷的形成，从而削弱钝化膜；对于第三种模型，认为 Cl^- 占据了 O^{2-} 的空缺位，然后与 Fe^{2+} 结合形成配合物。因此，Cl^- 的存在使得钝化膜上氧的空位减少，促使 Fe 更快速溶解，进而导致钝化膜发生破坏。氯离子的侵蚀还会降低 $Ca(OH)_2$ 溶解度，继而降低孔溶液的 pH 值。此外，氯盐的吸湿性也会增加混凝土的湿度，并且氯离子的存在会增强孔溶液的离子电导率，降低混凝土的电阻率，进而间接加速钢筋腐蚀的发生。值得注意的是，氯离子在腐蚀过程中几乎不被消耗，其参与腐蚀过程中的中间产物形成，最终又被释放出来不断地促进钢筋腐蚀的过程，对腐蚀过程起到催化作用，反应式如下：

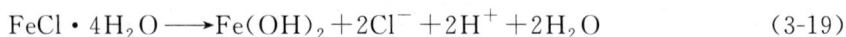

$$Fe^{2+} + 2Cl^- + 4H_2O \longrightarrow FeCl_2 \cdot 4H_2O \tag{3-18}$$

$$FeCl \cdot 4H_2O \longrightarrow Fe(OH)_2 + 2Cl^- + 2H^+ + 2H_2O \tag{3-19}$$

（2）自由氯离子与结合氯离子

混凝土中的氯离子并非都可以移动，并诱导钢筋发生腐蚀，因为其中一部分氯离子通过物理化学作用吸附或固化在水化产物中，这部分氯离子被称为结合氯离子。影响氯离子结合能力的因素有很多，如所使用水泥的类型、矿物掺合料的类型等。然而，它与水化产物的结合并不是永久的，比如随着碳化的进行，pH 值进一步降低，部分结合氯离子会被重新释放出来变成自由氯离子。因此，对于混凝土中自由氯离子与结合氯离子含量的准确分析对钢筋混凝土结构的劣化评估与修复具有十分重要的意义。

（3）钢筋腐蚀的临界氯离子浓度

通常，钢筋去钝化时的氯离子浓度限值被称为临界氯离子浓度，用 C_{crit} 表示，其是研究钢筋腐蚀和混凝土耐久性的一个重要指标。C_{crit} 的表达方式有自由氯离子含量、总氯离子含量、$[Cl^-]/[OH^-]$ 和 $[Cl^-]/[H^+]$。钢筋腐蚀的氯离子临界浓度值不是一个定值，它受许多因素的影响，如混凝土配合比，水泥和掺合料的类型、成分和掺量，混凝土内部的含水量和温度，混凝土的孔隙率和孔结构，钢筋表面属性（组成成分），孔溶液中其他物质的含量（如碱性物质），混凝土所处环境以及氯离子的来源等。据研究，在模拟混凝土孔溶液的石灰饱和溶液（pH 值为 12.5）中，只要 [Cl⁻] / [OH⁻] 值不大于 0.6，钢筋就不会脱钝。然而，有研究测量了从混凝土中挤压出的孔溶液中的游离 Cl⁻ 与 OH⁻ 浓度，发现 [Cl⁻] / [OH⁻] 临界值大于 0.6。总体而言，临界氯离子浓度的取值范围较广，尚未形成统一规定。基于已有报道，若以总氯离子含量占水泥质量表示临界氯离子浓度，则取值范围一般为 0.04%～8.34%；若以 [Cl⁻] / [OH⁻] 表示临界氯离子浓度，则取值范围一般为 0.01～0.45。

根据影响临界氯离子浓度因素的特点，可将影响因素分为以下几类。

① 材料本身因素。混凝土的水灰比、掺合料的种类和掺量、浆骨比、钢筋类型等；

② 养护条件。养护环境的相对湿度和温度、养护时间等。

③ 测试条件。暴露环境的相对湿度和温度、与混凝土表面之间的距离、孔溶液 pH 值、暴露环境的氯离子浓度和暴露时间等。

④ 测试方法。钢筋腐蚀的测试方法、氯离子含量的测试方法等。

目前，虽然 [Cl⁻] / [OH⁻] 临界值尚无定论，但对于一些影响规律已有较为一致的认识。例如，水灰比越低，此临界值越高，有研究表明，以 0.3 和 0.75 的水灰比配制的砂浆，[Cl⁻] / [OH⁻] 临界值分别为 6.0 和 2.5。氯化物引入方式不同，[Cl⁻] / [OH⁻] 临界值也有区别。另外发现，如果氯离子在混凝土硬化后渗入，则水灰比为 0.5 的混凝土 [Cl⁻] / [OH⁻] 临界值为 3.0；而如果拌制混凝土时就掺入了氯离子，则该值大致在 0.3～0.6 之间。

钢筋去钝化之后，钢筋腐蚀的阳极反应就会发生。图 3-4 展示了混凝土中钢筋的阳极极化曲线，可见混凝土中钢筋的活化-钝化行为主要受混凝土中氯化物含量的影响。随着氯化物含量的增加，钢筋的钝化区范围逐渐减小，同时点蚀电位也变得更负。当钢筋的电位大于

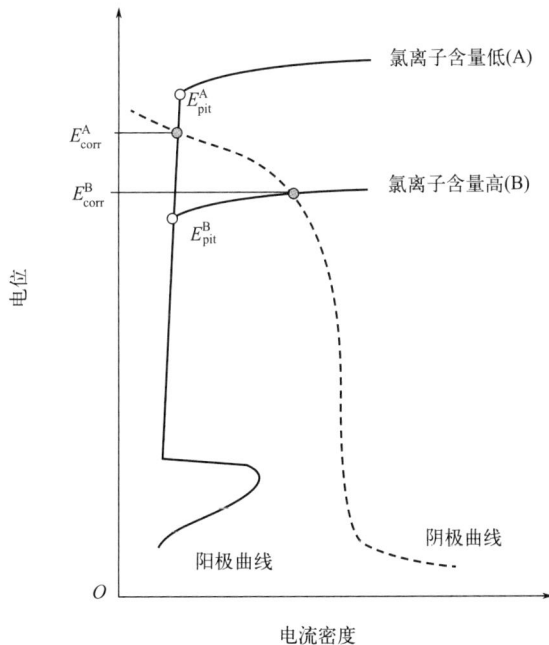

图 3-4　混凝土中钢筋的阳极极化曲线
（E_{corr}^A 和 E_{corr}^B 为测得的钢筋的电位；E_{pit}^A 和 E_{pit}^B 为钢筋发生点蚀的电位）

点蚀电位时，钢筋的点蚀就会发生，因此氯化物含量的增大会提高钢筋点蚀的风险。此外，点蚀电位的大小还受温度、pH 值、水泥品种、水泥用量等因素的影响。对于每一个电位值，与钝化状态相应的最大氯化物含量，即该电位下的氯化物临界浓度。

3.2.5 钢筋腐蚀速率

混凝土结构中钢筋的腐蚀速率对腐蚀扩展阶段的发展十分重要，同时也能间接表征腐蚀导致的混凝土保护层开裂的时间。本节将详细介绍影响钢筋腐蚀速率的因素，以及钢筋腐蚀速率的检测方法。

（1）影响钢筋腐蚀速率的因素

① 混凝土保护层。混凝土保护层的厚度、密实度以及孔隙水饱和度，不仅影响气体和离子在混凝土保护层内的传输和累积，从而影响钢筋表面钝化膜的脱钝时间，而且还控制氧气在混凝土中的扩散过程，进而影响阴极反应的极限电流密度。此外，混凝土保护层的电阻率和厚度还直接影响钢筋周围的腐蚀电位分布。因此，混凝土保护层的孔隙饱和度、电阻率以及厚度是其影响钢筋腐蚀速率的主要因素。

混凝土孔隙水饱和度通过影响混凝土保护层中氧气的扩散速度以及浓度分布，进而影响阴极反应的极限电流密度，最终影响钢筋腐蚀速率。混凝土孔隙水饱和度与环境相对湿度密切相关，其对钢筋腐蚀速率的影响规律与相对湿度类似。

混凝土保护层内钢筋的腐蚀电流密度主要取决于三方面因素：阴、阳极之间的电位差，阴、阳极各自的极化率以及阴、阳极之间的电阻。其中，由于钢筋的电阻远小于混凝土电阻，所以阴、阳极之间的电阻主要取决于混凝土的电阻率以及阴、阳极之间的距离。混凝土电阻率不仅与混凝土的密实性有关，而且还与混凝土孔隙水饱和度或环境相对湿度密切相关。当混凝土保护层孔隙水饱和度或环境湿度较低时，阴极反应的极限电流密度较大，钢筋腐蚀过程主要受到混凝土电阻率的影响，表现为电阻控制。随着混凝土保护层孔隙水饱和度或环境相对湿度的增加，极限电流密度不断减小，钢筋的宏电池腐蚀同时受到混凝土电阻率和极限电流密度的影响，表现为电阻控制和阴极控制。当混凝土电阻率较小时，钢筋的腐蚀过程受阴极控制，腐蚀速率仅受极限电流密度的影响，与电阻率无关；当电阻率大于某一值后，情况与之相反，腐蚀过程表现为电阻控制。当混凝土孔隙水饱和度或环境相对湿度大于某一值后，混凝土保护层孔隙水饱和度或环境相对湿度就成为钢筋腐蚀的控制因素，钢筋腐蚀过程表现为阴极控制。

混凝土保护层厚度对钢筋腐蚀速率的影响也与环境湿度密切相关。当相对湿度小于某临界值时，钢筋的腐蚀速率随着混凝土保护层厚度的增加而增加，说明此时氧气供应充足，阴极反应可以顺利进行，钢筋腐蚀过程主要受电阻控制，混凝土保护层越厚，反应产物和离子的扩散通道数量增多，使得钢筋腐蚀速率越快；当相对湿度大于某临界值后，钢筋腐蚀的速率随着混凝土保护层厚度的增加而减小，说明此时氧气供应不足，钢筋腐蚀主要受阴极反应（氧气扩散）控制，随着混凝土保护层厚度的增加，氧气在混凝土中的传输路径延长，极限电流密度减小，阴极反应速度随之减缓，最终导致钢筋腐蚀速率降低；当空气相对湿度处于两个临界值之间时，钢筋腐蚀的速率随着混凝土保护层厚度的增加呈现先增大后减小趋势，这是由于随着混凝土保护层厚度的增加，钢筋宏电池腐蚀的控制方式逐渐由电阻控制转变为阴极控制。

② 相对湿度。混凝土保护层相对湿度是影响钢筋腐蚀速率的重要参数。相对湿度、孔结构和孔溶液成分决定了混凝土的电阻率，从而影响钢筋的腐蚀发展，相对湿度也影响 O_2、CO_2 和 Cl^- 向混凝土内部的传输速度。有学者研究了相对湿度对混凝土中气体和离子传输速度的影响，发现随混凝土中相对湿度的提高，气体扩散系数逐渐减小，而离子扩散系数则逐渐增大。当相对湿度为 80%～90% 时，气体和离子扩散达到最佳组合，此时钢筋腐蚀发生的概率最大，钢筋腐蚀的阳极反应和阴极反应达到了动态平衡，腐蚀反应发展速度最快。

③ 温度。一般来说，腐蚀速率随温度的升高而增大。腐蚀速率与温度的相关性可用式（3-20）表示：

$$i_{corr} = i_0 e^{b_{i_{corr}}(\frac{1}{T} - \frac{1}{T_0})} \tag{3-20}$$

式中，i_0 为 T_0 下的腐蚀电流密度；T 为任意热力学温度，K；$b_{i_{corr}}$ 为常数，其取值范围为 3800～7000K。

因此，气候炎热的海岸地区，因钢筋腐蚀造成的混凝土结构破坏比气候温和的海岸地区严重。例如，美国东南部得克萨斯州海边（类似于我国华南海边）混凝土中钢筋的腐蚀速率是美国东北部缅因州（类似于我国东北、华北）海边的 3 倍；在英伦三岛，海边浪溅区混凝土中的钢筋在 10 年后才腐蚀，而在中东海湾，仅需 1 年时间，海边浪溅区混凝土中的钢筋就已腐蚀。

（2）钢筋腐蚀速率的检测方法

基于法拉第定律可以明确钢筋腐蚀量、腐蚀电流密度与腐蚀时间之间的关系，进而确定相应的钢筋腐蚀速率。所以，混凝土中钢筋腐蚀速率通常可以用电化学反应中的腐蚀电流量变化来衡量。钢筋的腐蚀速率通常采用电化学方法进行检测，常用的电化学检测方法有半电池电位法、线性极化法、交流阻抗谱法、电化学噪声法等，如表 3-1 所示。

表 3-1　常用电化学检测方法的比较

项目	半电池电位法	交流阻抗谱法	线性极化法	恒电量法	电化学噪声法	混凝土电阻法	谐波法
应用情况	最广泛	一般	广泛	较少	较少	一般	较少
检测速度	快	慢	较快	快	较慢	较慢	较慢
定性定量	定性	定量	定量	定量	半定量	定性	定量
干扰程度[①]	无	较小	小	微小	无	小	较小
测量参数 E	i_{corr}	i_{corr}	i_{corr}	i_{corr}	i_{corr}	i_{corr}	i_{corr}
适用性	实验室和现场	实验室	现场	现场	＊＊	＊＊	＊＊

注：＊＊指实验室和现场适用性都较差。

① 指对钢筋混凝土腐蚀体系的干扰。

① 半电池电位法。半电池电位法是通过测定钢筋电极与参比电极的相对电位差来判断钢筋的腐蚀状况，半电池电位法测量混凝土中钢筋腐蚀电位的示意图如图 3-5 所示。若钢筋表面不同位置的腐蚀状态不同，该标准半电池与混凝土内钢筋表面不同位置所存在的 Fe/ $Fe(OH)_2$ 半电池之间的电位差就不同，从而测出混凝土内部钢筋表面不同位置的半电池电

位的变化。半电池电位法设备简单、价格便宜、操作方便，对混凝土中的钢筋腐蚀体系无干扰，适用于实验室与现场检测。采用半电池电位法检测钢筋腐蚀速率时，可根据表 3-2 对钢筋的腐蚀性状进行判别。

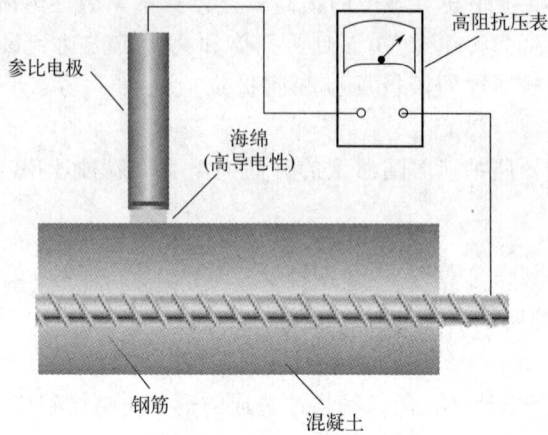

图 3-5　半电池电位法测量混凝土中钢筋腐蚀电位

表 3-2　基于半电池电位法评价钢筋腐蚀性状的判断依据

电位水平/mV	钢筋腐蚀性状
＞−200	未发生腐蚀的概率＞90％
−350～−200	腐蚀情况不确定
＜−350	发生腐蚀的概率＞90％

②　电阻率法。图 3-6 所示的测量混凝土电阻率的方法，称为 Wenner 法。在混凝土表面放置 4 个等距探头，在外侧两个触头之间施加 $1\sim20\mathrm{Hz}$ 的可变电流 I，并测量内部两个触头之间的电位差 U。如果相邻触头之间的距离为 a，则混凝土电阻率 ρ 为

$$\rho = 2\pi a U / I \tag{3-21}$$

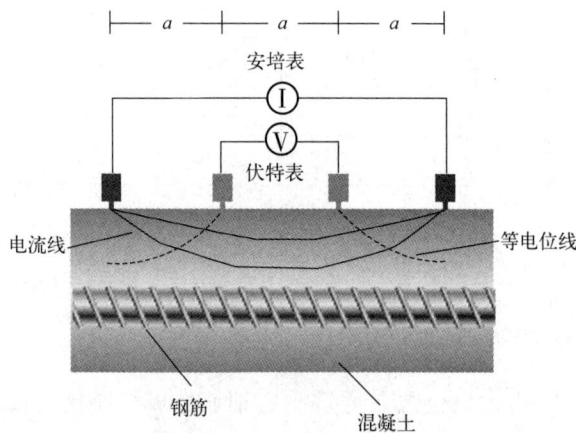

图 3-6　Wenner 法测量混凝土电阻率

当采用电阻率法评价混凝土中钢筋腐蚀速率时，可以根据表 3-3 中的标准进行判断。

表 3-3 混凝土电阻率法评价钢筋腐蚀性状的判断

电阻率水平/(kΩ·cm)	钢筋腐蚀性状
>100	即使混凝土在高氯含量或已碳化情况下腐蚀速率也极低
>50~100	钢筋活化状态下,出现低腐蚀速率
>10~50	钢筋活化状态下,出现中腐蚀速率
≤10	电阻率已不是腐蚀的控制因素

③ 线性极化法。线性极化法是 Stern 和 Geary 于 1957 年提出并发展的一种较有效的混凝土内钢筋腐蚀速率测试方法。当过电位很小（小于 10mV）时，过电位与极化电流之间可认为是线性关系。于是，通过向测量区域施加一个小电流 δI，测量由 δI 引起的电位变化 δE，并将 $\delta E/\delta I$ 称为极化电阻 R_p，由此得到 Stern-Geary 方程：

$$i_{corr} = \frac{b_a b_c}{2.303(b_a + b_c)} \times \frac{1}{R_p} = \frac{B}{R_p} \tag{3-22}$$

式中，b_a 和 b_c 为阳极和阴极的塔菲尔常数；R_p 为极化电阻；B 为 Stern-Geary 常数。

在 Stern-Geary 方程中，极化电阻和腐蚀电流密度 i_{corr} 成反比。当 B 值已知时，用仪器测定出 R_p，即可得到 i_{corr}。根据法拉第定律，可将 i_{corr} 转换为钢筋腐蚀量。混凝土内钢筋腐蚀的 B 值较难准确测量，因此 B 值通常在 $Ca(OH)_2$ 饱和溶液中测定。目前，混凝土中已发生腐蚀的钢筋，B 值取 26mV；钝化钢筋，可取 52mV。在混凝土内钢筋腐蚀速率检测的实际应用中，通常将半电位电池法与线性极化法相结合，并编制相应计算程序，形成检测和计算相结合的电化学工作站。

根据实验室和现场测量数据，可以给出线性极化法测量的钢筋腐蚀电流密度值与钢筋腐蚀状态的关系，如表 3-4 所示。

表 3-4 线性极化法测量的钢筋腐蚀速率特征值

极化电阻/ (kΩ·cm²)	腐蚀电流密度/ (μA/cm²)	金属损失率/ (mm/a)	腐蚀速率
>0.25~2.5	10~100	0.1~1	很高
>2.5~25	1~10	0.01~0.1	高
>25~250	0.1~1	0.001~0.01	中等、低
>250	<0.1	<0.001	不腐蚀

④ 交流阻抗谱法。在忽略浓差极化的情况下，腐蚀体系通常可以简单地表示为电阻、电容或电感元件组成的等效电路，如图 3-7 所示。通过对该电路施加一个正弦交流电压信号，在保证不改变电极体系性质的情况下，可以计算出等效电路的阻抗。交流阻抗谱法是一种暂态频谱分析技术，施加的交流信号对腐蚀体系的影响较小。它不仅可以确定电极过程的各种电化学参数，以及电化学反应的控制步骤，而且通过交流阻抗谱随时间的演变也可以研究电极过程的变化规律。从具体的钢筋混凝土结构来看，它不仅反映了钢筋的电化学行为，同时也反映了混凝土材料的性质。

但是，交流阻抗谱技术也存在一些缺点，它的测量时间较长，所需仪器设备也比较昂

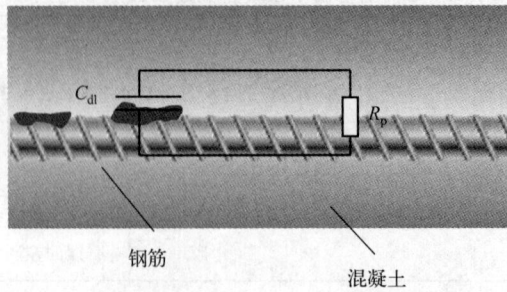

钢筋　　　　　　　混凝土

图 3-7　钢筋混凝土体系模拟等效电路
(R_p 为极化电阻；C_{dl} 为双电层电容)

贵。对于低速率腐蚀体系需要低频交流信号，因此在测量上有一定困难，并且试验数据处理繁杂，测量的阻抗谱与构件几何尺寸有关，交流阻抗谱法不太适用于混凝土结构现场检测。

3.2.6　钢筋腐蚀的防护措施

由于钢筋腐蚀的复杂性和严重性，通常需要采用一种或几种防护与修复技术对钢筋混凝土进行防护。常见的防止混凝土中钢筋腐蚀的技术措施有：混凝土组成与微结构优化、混凝土表面改性、使用钢筋阻锈剂、钢筋表面涂层处理、选用特种钢筋、电化学修复技术等方法[4]。

（1）混凝土组成与微结构优化

混凝土组成与微结构优化是指通过提高混凝土的密实性来增强混凝土的抗渗性或提高混凝土固化离子的能力，降低侵蚀性离子的渗透速率，推迟钢筋腐蚀诱发的时间，进而延长钢筋混凝土结构的服役寿命。常见措施包括采用合适的水泥品种、降低水灰比、掺入外加剂等优化混凝土的配合比；通过合理搅拌、振捣和充分养护减少混凝土的内部缺陷；掺加粉煤灰、矿渣、偏高岭土等矿物掺合料使混凝土的孔结构密实化，或提高混凝土固化离子的能力，从而降低混凝土孔溶液中的自由离子含量；采用高性能混凝土，利用其优异的密实性和抗渗性，抑制侵蚀性离子的渗透。

（2）混凝土表面改性

混凝土表面改性的理念是通过表面涂覆层减缓混凝土中碱的流失和外界有害离子的侵入，从而延缓钢筋的去钝化和腐蚀速率。根据混凝土表面孔隙封闭方式的不同，常见的混凝土表面防护材料包括表面成膜型材料、孔隙封闭型材料和疏水浸渍型材料，常见的材料包括环氧树脂、硅烷、亚麻油等有机涂层、水泥基无机涂层、丙乳砂浆有机无机混合涂层等。以上涂层主要应用于新建混凝土结构表面，可有效地减少外界氯离子对混凝土的侵蚀，但也存在易老化、无法对已腐蚀钢筋进行修复等问题。

（3）使用钢筋阻锈剂

钢筋阻锈剂是一类在混凝土中加入极少量就能有效阻止或延缓钢筋腐蚀的外加剂[5]。由于操作简单、成本低，其被美国混凝土协会确认为是钢筋防护的长期有效措施之一，广泛应用于有侵蚀性物质存在环境中钢筋混凝土结构的保护，在美国、日本、中国等国均进行了工程应用，目前我国已制定阻锈剂使用的相关规范。

在实际工程中，混凝土中的钢筋腐蚀防护方法的选取，需要考虑防护技术对混凝土结构的适应性、现实的可操作性及总体经济成本最低化等原则，而钢筋阻锈剂可显著减缓钢筋腐蚀速度，且施工简单、经济性较好，因此近些年来钢筋阻锈剂的研究与工程应用得到了十分迅速的发展。

（4）钢筋表面涂层处理和选用特种钢筋

钢筋表面涂层的防护机理和混凝土表面改性类似，也是建立在隔离钢筋和腐蚀性物质接触的基础上。特种钢筋则是采用各种合金钢或对普通钢筋进行电镀、涂层处理，主要包括不锈钢钢筋、环氧树脂涂层钢筋、热镀锌钢筋、玄武岩纤维筋等。其中，环氧树脂涂层钢筋由于其具有良好的耐碱性、耐化学侵蚀、耐摩擦性等优点，目前被广泛应用，但涂层破损后会加速钢筋腐蚀。此外，环氧树脂涂层还会降低钢筋和混凝土之间的黏结力，这成为限制其工程应用的主要原因。耐蚀钢筋、镀层钢筋和不锈钢钢筋的耐腐蚀效果优良，但成本太高，在工程中应用较少。

（5）电化学修复技术

电化学修复技术主要包括阴极保护[6]、混凝土再碱化[7]、电化学除盐[8]和电化学沉积[9]等。阴极保护的机理是通过外加电流或牺牲锌、铝等活泼金属提供的阴极电流使钢筋电位极化到钝化区，从而使钢筋腐蚀的阳极反应被阻止或降低到非常小的程度，使钢筋免遭腐蚀；混凝土再碱化的机理是通过电流使包裹钢筋的混凝土重新碱化，使钢筋重新钝化并防止进一步腐蚀；电化学除盐的原理是通过电场的作用使混凝土中钢筋附近的氯离子向外部迁移，而外部的碱性阳离子向钢筋附近迁移，进而降低钢筋表面氯离子浓度并提高其碱度；电化学沉积的原理是充分利用钢筋混凝土自身特性及水溶液环境条件，施加一定的弱电流，产生电解沉积作用，在混凝土结构裂缝中、表面上生长并沉积一层化合物［如 ZnO、$CaCO_3$ 和 $Mg(OH)_2$ 等］，填充混凝土的裂缝，使混凝土愈合，达到保护钢筋的目的。电化学保护方法作为一类有效的防护方法，已有几十年的研究和应用历史，然而其较长的修复通电时间（尤其是阴极保护），会对混凝土材料性能产生负面影响，如"氢脆"效应会降低钢筋的握裹力[10]、过高碱度引发混凝土碱-骨料反应对结构造成损伤[11]、易发生"二次腐蚀"[12]等现象。

3.2.7　高温引起的混凝土劣化

前面 3.1.1 节讲到，混凝土内部在早龄期产生水化热不容易散发而表面热量可通过与外界环境发生热交换，使混凝土结构内部温度分布不均匀，产生温度应力进而引起变形开裂。区别于混凝土早期水化放热引起的开裂损伤，当混凝土结构在后期服役过程中暴露于高温环境（如夏季太阳暴晒，发电、供热、冶炼厂建筑结构等），容易造成水泥水化产物脱水分解，以及骨料的高温分解或晶型转变，同时也会在混凝土内部产生不均匀温度应力，加快、加重结构的劣化。

（1）高温对硬化水泥浆体的影响

水化良好的水泥浆体主要由 C-S-H 凝胶、氢氧化钙、水化硫铝酸钙等组成，并含有大量的自由水、毛细水和吸附水。当环境温度升高时，硬化水泥浆体很容易失去各种类型的水，造成浆体内部水蒸气压力快速增加且传递到外部时快速松弛，从而引起结构混凝土表层剥落。当温度超过300℃时，硬化水泥浆体开始失去C-S-H凝胶的层间水和部分化学结合水，导致C-S-H凝胶逐步失去胶结功能；当温度达到900℃时，C-S-H凝胶则会完全分解。除C-S-H凝胶外，温度升高时其他主要水化产物也是不稳定的。一般认为当温度超过70℃时，AFt（高硫型水化硫铝酸钙，俗称钙矾石）容易分解为AFm（单硫型水化硫铝酸钙）和石膏。当温度超过300℃时，水化硫铝酸盐会失去化学结合水；而当温度达到500℃时，氢氧化钙开始分解形成氧化钙。需要注意的是，如果环境高温作用是长期持续的，那么在相对较低的温度时以上化学反应也极可能发生，造成水泥硬化浆体提早劣化。图3-8展示了水泥硬化浆体各水化产物遇热反应示意图。

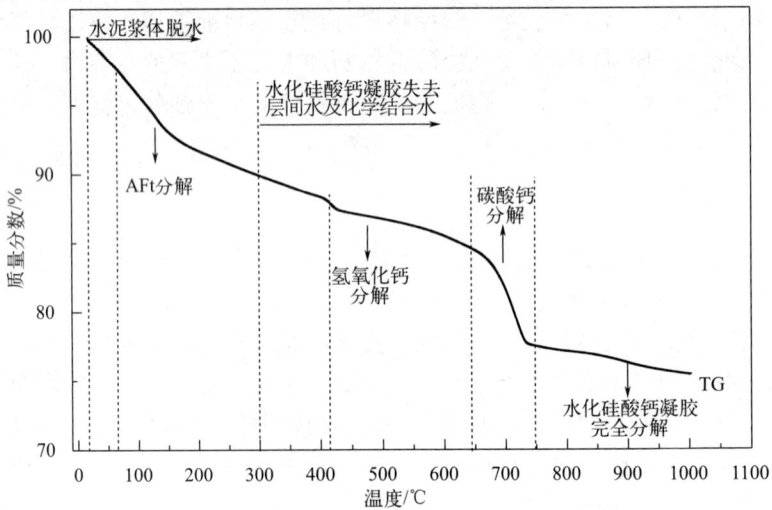

图 3-8　水泥硬化浆体各水化产物遇热反应示意图

（2）高温对骨料的影响

过高的温度会造成骨料的高温分解和晶型转变，且骨料的孔隙率和矿物组成决定了其在温度作用下的行为。例如，多孔骨料容易因快速体积膨胀导致突然爆裂；当温度达到573℃时，含石英的硅质骨料会因α型石英转化为β型时伴有的体积膨胀导致其发生破坏；碳酸盐骨料在温度超过700℃时会产生分解反应导致骨料破坏等。

（3）高温对混凝土的影响

高温不仅对水泥浆体和骨料产生较为明显的影响，而且还容易导致骨料和水泥浆之间界面过渡区的损伤，从而加重混凝土结构的劣化程度。随着环境温度的持续作用，混凝土内部损伤不断累积，最终导致出现明显的破坏。图3-9显示了不同温度作用下混凝土主要力学性能的变化规律。

高温还会对钢筋的力学性能和变形性能产生严重影响，当温度不高于200℃时，钢筋的屈服强度和极限强度随温度升高而逐步降低；当温度超过200℃时，钢筋强度随温度升高而明显降低；温度达到600℃，钢筋屈服强度仅为常温下的35%左右。同时，钢筋混凝土在热膨胀性能方面存在较大的差异性，当环境温度不高于100℃时，钢筋和混凝土之间会产生相

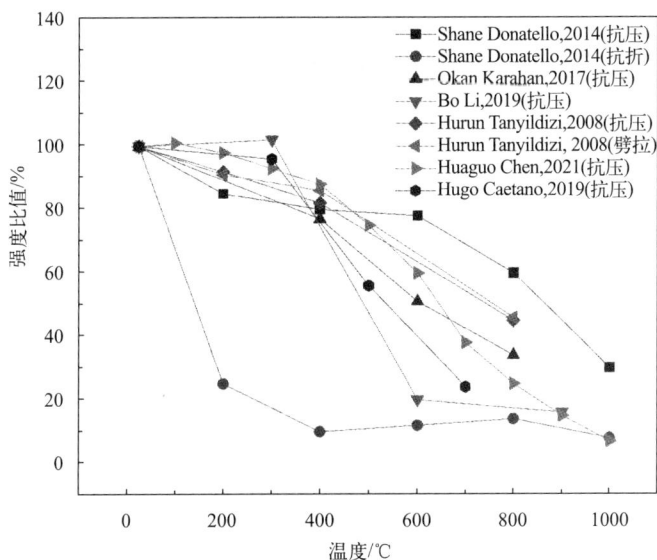

图 3-9　高温对混凝土力学性能的影响

互挤压而使黏结力增大；然而，当环境温度高于 100℃ 时，尤其是达到 500℃ 后，混凝土材料失水分解导致的收缩会使内部应力迅速增大，钢筋和混凝土的摩擦力和咬合力迅速减小，钢筋混凝土结构承载性能急剧劣化。

　　温度变化促使结构混凝土性能劣化的同时，还会由于内表不均匀温度变形在结构混凝土内部产生较大的温度应力，该温度应力极容易导致结构混凝土表层破坏。图 3-10 展示了在受到 160℃ 环境温度作用时，某冶金企业炼钢辊道基础内部的温度场和温度应力情况。

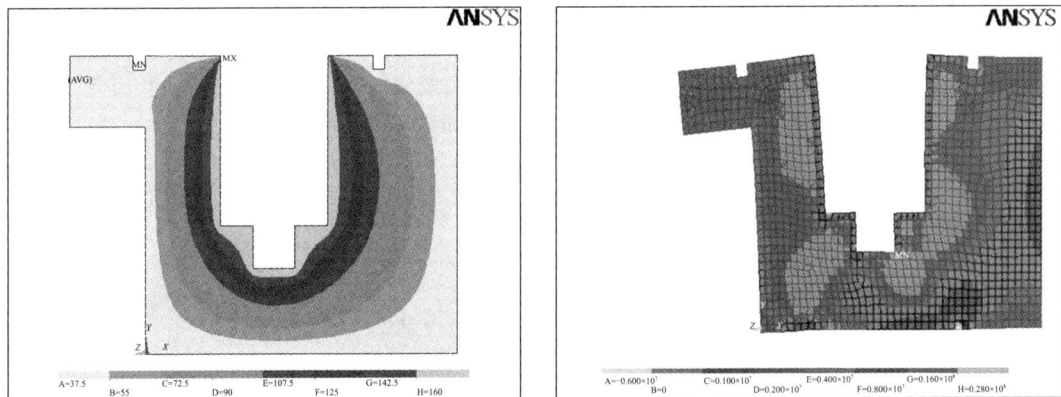

图 3-10　环境温度作用下结构混凝土的温度场和温度应力场

　　我国地域辽阔，服役环境复杂多变，不同地区钢筋混凝土结构破坏形式可能存在一定差异。其中，碳化、氯离子侵蚀、高温等作用导致的钢筋混凝土腐蚀与劣化的现象十分常见。通过本节学习，需了解不同环境因素作用下结构的失效过程，并掌握一些行之有效的防护措施。

3.3 混凝土结构的长期服役疲劳损伤

在实际工程中，许多大型混凝土结构在其服役期间除了受静载作用外，还会受到重复循环荷载作用，如公路路面、桥面、铁路轨枕及机场路面等。在周期性循环荷载作用下，混凝土结构内部会产生疲劳损伤，其抵抗荷载的能力将随疲劳累积而衰减，最终严重威胁结构的使用安全。因此，考虑混凝土结构疲劳损伤已成为混凝土结构设计中不可或缺的一部分。

疲劳损伤是由往复荷载作用而引起的结构受力性能衰减的过程，即疲劳微裂纹的发生、发展，然后形成宏观裂缝，最后结构发生破坏的全过程。疲劳损伤具有以下特征：①在交变荷载作用下，构件中的交变应力在远低于材料强度极限的条件下有可能发生破坏；②疲劳破坏过程局限于局部区域，并不涉及整个结构的所有材料；③无论是脆性材料还是塑性材料，疲劳断裂在宏观上均表现为无显著变形的脆性断裂；④疲劳损伤是一个逐渐累积的过程；⑤由混凝土结构的多相性和不均匀性导致的疲劳破坏具有概率统计性。混凝土结构疲劳损伤与材料种类、性能及服役环境等各种因素有关，只考虑单一因素或几种因素简单叠加，无法全面而深入分析混凝土结构的损伤特征。因此，从混凝土宏观性能演变规律出发，评价其疲劳损伤发展过程，已成为一种有效的方法。

3.3.1 混凝土疲劳损伤宏观性能演变规律

损伤力学是在研究金属疲劳和蠕变时逐渐建立和发展起来的，其认为微缺陷的扩展是导致金属蠕变损伤的主要原因。在损伤力学中，通过定义与应变或加载次数等相关的损伤变量，来描述材料因其内部物质结构出现不可逆破坏而导致材料性能随加载而不断劣化的过程。损伤变量是材料劣化程度的度量，可以理解为内部结构损伤（如微裂纹、微孔洞）的萌生和扩展在整个材料中所占体积分数。对于混凝土结构而言，混凝土在成型初期，内部就存在随机的微裂纹、微孔洞等缺陷，这些缺陷即混凝土的初始损伤，在外部荷载作用下损伤不断累积、扩展，形成宏观裂缝，导致其承载力逐渐降低直至丧失。从实际工程应用角度来看，需更加注重混凝土损伤过程中宏观物理、力学性能等参量的劣化演变规律。

微观变量变化的累积是宏观变量发展的基础，宏观变量的发展又反过来体现了微观变量的变化。立足于宏观尺度，混凝土疲劳损伤过程多呈三阶段演变规律，即迅速增长、缓慢增长和断裂失效阶段。利用疲劳试验过程中物理力学参量的变化来表示损伤演化，能更好反映出疲劳损伤演化过程。

（1）弹性模量

$$D_S = 1 - \frac{E_S}{E_0} \qquad (3\text{-}23)$$

式中，E_0 为循环初始弹性模量，MPa；E_S 为疲劳加载 n 次后的弹性模量，MPa。

$$E_S = \frac{\sigma_{max} - \sigma_{min}}{\varepsilon_{max} - \varepsilon_{min}} \qquad (3\text{-}24)$$

式中，σ_{max} 和 σ_{min} 为循环荷载最大和最小应力；ε_{max} 和 ε_{min} 为最大和最小应力对应的应变。如图 3-11 所示，在循环荷载作用下，混凝土弹性模量演变过程同样呈现三阶段发展规律。

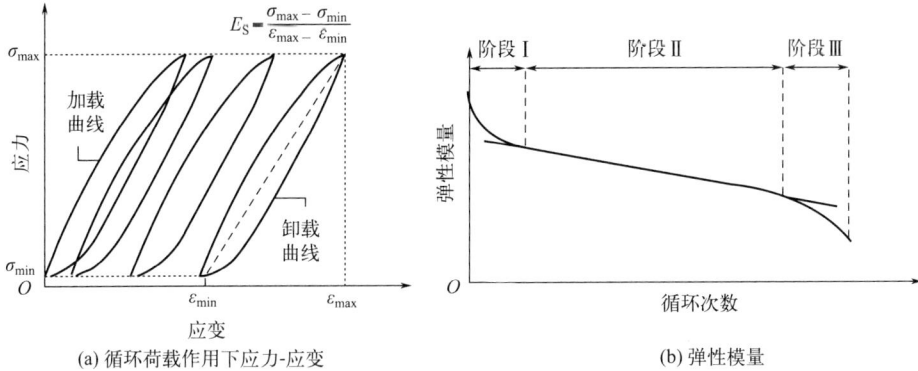

图 3-11　循环荷载作用下应力-应变和弹性模量随循环次数演变规律

（2）疲劳应变

以疲劳变形或残余变形作为变量来定义损伤变量，从而量化表征混凝土疲劳破坏的发展过程，如图 3-12 所示。

最大疲劳应变表示混凝土在疲劳上限应力（σ_{max}）作用下，其内部微裂纹扩展程度。基于试验测得的疲劳纵向最大应变定义损伤变量为

$$D_{max} = \frac{\varepsilon_{max}^n - \varepsilon_{max}^0}{\varepsilon_{max}^f - \varepsilon_{max}^0} \qquad (3-25)$$

式中，ε_{max}^0、ε_{max}^n 和 ε_{max}^f 分别为混凝土纵向疲劳初始应变、循环 n 次应变和极限应变。

混凝土疲劳方向的残余应变反映了混凝土的微塑性和微裂纹的不可恢复程度：

$$D_{max} = \frac{\varepsilon_r^n - \varepsilon_r^0}{\varepsilon_r^f - \varepsilon_r^0} \qquad (3-26)$$

式中，ε_r^0、ε_r^n 和 ε_r^f 分别为混凝土纵向疲劳初始残余应变、循环 n 次残余应变和极限残余应变。

上文提到混凝土结构的疲劳损伤过程可分为三个阶段，循环荷载作用下混凝土疲劳变形三阶段的线性方程如下[13]：

$$\frac{\varepsilon}{\varepsilon_0} = \begin{cases} \nu_1 x & 0 \leqslant x \leqslant 0.1 \\ \dfrac{\varepsilon_A}{\varepsilon_0} + \nu_2(x-0.1) & 0.1 < x \leqslant 0.9 \\ \dfrac{\varepsilon_B}{\varepsilon_0} + \nu_3(x-0.9) & 0.9 < x \leqslant 1.0 \end{cases} \qquad (3-27)$$

式中，ν_1、ν_2 和 ν_3 分别为 Ⅰ～Ⅲ 阶段的应变增量速率；x 为加载循环次数与该应力水平下疲劳寿命比值，$x = n/N$；ε 为循环荷载引起的应变增量；ε_0 为在静载峰值应力下对应的应变；ε_A 为变形 Ⅰ 阶段结束时混凝土的疲劳应变，即图 3-12（a）中 A 点应变；ε_B 为变形 Ⅱ 阶段结束时混凝土疲劳应变，即图 3-12（a）中 B 点应变。

一般而言，在不同应力水平作用下，混凝土结构破坏时的最大疲劳应变在 $650 \times 10^{-6} \sim 950 \times 10^{-6}$ 之间，且最大疲劳应变是应力水平的函数。应力水平越大，最大疲劳应变越小，

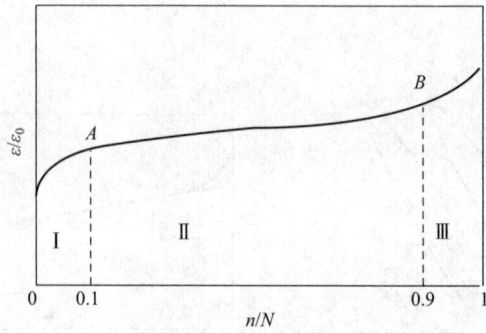

(a) 典型混凝土疲劳变形曲线

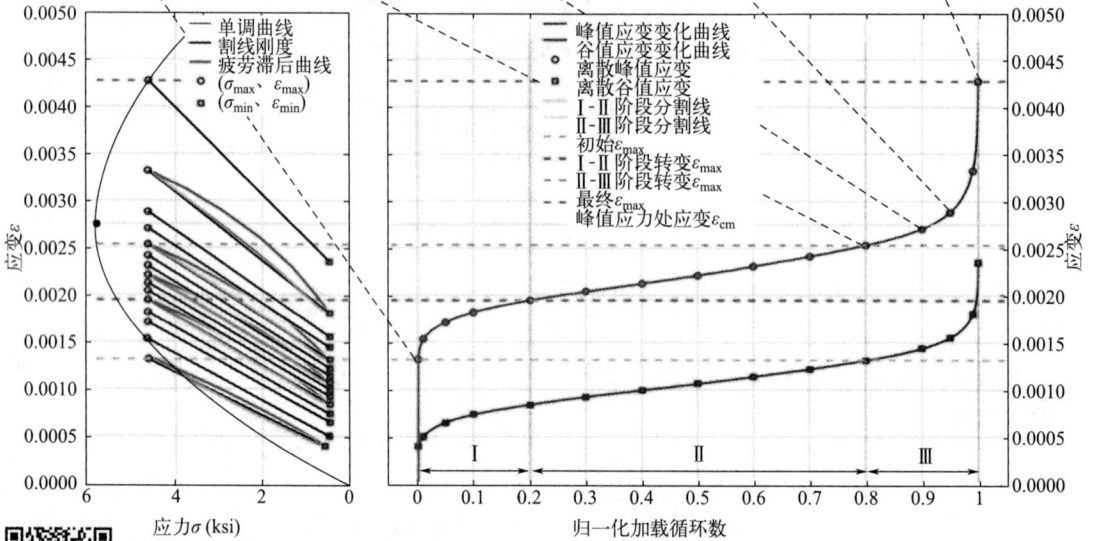

(b) 不同应力水平下混凝土纵向应变实测结果

图 3-12　混凝土疲劳变形特征

这主要因为混凝土的剩余强度随弯曲疲劳损伤的不断累积而逐渐降低，一旦混凝土应力水平达到剩余强度，则结构失效。而极限残余应变则在 $258 \times 10^{-6} \sim 271 \times 10^{-6}$ 之间，可视其为一定值。事实上，这种疲劳变形演变规律不依赖于不同的疲劳荷载应力水平，不依赖于不同的混凝土受力状态，也不依赖于不同的混凝土材料组分，具有普遍性和稳定性。

3.3.2 疲劳-环境耦合作用下混凝土结构损伤

实际上，混凝土结构在服役期间不仅承受着频繁的循环荷载作用，还经历着环境因素的作用。疲劳荷载会使混凝土内部损伤不断累积、开裂，从而影响环境中有害物质向混凝土内部的传输与钢筋混凝土结构的耐久性能，使得混凝土结构在低于其极限荷载作用下就可能引发结构的提前失效。因此，疲劳荷载与环境因素耦合作用下混凝土结构的耐久性问题需着重考虑。

（1）氯离子侵蚀耦合

在钢筋混凝土结构服役过程中，氯离子侵入混凝土保护层内部，破坏钢筋表面钝化膜引起钢筋发生锈蚀，而锈蚀产物产生锈胀力导致混凝土开裂，进而影响混凝土结构耐久性。在我国沿海地区，道路、桥梁等设施不仅受到氯盐的侵蚀，还受到行人、车辆等荷载作用，在上述氯盐环境和循环荷载的耦合作用下，钢筋锈蚀和混凝土损伤将进一步加剧，进而导致钢筋混凝土结构过早失效。

混凝土结构在受压循环荷载作用下，当最大应力水平达到 $60\%\sim80\%$ 时，混凝土中氯离子的渗透性会显著增加，但是当最大应力水平为 50% 时，即使施加 100 万次的循环荷载，混凝土中氯离子的渗透性也没有显著增加。

混凝土结构在弯曲循环荷载作用下，随着残余应变的增加，混凝土氯离子扩散系数逐渐增大。根据图 3-13 所示结果，可将残余应变 60×10^{-6} 作为影响普通混凝土（OC）、高性能混凝土（HPC）及高性能纤维增强混凝土（HPFRCC）氯离子扩散系数的"起劣点"，将残余应变 120×10^{-6} 作为影响氯离子扩散系数的"陡劣点"。

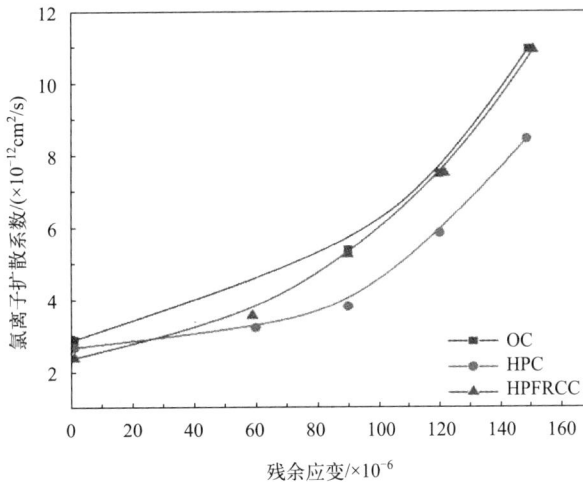

图 3-13 不同损伤程度下混凝土氯离子扩散系数

（2）碳化耦合

碳化使混凝土孔溶液 pH 值降低，内部钢筋易发生锈蚀，导致混凝土结构耐久性和承载力下降。疲劳荷载对碳化的影响可归结为它对混凝土中 CO_2 扩散系数的影响。在疲劳荷载作用下，混凝土损伤度不断加大，细观结构中微裂纹、微孔洞等缺陷不断变大，汇合形成宏观裂纹并且不断扩展。混凝土中裂纹不断增多、增大，使得CO_2扩散系数越来越大，混凝土碳化深度不断增加。可见，疲劳损伤会显著降低混凝土的抗碳化性能，致使其结构服役寿命明显降低。

不同疲劳荷载的最大应力水平对混凝土结构服役寿命的影响方式不同。在疲劳与碳化环境因素耦合作用下，当疲劳荷载的应力水平较高时，混凝土结构的服役寿命以疲劳寿命为主。如图 3-14 所示，当疲劳荷载的最大应力水平为 0.30 时，混凝土的碳化深度通常还未达到保护层厚度，只是疲劳荷载的作用使混凝土结构失效，其对应的服役寿命为疲劳循环寿命。当疲劳荷载的最大应力水平较低时，混凝土结构的服役寿命主要受碳化和疲劳损伤耦合作用影响，其服役寿命要低于单一因素作用下的服役寿命。例如，当疲劳荷载的最大应力水平为 0.25 时，混凝土的疲劳寿命为 98 年，而在碳化环境因素和疲劳损伤耦合作用下，其服役寿命为 72 年，明显低于相对应的疲劳寿命。

因此，在以混凝土为主体结构的道路或桥梁的运营过程中，必须严禁超载，否则在较高应力水平的疲劳荷载和碳化环境因素耦合作用下，其服役寿命将大大降低。

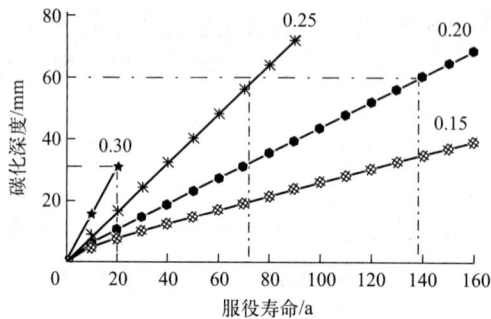

图 3-14　疲劳荷载与碳化耦合作用下混凝土结构疲劳寿命

（3）冻融耦合

对于北方地区的混凝土路面、桥梁及机场跑道面等结构，其在服役过程中不仅会受到疲劳荷载作用，还会受到冻融作用。因此，关注荷载和冻融循环耦合作用下混凝土结构损伤具有重要的工程意义。

冻融循环会使混凝土内部反复经受膨胀压和渗透压等，导致混凝土结构破坏，一般认为孔隙结构和分布对混凝土抗冻融性能影响最大。荷载和冻融循环同时作用下的混凝土受到荷载应力、膨胀压和渗透压等的几何叠加作用，当应力水平较高时，混凝土试件破坏主要是荷载在冻融引起的微裂缝处产生应力集中，使微裂缝迅速扩展造成混凝土破坏；当应力水平较低时，冻融作用下孔隙水压力作用在混凝土中形成均匀微裂缝是结构破坏的主要原因，破坏速度相对较慢。

冻融损伤对混凝土疲劳寿命具有显著的影响，且疲劳应力水平越高，冻融损伤对混凝土疲劳寿命的影响越大。从损伤（D）的角度出发（见图 3-15），在相同疲劳荷载作用下，当 $D=1\%$ 时，冻融损伤混凝土疲劳寿命只有未损伤混凝土疲劳寿命的 60% 左右；当 $D=9\%$ 时，冻融损伤混凝土疲劳寿命还不到未损伤混凝土疲劳寿命的 1%。当在损伤 D 相同的情况下，盐冻对混凝土疲劳寿命的影响比水冻大，如图 3-16 所示。

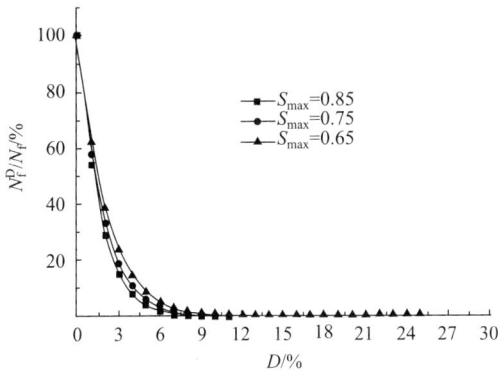

图 3-15 冻融损伤对混凝土疲劳寿命影响

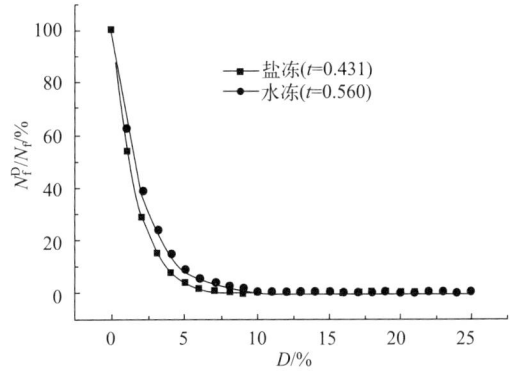

图 3-16 冻融介质对混凝土疲劳寿命影响
（N_f^D 为冻融损伤混凝土疲劳寿命，N_f 为未损伤混凝土疲劳寿命）

3.3.3 混凝土疲劳裂缝扩展行为

混凝土结构裂缝扩展过程主要为混凝土内部存在的原始缺陷在长期循环荷载作用下，由微观逐渐向宏观层次的各个角度、方向延伸扩展。随着损伤的不断累积，微裂缝聚合形成宏观裂缝，导致混凝土结构承载力下降，最终断裂失效。因此，混凝土结构裂缝扩展过程具有明显的三阶段发展规律，即裂缝（损伤）萌生、裂缝（损伤）稳定扩展和裂缝（损伤）失稳破坏。

第一阶段，混凝土中原始缺陷引发微弱区域的出现。各种收缩、碳化、水化产物的再结晶以及浆体与骨料热膨胀系数之间的差别等因素的影响，会在混凝土内部局部区域（如界面过渡区）引起微裂缝的出现。第二阶段，混凝土结构内部缺陷缓慢、不可恢复增加至某一临界值，该过程中疲劳损伤变形与循环次数的增加基本呈线性关系。第三阶段，数量可观的微裂缝失稳扩展、相互聚合、贯穿形成宏观裂缝，混凝土结构损伤快速增加至断裂失效。混凝土结构疲劳损伤的发展规律是很稳定的，特别是占疲劳损伤全过程绝大部分的损伤稳定、线性发展的第二阶段，其起点和终点一般在循环寿命比（n/N）0.1 和 0.9 处。

图 3-17 为弯曲循环荷载作用下混凝土裂缝开口位移（CMOD）及裂缝扩展长度随循环次数的演变规律。从图中可以看出，混凝土裂缝开口位移随循环荷载次数增加，同样呈现三阶段发展规律，而纵向裂缝扩展长度初始缓慢增加，当裂缝尖端应力强度因子（K）达到临界强度因子（K_{1c}）时，混凝土裂缝快速扩展，直至断裂失效。

早在 1953 年，人们就对疲劳裂缝扩展问题进行了分析研究。Liu Haowen 指出影响疲劳裂缝扩展速率 da/dN 最重要的应力参量是应力历程 $\Delta\sigma$，而非最大应力 σ_{max}，并提出 da/dN 与 $\Delta\sigma^2 a$ 成正比关系，其中 a 是裂缝长度[14]。随后，研究者将应力强度因子 K 引入疲劳裂缝扩展研究。在 1961 年，Paris 最早将 da/dN 与 K_{max} 相关联，并提出 da/dN 与 ΔK^4 成正比关系[15]。此后经过完善，Paris 公式 ［式（3-28）］ 已广泛用于工程实际，并用来评价疲劳裂缝对材料微观结构的影响。

$$\frac{da}{dN} = C(\Delta K)^n \tag{3-28}$$

式中，C 和 n 为与环境、频率、温度和应力比等有关的材料常数；ΔK 为应力强度因子幅值。

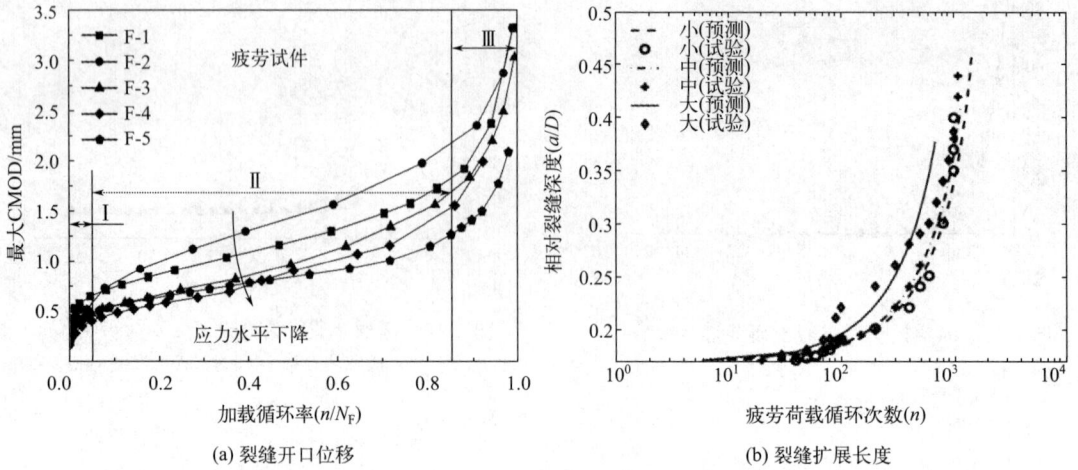

(a) 裂缝开口位移

(b) 裂缝扩展长度

图 3-17 混凝土裂缝开口位移及裂缝扩展长度随荷载循环次数变化规律

[n 为荷载循环次数；N_F 为材料或结构的疲劳寿命；a 为裂缝实际深度；D 为结构特征尺寸（如厚度、直径等）]

随后，McClintock 在 1963 年提出存在疲劳裂缝扩展门槛的观点，认为疲劳裂缝顶端前缘特征范围内的局部应变或疲劳累积损伤达到某一临界值时，裂缝才开始扩展[16]。该理论将应力因素引入疲劳裂缝门槛，提出当 $\Delta\sigma^3 a$ 小于某个临界值时，裂缝不扩展。后来，经过逐步发展，最终采用临界应力强度因子 ΔK_{th} 作为疲劳裂缝不扩展的门槛值。这样就使得疲劳裂缝扩展门槛理论与 Paris 疲劳裂缝扩展规律相结合，形成一个整体，初步奠定了现代疲劳裂缝扩展理论的基础。该理论认为，疲劳裂缝扩展特性可以分成三个区，如图 3-18 所示。

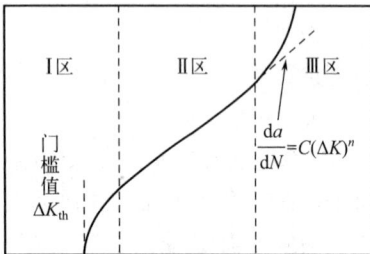

图 3-18 疲劳裂缝扩展分区

Ⅰ区的特性为存在一个"疲劳门槛"——循环应力强度因子幅值 ΔK_{th}，在该区内应力强度因子幅值低于门槛值 ΔK_{th}，疲劳裂缝基本不扩展；Ⅱ区为应力强度因子幅值大于门槛值 ΔK_{th} 的疲劳裂缝扩展特性，在该区内，裂缝扩展速率 da/dN 与应力强度因子幅值 ΔK 的关系服从 Paris 公式；在Ⅲ区，裂缝尖端最大应力强度因子 K_{max} 已经接近材料的临界断裂强度因子 K_{Ic}（或 K_c），裂缝扩展速率将呈失稳状态，急剧增大直至迅速断裂。此后，陆续有学者对 Paris 准则提出修正，其中认可度较高的有 Walker 裂缝扩展规律和 Forman 规律。

Walker 裂缝扩展规律[17] 除了考虑应力强度因子幅值 ΔK 对裂缝扩展速率外，还考虑了峰值荷载时的应力强度因子 K_{max} 的影响，即

$$\frac{da}{dN} = C K_{Imax}^m \Delta K_I^n \tag{3-29}$$

Forman 规律[18] 考虑的因素更多，将材料的临界断裂强度因子 K_{Ic} 也考虑为影响裂缝扩展速率的因素，即

$$\frac{\mathrm{d}a}{\mathrm{d}N} = C\frac{K_{\mathrm{I\,max}}^{m}\Delta K_{\mathrm{I}}^{n}}{K_{\mathrm{I}c} - K_{\mathrm{I\,max}}} \tag{3-30}$$

上述两式中，$K_{\mathrm{I\,max}}^{m}$ 为张开型裂缝（Ⅰ型）尖端最大应力强度因子；C、m、n 均为材料参数。相比于 Walker 裂缝扩展规律，Forman 规律的优点在于解释了当应力强度因子接近断裂韧度时，裂缝扩展速率急剧加大的这一事实。

20 世纪 90 年代之后，分形理论开始被引入疲劳裂缝扩展问题的研究中，并建立了分形损伤累积积分与 J 积分的分形之间的关系[19]：

$$\frac{\mathrm{d}a}{\mathrm{d}N} = \frac{1}{D_S - 1}[\Delta K / (C_1 E)]^{(D_S - 2)/(D_S - 1)} a^{2 - D_S} \tag{3-31}$$

式中，D_S 为断裂表面分形维数，$2.0 \leqslant D_S \leqslant 3.0$；$E$ 为弹性模量；C_1 为材料常数。将式（3-31）与 Paris 公式比较，得 Paris 公式中的系数：

$$C = \frac{1}{D_S - 1}(C_1 E)^{(D_S - 2)/(D_S - 1)} a^{2 - D_S} \tag{3-32}$$

$$n = (D_S - 1)/(D_S - 2) \tag{3-33}$$

由此看出，系数 n 是与断裂表面分形维数 D_S 有关的量；系数 C 则不仅取决于 D_S，而且与裂缝长度 a 有关。

经过后来的研究发展[20]，认为：①混凝土试件在破坏时，裂缝亚临界扩展量 Δa_c 或裂缝临界长度与疲劳寿命 N 无关，即线弹性断裂力学理论可用于混凝土疲劳断裂分析；②在循环特性 $R = K_{\min}/K_{\max}$ 保持不变的前提下，混凝土疲劳裂缝扩展速率符合 Paris 公式；③循环平均荷载对 $\mathrm{d}a/\mathrm{d}N$ 影响较大，R 越大，疲劳寿命越小。当考虑平均荷载作用时，$\mathrm{d}a/\mathrm{d}N$ 服从修改后的 Forman 公式：

$$\frac{\mathrm{d}a}{\mathrm{d}N} = \frac{C(\Delta K)^n}{K_{\mathrm{I}c}(1 - R) - \Delta K} \tag{3-34}$$

根据试验结果，$C = 6.12 \times 10^{-8}$，$n = 2.05$。

综上可知，实际工程中的混凝土结构通常是在荷载和环境等多种因素共同作用下工作的，此时结构耐久性劣化并不是各单一因素作用的简单叠加，各因素的共同作用使得混凝土破坏机理更为复杂。混凝土是由水泥浆体、粗细骨料及其两者黏结界面组成的三相复合材料，其内部不可避免地存在天然或人为的细观缺陷、损伤、裂隙、孔洞以及夹杂等。荷载对混凝土孔结构和微裂缝的形成、扩展和连接有着重要的影响，荷载的存在使得孔结构密实或者稀疏，使得裂缝闭合、开展或者贯通，继而影响混凝土的渗透性能，并进一步加速外界的侵蚀性物质进入混凝土内部，导致混凝土微观结构破坏和宏观性能降低。混凝土结构耐久性影响因素复杂，研究范围广，因此多个因素共同作用下的混凝土耐久性劣化研究是一项长期而艰苦的工作。

3.4 混凝土结构耐久性的评估与预测

在环境腐蚀介质的作用下由于混凝土结构的性能不断劣化，结构的实际使用寿命往往要短于设计使用寿命。如何根据结构检测或监测结果对在役混凝土结构进行性能评估并据此推测其剩余使用寿命一直是土木工程学科非常关注的热点问题[21]。结构耐久性失效的原因存在于结构的设计、施工及维护的各个环节，在结构工程设计中，普遍存在着重强度设计而轻耐久性设计的现象。

3.4.1 混凝土耐久性评估与预测方法

混凝土结构耐久性寿命预测理论主要包括三大类：①钢筋脱钝寿命理论，这种理论以侵蚀介质侵入到钢筋表面引起钢筋脱钝作为混凝土结构耐久性失效的极限状态，以此来预测结构构件的寿命；②混凝土开裂寿命理论，这种理论以钢筋锈蚀引起钢筋表面混凝土出现裂缝作为失效准则，预测结构构件的寿命；③抗力寿命理论，这种理论将抗力作为时变随机变量，将荷载视为随机变量或随机过程，分析抗力衰减的结构可靠度，通过可靠度指标变化函数来预测结构构件的寿命。

目前，混凝土结构耐久性评估方法主要可以分为三类：①根据结构检测和监测结果，由有经验的技术人员作出评估，这就是所谓的传统经验法；②随着基础科学和计算机学科的发展，借助模糊数学、神经网络等人工智能手段的综合评估方法；③基于可靠度理论的混凝土结构耐久性评估法。

由于工程实际问题的复杂性，混凝土结构耐久性评估和寿命预测中会遇到大量随机的、模糊的以及不完善的信息，而且许多信息是不定性的，难以将其定量化，这种信息不确定性的分析还处于初级阶段，尚无较为合理的混凝土结构耐久性评估模式。因此，在实际工程应用中，以经验判断为基础，以运用层次分析法来进行混凝土结构的耐久性评估为多。目前，这些寿命预测方法基本停留在单环境因素作用下混凝土构件的评估与寿命预测，并不能真正实现混凝土结构耐久性全过程的性能评估与寿命预测。

为了能尽量准确地对在役混凝土结构进行寿命预测，以下两方面研究工作至关重要。①结构的使用寿命是材料本质特征的反映，必须寻找耐久性指标，建立其与混凝土的密实度、孔结构等表征混凝土内部结构的特征参量以及钢筋锈蚀速度、锈蚀量等之间的关系。②对已存在耐久性问题的在役混凝土结构，须建立混凝土结构动态评估体系，实现根据不断积累的检/监测耐久性指标数据，对混凝土结构进行动态评估，建立寿命预测模型。目前对在役混凝土结构耐久性的评估，主要依据实验室快速试验获取的参数以及现场同条件构件破损试验结果，并依赖有经验的技术人员对结构进行现场检测，综合作出评价提出处理意见，同时，间接推测结构的剩余使用寿命。该评估方法的数据有限、间断，且无动态反馈，因此依据这些不完备信息对混凝土结构进行评估是不准确的，在此基础上建立的基于各种数学模型的结构剩余寿命预报精度更是不精确。因此，对于在役混凝土结构，提出基于不断积累的检/监测数据的动态评估方法，并据此建立混凝土结构耐久性寿命评估体系，是一项非常重要和有意义的工作。

根据上述混凝土结构耐久性层面研究内容的总结，认为混凝土结构层面尚缺乏以下几方面的基础理论研究：①界定一定环境和使用要求下的混凝土结构耐久性失效极限状态；②确定表征材料与结构耐久特征的指标与参数；③建立耐久性动态检测数据分析理论。

确定耐久性极限状态是混凝土结构耐久性设计和寿命预测的关键问题，按照混凝土材料和构件的劣化过程，依次可以选择不同的劣化状态作为耐久性极限状态，如图 3-19 中所示的特征时间 t_0、t_1、t_2 和 t_3 等。特征时间的确定不仅与结构的耐久性性能指标有关，而且与结构的安全适用可靠指标有关。各个特征时间的确定并不是绝对的，与此相应的耐久性失效极限状态既可能是正常使用和外观美学的要求，也有可能是结构安全性的要求。从混凝土

混凝土材料和结构的劣化与修复

结构安全储备的角度出发，很多学术观点推荐将 t_0 和 t_1 对应的极限状态作为耐久性失效极限状态；也有学者提出结构寿命极限可以取其可靠指标 β 值下降到某一水平时所需要的时间，对应于时间 t_2 和 t_3。为了建立基于性能的混凝土结构全生命耐久性设计理论和寿命预测体系，必须首先确定不同环境和使用条件下耐久性失效极限状态。

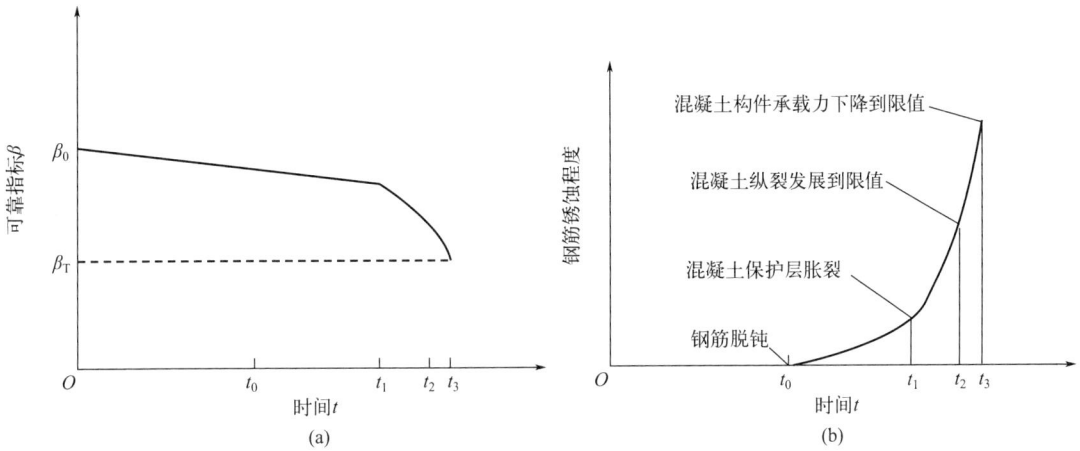

图 3-19　混凝土结构耐久性特征时间与结构可靠指标的关系
（β_0 为设计可靠指标；β_T 为目标可靠指标）

混凝土结构耐久性设计和寿命预测必须通过混凝土结构耐久性参数的表达来实现。目前，通常是将混凝土保护层厚度和氯离子渗透系数作为表征混凝土结构耐久能力的参数，事实上，这两个参数仅能表征 $0 \sim t_0$ 阶段（钢筋锈蚀诱导阶段）混凝土结构的耐久性，缺乏钢筋锈蚀而导致结构劣化阶段（钢筋锈蚀发展阶段 $t_0 \sim t_3$）的耐久性参数。

寿命预测的准确性还依赖于合理的耐久性检测与评估方法。科学地检测与评估应该在混凝土结构中埋入耐久性传感器，动态地、长期地获取混凝土结构的耐久性发展情况和混凝土结构原体耐久性关键参数的信息反馈；根据在时间轴上不断积累的监测和检测数据，对混凝土结构进行动态评估，并在此基础上建立结构寿命预测模型。要实现这个目标，首先必须建立混凝土结构耐久性健康监测与检测完善的理论与实用的方法，这样科研和工程技术人员不但可以在某一时刻对混凝土结构耐久性状况进行检测与分析，同时还可以通过健康监测体系实现对混凝土结构耐久性参数的实时观测与分析。健康监测是一个近年来兴起的研究领域，混凝土结构耐久性监测的理论和方法并不成熟。为了达到在役混凝土结构的耐久性动态评估和剩余寿命预测的目标，建立混凝土结构耐久性健康监测和检测理论与实用方法非常必要。

混凝土使用寿命预测方法主要有基于经验的预测方法、基于性能比较的预测方法、加速试验预测方法、数学模型预测方法以及随机预测方法等，尽管讨论上述方法时大多分别进行，但是在实际应用中这些方法经常合并使用。

（1）基于经验的预测方法

这是基于实验室或实地检测以及以往知识、经验累积的一种半定量预测方法。目前的一些规范和标准实际上也是这样来估计寿命的，这种方法的逻辑是如果混凝土结构能严格按标准去设计施工，将会具有所需的寿命。当设计寿命较短，而且服役条件不太严苛，混凝土可以按设计寿命服役，但是当设计寿命较长或服役条件较为严苛时，这种方法将不能对服役寿命做出可信的判断。

（2）基于性能比较的预测方法

基于性能比较的预测方法还没有普遍地应用于实际工程，但是随着劣化混凝土结构数量增加，在没有更合适方法之前这种方法有其应用的空间。这种方法的逻辑是如果某一混凝土在某一期限内是耐久的，那么相似环境下的相似混凝土也将有同样的寿命，但问题是由于材料、几何尺寸、现场施工等条件不可能完全相同，每一个混凝土结构都是独一无二的，而且由于环境条件不可能完全相同，经过多年后混凝土材料和环境的相互作用使得材料性能发生改变，因此预测的偏差将会增大。更为重要的是，水泥等主要原材料的生产工艺及试验方法有重大改变，以及新型高性能外加剂及超细矿物粉体的大量使用，高性能混凝土的广泛应用，使混凝土的生产技术有了质的改进，那么这种方法的可操作性将会变得越来越差。

（3）加速试验预测方法

加速试验是通过施加高应力或浸泡在高浓度的侵蚀物质中，在较高的温度和湿度下，来加速混凝土结构退化过程的试验。如果加速试验能合理地设计、实施并对试验数据加以处理，就能够对混凝土性能和寿命进行合理的预测。设计加速试验要求加速试验中的劣化机制与实际使用条件下的劣化机制相同或相似，加速试验的关键是如何确定加速系数，其困难在于缺乏相似环境下实际工程中混凝土性能方面的长期数据，这往往需要大量的调查研究和多年的工作积累才能得到可靠的数据，但加速试验方法确实是目前及今后用来解决混凝土使用寿命预测问题的重要方法。

（4）数学模型预测方法

采用数学模型预测使用寿命是目前使用较多的方法，其预测的可靠程度与模型的合理性以及材料与环境参数选取的准确性有关。

（5）随机预测方法

前文提到的寿命预测方法都属于确定性方法，是将影响结构使用寿命的各因素均作为确定的量，由此得到的寿命预测结果只能是均值意义上的使用寿命。但是在耐久性评估中，无论采用哪一种寿命准则，影响结构使用寿命的各因素都是随机变量，甚至是随时间变化的随机过程。如混凝土保护层厚度经实测统计是符合正态分布的随机变量，临界氯离子浓度是符合正态分布的随机变量，扩散系数也是随机变量，计算得出的使用寿命也应是在某一失效概率下的使用时间，或者说是在某一使用年限下的失效概率有多大，因此可以看出采用随机的概率方法进行混凝土使用寿命预测是比较合理的。

3.4.2　典型预测模型

3.4.2.1　碳化模型

国内外学者提出了很多基于碳化的混凝土寿命期预测模型，模型根据菲克定律建立碳化深度与碳化时间的关系，即碳化深度与碳化时间的平方根成正比（即 $x_c = \alpha\sqrt{t}$），最终以碳化深度达到混凝土保护层厚度时的时间作为钢筋混凝土预期寿命，系数 α 表示各因素对碳化速率的影响。影响混凝土碳化的因素很多，如水灰比、可碳化物质含量、环境的温度与湿度、CO_2浓度、密实度与孔结构的时间依赖性等；在建立碳化深度与这些因素间的关系时，国内外已有大量的碳化模型，但在基础理论模型研究上没有大的进展，也基本上未形成同时存在氯离子渗透、环境温度、湿度、扩散系数与可碳化物质时依性变化在内的多因素影响下碳化模型，现介绍典型的和较有影响的碳化模型[21]。

（1）中国建筑科学研究院的多系数碳化模型

$$x_c = k_1 \times k_2 \times k_3 \times k_4 \times k_5 \times k_6 \times \alpha \sqrt{t} \qquad (3\text{-}35)$$

式中，k_1为水泥用量影响系数；k_2为水灰比影响系数；k_3为粉煤灰取代量影响系数；k_4为水泥品种影响系数；k_5为骨料影响系数；k_6为养护方法影响系数；α为修正系数。

（2）Richardson多系数碳化模型

$$x_c = n_1 \times n_2 \times n_3 \times n_4 \times n_5 \times k_{av} \sqrt{t} \qquad (3\text{-}36)$$

式中，n_1为考虑碳化前锋线的参数；n_2为暴露条件参数；n_3为混凝土质量等级参数；n_4为表面质量及朝向参数；n_5为二氧化碳浓度参数；k_{av}为平均相关性因子。

（3）日本洪田-岸谷水灰比碳化模型

$$x_c = k(w/c - 0.25)\sqrt{\dfrac{t}{0.3\left(1.15 + 3\dfrac{w}{c}\right)}} \left(\dfrac{w}{c} > 0.6\right) \qquad (3\text{-}37)$$

$$x_c = k\left(\dfrac{4.6w}{c} - 1.76\right)\sqrt{\dfrac{t}{7.2}} \left(\dfrac{w}{c} < 0.6\right) \qquad (3\text{-}38)$$

式中，k为与水泥品种、骨料及外加剂有关的系数，也称相对碳化深度；$\dfrac{w}{c}$为水灰比。该模型曾作为日本建筑学会制定《钢筋混凝土结构设计计算规范》中保护层厚度设计依据之一。

（4）黄士元碳化模型

$$x_c = 104k \times k_c^{0.54} k_w^{0.47} \sqrt{t} \left(\dfrac{w}{c} > 0.6\right) \qquad (3\text{-}39)$$

$$x_c = 73.54k \times k_c^{0.81} k_w^{0.13} \sqrt{t} \left(\dfrac{w}{c} < 0.6\right) \qquad (3\text{-}40)$$

式中，k_c为水泥用量影响系数，$k_c = -(0.0191c + 9.311) \times 10^{-3}$（$c$为混凝土中水泥用量，$kg/m^3$）；$k_w$为水灰比影响系数，$k_w = \left(\dfrac{9.844w}{c} - 2.982\right) \times 10^{-3}$；$k$为水泥品种系数，硅酸盐水泥混凝土$k=1$，矿渣水泥混凝土$k=1.43$，掺粉煤灰的硅酸盐水泥混凝土$k=0.9$。

混凝土抗压强度容易测定，且抗压强度基本反映了混凝土水灰比、施工质量及养护条件等对混凝土品质的影响，故以混凝土抗压强度为变量建立碳化预测模型具有一定实际意义，但强度模型显然无法描述工业废渣掺量对孔结构、碱度以及CO_2反应扩散过程的影响。

（5）Tuuti碳化模型

$$\dfrac{\Delta C_s}{\Delta a} = \sqrt{\pi} \times \left(\dfrac{k}{2\sqrt{D}}\right) \times e^{\left(\frac{k^2}{4D}\right)} \times \mathrm{erf}\left(\dfrac{k}{2\sqrt{D}}\right) \qquad (3\text{-}41)$$

$$\Delta a = c \times \frac{w_{CaO}}{100} \times DH \times \frac{M_{CO_2}}{M_{CaO}} \quad\quad (3-42)$$

$$x_c = k\sqrt{t} \quad\quad (3-43)$$

式中，ΔC_s 为空气中 CO_2 浓度与碳化前锋线 CO_2 浓度差，kg/m^3；Δa 为结合 CO_2 浓度，kg/m^3；c 为水泥用量，kg/m^3；w_{CaO} 为水泥中 CaO 质量分数，%；k 为碳化速率，$mm/s^{0.5}$；M 为摩尔质量，g/mol；DH 为水泥水化程度；D 为 CO_2 在混凝土中的扩散系数，m^2/s；t 为碳化时间，s。该模型基于扩散动力学考虑了碳化速率受 CO_2 的结合量与水泥水化程度及扩散过程的影响，但实际应用中存在一些难以解决的问题。

（6）Baker 碳化模型

$$x_c = A\sum_{i=1}^{n}\sqrt{t_{d,i} - \left(\frac{x_{c,i-1}}{B}\right)^2} \quad\quad (3-44)$$

$$A = \sqrt{\frac{2D_c(C_1 - C_2)}{a}} \quad\quad (3-45)$$

$$B = \sqrt{\frac{2D_v(C_3 - C_4)}{b}} \quad\quad (3-46)$$

$$b = w - 0.25c \times DH - 0.15c \times DH \times D_{gel} - w \times DH \times D_{cap} \quad\quad (3-47)$$

式中，A 为碳化速率函数；B 为干燥速率函数；$t_{d,i}$ 为第 i 个干燥期时长，s；$x_{c,i-1}$ 为第 $i-1$ 个湿循环后的碳化深度，m；$C_1 - C_2$ 为空气中和碳化前锋线 CO_2 浓度差；$C_3 - C_4$ 为空气中和混凝土中水分蒸发前锋线湿度差；a 为混凝土中碱含量，kg/m^3；b 为混凝土中蒸发水含量，kg/m^3；D_c 为有效 CO_2 扩散系数；D_v 为有效水汽扩散系数；DH 为水化程度；w 为混凝土中水含量，kg/m^3；D_{gel} 为凝胶孔中物理结合水程度；D_{cap} 为毛细孔物理结合水程度；c 为混凝土中水泥含量，kg/m^3。

该模型既考虑了 CO_2 浓度梯度、水分的蒸发与扩散，又考虑了水化程度、CO_2 的结合以及干湿循环对碳化速度的影响。由于一些参数难以测量，计算过程又较为复杂，因此该模型在实际工程中应用较少，但建立模型的思想应予以肯定和继承。

（7）Papadakis 碳化模型

$$x_c = \sqrt{\frac{2D_{e,CO_2}C_0}{C_{CH} + 3C_{C\text{-}S\text{-}H} + 3C_{C_3S} + 2C_{C_2S}}t} \quad\quad (3-48)$$

$$D_{e,CO_2} = 1.64 \times 10^{-6} \times \varepsilon^{1.8} \times \left(1 - \frac{RH}{100}\right)^{2.2} \quad\quad (3-49)$$

$$\varepsilon_p(t) = \varepsilon(t) \times \left(1 + \frac{\dfrac{a \times \rho_c}{c \times \rho_a}}{1 + \dfrac{w \times \rho_c}{c \times \rho_w}}\right) \quad\quad (3-50)$$

式中，$\varepsilon_p(t)$ 为硬化水泥浆孔隙率；$\varepsilon(t)$ 为混凝土的孔隙率；a/c 为骨料/水泥质量比；w/c 为水灰比；ρ_c、ρ_a、ρ_w 分别为水泥、骨料和水的表观密度，kg/m^3；D_{e,CO_2} 为 CO_2 在完

全碳化混凝土中的有效扩散系数，是孔隙率 ε 和环境相对湿度 RH 的函数；C_0 为外界环境中 CO_2 初始浓度，mol/m；C_{CH}、$C_{C\text{-}S\text{-}H}$、C_{C_3S}、C_{C_2S} 分别为混凝土中可碳化物质 $Ca(OH)_2$、C-S-H、C_3S、C_2S 的含量。

（8）GEB TGV 碳化模型

$$x_c = \sqrt{\frac{2k_1 \times k_2 \times D_e \times C_s}{a}} \times \sqrt{t} \times \left(\frac{t_0}{t}\right)^n \tag{3-51}$$

$$a = 0.75 \times w_{CaO} \times c \times DH \times \frac{M_{CO_2}}{M_{CaO}} \tag{3-52}$$

式中，a 为结合 CO_2 能力，kg/m^3；D_e 为一定振捣密实、养护及环境条件下的有效扩散系数；C_s 为表面 CO_2 浓度，kg/m^3；t 为服役寿命即碳化时间，s；t_0 为参考期，如 1 年；k_1 为施工（如养护）对扩散系数影响的常数；k_2 为微环境（如表面湿度）对扩散系数影响的常数；n 为中观环境（如结构朝向）影响系数；c 为混凝土中水泥用量，kg/m^3；w_{CaO} 为水泥中 CaO 质量分数，%；M 为摩尔质量，kg/mol。模型也给出了 k_1、k_2 及 n 的取值，如室内养护良好情况下 $k_1 k_2 = 1.0$，$n = 0$，而室外养护良好情况下 $k_1 k_2 = 0.5$，室外无遮蔽物时 $n = 0.4$。

该模型既考虑了 CO_2 结合能力又考虑了环境与施工的影响因子，应该说到目前为止，该模型是被各方认可最普遍的模型之一，但扩散系数没有考虑时间依赖性，系数取值也稍显简单。

除上述模型外，碳化模型中较有影响的还有 Bunte 模型、Parrot 模型等，这些模型都有其各自的特点，有的也考虑了扩散系数受温度、湿度、水化程度等影响的非线性方程，但由于模型过于复杂而缺乏适用性。

3.4.2.2 氯离子扩散模型

混凝土中钢筋锈蚀是一个时间函数，其腐蚀过程有明显的三个阶段：腐蚀诱导期、腐蚀发展期和腐蚀破坏期。一般而言，腐蚀诱导期的时间长，发展期的时间较短，破坏期的时间则更短。因此，钢筋混凝土的寿命主要考虑第一阶段，即混凝土中钢筋表面的氯离子浓度达到临界值的时间。当前，氯离子渗透模型主要是基于菲克第二定律的确定性推导以及基于可靠度的使用寿命预测公式。

当假定混凝土材料是各向同性均质材料，且氯离子不与混凝土发生反应、氯离子扩散系数恒定不变、氯离子在混凝土中的扩散视为半无限大平板时，其一维扩散行为可用菲克第二定律来描述，一维扩散的菲克第二定律微分方程：

$$\frac{\partial C}{\partial t} = \frac{\partial^2 C}{\partial x^2} \tag{3-53}$$

在初始条件和边界条件下得到了扩散方程的解析解，即

$$C(x=0, t) = C_s \tag{3-54}$$

$$0 < t < \infty, C(x, t=0) = C_0 \tag{3-55}$$

$$0 < x < \infty, C_t(x, t) = C_0 + (C_s - C_0) \times erf\left(\frac{x}{2\sqrt{Dt}}\right) \tag{3-56}$$

式中，$C_t(x, t)$ 为距混凝土表面时的氯离子浓度；C_s 为表面氯离子平衡浓度；C_0 为混凝土中初始氯离子浓度（如不加含氯外加剂该项为 0）；D 为氯离子扩散系数；t 为暴露时间。

（1）考虑氯离子结合问题的扩散方程解析解

Crank 在 1975 年就提出了扩散过程的化学反应问题，对于各向同性介质有可逆反应过程的一维渗透可用改进的偏微分方程描述：

$$\frac{\partial C_{f,v}}{\partial t} = \frac{\partial}{\partial x}\left(D\frac{\partial C_f}{\partial x} - \frac{\partial C_{b,v}}{\partial t}\right) \qquad (3\text{-}57)$$

式中，$C_{b,v}$ 为单位体积氯离子结合量；$C_{f,v}$ 为单位体积游离氯离子的量；C_f 为单位体积孔溶液中游离氯离子量。

Massat、Nilsson 及 Ollvier 在 1992 年将上式用于氯离子在混凝土中扩散过程的结合问题得到：

$$\frac{\partial C_f}{\partial t} = \frac{\partial}{\partial x}\left(\frac{D_e}{1 + \partial C_b/\partial C_f}\right) \times \frac{\partial C_f}{\partial x} \qquad (3\text{-}58)$$

式中，D_e 为有效扩散系数；$\partial C_b/\partial C_f$ 为混凝土中氯离子结合能力。

当考虑氯离子在扩散过程中与混凝土的结合为不可逆一级化学反应时（反应常数 k），对于各向同性介质一维扩散的偏微分方程可用下式表示：

$$\frac{\partial C_{f,v}}{\partial t} = D\frac{\partial^2 C_f}{\partial x^2} - kC_f \qquad (3\text{-}59)$$

在恒定表面浓度、扩散系数不变、初始氯离子浓度为零以及扩散发生在半无限多孔介质中条件下，Danckwert 得到了该偏微分方程的解析解：

$$\frac{C_{f,v}}{C_{S,v}} = \frac{1}{2}\exp\left(-x\sqrt{\frac{k}{D}}\right) \times \mathrm{erf}\left(\frac{x}{\sqrt{4Dt}} - \sqrt{kt}\right) + \frac{1}{2}\exp\left(-x\sqrt{\frac{k}{D}}\right) \times \mathrm{erf}\left(\frac{x}{\sqrt{4Dt}} + \sqrt{kt}\right)$$

$$(3\text{-}60)$$

（2）考虑扩散系数时间依赖性的扩散方程解析解

Mangat 等逐渐认识到氯离子扩散系数的时间依赖性问题，提出了扩散系数与时间的幂函数关系式，并对扩散方程进行了修正，并在初始条件 $t=0$，$x>0$ 时，$C=0$；边界条件 $x=0$，$t>0$ 时，$C=C_s$ 下，得到了考虑氯离子扩散系数随时间变化的氯离子扩散方程解析解：

$$\frac{\partial C}{\partial t} = D_0 t^{-m} \times \frac{\partial^2 C}{\partial x^2} \qquad (3\text{-}61)$$

$$C_f = C_s\left[1 - \mathrm{erf}\left(\frac{x}{2\sqrt{\dfrac{D_t}{1-m}t^{1-m}}}\right)\right] \qquad (3\text{-}62)$$

式中，D_0 为 1 秒时的氯离子扩散系数；m 为经验常数。

上式在应用时多有不便，Thomas 等提出了氯离子扩散系数的时间依赖性新表达式：

$$D_t = D_0\left(\frac{t}{t_0}\right)^m \qquad (3\text{-}63)$$

式中，D_0 为时间 t_0 时混凝土氯离子扩散系数；D_t 为时间 t 时混凝土氯离子扩散系数；m 为试验常数。

（3）饱和混凝土的二维扩散模型

上述模型都是基于一维扩散方程预测混凝土使用寿命，而实际混凝土尤其是边角处混凝土多处于二维甚至三维扩散过程，因此研究二维扩散问题及其数值解对于正确合理评估混凝土使用寿命具有重要意义。假定混凝土是各向同性的均质材料，氯离子在混凝土中二维扩散的偏微分方程为

$$\frac{\partial C}{\partial t} = D\left(\frac{\partial^2 C}{\partial x^2} + \frac{\partial^2 C}{\partial y^2}\right) \tag{3-64}$$

若表面氯离子浓度不随时间变化且混凝土初始氯离子浓度为 0，上式有解析解：

$$C(x, y, t) = C_s \times \left[1 - \mathrm{erf}\left(\frac{x}{2\sqrt{Dt}}\right) \times \mathrm{erf}\left(\frac{y}{2\sqrt{Dt}}\right)\right] \tag{3-65}$$

在求解偏微分方程时更多地采用数值计算法，许多学者采用有限元法研究结构形状以及氯离子与水泥组分的结合能力对扩散的影响。

（4）毛细管作用下不饱和混凝土氯离子渗入的对流-扩散方程

前文提及，对于未开裂的饱和混凝土，扩散是氯离子渗透的主要机制，但对于浪溅区和大气区不饱和混凝土或有干湿交替作用的混凝土，氯离子扩散过程的驱动力除浓度梯度外主要还包括毛细管压力差形成的吸入现象和干湿交替造成的湿度梯度下的对流作用，对于已形成裂缝的混凝土也必须考虑对流对渗透的影响。海水中多种正负离子的共同作用也使混凝土内部很容易形成双电层或静电场，其也会对氯离子的渗入产生影响。此外，充足的氧气供应、碳化及氯离子渗透的共同作用，大大降低了氯离子的阈值浓度，综合作用的结果使钢筋锈蚀的可能性及腐蚀速率比浸没区混凝土大得多；评估混凝土结构寿命的关键取决于最弱链环，因此研究不饱和混凝土在扩散-对流共同作用下氯离子扩散及其寿命预测模型就显得尤为重要。

不饱和多孔介质一维毛细管流动服从广义达西定律，即

$$q = -D(\theta_S)\frac{\mathrm{d}\theta_S}{\mathrm{d}x} \tag{3-66}$$

$$J_c = Cq = -CD(\theta_S)\frac{\mathrm{d}\theta_S}{\mathrm{d}x} \tag{3-67}$$

式中，θ_S 为孔溶液的饱和度，m^3（溶液）/m^3（混凝土）；$D(\theta_S)$ 为溶液的扩散系数，m^2/s；C 为溶液中游离氯离子浓度，$\mathrm{kg/m}^3$（溶液）；q 为给定方向单位面积混凝土中溶液的体积流速，$\mathrm{m/s}$；J_c 为混凝土中任意一点氯离子流量，$\mathrm{kg/(m^2 \cdot s)}$。

在浓度梯度下的扩散流量和对流-扩散总流量分别为

$$J_d = -D_d C_f \frac{\mathrm{d}C_f}{\mathrm{d}x} \tag{3-68}$$

$$J = J_c + J_d \tag{3-69}$$

由质量平衡，考虑氯离子在渗入过程中与水泥水化产物结合量及总氯离子浓度与游离氯离子浓度、结合氯离子浓度关系，得到：

$$\alpha \frac{dC_f}{dt} = \frac{d}{dx}\left[\frac{C_f}{\theta_S} \times D(C_f, \theta_S) \times \frac{d\theta_S}{dx} + D_d(C_f) \times \frac{dC_f}{dx}\right] \tag{3-70}$$

式中，α 为结合能力因子，对饱和混凝土 $\alpha = \theta_S + (1-\theta_S)\gamma$（$\gamma$ 为饱和状态下的结合能力参数），对不饱和混凝土 $\alpha = \theta_S + (1-\theta_S)\kappa$（$\kappa$ 为不饱和状态下的结合能力参数）。

上式经玻尔兹曼变换，设 $u = x/\sqrt{t}$，得到可解的微分方程：

$$\frac{d}{du}\left[\frac{C}{\theta_S} \times D(C_f, \theta_S) \times \frac{d\theta_S}{du} + D_d(C_f) \times \frac{dC}{du}\right] + \left(\frac{\alpha}{2}u\frac{dC}{du}\right) = 0 \tag{3-71}$$

3.4.2.3 基于可靠度或概率的混凝土使用寿命预测模型

综上所述，无论是碳化模型还是氯离子扩散模型，通常的模型多为确定性模型，模型求解时只要对确定性模型中的每个参数输入一个数值如平均值，即能求出具体的寿命具体值。但碳化或氯离子渗透是缓慢而复杂的过程，涉及许多材料与环境变量，这些变量中有的表现为很大的随机性，因此需要系统地掌握不同影响因素如材料因素、环境的变化、荷载的作用等对混凝土结构的劣化过程的影响。科学准确预测混凝土寿命，不仅要求对混凝土性能的劣化过程有充分了解，而且需要考虑基于材料与环境不确定性的长期性能的可靠度评估，以便得到混凝土性能随时间和空间变化的模型和预测方法。

采用类似于结构的极限状态法进行混凝土寿命预测的可靠度评估，引入失效概率 P_f，设极限状态函数如下：

$$P_f = P[C_T - C(x,t) < 0] \leqslant \phi(-\beta_T) \tag{3-72}$$

式中，P 是概率；C_T 是钢筋腐蚀的氯离子阈值浓度或混凝土保护层厚度；$C(x,t)$ 为钢筋表面氯离子浓度或碳化深度；$\phi(-\beta_T)$ 是标准正态分布函数的值，对应可靠度指标 β_T。

当钢筋表面氯离子浓度达到阈值浓度或碳化深度达到保护层厚度时，钢筋开始锈蚀，即极限状态（第一阶段），引入氯离子扩散模型或碳化模型中的主要参数为随机变量，按照上述方法即可求出混凝土在设计寿命内随某一随机变量变化的失效概率或某一失效概率下的使用寿命。更为有效的方法是建立包含多个随机变量的数学模型，根据试验与观察找出包括材料因素、环境因素等各变量的统计参数及其分布，然后进行 Monte Carlo 随机模拟，求出相关模型的统计参数及其分布，从而建立起基于概率的预测模型。

思考题

1. 如何减少混凝土结构的早期开裂损伤？

2. 大体积混凝土结构分为两类：第一类是纵向尺寸超长，但是断面尺寸较小；第二类是断面尺寸较大，但纵向尺寸并不长。从控制混凝土早期裂缝的角度思考，哪一类适合断面的全断面浇筑，哪一类适合断面的分段浇筑，为什么？

3. 试分析钢筋混凝土结构在浸没区、潮汐区、飞溅区和大气区处分别可能遭受哪些物质的侵蚀，并分析这些物质是通过哪些方式传输进入混凝土内部的。

4. 请简述混凝土中钢筋锈蚀的电化学反应过程，并分析以下影响因素对钢筋腐蚀速率的影响规律：①温度降低；②相对湿度升高；③混凝土发生碳化；④混凝土保护层厚度增大。

5. 火灾会对混凝土结构安全产生严重影响，试通过火灾作用前后混凝土内部组分和微结构的变化情况阐释其技术性能的演变特征。

6. 实际工程中混凝土梁通常是未切口的，那么弯曲荷载作用下以开口梁为研究对象推导的疲劳寿命预测模型能否用来指导实际工程呢？请说明能或不能，并解释其原因。

7. 碳化和氯离子导致的钢筋锈蚀有何异同？

8. 混凝土材料耐久性与结构耐久性有什么关系？混凝土材料耐久性不理想如何通过结构设计弥补？

9. 裂缝对于混凝土结构耐久性的预测有何影响？

10. 混凝土碳化过程微结构发生什么变化？混凝土碳化过程 CO_2 的扩散系数是否随着时间变化？

参考文献

[1] Thomas Jeffrey J，Biernacki Joseph J，Bullard Jeffrey W，et al. Modeling and simulation of cement hydration kinetics and microstructure development[J]. Cement and Concrete Research，2011，12（41）：1257-1278.

[2] Zhang Yong，Yang Zhengxian，Ye Guang. Dependence of unsaturated chloride diffusion on the pore structure in cementitious materials[J]. Cement and Concrete Research，2020，127：105919.

[3] Liu Qingfeng，Li Longyuan，Easterbrook Dave，et al. Multi-phase modelling of ionic transport in concrete when subjected to an externally applied electric field[J]. Engineering Structures，2012，42：201-213.

[4] Bertolini Luca，Elsener Bernhard，Pedeferri Pietro，et al. Corrosion of steel in concrete：Prevention，diagnosis，repair[J]. Wiley-VCH Verlag GmbH & Co. KGaA，2013，1065（49）：4113-4133.

[5] Söylev Tayfun Altug，Richardson Mark G. Corrosion inhibitors for steel in concrete：State-of-the-art report[J]. Construction and Building Materials，2008，4（22）：609-622.

[6] 吴荫顺，曹备. 阴极保护和阳极保护——原理、技术及工程应用[M]. 北京：中国石化出版社，2007.

[7] Miranda Juana María，González José Antonio，Cobo Alfonso，et al. Several questions about electrochemical rehabilitation methods for reinforced concrete structures[J]. Corrosion Science，2006，8（48）：2172-2188.

[8] Miranda Juana María，Cobo Alfonso，Otero Eduardo，et al. Limitations and advantages of electrochemical chloride removal in corroded reinforced concrete structures[J]. Cement and Concrete Research，2007，4（37）：596-603.

[9] Meng Zhaofeng，Liu Qingfeng，Xia Jin，et al. Mechanical-transport-chemical modeling of electrochemical repair methods for corrosion-induced cracking in marine concrete[J]. Computer-Aided Civil and Infrastructure Engineering，2022，14（37）：1854-1874.

[10] 韦江雄，王新祥，郑靓，等. 电除盐中析氢反应对钢筋-混凝土粘结力的影响[J]. 武汉理工大学学报，2009，12（31）：30-34.

[11] Mao Lixuan，Hu Zhiyao，Xia Jin，et al. Multi-phase modelling of electrochemical rehabilitation for ASR and chloride affected concrete composites[J]. Composite Structures，2019，207：176-189.

[12] Carmona Jesús，Garcés Pedro，Miguel Ángel Climent. Efficiency of a conductive cement-based anodic system for the application of cathodic protection，cathodic prevention and electrochemical chloride

extraction to control corrosion in reinforced concrete structures[J]. Corrosion Science,2015,96:102-111.

[13] 李朝阳,宋玉普,车轶. 混凝土的单轴抗压疲劳损伤累积性能研究[J]. 土木工程学报,2002,2:38-40.

[14] Liu Haowen. Crack propagation in thin metal sheet under repeated loading[J]. Journal of Fluids Engineering,1961,1(83):23.

[15] Paris Paul C. A rational analytical theory of fatigue[J]. The Tread in Engineering,1961,11:9-14.

[16] McClintock Frank A. On the plasticity of the growth of fatigue crack[J]. Fracture of Solid,1963,20(3): 65-102.

[17] Walker Kevin. The effect of stress ratio during crack propagation and fatigue for 2024-T3 and 7075-T6 aluminum[C]//American Society for Testing and Materials. Effects of Environment and Complex Load History on Fatigue Life. Philadelphia:ASTM. 1970.

[18] Forman Royce G,Keaney V E,Engle R M. Numerical analysis of crack propagation in cyclic-loaded structures[J]. Journal of Basic Engineering,1967,3(89):459-463.

[19] 谢和平. 分形-岩石力学导论[M]. 北京:科学出版社,1996.

[20] 吴智敏,赵国萍. 混凝土疲劳断裂特性研究[J]. 土木工程学报,1995,3(28):7.

[21] 阎培渝,钱觉时,王立久,等. 结构混凝土的评估·寿命预测·修复[M]. 重庆:重庆大学出版社,2007.

第 4 章

混凝土修复原理与修复材料

本章学习目标

1. 掌握混凝土修复的原理。
2. 理解混凝土修复材料的选取原则。
3. 了解各类修复材料的特点。

本章系统阐述了混凝土结构修复的基本原理及常用修复材料。混凝土在长期服役过程中，因环境侵蚀或使用荷载导致的劣化问题会削弱其结构性能，因此选择合适的修复技术和材料对延长其使用寿命至关重要。修复材料的选择需综合考虑其与原混凝土结构的相容性、耐久性及环境适应性。本章首先介绍了混凝土修复设计的基本原则，其次对常用的水泥基、聚合物基、超高性能混凝土、纤维增强复合材料及功能修复材料等进行了详细讨论。此外，还介绍了多种新型修复材料的开发和应用，如渗透密封材料、灌浆类材料及表面防护材料。本章旨在帮助读者全面了解混凝土修复材料的发展趋势及其在工程中的实际应用，为后续章节的修复技术提供理论与材料基础。

4.1 混凝土修复原理

4.1.1 混凝土修复的内涵

随着新的结构设计和新型混凝土材料及各种修复技术的不断涌现，混凝土修复也面临着新的挑战。为了达到混凝土修复的要求和目标，必须对混凝土修复工作的内涵有清晰的认识。图 4-1 描述了混凝土修复的内涵。混凝土修复是一个复杂的系统工程，需要在对相应工程进行全面了解的基础上，进行合理的修复设计和修复技术方案的确定，选择合适的施工方法和修复材料，并进行合理的施工方案设计和施工操作，从而最终保证混凝土修复的耐久性。

混凝土修复涵盖的内容主要包括修复对象的现状评价、结构修复设计、技术方案的比选优化、施工技术方案设计、具体施工和养护五个方面，其中，每个方面又包含广泛的内容，并且每个方面都攸关混凝土修复的工程质量，特别是合适的修复材料选择和具体的施工工艺与质量。总之，混凝土修复是一个对各方面要素进行全面权衡、决策的系统性工程[1]。

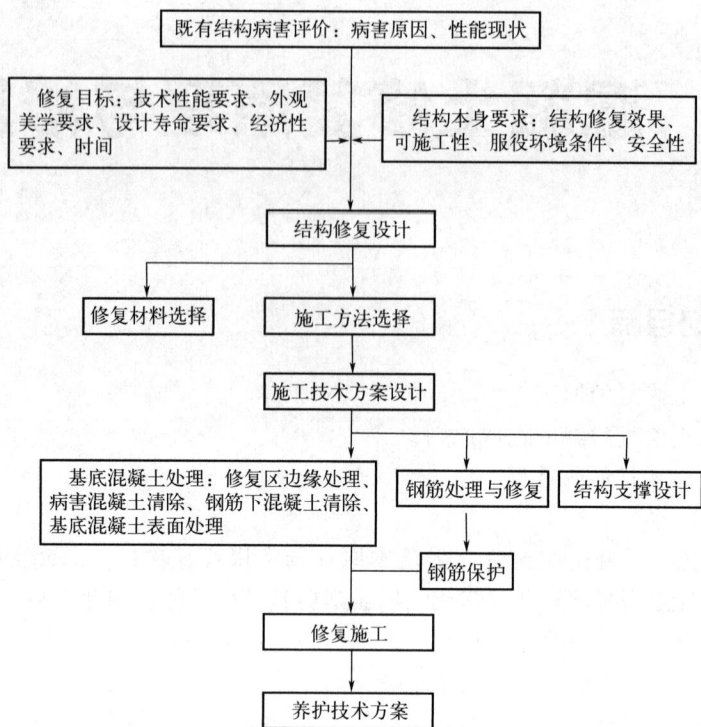

图 4-1　混凝土修复的内涵

4.1.2　修复体系的相容性

在混凝土修复工程中，相容性通常被定义为：一种物理、化学和电化学性能的平衡，以及修复材料和现存基底之间稳定的几何尺寸，并保证修复后的体系性能在原设计服役时期内无明显退化[2]。图 4-2 为影响混凝土修复耐久性的主要因素。

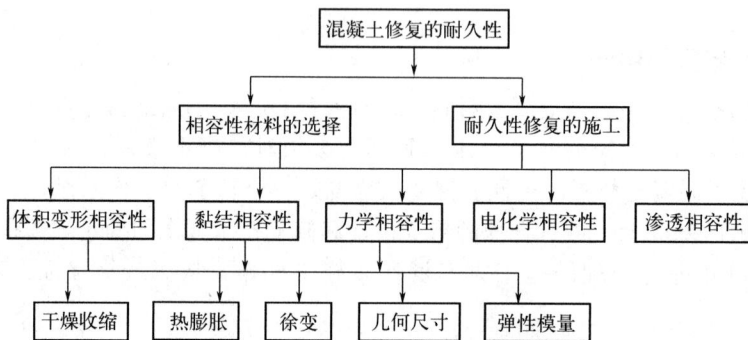

图 4-2　影响混凝土修复耐久性的主要因素

（1）体积变形相容性

体积变形相容性是指修复材料和基体混凝土之间在特定环境下变形的协调性。混凝土修复过程中修复材料与基底之间体积变形性的相容性不足是影响混凝土修复体系性能最为重要的因素，两者不一致会使黏结界面和材料的内部产生应力，从而导致开裂或脱落。经常出现的修复混凝土体积变形性不相容问题主要包括以下几方面：

① 水泥混凝土、某些聚合物改性混凝土及聚合物混凝土修复体系中的过度收缩；

② 收缩补偿修复材料产生的过度膨胀应变；

③ 水泥混凝土和某些聚合物混凝土在硬化反应过程中由热胀冷缩作用产生的过度膨胀；

④ 一些高热膨胀系数的聚合物混凝土由昼夜温差和季节温差引起的过度膨胀。

其他因素也能影响体积变形相容性，如修复的几何尺寸、形状，修复材料的弹性模量、抗拉强度和延性等。高抗拉强度的修复材料能更好地抵御外加荷载导致的开裂和破坏。

因此，理想的修复材料需要有良好的体积稳定性，能表现出与基底混凝土相似的弹性模量和热膨胀特性。为了使修复后的混凝土体系中新老材料之间的体积变形性能相容，不发生开裂，最常见的方法是在修复材料中添加纤维。

（2）黏结相容性

黏结相容性是指服役过程中基底混凝土和修复材料之间具有良好的黏结性能。混凝土修复后的性能在很大程度上依赖于修复材料和基底混凝土之间黏结的质量。因此，混凝土的修复，依赖于修复材料与基底混凝土之间的黏结耐久性。修复后体系的性能取决于其中最薄弱区域的性能。一般而言，当修复后的建筑受过大的应力影响时，在基底混凝土或修复材料中或在两者的黏结界面之间会发生破坏。若修复材料与基底混凝土之间的黏结相容性较好时，将减少由修复材料与基底混凝土之间脱粘导致的危害。局部区域黏结界面上的应力受到以下因素的影响：

① 修复材料的塑性收缩、干缩、自生收缩和碳化收缩；

② 水化或聚合反应早期放热而产生的热量（包括高温修复材料暴露于冷的环境温度下的热迁移）；

③ 静止载荷、活动载荷和动力学载荷；

④ 昼夜温差或季节温差的热量变化，或外部热源的影响；

⑤ 其他因素，如撞击载荷或修复体系湿度梯度的变化；

⑥ 基层的处理质量与干燥程度。

基底混凝土表面的处理是混凝土修复的重要一环，它能够保证修复材料与基底混凝土之间的良好黏结。基底混凝土表面处理的方法较多，常用机械方法如击碎、修整、破坏和其他冲击方法等。

在基底混凝土表面处理好后，基底表面的湿度条件是影响最佳黏结相容性和耐久性的另一个重要因素。湿度条件的确定受到众多因素的影响，包括所使用的修复材料、混凝土修复体系所处的环境条件等。对于水泥基修复材料，其最佳的湿度条件是相对确定的。如果混凝土基底非常干燥，修复材料中的水分就将被其吸收，使黏结界面干燥并且降低黏结强度。修复材料也不应该用于被过度润湿的表面。黏结界面的高水灰比对黏结强度的影响较大。实践表明，修复混凝土与基底混凝土具有最佳黏结性能的湿度条件是基底表面使混凝土刚开始产生干缩时的湿度。此外，对于聚合物改性混凝土而言，达到最佳黏结性能的基底混凝土表面的湿度条件则不同，许多聚合物混凝土和干的基底混凝土也能达到很好的黏结性能。

另外，基底混凝土的温度也是影响修复材料与基底混凝土黏结性能的一个重要因素。一些聚合物混凝土能在很大温度范围内表现出良好的黏结性能，然而，硅酸盐水泥基修复材料则只能在常规温度范围时表现出优异的黏结性能，而在高温或较低的温度条件时，黏结强度会降低。

总的来说，与新建混凝土系统相比，修复后的复合系统可能受到更多因素的影响，应特别重视修复材料与基底混凝土之间的黏结相容性和黏结耐久性。

（3）力学相容性

力学相容性是指修复材料和混凝土基体共同承担荷载和抵抗变形的能力，混凝土修复结构具有较好的力学相容性是修复效果好的关键。一般而言，根据修复后混凝土体系的受力特性，存在两种类型的修复：一种是功能性的混凝土修复，不承受大的荷载作用；另一种是结构性修复，这类修复体系承受包括动荷载在内的各种荷载。显然，结构性混凝土修复更为复杂，其中收缩和热量产生的影响可能在结构修复中发展，主要是由修复材料和基底混凝土之间不同的弹性模量和延性造成的。力学相容性好需满足两个关键要求。

第一个关键要求是修复材料的抗压强度、抗拉强度和抗折强度不低于基底混凝土。然而，需要注意的是，修复材料要避免非常高的硬度，这会引起修复后的区域受到不均匀的载荷。

第二个关键要求是修复材料要有与基底混凝土相当的弹性模量和热膨胀系数。大多数硅酸盐水泥基修复材料和聚合物改性修复材料基本满足这个要求，但很多聚合物混凝土则难以满足。这种弹性模量与热膨胀系数不相容可能会导致无效的混凝土修复。

（4）电化学相容性

混凝土修复体系通常由于新老材料之间的性能不一致，而容易出现电化学钢筋锈蚀问题。混凝土修复质量好的一个重要的方面是修复体系能够阻止修复区域内和周围未修复区域内钢筋的腐蚀，这通常称为混凝土修复的电化学相容性。修复材料与基底混凝土电化学相容性好，则修复后的体系内钢筋发生锈蚀的可能性低。

当采用硅酸盐水泥基修复材料时，强电流腐蚀可在修复区域和邻近未修复的区域中发展。相反，聚合物混凝土修复材料则不影响修复区域以及邻近区域中的钢筋腐蚀。采用低渗透性聚合物改性修复水泥砂浆并在钢筋表面采用富锌环氧钢筋涂层，能更好地为钢筋提供防腐蚀保护；或在修复区域使用含亚硝酸钙的腐蚀抑制剂，然后采用硅酸盐水泥基修复砂浆进行修复，可更好保护修复区域邻近混凝土中的钢筋。

（5）渗透相容性

在选择修复材料和修复体系设计时，通常被忽视而值得关注的是修复材料和基底混凝土的渗透性。这不仅对氯离子的扩散和电化学相容性较为重要，而且对修复区域的透气能力很关键。修复材料和基底混凝土均应让水蒸气容易扩散渗透，使用低渗透性或不渗透的材料能使基底混凝土和修复材料之间达到平衡。然而，在严重霜冻气候下，突然破坏的饱和基底混凝土的修复，则很容易出现基底混凝土和修复材料之间的黏结分层，这种类型的修复失效在很多大坝中已发生。因此，在这种情况下，混凝土修复应注意基底饱和混凝土中水分的迁移性能，谨慎选择修复材料。

因此，应采用整体论和系统论方法对产生缺陷的混凝土进行修复。修复材料和基底混凝土系统之间的体积变形相容性、黏结相容性、电化学相容性、力学相容性、渗透相容性等方面的参数应该在修复设计中予以全面考虑和重视。

4.1.3 混凝土结构修复设计

4.1.3.1 修复前的现状调查与评价

对结构现状进行全面、合理评价是进行修复工程的第一步，也是正确选择修复技术方案和修复材料的基础。混凝土评价的一般程序包括现场调查、相关工程资料查阅以及检测分析等，其为结构劣化原因分析提供依据[3]。混凝土现状调查与评价的主要内容如下所述。

（1）结构形式与荷载情况

主要包括病害结构的设计要求和主要用途、所受荷载类型和频度、病害构件结构部位以及服役年限等。

（2）结构设计与施工情况

主要包括结构设计图纸、施工工艺、相关施工记录和验收资料，以及混凝土的设计等级要求、配合比和钢筋情况等。

（3）现有结构混凝土的物理性质

主要包括混凝土的匀质性、内部孔缝缺陷、分层和空隙、钢筋位置与状况、透水性、透气性、吸水性、抗冻融以及抗除冰盐侵蚀性等。

（4）现有结构混凝土的力学性能

主要包括混凝土的抗压强度、抗拉强度、弯曲强度、耐磨性能、黏结强度等。

（5）现有体系的化学及电化学性能

主要包括腐蚀电位、电阻率、碳化深度、碱-骨料反应以及氯化物含量等。

（6）现有结构外观表现

主要有裂缝或破损状况、偏斜、位移、渗漏以及几何形状尺寸等。

（7）服役环境调查与评估

主要包括结构所处环境的年平均温度、湿度、构件所处结构部位、结构所处位置的地下水位、水质和土质的有害介质含量以及病害混凝土内部有害介质化学分析与测定等。

4.1.3.2 混凝土结构修复技术方案

为了获得耐久性良好的修复结果，选择正确的修复技术方案非常必要。合适的技术方案应该是考虑了耐久性、可施工性、与现有结构相容性、经济性、环境以及安全性等诸多因素的综合方案。混凝土的病害是多种多样的，在每种特定的情况下，都应该有针对性采取相应技术解决方案，从而达到所期望的修复效果。

一般而言，修复效果包括三方面的内容，即对原有结构的保护、外观效果的改善以及承载能力的提高，如与有害环境隔离、形成美学效果、具有足够的耐磨性以及能够承受动荷载、冲击荷载和静荷载等，其中应重点关注修复部位的承载能力。如果受压区的材料损失较大，荷载将在受损部位周围重新分布，为恢复初始应力分布，在修复过程中必须将荷载拆除。只有等到修复材料施工、养护并达到设计强度后，才能重新施加荷载。将荷载正确传递到修复部位的方法是通过架设临时支撑，在修复过程和养护过程中将构件承受的荷载拆除；选择收缩率低和徐变量小的修复材料，且修复材料的应变量应与被修复构件所用混凝土的应变量相容。

修复技术方案并不是统一和固定不变的，必须有针对性和有效性。只有详细调查分析并确定病害的原因后，才能制定科学的修复技术方案。不同的混凝土病害，应该采取不同的修复技术方案，如对于冻融破坏引起的混凝土病害的修复，如果引起冻害的水来自混凝土构件内部，水的特性是从高压处流向低压处，而结构裂缝、施工缝、伸缩缝等形成了理想的过水通道。邻近这些过水通道的混凝土会吸收大量的水，环境温度低于 0℃ 时，混凝土就会结冰并遭到破坏。采取表面修复技术方案并不能解决水流向混凝土的问题，修复层后面的混凝土会因冻融继续遭到破坏。此外，在某些情况下，这种表面修复技术形成了一种大坝效应，内部水不能正常流出，聚集在其后面的混凝土中，从而加速冻融破坏的持续发展。针对这种情况，正确的修复技术方案是：首先，内部注浆处理切断水源，然后，外部进行防水处理或引流将水疏导处理再修复；或是加大修复层厚度，使得混凝土含水区处于冻融部位以外的范围。

4.1.3.3　修复材料分类与选择

（1）修复材料分类

① 按胶凝材料成分分类主要分为水泥基修复材料和聚合物修复材料。水泥基修复材料一般包括普通砂浆和普通混凝土，聚合物修复材料主要有聚合物改性水泥砂浆、聚合物改性水泥混凝土、聚合物混凝土、环氧树脂砂浆和环氧混凝土。

② 按使用功能分类主要分为水泥基快速修复混凝土、聚合物基修复砂浆和混凝土、收缩补偿混凝土、自密实混凝土、水下抗分散混凝土、超高性能混凝土。

③ 按用途分类主要分为灌浆修复材料、渗透密封类修复材料、表面防护类修复材料、纤维增强类修复材料。

（2）修复材料的选择

修复材料选用需要考虑的要素包括修复状况、修复材料的性能及其与修复基层的相容性、完成修复工作的技术措施和设备等。同时，需了解被修复结构技术性能、服役环境，掌握材料在修复施工后预定的养护期和养护后性能，尤为重要的是修复材料体积相对于基底混凝土的变化。修复材料与基底混凝土之间的体积相对变化会在二者之间的界面及结构内部产生应力，过大的应力会导致修复层开裂、承载力下降、分层和破损。

为保证良好的修复效果，修复材料与混凝土基底之间应具有的性能指标包括黏结强度、收缩性能、热膨胀系数、弹性模量、抗拉强度、渗透性能、电学性质和颜色性能等。

4.2　功能修复材料

4.2.1　水泥基快速修复混凝土

水泥基快速修复混凝土由水硬性胶凝材料、掺合料、骨料、外加剂等按适当比例组成，必要时掺加聚合物进行改性,使用时需与一定比例的水或其他液料搅拌均匀,是能够快速达到规定强度的修复材料。

混凝土外部缺损快速修复材料 28d 强度应比基体混凝土设计强度高一个等级值,稠度和流动性能应根据施工需要确定。根据使用水泥类型不同,水泥基快速修复混凝土可分为磷酸镁水泥混凝土、快硬硅酸盐水泥混凝土、快硬硫铝酸盐水泥混凝土等。

(1) 磷酸镁水泥混凝土

磷酸镁水泥由过烧氧化镁和可溶性磷酸盐组成,是一种新型的水硬性胶凝材料。它早期强度高、收缩小、抗硫酸盐侵蚀能力强,能够与硅酸盐水泥基材料形成较强的黏结力,但耐水性较差,原材料成本较高[4]。

磷酸镁水泥混凝土仅能与非石灰质骨料一起使用,如硅质岩、玄武岩、暗色岩以及其他硬质岩石。石灰质骨料或混凝土碳化表面与早期形成的磷酸反应产生 CO_2,弱化浆体骨料间的黏结。镁磷酸盐快硬混凝土与碎裂的尘土或碳化层会发生化学反应,在黏结层引起黏结强度的下降。

由于初凝与终凝时间间隔短,磷酸镁水泥混凝土一般很难抹光。在硬化阶段,磷酸镁水泥混凝土一般很快就形成高强和高弹性模量的混凝土,脆性大,不具有有机物改性砂浆那样的韧性。因此,其在受到冲击荷载时容易断裂。

磷酸镁水泥混凝土常用于各类修复工程。尤其对于一些时间要求短的快速修复工程,使用磷酸镁水泥混凝土具有很好的经济性。其最常用修复工程有高速公路、桥面板、机场、隧道以及工业场所,也用于在冬季条件下的修复工程。由于磷酸镁水泥混凝土材料反应的放热本质,在气温不低于零摄氏度的场合通常没有必要对材料和混凝土基层进行加热。借助其高的黏结强度和低收缩率的优点,磷酸镁水泥混凝土也可用来进行冬季条件下的埋入件和锚固施工。

(2) 快硬硅酸盐水泥混凝土

向以硅酸三钙、氟铝酸钙为主要成分的熟料中,加入适量硬石膏、粒化高炉矿渣、无水硫酸钠,经过磨细制成一种凝结快的水硬性胶凝材料,其被称为快硬硅酸盐水泥,简称快硬水泥。

生产快硬硅酸盐水泥时,生料要求成分均匀、比表面积大,一般生料细度要求 0.08mm 方孔筛筛余不大于 5%。熟料要求快速冷却,避免阿利特分解和硅酸二钙的晶型转换。为了加快硬化速度,快硬硅酸盐水泥的比表面积一般控制在 $330\sim450m^2/kg$。适当增加石膏的掺量,也是生产快硬水泥的重要措施之一。

快硬硅酸盐水泥早期强度高,1d 抗压强度可达 28d 强度的 30%～35%,后期强度呈持续增长趋势;一般初凝时间为 2～3h,终凝时间为 3～4h;水泥的水化热较高,早期干缩率亦较大;水泥石比较致密,故不透水性和抗冻性往往优于普通水泥;低温性能较好,在 10℃时各龄期强度明显高于普通水泥;适于蒸养条件下使用。

快硬硅酸盐水泥主要用于抢修工程、军事工程、预应力钢筋混凝土制件等。

(3) 快硬硫铝酸盐水泥混凝土

由适当成分的生料,煅烧得到的以无水硫铝酸钙和硅酸二钙为主要矿物成分的水泥熟料和石灰石、适量石膏共同磨细制成的,具有早期强度高的水硬性胶凝性材料,称为快硬硫铝酸盐水泥。要求熟料和石膏的总含量不高于90%，石灰石含量不高于10%。快硬硫铝酸盐水泥的强度等级以3d抗压强度表示，分42.5、52.5、62.5、72.5四个等级。

快硬硫铝酸盐水泥主要性能特点如下。

① 早强高强性能。不仅有较高的早期强度，而且有不断增长的后期强度。同时具有满足使用要求的凝结时间。12h～1d抗压强度可达35～50 MPa；抗折强度可达6.5～7.5 MPa。3d抗压强度可达50～70 MPa；抗折强度可达7.5～8.5 MPa。

② 高抗冻性能。在0～10℃低温下正常使用，早期强度是硅酸盐水泥的5～8倍。在－20～0℃下使用，加入少量防冻剂，混凝土入模温度维持在5℃以上，则可正常施工。混凝土3～7d强度可达设计标号的70%～80%。在正负温交替情况下施工，对后期强度增长影响不大。实验室200次冻融循环，混凝土强度损失不明显。

③ 耐蚀性能。对海水、氯盐、硫酸盐以及复合盐类等，均具有极好的耐蚀性。

④ 高抗渗性能。抗渗性是同标号硅酸盐水泥混凝土的2～3倍。

⑤ 钢筋锈蚀。快硬硫铝酸盐水泥由于碱度低（pH<12），钢筋表面形成不了钝化膜，因此对保护钢筋不利。在早期拌合的混凝土中，含有较多的空气和水分，因此使混凝土钢筋早期有轻微锈蚀。随着龄期增长，空气和水分逐渐减少和消失。因混凝土微结构致密，所以后期锈蚀情况无明显发展。如果在混凝土中加入少量碱性外加剂（NaNO$_2$等）和高强硫铝酸盐水泥，则早期也完全无锈蚀。

4.2.2　聚合物基修复材料

聚合物基修复材料指由高分子聚合物、细骨料、填料、助剂等按适当比例配制而成，能够达到规定强度的修复材料。

（1）聚合物改性水泥砂浆

由水泥、细骨料、水分散性或水溶性聚合物胶粉或乳液和适量的水以确定的配比拌制而成的砂浆称为聚合物改性水泥砂浆。其配合比设计不同于普通水泥砂浆，其抗压强度不作为主要性能要求，而是结合使用要求综合考虑其抗压、抗拉、抗渗、抗腐、黏结性能等进行配合比设计。聚合物改性水泥砂浆配合比参数中，聚灰比（乳液中固形物与水泥的重量比）成为主要控制参数，一般聚灰比为8%～25%，灰砂比(1∶1)～(1∶3)，水灰比0.22～0.40。

由于聚合物乳液在生产过程中加入了表面活性剂，加入水泥砂浆中，其和易性得到了极大改善，达到相同流动度，用水量显著减少，表现出聚合物乳液有减水性能。当水胶比相同时，聚合物改性水泥砂浆的抗拉、抗折强度较普通砂浆有显著的提高，但抗压强度有所降低；聚合物改性水泥砂浆的弹性模量随聚合物掺量的增加而降低，极限拉伸随聚合物掺量的增加而提高，但干缩随聚合物掺量的增加而降低。聚合物改性水泥砂浆对砂浆、混凝土、钢材、木材、瓷砖等各种材料都有良好的黏结性，并且是一种常温水硬性黏结剂，黏结面潮湿或在潮湿空气中均可黏结；此外，聚合物改性水泥砂浆的抗渗性、抗冻性与耐老化性均优于普通水泥砂浆。

（2）聚合物改性水泥混凝土

聚合物改性水泥混凝土是在普通水泥混凝土的基础上，在水泥混凝土搅拌阶段掺入单体或聚合物，浇筑成型后经养生而成为一种含有机聚合物的水泥混凝土，亦称聚合物水泥混凝土，主要成分包括水泥、砂子、石子、水及水溶性聚合物或单体，聚合物掺量为水泥用量的5%～25%。

① 工作性能。聚合物对新拌混凝土的工作性有较大影响，这是因为分散的聚合物颗粒像"滚珠"一样使水泥及水化产物颗粒相对运动更容易，同时聚合物分子围绕水泥颗粒做定向排列使颗粒分散，从而减少了用水量，提高了混凝土流动性。此外，由于聚合物乳液的憎水性和胶体性质使新拌聚合物改性水泥混凝土具有良好的保水性。

② 含气量。聚合物乳液中的表面活性剂及稳定剂会在新拌聚合物改性水泥混凝中引入许多气泡，适量的气泡可改善新拌混凝土和易性和硬化混凝土的抗冻能力，但太多的气泡会使强度降低。因此，通常在聚合物改性水泥混凝土中加入消泡剂，以控制引入的气泡量。

③ 水化热。由于聚合物的分散作用及表面活性剂被吸附到水泥颗粒上，从而使水泥的水化速度有所减缓。

④ 力学性能。聚合物的加入使聚合物改性水泥混凝土的抗压强度、抗拉强度和抗弯强度得到了提高。抗压强度的提高主要归结于聚合物改性水泥混凝土需水量的减少，事实上当水胶比一样时聚合物改性水泥混凝土的抗压强度比普通混凝土的要低。抗拉强度、抗弯强度的提高主要是因为界面过渡区的致密化，改善了骨料与水泥基体的黏结，减少了裂隙的形成。聚合物与水泥浆体互穿基质，在应力作用下产生裂缝时，聚合物能跨越微裂纹并抑制裂缝扩展，从而使聚合物改性水泥混凝土的断裂韧性、变形性能得以提高。

⑤ 弹性模量。聚合物改性水泥混凝弹性模量较普通混凝土低，这是由于聚合物的弹性模量较水泥浆体的弹性模量低，弹性模量降低对改善聚合物改性水泥混凝土的变形协调性有利，它对在变温条件下吸收应力意义重大。

⑥ 耐久性能。聚合物改性水泥混凝的抗冻融能力、耐水性、耐温度及湿度循环能力要比普通混凝土好，这是由聚合物膜的存在和使用聚合物时较低的水灰比及合理的孔结构所致。此外，聚合物改性水泥混凝土还具有良好的抗碳化能力和抗化学侵蚀性能。聚合物改性水泥混凝土在耐火性方面存在一些问题，聚合物改性水泥混凝土中聚合物含量高时可能有轻微的可燃性，通常聚合物改性水泥混凝土的使用温度限制在150℃以下。

（3）聚合物混凝土

聚合物混凝土亦称树脂混凝土，指以液体树脂为胶凝材料，以砂石为骨料的混凝土，所用的骨料与普通混凝土相同。为了减少树脂的用量，可加入填料粉砂等。为了改善某项性能，必要时也可加入短纤维和减缩剂、偶联剂、阻燃剂、防老剂等添加剂。聚合物混凝土胶凝材料是树脂，而聚合物改性混凝土胶凝材料以水泥为主，辅以一定掺量的聚合物。

聚合物混凝土常用的胶凝材料有环氧树脂、聚酯树脂、呋喃树脂、酚醛树脂、不饱和聚酯和聚氨基甲酸乙酯、苯乙烯、脲醛树脂，以及甲基丙烯酸甲酯单体、苯乙烯单体等。常用的固化剂有多胺类化合物、聚酰胺等。固化剂的选择及掺量要根据聚合物材料的品种而定。固化剂及促进剂的用量要依施工现场环境温度进行适当调整，一般只能在规定的范围内变动。

为了减少树脂的用量和改善聚合物混凝土的工作性能，宜加入粒径为 $1\sim30\mu m$ 的惰性填料。填料的品种很多，可根据需要进行选择。使用较多的是无机填料，如玻璃纤维、石棉纤维、微玻璃珠等，纤维状填料有助于改善材料的冲击韧性，提高抗弯强度。采用石英粉、滑石粉、水泥、砂子和石子等可改善材料硬度，提高抗压强度。为提高胶凝材料与骨料界面间的黏合力，可选用适当的偶联剂，以提高聚合物混凝土的耐久性并提高其强度。

聚合物混凝土具有以下特点：

① 强度高。抗压强度可高达 $80\sim100MPa$ 以上，抗拉强度在 $100MPa$，抗弯强度在 $10\sim30MPa$；早期强度高，1d 龄期强度达到 28d 强度的 50% 以上，3d 可达 70% 以上；黏结强度高，不仅对金属，而且对非金属如水泥混凝土、石材、木材及其他材料都有很好的黏结强度；强度对温度的敏感性大，与水泥混凝土不同，聚合物混凝土的耐热性较差，其强度随温度升高而降低。

② 徐变大。树脂类高聚物不是脆性材料，变形性能比较好，因此聚合物混凝土的变形量要比水泥混凝土大得多，而且受温度的影响十分明显。

③ 抗冲击与磨耗性能好。聚合物混凝土抗冲击、耐磨损性能高于普通混凝土，分别为普通混凝土的 6 倍和环氧砂浆的 $2\sim3$ 倍。抗冲磨强度一般为高强水泥砂浆的 $2\sim3$ 倍，抗气蚀强度为高强混凝土的 $4\sim5$ 倍。混凝土胶凝材料含量比砂浆少，所以环氧混凝土抗冲磨强度与高强水泥混凝土比较，提高一般不超过 1 倍。

④ 耐久性好。聚合物混凝土是一种几乎不透水的材料，吸水率极低。抵抗水蒸气、空气和其他气体的渗透性能优越，抗渗性特别高，抗冻性能也很好。

聚合物混凝土构造严密，孔隙率小，组成材料耐腐蚀稳定性好，所以聚合物混凝土的化学稳定性比水泥混凝土有很大提高，提高的程度因树脂种类不同而有所差别。

（4）环氧树脂砂浆

环氧树脂砂浆是指以环氧树脂、固化剂、增塑料、稀释剂及特种填料等为基料制成的高强度、抗冲蚀、耐磨损材料。具有性能优良，施工简便、快捷，无毒、无污染等特点。

环氧树脂砂浆具有以下特点：

① 形式多样。各种树脂、固化剂、改性剂体系可适应各种应用对形式提出的要求，其范围可以从极低的黏度到高熔点固体。

② 固化方便。选用各种不同的固化剂，环氧树脂体系几乎可以在 $0\sim180℃$ 温度范围内固化。

③ 黏附力强。环氧树脂分子链中固有的极性羟基和醚键的存在，使其对各种物质具有很高的黏附力。环氧树脂固化时的收缩性低，产生的内应力小，这也有助于提高黏附强度。

④ 收缩性低。环氧树脂和所用固化剂的反应是通过直接加成反应或树脂分子中环氧基的开环聚合反应来进行的，没有水或其他挥发性副产物放出。与不饱和聚酯树脂、酚醛树脂相比，在固化过程中环氧树脂显示出很低的收缩性。

（5）环氧树脂混凝土

环氧树脂混凝土是指以环氧树脂为胶凝材料，以砂、石作为骨料，掺入适量的外加剂，如固化剂、增塑剂、稀释剂等，经混合、成型、固化而成的一种复合材料。为了减少树脂的用量，可掺填料等。为了改善某项性能，必要时也可掺入短纤维和减缩剂、偶联剂、阻燃剂、防老剂等添加剂。

与普通混凝土相比，环氧树脂混凝土的区别在于所用的胶凝材料是合成树脂而不是水泥。但是其技术性能却大大优于普通混凝土，具有快硬、高强和显著改善抗渗、耐蚀、耐磨、抗冻融以及黏结等性能，已经广泛应用于土木工程中。但它也具有脆性大、抗冲击力差等缺点，这限制了它更为广泛地使用。

改性环氧树脂混凝土不仅具有强度高、韧性好、抗冲击强度大等优点。同时，还具有很强的耐磨性、耐水性、耐化学腐蚀性及抗冻性等良好性能，且与金属和非金属材料黏结强度高、电绝缘性好。此外，改性环氧树脂混凝土对大气、潮湿、化学介质、细菌等有很强的抵抗能力。

环氧树脂混凝土可应用于交通建筑中，如在梁体与橡胶伸缩体之间采用环氧树脂混凝土填充，由于环氧树脂混凝土具有强度高、抗冲击强度大的特点，较好地解决了车辆在通过桥梁伸缩缝时的"跳车"现象。在建筑物的加固补强方面，环氧树脂混凝土应用于修复建筑物梁板的裂缝，或代替普通混凝土对构件进行扩大截面的加固补强等。

4.2.3　收缩补偿混凝土

（1）材料组成

收缩补偿混凝土是一种由掺有适量膨胀性组分（膨胀剂或膨胀水泥）材料配制的混凝土，通过配筋或者其他手段使其膨胀，即使在受到约束时仍可产生等于或稍大于预期收缩形成应力的补偿效果，以减小或消除混凝土的开裂敏感性。当膨胀剂加入普通水泥和水拌和后，水化反应形成膨胀性水化物钙矾石或 $Ca(OH)_2$ 等，这是它的膨胀源。补偿收缩主要用来减少由于干燥收缩产生的裂缝。

补偿收缩混凝土与普通混凝土的区别：

① 在限制条件下，在混凝土中建立一定的预应力，改善了混凝土的内部应力状态，从而提高了它们的抗裂能力。

② 在水泥硬化过程中，膨胀结晶体（如钙矾石）起填充、切断毛细孔缝作用，使大孔变小孔，总孔隙率减少，从而改善了混凝土的孔结构，提高了抗渗透性和力学性能。

（2）膨胀率影响因素

① 膨胀剂掺量。膨胀剂的掺加量是决定混凝土膨胀大小的关键因素。随着膨胀剂掺量增加，限制膨胀率会显著增大。

② 限制程度。对补偿收缩混凝土进行限制是获得有效膨胀的必要条件，配合比相同的混凝土，随着限制程度（配筋率）增大，混凝土的膨胀率降低，较小的配筋率（亦即限制程度小时）可以获得较大的限制膨胀率，对补偿混凝土收缩有利；反之，如果限制程度大，则需要提高混凝土的膨胀能来补偿收缩。

③ 养护条件。与普通混凝土相比，补偿收缩混凝土的养护工作很重要。补偿收缩混凝土需要充分的水养护，因为水分是其产生膨胀的必要因素，长期在水中养护的混凝土能够获得较大的膨胀。特别是一些大体积混凝土，掺加膨胀剂后必须严格控制混凝土的降温速率和混凝土的内外温差，做好养护工作。

4.2.4　自密实混凝土

自密实混凝土是指拌合物具有很高的流动性，在浇筑过程中不离析、不泌水，在自身重力作用下，能够流动、密实，即使存在致密钢筋也能完全填充模板，同时获得很好均质性，并且不需要附加振动的混凝土，属于高流动性混凝土。在传统的坍落度试验中，自密实混凝土在达到 250mm 以上坍落度、600mm 以上扩展度的同时，无离析、泌水现象的发生。

与传统混凝土相比，自密实混凝土在施工中无须振捣设备和抹面工序，养护和材料运输的工作量大大减少，预制件生产中对模板的质量和刚度的要求降低，这些优势可以带来多方面的效益，如改善施工环境、降低工程造价、节约成本等。

4.2.5 水下抗分散混凝土

水下抗分散混凝土是指将抗分散剂加入新拌混凝土中，从而提高混凝土的黏聚力，抵抗新拌水泥混凝土的分散、离析，避免水泥的流失，所掺入的抗分散剂是由主剂和辅助剂组成的。主剂又被称为絮凝剂，主要作用是增稠，通过主剂的加入来提高水泥浆体的黏性。辅助剂的主要作用是减少混凝土水下浇筑时的吸水量、增加强度、改善混凝土的流动性，降低增稠聚合物在混凝土中的掺量，从而最终降低成本。

水下抗分散混凝土具有良好的抗分散性、优良的流动性以及安全无污染等特点。抗分散性是评价水下混凝土性能优劣的重要指标。可采用水泥的流出率、水透明度变化等作为评价指标。水中落下后的混凝土强度损失（水陆强度比）更能直接反映其抗分散性的好坏。将掺有抗分散剂且配合比相同的混凝土分别在水下与陆上浇筑成型，并在相同条件下养护，所得到的抗压强度比即为水陆强度比[5]。

4.2.6 超高性能混凝土

超高性能混凝土（UHPC）是由水泥、矿物掺合料、石英砂、高强短纤维和高效减水剂等加水拌合后，形成的具有超高力学强度、超高耐久性和高韧性的水泥基复合材料。UHPC材料组分内不包含粗骨料，颗粒粒径一般小于 1mm，因高度的致密性而具有超高强度及优异的耐久性。UHPC 抗压强度可达 150MPa 以上。UHPC 中分散的细钢纤维可大大减缓材料内部微裂缝的扩展，从而使材料表现出超高的韧性和延性性能。

UHPC 的超高强、韧性、高耐久性等特点，使其可用于补强和修复工程中，在这些工程中其可替代钢材和昂贵的有机聚合物，既可保持混凝土体系的整体性，还可降低成本。同时，由于 UHPC 强度高，抗冲击性能好，其可用于国防工程的防护结构，也可用于需要高承载力的特殊结构修复工程[6-7]。

4.3 灌浆类修复材料

灌浆类修复材料也称注浆材料，从性质上可分为固粒灌浆材料、化学灌浆材料和精细矿物灌浆材料。

固粒灌浆材料是由固体颗粒和水组成的悬浮液。它取材方便、造价低、施工简单，并具有较好的防渗或固结能力，但其所能灌填的缝隙宽度却受其固体颗粒的细度限制。其主要包括水泥基灌浆材料、复合灌浆材料等。

化学灌浆材料是由化学试剂制成的流动性好的液体。它能灌入比较细微的缝隙，还能根据需要调节凝结时间。化学灌浆材料分无机及有机两种：无机灌浆材料以硅酸钠为主要原料，称硅化用灌浆材料；有机灌浆材料以各种高分子材料为主要原料。

精细矿物灌浆材料是当代新发展起来的一类灌浆材料。在组分设计上更注重基于不同的天然矿物、人造矿物和特种功能材料的组合，实现浆液性能、固结性能、长期耐久性等关键性能的提升。

灌浆类修复材料具有以下特点：

① 浆液的初始黏度低、流动性好、可注性强，能渗透到细小的裂隙或孔隙内。

② 凝胶时间可以在几秒至几十分钟范围内任意调整，并能准确控制。

③ 稳定性好，在常温、常压下较长时间存放不改变其基本性质，存放受温度的影响小。

④ 无毒、无臭、不污染环境。

⑤ 浆液对注浆设备、管道、混凝土结构物等无腐蚀性，并容易清洗。

⑥ 浆液固化时无收缩现象，固化后与岩体、混凝土等有一定的黏结力。

4.3.1 水泥基灌浆材料

（1）材料组成

水泥基灌浆材料是一种主要由水泥、骨料和外加剂组成的混合物，与水混合后形成的具有可抹面、可流动或可泵稠度而不产生离析的灌浆体。有时为了改善其凝结时间（加快或延缓）、减少收缩、提高工作性，会在浆体中加入一些具有上述功能的外加剂。当需要大量的浆体时，考虑经济的原因会加入矿物质填料。

（2）性能特点

水泥基灌浆材料具有结石体强度高、材料来源广、价格较低、运输与储存方便，以及灌浆工艺较简单等优点，是灌浆工程中使用的基本灌浆材料。水泥基灌浆材料是一种经济、易得、易浇灌以及与混凝土相容的材料。

水泥基灌浆材料仅能用在裂缝宽度允许悬浮在浆体中固体颗粒通过的修复工程中。通常，灌入点处最小的裂缝宽度应当在 3mm 左右。水泥基灌浆材料典型的应用场合包括地基加固、防渗工程、新旧混凝土的黏结性修复、填补大的隐藏裂缝或是填充混凝土结构周围或下面的孔穴。

尽管水泥基灌浆材料在诸多方面得到了较好的应用，但其在应用过程中仍存在较多不容忽视的问题。存在的主要问题如下。

① 颗粒较大，凝结时间过长，注浆初期强度低，强度增长率慢，稳定性较差、易离析沉淀。

② 在空间较大的部位或间隙较大的缝隙中，仍存在微观收缩、材料耗用多、成本大的问题。

③ 灌浆料弹性模量较普通混凝土偏低，其在对混凝土工程进行修复过程中，与原有混凝土的弹性模量不一致，受力后易因应力集中而先于混凝土破坏。

④ 在水泥基灌浆材料实际使用过程中，特别是采用人工搅拌时，加水量易失去控制，搅拌不均匀，经常会出现泌水离析、早期强度低等问题和质量事故。

因此一般会根据现场施工情况，对灌浆材料进行一些特殊处理，如在灌浆材料中掺入速凝剂以加快凝胶速度；在灌浆材料中加入分散剂以降低水泥灌浆材料的黏度，提高灌浆材料的流动性，增加灌浆材料的可注性；在水泥灌浆材料中掺加惰性材料以节约水泥灌浆材料用量等。

（3）技术指标

水泥基灌浆材料通常需要对其基本性质、流动性、泌水率、结石率、抗水性等性质进行测定，并进行室内灌浆模拟实验，保证浆材能满足工程要求。

① 流动性。灌浆材料的流动性用截锥流动度、流锥流动度或坍落扩展度试验进行测试并评价。灌浆材料的流动性需要根据工程、结构要求进行合理选择和配制。当浆材黏度较大时，流动性较差，浆材无法渗透到细小的裂缝或孔隙中，降低修复的完整性导致结构存在隐患。一般要求浆材黏度较低、有良好的流动性，有较强的可灌性。

② 泌水率和结石率。水泥基灌浆材料的泌水率指浆材在静止状态下析出水的百分比，表征浆材的稳定性。泌水率越小浆材越稳定。结石率指浆材凝结形成结石的体积占原浆材的体积分数。结石率表征浆材注入结构后体积的变化大小，对灌浆材料的用量计算有指导意义，通常通过室内试验确定。

③ 抗水性。由于水泥的特性，水泥基灌浆材料具有在水中凝结硬化的能力。由于水泥基灌浆材料在使用过程中可能受到静水、动水的作用，要求其在上述两种状态下保持其自身性能、状态不发生较大改变，故需要水泥基灌浆材料具有一定的抗水性。

一般可以将水泥基灌浆材料的抗水性分为在静水中稳定的能力（即稳定性）和抗动水冲击的能力（抗冲性）。前者主要针对浆材在静水状态中，以浆材是否发生离析分散的现象、导致周围水体浑浊为主要评判标准。后者主要通过进行室内模拟实验，在不同流水的状态下通过浆材的存留度等指标对抗动水性进行评价。

④ 其他性质。除上述性质外，通常需要确定水泥基灌浆材料的浆材颗粒细度大小、浆材的凝结时间、凝结硬化生成物的力学性能等。

（4）分类

按水泥类型不同，水泥基灌浆材料可分为硅酸盐水泥基灌浆材料、硫铝酸盐水泥基灌浆材料、硅酸盐与铝酸盐水泥复合的水泥基灌浆材料、硅酸盐与硫铝酸盐水泥复合的水泥基灌浆材料、水泥基水性环氧树脂灌浆材料等，各自的特点及适用范围见表 4-1。按掺合料不同，水泥基灌浆材料可分为普通水泥浆材、超细水泥浆材、改性灌浆水泥、硅粉水泥浆材、膨胀水泥浆材和矿粉超细水泥复合浆材。

表 4-1　水泥基灌浆材料特点及适用范围

材料分类	优势	劣势	适用范围
硅酸盐水泥基灌浆材料	凝结较快、早期强度较高、抗冻性好等	抗水性和耐化学腐蚀性较差	工程抢修抢建、喷锚支护、浆锚节点、固井堵漏、冬期施工应用等工程及要求抗渗或耐硫酸盐侵蚀的工程
硫铝酸盐水泥基灌浆材料	早期强度发展快，水泥石微结构致密、干燥收缩小、抗硫酸盐腐蚀等	凝结时间较短	
硅酸盐与铝酸盐水泥复合的水泥基灌浆材料	凝结时间可控、早强、高强、后期强度持续稳定增长	制备方法复杂、成本较高	
硅酸盐与硫铝酸盐水泥复合的水泥基灌浆材料	早强、高强、无收缩、微膨胀、施工使用性能较好、施工速度快、经济性强	制备方法复杂	

材料分类	优势	劣势	适用范围
水泥基水性环氧树脂灌浆材料	工艺性能良好、黏结强度高、固化收缩小、化学稳定性好、力学强度高、抗渗性好	环境适应性有限、固化时间较长、施工及养护温度较敏感，造价较高	高振动设备的二次灌浆、易受到化学侵蚀设备基础区域灌浆、轨道基础等强压力区域灌浆、锚栓和钢筋种植、建筑结构混凝土补强加固等工程

4.3.2 化学灌浆材料

化学灌浆材料又叫溶液型浆材，由化学溶液组成，反应后形成胶状或固体沉淀物，而不像水泥浆体包含悬浮的固体颗粒。这些反应可能仅在溶液中组分间进行，或是可能包括在浆体使用过程中的溶液组成与其他物质（如水）之间的反应。

纯溶液灌浆材料所使用的浆材主剂一般可以是水玻璃、丙烯酸盐、聚氨酯和环氧树脂等材料。因此，可根据主剂的不同将纯溶液灌浆材料分为水玻璃类灌浆材料、丙烯酸盐类灌浆材料、聚氨酯类灌浆材料和环氧树脂灌浆材料等。

根据灌浆目的分为防渗堵漏和固结补强两大类。用于防渗堵漏的灌浆材料一般为水玻璃类、木质素类、丙烯酰胺类、聚氨酯类和丙烯酸盐类灌浆材料；而用于固结补强工程的一般是聚氨酯类、环氧树脂类和甲基丙烯酸酯类灌浆材料。应根据工程实际要求（是否用于防渗堵漏、是否需要补强）和材料特性进行灌浆材料的选择。

（1）水玻璃类灌浆材料

水玻璃（硅酸钠）是化学灌浆中最早使用的一种材料，水玻璃类灌浆材料是由水玻璃溶液和相应的胶凝剂组成。其无机胶凝剂有氯化钙、铝酸钠、氟硅酸、磷酸、草酸硫酸铝、混合钠剂等，有机胶凝剂有醋酸、酸性有机盐、有机酸酯、醛类（乙二醛类）、聚乙烯醇等。

根据所使用的胶凝剂特性，水玻璃类灌浆材料可分为以下三种。

① 有机碱性水玻璃灌浆材料。胶凝剂为有机物，包括有机酸类、酯类、二醛类，如醋酸、柠檬酸、乙二酸、碳酸二甲酯等。该体系的水玻璃灌浆材料胶凝时间可控性较好，结石的力学性能较好。

② 无机碱性水玻璃灌浆材料。胶凝剂为中性或碱性固化无机物，包括氯化镁、氯化钙等金属盐胶凝剂，氯酸钠等碱性胶凝剂。该体系的水玻璃灌浆材料的组成材料为无机物，故毒性、腐蚀性较有机碱性水玻璃灌浆材料更小，但其胶凝时间的可控性较差，结石的体积变化较大，大多用于临时性修复工程。

③ 酸性水玻璃灌浆材料。酸性水玻璃灌浆材料是在碱性水玻璃基础上进行酸化，控制其 pH 在 1～2 范围内。施工过程中采用碱性固化剂进行固化。该种体系浆材的胶凝时间可控性较好，结石的力学性能及体积变化较碱性水玻璃灌浆材料更好。

水玻璃类灌浆材料主要特点及性能如下：

① 胶凝时间从瞬间至 24h 不等，可根据工程需求进行调节。

② 生成的水化硅酸钙固结体抗压强度高。

③ 黏度为 $(1.2 \sim 200) \times 10^{-3} \ Pa \cdot s$。

④ 可灌性比水泥浆要高，渗透系数可达 10^{-3} m/s，孔隙在 $0.2\sim1$mm 的填充或裂隙均能使用。

⑤ 毒副作用小，造价低。

（2）木质素类灌浆材料

木质素类灌浆材料由纸浆废液、胶凝剂和促凝剂等组成。木质素类灌浆材料包括铬木素和硫木素灌浆材料两种。铬木素灌浆材料的固化剂是重铬酸钠。但重铬酸钠毒性大，不宜大规模使用。硫木素灌浆材料是在铬木素灌浆材料的基础上发展起来的，是采用过硫酸铵完全代替重铬酸钠，使之成为低毒、无毒木质素灌浆材料，是一种很有发展前途的灌浆材料。

灌浆材料及胶凝体主要性能特点如下：

① 灌浆材料的黏度较小 [$(2\sim5)\times10^{-3}$Pa·s]，可灌性好，渗透系数为 $10^{-4}\sim10^{-3}$cm/s。

② 防渗性能好，用铬木质素灌浆材料处理后，渗透系数可达 $10^{-8}\sim10^{-7}$cm/s。

③ 灌浆材料的胶凝时间可在几十秒至几十分钟之间调节。

④ 固砂体强度在 0.4MPa 以上。

⑤ 原料来源广，价格低廉，但因铬金属的毒理性，目前很少使用。

（3）丙烯酰胺类灌浆材料

丙烯酰胺类灌浆材料是由丙烯酰胺为主剂，与其他交联剂、促凝剂和引发剂等材料所组成。常用的交联剂为 N,N-亚甲基双丙烯酰胺（简称 M），引发剂为过硫酸铵，常用的促凝剂有 β-二甲基丙腈和三乙醇胺，缓凝剂一般用铁氰化钾。

丙烯酰胺灌浆材料凝胶机理为：引发剂产生的初级自由基进攻丙烯酰胺分子结构中的双键，丙烯酰胺分子之间发生自由基聚合反应，在形成线性长链大分子的过程中加入交联剂，发生交联聚合反应，生成不溶于水，且具有弹性的水凝胶。

灌浆材料及凝胶体的主要特性有：

① 灌浆材料黏度很低，常温标准浓度下黏度为 1.2×10^{-3}Pa·s。

② 可灌性好，能渗透到细微裂缝或孔隙中原位发生聚合反应形成凝胶，灌浆材料能渗入粒径小于 0.01mm 的土层或渗透系数大于 10^{-4}cm/s 的被灌体。

③ 胶凝时间可准确地控制在几秒至数十分钟之间。

④ 凝胶体的渗透系数为 $10^{-10}\sim10^{-9}$cm/s，固砂体的渗透系数可达 10^{-8}cm/s，可以认为是不透水的。

⑤ 凝胶体的抗压强度较低，为 $0.2\sim0.8$MPa，在较大裂隙内的凝胶体易被挤出，因此仅用于防渗灌浆。

⑥ 灌浆材料及凝胶体耐久性较差且有一定毒性。

⑦ 丙烯酰胺灌浆材料价格较贵，材料来源也较少。

⑧ 与铁质易发生化学作用，具有腐蚀性。

（4）聚氨酯类灌浆材料

聚氨酯类灌浆材料是由多异氰酸酯、多元醇或多羟基化合物为主剂，加入助剂所组成，其固化过程一般分为两步：第一步是多异氰酸酯与多元醇反应生成基封端含有—NCO 的预聚体，第二步是过量的—NCO 基团与带有活泼氢的化合物反应从而扩链交联固结。

聚氨酯类灌浆材料常使用甲苯二异氰酸酯（TDI）、二苯基甲烷二异氰酸酯（MDI）、多苯基多亚甲基多异氰酸酯（PAPI）等与聚醚多元醇作为主剂来进行制备。根据不同的工程需求，可加入催化剂、稀释剂、表面活性剂、缓凝剂等外加剂对浆材的性能进行调整。聚氨酯类灌浆材料与水或其他含活泼氢的物质后反应迅速生成高分子化合物并能释放出大量二氧化碳气体，在灌入土壤或结构物后自身能产生较大的压力，促使浆材进一步扩散达到最佳浆材扩散范围的效果，故而常用于涌水情况下的快速封堵作业中。

聚氨酯类灌浆材料分非水溶性聚氨酯类灌浆材料（PM）和水溶性聚氨酯类灌浆材料（SPM）。

① 非水溶性（油溶性）聚氨酯类灌浆材料。非水溶性聚氨酯类灌浆材料是一种高效的堵漏材料。它是以适量的异氰酸酯与羟基化合物经聚合反应生成的聚异氰酸酯。这就是通常所说的预聚体。为了满足不同的防渗堵漏要求，改善凝胶体物理力学性能，需要在预聚体中掺入适量的其他助剂配制成浆材。例如，一是催化剂，如叔胺类；二是溶剂，如丙酮；三是增塑剂，如邻苯二甲酸二丁酯；四是表面活性剂。非水溶性聚氨酯是由多异氰酸酯和多颈基化合物聚合而成。其不溶于水，只溶于有机溶剂。其灌浆材料和凝胶体主要性能如下：

a. 灌浆材料相对密度 1.036～1.125，是非水溶性的，遇水开始反应，因此不易被地下水冲稀，可用于动水条件下堵漏，封堵各种形式的地下、地面及管道漏水，止水效果好。当浆材没有遇水之前，不发生化学反应，故浆材的储放器和灌具必须无水。当浆材遇水后，立即发生化学反应，灌浆材料黏度逐渐增加，生成不溶于水的凝胶体而达到堵漏目的。

b. 灌浆材料遇水反应时放出 CO_2 气体，使灌浆材料产生膨胀，向四周渗透扩散，直到反应结束时止。此压力一方面推动灌浆材料向裂缝深处扩散，另一方面使灌浆材料发生膨胀。膨胀产生了二次扩散现象，因此有较大的扩散半径和凝固体积比，抗渗性能会更好。

c. 灌浆材料黏度低，可注性能好，可与水泥灌浆相结合；采用单液系统灌浆，设备简单。胶凝时间可以控制，用于动水条件的堵漏效果更佳。

d. 固砂体抗压强度高，一般在 0.6～1MPa，其凝胶体抗压强度可达 3MPa，有时可作为补强材料。凝胶体弹性模量低，能适应一定程度裂缝开度的变化。

e. 抗渗性能好，渗透系数可达 10^{-8}～10^{-6}cm/s。

f. 灌浆材料遇水开始反应，所以受外部水或水蒸气影响较大，在存放或施工时应防止外部水进入灌浆材料中。

g. 不污染环境。

h. 灌浆后，管道、设备须用丙酮、二甲苯等溶剂清洗。

② 水溶性聚氨酯类灌浆材料。水溶性聚氨酯由预聚体和其他外加剂所组成。其与 PM 的主要区别在于 SPM 所用的聚醚是环氧乙烷聚合物，而 PM 所用的聚醚是环氧丙烷聚合物，前者具有亲水性。灌浆材料与凝胶体主要性能和特点如下：

a. 灌浆材料能均匀地分散或溶解在大量水中，凝胶后形成包有大量水的弹性体。

b. 灌浆材料相对密度 1.10，黏度 0.1Pa·s 左右。

c. 凝胶时间在数秒到数十分钟内可调。

d. 固砂体抗压强度为 0.1～5MPa，凝胶体强度可达 2MPa。

e. 可用于水工建筑物及地下工程的防渗堵漏。

（5）丙烯酸盐类灌浆材料

丙烯酸盐类灌浆材料是以丙烯酸盐为主剂，配以交联剂、引发剂，通过自由基聚合反应形成不溶于水的凝胶体化学灌浆材料，可作为细微裂缝以及基础的防渗材料使用。

通常所使用的丙烯酸盐多为丙烯酸钠、丙烯酸钙和丙烯酸镁等。其中，丙烯酸钙和丙烯酸镁不需要交联剂即可形成聚合物（固结物），但通常为了提高聚合物的力学性能加入 N,N'-亚甲基双丙烯酰胺等交联剂促进其固结。

除交联剂外，丙烯酸盐灌浆材料通常需要使用引发剂、促进剂等助剂改善浆材的基本性质。基于丙烯酸盐灌浆材料固结是通过自由基聚合反应生成大分子的过程，常用过硫酸铵（氧化剂）和硫代硫酸钠（还原剂）进行氧化还原进行引发，使其产生自由基达到固结的效果。

丙烯酸盐类注浆材料具有如下特点：

① 注浆材料毒性低、黏度低，具有较好的可灌性。

② 低温下能固化形成凝胶体，凝结时间可通过调节氧化还原剂起效时间进行准确控制，且固结速度较快，浆材的黏度有较强的突变性，便于施工。

③ 固结体具有极高的抗渗性（渗透系数可达 10^{-10} m/s）。

④ 灌浆材料固化后的凝胶体具有很好的稳定性，可适应干湿循环条件，在缺水环境下干缩，富水情况下又会膨胀，过程中不破坏凝胶。

4.3.3 环氧树脂灌浆材料

（1）材料组成

指以环氧树脂为主剂，加入固化剂（间苯二胺、乙二胺）、稀释剂（丙酮、苯、甲苯、二甲苯）、增韧剂（邻苯二甲酸二丁酯、二甲苯）、改性剂等组分所形成的 A、B 双组分商品灌浆材料。A 组分是以环氧树脂为主的体系，B 组分为固化体系。

（2）性能特点

环氧树脂灌浆材料抗压强度、抗拉强度、黏结强度高，收缩率小，化学稳定性好，但黏度较大，经改性后可配制成低黏度、潮湿环境或水中可固化、弹性变形大的改性环氧浆材。

4.3.4 新型复合化灌浆材料

新型复合化灌浆材料互穿聚合物网络技术是高分子材料共混改性领域中近几十年发展很快的一种新技术，它是两种或多种聚合物在聚合过程中相互贯穿形成网络互锁结构，其中至少有一种聚合物是在另一种聚合物直接存在下进行合成或交联的，不同类型的聚合物分子链间以瞬时产生的"共价键"相互贯穿、缠绕在一起，使聚合物分子间强迫相互作用，产生协同效益，从而获得优于任何单一组分的性能，新型复合化灌浆材料就是采用这种互穿网络技术研制而成的。其主要类型有环氧树脂-聚氨酯复合浆材、环氧树脂-甲基丙烯酸甲酯复合浆材和聚氨酯-甲凝复合浆材。

（1）环氧树脂-聚氨酯复合浆材

环氧树脂（EP）材料优点是强度高、黏结性能好；缺点是黏度大、可灌性差，脆性大、变形性差。聚氨酯（PU）材料优点是柔性好，变形性能好；缺点是强度较低。

用互穿聚合物网络技术（IPN 技术）形成的 PU/EP 材料，可同时发挥 PU 与 EP 的优点，克服各自的缺点。PU/EP 浆材性能材料强度高、变形性能好，可适用于干燥、潮湿有水及水中混凝土裂缝灌浆处理。既可在常温条件下使用，也可在低温（<10℃）条件下施工；既可作防渗堵漏材料，也可作补强加固材料，可灌性好，能灌入缝宽为 0.1～0.4mm 的微细裂缝。

（2）环氧树脂-甲基丙烯酸甲酯复合浆材

环氧树脂具有黏结力强、收缩小、稳定性高、力学性能优良等优点，但黏度大、脆性大、变形性能差。为了降低黏度，提高可灌性，需掺入较多稀释剂，如丙酮-糠醛，而丙酮-糠醛在一定条件下能进一步树脂化，与环氧树脂共同反应生成一种新的聚合物。因此，这类稀释剂能较好地降低黏度，但其黏度变化速度快，即黏度较快地变大，影响浆材可灌时间。

甲基丙烯酸甲酯（甲凝）的黏度小，在 25℃时仅为 0.59cP（1cP＝1mPa·s），比水的黏度（1.0cP）还低，并且具有良好的溶解环氧树脂能力，能与环氧树脂以任何比例混溶。因此，甲凝是环氧树脂一种极好的溶剂。甲凝浆材黏度小，黏结强度高，但挥发性强，固化过程收缩大。将环氧树脂与甲凝混合，可发挥各自长处。为此，采用环氧树脂-甲凝复合浆材，硬化后形成一种互穿网络复合物，具有良好的物理力学性能。

（3）聚氨酯-甲凝复合浆材

聚氨酯浆材遇水会发生链增长反应，致使反应物黏度不断增大，该浆材固化时发泡膨胀，致使聚合体性能较差，抗压强度较低（10～20MPa），湿面黏结强度低（<1MPa）。

用甲凝与聚氨酯复合，甲凝作为聚氨酯的活性溶剂存在于灌浆材料中，硬化后形成两种交联聚合物网络相互缠结贯穿，使两者的性能互相补偿，其性能大大改善。

4.4 渗透密封类修复材料

4.4.1 水泥基渗透结晶型修复材料

（1）材料组成

水泥基渗透结晶型修复材料是以硅酸盐水泥或普通硅酸盐水泥、精细石英砂（或硅砂）等为基料，掺入多种活性化学物质及其他辅料在粉料状态下配制的一种刚性防水材料。这种材料具有特有的活性化学物质，涂刷在混凝土表面或内掺，利用水泥混凝土本身固有的化学特性和多孔性，以水为载体，借助于渗透作用，在混凝土微孔及毛细管中传输，再次发生水化作用，形成不溶性的枝蔓状结晶并与混凝土结合成为一整体。结晶体填塞了微孔及毛细管孔道，从而使混凝土致密，达到永久性防水、防潮，保护钢筋，增强混凝土结构强度的效果[8]。

水泥基渗透结晶型修复材料按使用方法分为水泥基渗透结晶型防水涂料和水泥基渗透结晶型防水剂。

（2）性能特点

水泥基渗透结晶型修复材料具有以下特性：

① 具有良好的防水性能。水泥基渗透结晶型修复材料可用于混凝土结构迎水面及背水

面的防水处理，可采用干撒、涂刷或喷涂等工艺操作，施工方法简单。处理过的混凝土硬化后，其表面还可进行其他涂层操作，如油漆、环氧树脂、水泥净浆、石灰膏、砂浆等的涂层。

水泥基渗透结晶型修复材料的活性物质可以从表面深入到混凝土内部，与未水化水泥发生化学反应生成水化晶体，使混凝土微结构致密，具有良好的防水性能。

② 具有透气作用。水泥基渗透结晶型修复材料生成的独特的针状晶体能填充、封堵混凝土的裂缝、孔腺和毛细孔，使混凝土微结构致密，从而防止任何方向水的渗入。但不阻挡空气分子的通过，混凝土仍能保持正常的透气、呼吸作用。

③ 良好的补强作用。混凝土结构在使用水泥基渗透结晶型修复材料后，能对混凝土结构内部的微裂纹等缺陷起到密实、胶结作用，同时使未水化水泥被激活，从而进一步提高了结构的结实度，对结构起到了补强作用。

④ 具有永久性的防水作用。水泥基渗透结晶型修复材料生成的晶体不溶于水，且性能稳定不分解。水泥基渗透结晶材料涂层即使遭受磨损或被刮掉，也不影响其防水效果，因其有效成分已深度渗入混凝土内部，其防水作用是永久的。

⑤ 具有一定的自修复能力。水泥基渗透结晶型修复材料活性化学物质能与混凝土中未水化的水泥颗粒反应，生成新的晶体。对处理过的混凝土结构，当出现微细裂缝（不超过0.4mm）且有水渗入时，水泥基渗透结晶型修复材料就会再次反应生成新晶体，自动修复裂缝和填充孔隙。

⑥ 极强的耐静水压能力。水泥基渗透结晶型修复材料涂层凭借其优良的抗渗透性等能力，可长期承受静水压、渗透压。

⑦ 可防止化学侵蚀并对钢筋起保护作用。混凝土的化学侵蚀与钢筋锈蚀与水分和离子渗入是分不开的。水泥基渗透结晶型修复材料对混凝土裂缝、孔隙进行的自修复作用使混凝土微结构密实，从而最大程度地降低了化学物质、离子和水分的侵入，使混凝土、钢筋免受化学物质的侵蚀。

⑧ 施工简单，对复杂混凝土基面的适应性好。

4.4.2 液体渗透结晶型修复材料

液体渗透结晶型修复材料是以水为分散相，碱与硅酸盐为主剂的液体防水材料。经催化剂处理合成的水性渗透型无机防水剂，具有很强的渗透能力和较低的表面张力。

液体渗透结晶型修复材料具有较强的渗透扩散性，并能承受1MPa左右的抗渗水压。经喷涂该防水剂的水泥混凝土构筑物，可固化均匀，防止早期失水、局部干燥、产生裂纹，改善表面抗碳化性能，防止钢筋锈蚀。经液体渗透结晶型修复材料处理后的混凝土结构，能提高耐压、耐冲击性，增加抗拉强度、抗压强度。

液体渗透型修复剂材料按产品组成的成分不同，可分为Ⅰ型（以碱金属硅酸盐溶液为主要原料）和Ⅱ型（以碱金属硅酸盐溶液及惰性材料为主要原料）。

液体渗透结晶型修复材料可广泛用于水泥混凝土结构的内、外部密封防水处理，水泥砂浆抹灰层的密封抗渗漏、修复处理等。

4.4.3 嵌缝密封材料

嵌缝密封材料是指能够承受接缝位移和各种环境作用，嵌入接缝达到止水目的的材料，主要用于混凝土结构活动裂缝的密封、封堵等。嵌缝密封材料主要有沥青类密封材料、聚氯乙烯焦泥、橡胶沥青嵌缝密封材料和聚氨酯焦油类嵌缝密封材料等。

（1）材料组成

① 沥青类密封材料。以沥青为基料，用适量的合成高分子聚合物进行改性，加入填充料和着色剂，经过特定的生产工序加工而成的膏状密封材料。目前，沥青密封材料主要品种有丁基橡胶沥青密封膏、SBS改性沥青密封膏、再生橡胶改性沥青油膏、塑料油膏和聚氯乙烯胶泥等，其中，塑料油膏和聚氯乙烯胶泥中的主要成分为污染严重的焦油沥青，已被禁止使用。

② 聚氯乙烯焦泥。以煤焦泥为主，加入聚氯乙烯树脂、增塑剂、填充料和稳定剂等配制而成，灌入温度130~140℃，较沥青混合物性能有所改善，但仍不足以满足嵌缝密封材料的基本要求。

③ 橡胶沥青嵌缝密封材料。由石油沥青掺加废橡胶组成，或采用优质丁苯橡胶胶乳掺配石油沥青的新工艺制成丁苯橡胶沥青，后者耐磨、耐油、耐老化、弹性较好、使用温度170~180℃。

④ 聚氨酯焦油类嵌缝密封材料。为双组分材料，甲组分为以多异氰酸酯和多羟基化合物反应制得的聚氨基甲酸酯，乙组分主要由煤焦油及填充料组成，能常温施工，固化后形成橡胶弹性体，耐磨、耐油、耐腐蚀及耐热。

（2）性能特点

① 沥青类密封材料。具有原料易得、成本低廉等优点，但是存在施工工艺复杂，需要加热后才能使用，对环境及施工人员危害大；温度适应性较差，低温易变脆，高温易流淌挤出；耐久性差，老化快，夏季被挤出路面的部分在冬季自然硬化，无法回至原接缝部位，导致嵌缝失效等缺点。

② 聚氯乙烯焦泥。具有良好的耐热，耐寒性能，炎热不流滴，不粘脚，寒冬有弹性，适用温度范围-20~+80℃，使用年限十年以上不老化；有良好的黏结、延伸性能，适应屋面基层因热胀冷缩、振动、沉降等原因而引起的变化；抗老化性，有一定的耐酸碱、耐油能力。

③ 橡胶沥青嵌缝密封材料。具有适用范围广、寿命长，耐候性、抗变形、拉伸强度高、延伸率大，对基层收缩和开裂变形适应性强，抗酸性、抗碱性、防腐防水性能优越等优点，任何复杂部位都容易施工。

④ 聚氨酯焦油类嵌缝密封材料。聚氨酯类密封材料多数为双组分包装，需现场计量混合，极易因计量差错造成材料不固化或固化后性能无法满足要求；温度敏感性较高，低温（≤5℃）条件下，固化速度慢，对性能影响大。

（3）技术要求

混凝土接缝用高性能嵌缝密封材料的技术性能应满足以下要求：

① 便捷的施工性。密封材料施工性能好坏的关键性能指标包括表干时间、下垂度和质量损失率。一般规定密封材料下垂度垂直放置时不大于3mm，水平放置是为0mm。同时，为防止杂质侵入，不仅应保证密封材料在足够的施工时间完成密封施工，而且还应规定材料在合适的时间内完成表干，防止杂质侵入导致"啃边"现象发生。为防止固化过程中因质量

损失过大而产生收缩力，导致与混凝土界面离缝，密封材料中不宜加入过多非活性增塑剂等挥发性物质或惰性填料，因此对密封材料的质量损失率做了规定。

② 合适的拉伸性。拉伸性能主要通过拉伸强度、拉伸模量等指标体现，拉伸强度保证材料具有较好的力学性能，即抵抗外力不被破坏的能力，拉伸模量是指密封材料产生一定变形时的内部应力，反映密封材料在外力作用下抵抗变形的能力。通过拉伸性能指标保证低温下伸缩缝被拉开时，密封材料能够较好地伸长。

③ 优越的跟随性。跟随性主要由密封材料的断裂伸长率、弹性恢复率和压缩永久变形等指标反映。断裂伸长率是衡量密封材料自身弹性的重要指标；弹性恢复率则是评价材料受压或受拉后恢复形变的有效指标，弹性恢复率越高，密封材料的形变恢复能力越强；压缩永久变形反映材料受压向力恢复形变的能力。对于用于混凝土接缝的硅酮嵌缝密封材料，应具有较高的断裂伸长率，较大的弹性恢复率和较小的压缩永久变形。

④ 牢固的黏结性。黏结性能主要包括剪切黏结强度、定伸黏结性、冷拉热压后黏结性和拉伸压缩循环后黏结性等。对于密封材料不仅应具有较好的定伸黏结性，而且在经冷拉热压、拉压循环后依然保持较好的黏结性，界面牢固。另外，密封材料尤其是道路用密封材料会受到剪切力作用，硅酮嵌缝密封材料应增加剪切黏结强度指标。

⑤ 温度不敏感性。温度不敏感性包括耐热性和耐低温性等，该指标保证密封材料在低温和高温下均有较好的服役性能，密封材料在高温下应无流淌，在低温下应具有较好的低温柔性。建议以低温（−20℃）和高温（80℃）下的拉伸模量、拉伸强度、断裂伸长率、定伸黏结性来评价密封材料温度不敏感性。

⑥ 耐老化性。考虑到密封材料特殊的服役环境，接缝处两板块间长期动荷载和温度应力作用，嵌缝材料应具有良好的耐老化性，保持良好的自身力学性能和黏结性能，防止胶体本身破坏，避免其混凝土界面脱离。老化性能主要通过碱处理、浸水处理后的拉伸强度、断裂伸长率、定伸黏结性能指标来体现。

4.4.4 接缝密封材料

钢筋混凝土的表面接缝密封材料是表面防护体系的重要组成部分。混凝土中接缝密封剂材料的功能就是尽量减少液体、固体或气体进入，以保护混凝土不受侵蚀。在某些应用场合，还具有绝热、隔声、防震以及阻止裂缝积累扩展的功能。

接缝密封材料包括裂缝密封、收缩（控制）接缝、膨胀接缝以及施工接缝等密封材料。目前，广泛采用的密封材料包括沥青、聚氨酯、环氧树脂密封材料、硅酮密封胶等。

（1）沥青

沥青是一种加热密封材料，因此受温度的影响比较大。夏天，由于受到高温的影响，沥青会软化，从接缝处挤出之后遇冷凝固便无法回到接缝，由此便突出在路面上，经过过往车辆的不断碾压后破碎在路面上，降低行车舒适度，造成一定的环境污染，并且由于热熔，导致石头等杂物进入裂缝，给接缝的缩小带来障碍，导致接缝的两侧出现啃边的现象；冬天，沥青会变得硬脆，很难满足板缝位移的要求，致使接缝黏结差，拉环被撕开，而且受低温影响收缩，扩大裂缝。

此外，沥青对紫外线的抵抗能力也比较差。沥青本身的特性，使它用于接缝密封的效果不佳，不能保护混凝土不受雨水的腐蚀破坏，而且维护频繁、费用比较高，因此在我国其主要应用在二级、三级公路及小部分公路的路面接缝密封之中。

（2）聚氨酯

聚氨酯橡胶分为单组分和双组分两种类型。聚氨酯的使用极大地提高了接缝的密封效果，发挥防水功能，并且材料用量和人工均有所减少，但是材料的成本相对沥青而言比较高。聚氨酯相对于沥青而言，其优点在于使用寿命长、填缝厚度小、不需要复杂的加热。

沥青填缝的厚度一般在 150～300mm 之间，而聚氨酯只需要大于 10mm 即可，两种材料在用量上有很大的差距。由于不需要加热，提高了施工的安全性，避免对环境的污染和破坏。

在我国，聚氨酯主要应用在高速公路和部分一级公路的路面接缝中。但聚氨酯同样也存在很多不足，表现在：抗紫外线能力差，防水功能容易退化，一般在两三年之内即需要全部更新替换，反复的修复和更换导致耗费的人力、物力、财力也比较多，并且难以保证混凝土路面的质量要求。

（3）环氧树脂密封材料

用环氧树脂作为密封胶基料的液态密封胶已广泛应用于各个生产领域。环氧树脂密封材料具有下列优点：

① 黏结力强。环氧树脂分子结构中的脂肪羟基（—CH—）及醚链等极性基团，使环氧树脂和相邻界面之间产生电磁引力，环氧基可以和含有活泼氢的金属反应生成化学键，因此，对金属、玻璃、塑料、陶瓷等材料都有较好的黏附力。

② 收缩性小。它在固化过程中没有副产物生成，不会由此产生气泡。对于纯树脂的固化物，其收缩率小于 2%，加入填料后，可降到 1% 左右。

③ 稳定性好。可长期存放而不变质。

④ 耐介质性好。能耐一般酸碱及有机溶剂。

⑤ 低蠕变性。在长期受力情况下，不会变形或变形极小。

⑥ 工艺性好。选择不同固化剂和加入其他树脂、橡胶与填料来达到改性，可使环氧树脂在室温或低温条件下固化，也可快速固化。

（4）硅酮密封胶

硅酮密封胶是以聚二甲基硅氧烷为主要原料，辅以交联剂、填料、增塑剂、偶联剂、催化剂在真空状态下混合而成的膏状物，在室温下通过与空气中的水发生反应，固化形成弹性硅橡胶。

硅酮密封胶的高分子主链主要由硅—氧—硅键组成，在固化过程中交联剂与基础聚合物反应形成网状的 Si—O—Si 骨架结构，Si—O—Si 键键能很高，不仅远大于其他高聚键能，而且 Si—O—Si 键键能高于紫外线键能，使得硅酮密封胶在紫外线照射下仍能保持良好性能。硅酮依靠其特殊的分子结构，具备了传统的有机密封材料所没有的优点。相对于传统的接缝密封材料而言，硅酮密封胶具有的优势体现在以下几个方面：

① 适应温度范围广。优质的固化硅酮密封胶，可以在 −45～149℃ 的温度范围内满足位移要求并且保持弹性。因此，硅铜密封胶能够在一年四季各种天气条件下保证飞机起降时需要的位移，降低路面由混凝土热胀冷缩造成的影响。而有机材料受温度的影响非常大，尤其是沥青，其具有冷硬热软的特点，不能满足位移要求，并且失去弹性，导致混凝土路面质量

严重下降。

②　抗紫外线与抗腐蚀能力强。由于特殊的分子结构，使硅酮密封胶可以轻易地抵抗紫外线的损坏，还能有效抵御其他化学物质的腐蚀，如酸碱化学物及臭氧等。而传统的有机密封材料无法抵挡紫外线的损害，紫外线容易使材料内部开裂。最为重要的是，优质的硅酮密封胶在受到航空煤油的浸泡后仍然可以牢固地黏结住混凝土，这是沥青和聚氨酯都不具备的优点。

③　位移能力及弹性好。车辆行驶中产生的冲力，会使路面板块产生不同方向的位移，以及温差的变化会对接缝产生冷拉热压作用，这对施工的安全性，以及接缝宽度设计的准确性都造成了很大的影响。因此，接缝密封的材料应满足位移和弹性的要求。传统的接缝密封材料一般只有25%左右的位移能力，而硅酮密封胶在模量达到$-50\% \sim +100\%$时，就能最大限度地满足位移和弹性的要求，提高施工的安全性及接缝宽度的准确性。

④　回复性较高。相对于传统的接缝密封材料，硅酮密封胶的回复性在目前来说是最高的，一般在90%以上。回复性的高低，关系着材料是否能够适应周期性的伸张和压缩，保持原有的防水功能。公路的混凝土路面容易受到季节变化的影响而产生变形位移，因此对材料回复能力的要求比较高。在夏季，硅酮密封胶依靠其回复能力避免被挤出接缝，防止石块的进入，相比于沥青、聚氨酯等材料，在这方面的优势显而易见。

⑤　使用寿命长。配方的特殊调整，使硅酮密封胶对混凝土的黏结力强而持久，并且依靠耐温差、耐候、耐腐蚀等优点，使得所应用的路面接缝密封性非常好，可以长久地发挥防水的功能，不需要频繁的维修和更换，对环境的影响非常小，相对于沥青、聚氨酯等有机密封材料而言，具有很好的经济效益和环境保护效果。

4.5　表面防护类修复材料

4.5.1　表面密封防护材料

混凝土表面密封防护材料主要包括渗透型密封剂、表面增强密封剂、表面密封剂、厚浆型涂层、表面膜系统以及涂覆层等。它们具有不同的性能特点，且涂层厚度不一，可适用于不同的应用领域与钢筋混凝土结构的表面防护要求。

（1）渗透型密封剂

渗透型密封剂一般是在施工之后渗入混凝土深层内的密封材料。渗透深度在很大程度上取决于密封剂分子的尺寸和混凝土的孔结构尺寸。这类材料具有良好的憎水性、耐沾污性、透气性、耐化学侵蚀、极深的渗透性和高耐久性等特点，主要包括煮沸亚麻籽油、硅烷、低聚合度的硅氧烷、某些环氧树脂，以及高分子量甲基丙烯酸酯等。渗透型密封剂对污染物以及以前应用在底层上的密封剂非常敏感，因此适当表面处理对成功应用渗透型密封剂非常重要，其抗紫外线和耐磨损的能力也较好，但其不能连接新的或现有的裂缝。

（2）表面增强密封剂

表面增强密封剂主要指无机氟硅酸盐类材料，应用在水泥混凝土表面时，氟硅酸盐能渗入硬化水泥混凝土表面孔隙和微裂缝中，渗入后，与水泥水化产物氢氧化钙发生反应，生成二氧化硅凝胶与氟化物，填充混凝土表面以及内部毛细孔隙，使水泥混凝土表面强度提高、耐磨性比未处理前提高一倍以上，起到较好的增强、密封作用。

（3）表面密封剂

表面密封剂是指铺设在混凝土表面上厚度为 0.25mm 或更小的材料。这种材料包括各种各样的环氧树脂、聚亚氨酯、甲基丙烯酸甲酯、湿固化型聚氨酯橡胶，以及丙烯酸树脂、一些油基或乳胶基涂料等。表面处理和涂料的干膜厚度在 0.03～0.25mm 之间。

表面密封剂将降低表面抗滑性，且不能连接活动性裂缝，但可密闭小的、非活动的裂缝。这类材料会受紫外线的影响，且在表面受磨时会发生磨耗。然而，环氧树脂和甲基丙烯酸甲酯具有好的耐磨性，而且比这类产品中的其他材料的性能更好。

（4）厚浆型涂层

厚浆型涂层是应用于混凝土表面且干燥厚度在 0.25～0.75mm 之间的一种材料。产品包括常用的聚合物如丙烯酸酯、苯乙烯-丁二烯酯、聚乙酸乙烯酯、氯化橡胶、聚氨酯、聚酯以及环氧树脂等。厚浆型涂层会改变表面外观形状，可能会着色或会遮盖混凝土表面的污染物。

在正常的环境下，涂层必须能抗氧化、防紫外线和红外线，对于地面环境，耐磨、防冲击以及耐适度化学物质（盐、油脂、蓄电池酸以及清洗剂）侵蚀也非常重要。非弹性厚浆型涂层一般不用来连接活动性裂缝，但可用来填塞小的、非活动性裂缝。

（5）表面膜系统

表面膜系统指用于混凝土表面且厚度在 0.7～6mm 之间的表面处理涂层材料。这种材料主要包括聚氨酯、丙烯酸酯、环氧树脂、水泥、聚合物砂浆、甲基丙烯酸甲酯、氯丁橡胶以及沥青等。这些材料大大改变外观、遮盖混凝土表面污染物，一些弹性膜和厚浆型涂层也归入这一类。大多数膜层能抗渗防水，并能连接小的（小于 0.25mm）活动或非活动裂缝。在交通条件下，刚性聚氨酯砂浆膜或环氧树脂砂浆膜面层能提供合适的抗滑和耐磨性能。在停车场结构中的陡坡、转角、起点和停车区域，可能要求对膜进行经常的维修。

（6）涂覆层

涂覆层一般指黏结在混凝土表面上且厚度为 6mm 或大于 6mm 的材料。这些材料主要包括聚合物混凝土、环氧树脂、某些甲基丙烯酸甲酯以及聚合物改性砂浆等。涂覆层会改变外观特性。

涂覆层可以采用浇筑、抹平、刮平、喷洒等方式分单层或多层在混凝土表面上施工，也可以采用一些附加增强构件，如焊接金属织物、钢筋或纤维等进行增强。厚涂覆层能改善混凝土板上表面的排水特征，可以连接非活动性裂缝。

常用涂覆层系统：波特兰硅酸盐水泥混凝土涂覆层，这种涂覆层主要是为了修复经过处理后剥落或不完整的表面而浇筑的混凝土；乳胶（或可再分散乳胶粉）改性混凝土覆盖层，其除了含有乳胶和更少的水外，其他与普通混凝土相同；环氧树脂涂覆层，环氧树脂是常用的修复材料，具有非常好的黏结和耐久性特性，且能与骨料混合制成适合于作涂层和覆盖层应用的环氧树脂砂浆或混凝土，环氧树脂砂浆或混凝土覆盖层适用于酸性水或是含化学物质的水等腐蚀性环境侵蚀区域。

4.5.2 硅烷防护材料

硅烷防护材料是一种无味、无毒、无腐蚀的液体，为小分子体系，渗透进入混凝土孔隙内部，通过化学键形成永久防护层，能有效防止水以及以水为介质的有害物质对混凝土的侵蚀。有机硅防护材料具有优异的憎水、防污、防尘、抗风化和耐久性能，可以水溶液、乳液或溶液形式喷涂在混凝土结构表面，提高结构的防水、耐沾污性能和耐久性能。

溶剂型有机硅防水剂对环境有害、易燃，在建筑方面的应用受到一定的限制。水性有机硅防水剂以水为介质，有机挥发物低，是一种环境友好型的新型防水材料。

目前，建筑基材上广泛应用的水性有机硅防水剂主要有甲基硅醇盐和含氢硅油乳液两大类。前者易影响被处理基材的外观，并且受到水的侵蚀后易流失，防水耐久性能较差；后者易水解，产品稳定性较差，影响基材表面的光泽。烷氧基烷基硅烷及其改性化合物具有较强的渗透能力，能够渗透到多孔基材内部的微孔中，在催化剂作用下在微孔的壁上与其活性基团或自身发生反应，牢固地附着在基材表面，从而大大提高了基材的防水、耐沾污和耐久性能。将烷氧基烷基硅烷及其改性化合物以水为介质，通过乳化可得到稳定性和防水、耐久性均佳的环境友好型有机硅防水剂，并且通过改性可得到对基材产生不同表面质感的防水剂。

（1）材料组成

有机硅烷/硅氧烷防水材料按溶剂划分又可分为水乳型和溶剂型两类，水乳型防溶剂大多用于石灰石、砂浆混凝土、加气混凝土、砖、瓦等孔隙率较高的基材，其突出优点是表面潮湿的基材也可进行处理，但其耐久性较差，对孔隙率低的基材渗透深度小，溶剂型硅烷/硅氧烷防水材料适用于钢筋混凝土、大理石等孔隙率低的基材，其耐久性好，渗透深度大，但使用时要求基层干燥，因此用于混凝土保护用的表面防护材料主要是溶剂型的以含活性基的烷基硅氧烷为主要物质的硅烷/硅氧烷防水材料。

目前，国外硅烷系的防水材料的主要组成为 $RSi(OR)_3$ 的硅烷系单质化合物。不同产品的具体分子结构、聚合度与分子量各不相同。它们的分子量大小将影响硅烷/硅氧烷在混凝土表面的渗透性。此外，硅烷基料的浓度、所用稀释剂的种类，以及添加界面活性剂的类别，也都影响其防水、防腐蚀性能。

硅烷/硅氧烷防水材料具有如下特点：

① 硅烷/硅氧烷溶剂型防水材料系无色透明溶液，水乳型防水材料为乳白色的液体，涂刷在混凝土表面后不形成涂膜，而在混凝土内部形成反应层。因此，不改变原混凝土结构的外观特征和颜色，不存在脱落、褪色问题，并且具有良好的"呼吸"性能。

② 硅烷/硅氧烷防水材料能浸入到混凝土内部 1～10mm 左右，并且与水泥水化物结合成稳定结构，具有良好的防水、防腐蚀与稳定性，并因此提高混凝土抗紫外线、抗风化和抗冻融破坏的能力，延长了混凝土结构的使用寿命。

③ 硅烷/硅氧烷防水材料具有很强的憎水性，它可以阻止以水为载体的酸、碱、盐等介质对混凝土的侵蚀，从而使混凝土具有较好的耐久性。

④ 硅烷/硅氧烷防水材料可以有效防止装饰石材的"碱"现象，将其涂在混凝土表面后，可使混凝土表层免受污染，保持清洁。

（2）性能特点

硅烷浓度对其防腐蚀的性能影响较大。硅烷浓度越高，其对混凝土的渗透深度越大，防腐蚀性能越高。

在硅烷实际应用中，硅烷涂覆量是工程中考虑的另一个重要因素，涂覆量的多少不仅涉及工程防腐蚀的质量，而且也涉及工程的成本。硅烷涂覆量对其性能影响非常大，在硅烷浸渍施工中，保证其合适的涂覆量是保证其具有良好防腐蚀性能的关键。

养护条件对硅烷的防腐蚀性能有一定的影响。从潮湿养护到自然养护与干燥养护，养护环境的湿度逐渐下降，而环境相对湿度越小，越有利于硅烷的渗透。从硅烷渗透深度来看，潮湿养护条件下，硅烷的渗透深度较小，而自然条件与干燥条件下，渗透深度相差无几。

海港工程常常受到各种腐蚀环境如酸溶液、碱环境的侵蚀，硅烷浸渍的混凝土能否抵抗酸碱等侵蚀环境的侵蚀，是应用硅烷防腐蚀的一个重要考虑因素。硅烷浸渍后的混凝土具有较高的抗化学侵蚀能力。

4.6 纤维增强类修复材料

4.6.1 纤维技术性能

（1）钢纤维

通常，钢纤维长度为 $15\sim60mm$，直径或等效直径为 $0.13\sim1.12mm$，长径比为 $30\sim100$，钢纤维的增强效果与钢纤维的长度、直径（或等效直径）、长径比以及表面形状有关。钢纤维的主要性能包括抗拉强度与黏结强度。

（2）玻璃纤维

玻璃纤维是一种性能优异的无机非金属材料，种类繁多，其主要成分为二氧化硅。玻璃纤维的密度与成分有密切的关系，一般为 $2.5\sim2.7g/cm^3$，但含有大量重金属的高弹玻璃纤维密度可达 $2.9g/cm^3$。

玻璃纤维的优点是绝缘性好、耐热性强、抗腐蚀性好、机械强度高，缺点是性脆、耐磨性较差。通常作为复合材料中的增强材料、电绝缘材料和绝热保温材料，在建筑领域应用潜力巨大。

（3）碳纤维

碳纤维密度一般为 $1.75g/cm^3$ 左右，具备高比模量、高比强度、耐疲劳、抗蠕变、摩擦系数和膨胀系数更小的优异性能。

碳纤维的主要性能优点：强度比较大，但其密度相对较小，另外耐腐蚀性能比不锈钢强，耐高温，导电性强，X射线透射性好，热膨胀系数小且各向异性，耐腐蚀性好，且与混凝土黏结较好，掺入混凝土中可以在一定程度上改善其抗渗、抗磨耗的性能。

（4）聚丙烯纤维

聚丙烯纤维（PP纤维）是一种乳白色半透明状塑料纤维。其优点是质轻，密度仅为

$0.9\sim0.91\mathrm{g/cm}^3$；化学稳定性好，耐酸碱。

聚丙烯纤维化学稳定性好，与大多数化学物质不发生作用。任何对混凝土的组分没有腐蚀作用的化学物质同时也不会腐蚀聚丙烯纤维，即使遇腐蚀性强的化学物质，也总是混凝土先损坏。聚丙烯纤维表面疏水，不会被水泥浆浸湿，搅拌时能防止切断的纤维像黄麻那样成团。

（5）聚乙烯醇纤维

聚乙烯醇纤维（PVA 纤维）是以高聚合度的优质聚乙烯醇（PVA）为原料，采用特定的先进技术加工而成的一种合成纤维。聚乙烯醇纤维其主要特点是强度高、模量高、拉伸度低、耐磨、抗酸碱、耐候性好，与水泥、石膏等基材有良好的亲和力和结合性，且无毒、无污染，对人体无害，是新一代高科技的绿色建材之一。

（6）聚酰胺纤维

"尼龙"是聚酰胺纤维（锦纶，PA）的商品名，是最早投入工业生产的合成纤维品种。聚酰胺纤维具有强度高、极限伸长大、弹性模量不高、吸湿率较大等特点，是最早用于增强水泥及混凝土的聚合物纤维之一。

不同品种纤维的弹性模量相差很大，有些纤维（如钢纤维与碳纤维）弹性模量高于水泥基体，而大多数有机纤维（包括很多合成纤维与天然植物纤维）的弹性模量甚至低于水泥基体。纤维与水泥基体的弹性模量比值对纤维增强水泥复合材料力学性能有很大影响，该比值愈大，则在承受拉伸或弯曲荷载时，纤维所分担的应力份额也愈大。

纤维的断裂延伸率一般要比水泥基体高出一个数量级，表 4-2 给出了各类纤维主要技术性能参数，各类纤维的优缺点如表 4-3 所示。

表 4-2　各类纤维的基本性能

纤维种类		相对密度	直径/μm	拉伸强度/MPa	弹性模量/GPa	断裂应变/%
钢纤维		7.80	100～1000	500～2600	154～210	0.5～3.5
玻璃纤维	硼硅酸盐玻璃纤维	2.54	8～15	2000～4000	72	3.0～4.8
	抗碱玻璃纤维	2.70	12～20	1500～3700	80	2.5～3.6
合成纤维	丙烯酸纤维	1.18	5～17	200～1000	17～19	28～50
	芳族聚酰胺纤维	1.44	10～12	2000～3100	62～120	2～3.5
	尼龙纤维	1.14	23	1000	5.2	20
	聚酯纤维	1.38	10～80	280～1200	10～18	10～50
	聚乙烯纤维	0.96	25～1000	80～600	0.5	12～100
	聚丙烯纤维	0.90	20～200	450～700	3.5～5.2	6～15
	碳纤维	1.90	8～10	1800～2600	23～38	0.5～1.5
天然纤维	水纤维	1.5	25～125	350～2000	10～40	
	剑麻纤维			280～600	13～25	3.5
	椰树纤维	1.12～1.15	100～400	120～200	19～25	10～25
	竹纤维	1.5	50～400	350～500	33～40	
	黄麻纤维	1.02～1.04	100～200	250～350	25～32	1.5～1.9
	象草纤维		425	180	4.9	3.6

表 4-3　常见纤维优缺点

纤维种类	优点	缺点
钢纤维	阻裂、优异的弯曲性能	易腐蚀
玻璃纤维	增强抗拉强度及裂后延性	易老化
碳纤维	阻裂、优异的弯曲性能及耐久性	成本高
聚丙烯纤维	化学稳定性好、具有表面疏水性	黏结性差
聚乙烯醇纤维	优异的力学性能及化学稳定性	成本高

4.6.2　纤维增强混凝土

纤维增强混凝土是以水泥加颗粒骨料为基体，并且用纤维（短纤维）来增强或改善某些性能的混凝土复合材料。纤维在混凝土中一般是乱向分布的。土木工程中应用最广的纤维增强混凝土包括四种：钢纤维增强混凝土、玻璃纤维增强混凝土、碳纤维增强混凝土以及合成纤维增强混凝土。

高弹模量纤维混凝显著提高混凝土的强度（抗拉强度、抗压强度、抗弯强度）、韧性、延性、抗冲击疲劳性能和变形模量，其中碳纤维的增强增韧效果最好，但它的价格也最高。合成纤维一般是低弹模纤维，它对混凝土只能起阻裂增韧、抗磨抗渗的作用，增强效果不明显，但它价格低廉，施工方便，因此在各种面板工程中获得了广泛的应用。影响纤维作用效果的因素：

① 纤维种类。不同品种纤维的断裂延伸率相差很大，若纤维的断裂延伸率过大，则往往使纤维与水泥浆体过早脱离，因此未能充分发挥纤维的增强作用。

② 纤维长度与长径比。当使用连续的长纤维时，因纤维与水泥基体的黏结较好，故可充分发挥纤维的增强作用，当使用短纤维时，则纤维的长度与其长径比必须大于它们的临界值。纤维的临界长径比是纤维的临界长度与其直径的比值。

③ 纤维的体积率。该值表示在单位体积的纤维增强水泥基复合材料中纤维的体积分数。用各种纤维制成的纤维增强水泥与纤维增强混凝土均有一临界纤维体积率，当纤维的实际体积率大于临界体积率时，复合材料的抗拉强度才得以提高。

④ 纤维取向。纤维在纤维增强水泥基复合材料中的取向对其利用效率有很大的影响，纤维取向与应力方向一致时，其利用效率高。

a. 当所有连续纤维均沿着应力方向排列时，纤维的利用效率最大，其效率系数为 1.00。

b. 当短纤维在平面上呈二维乱象分布时，纤维总的利用效率取决于所有纤维是否存在一定的取向倾向性，当它们随意分布时，利用效率较低，效率系数仅为 0.38，当它们有一定的取向倾向性时，则利用效率可提高，效率系数最高可达 0.76。

c. 当连续纤维在二维平面上分别沿着两个正交方向做定向排列时，则在这两个方向的效率系数均可达 1.0。在此情况下通常使用纤维网格布。

d. 当纤维呈三维乱象分布时，纤维利用率最低效率系数仅为 0.17～0.20。

⑤ 纤维外形与表面状况。纤维外形与表面状况对纤维与水泥基体的连接强度有很大影响。纤维外形主要是指纤维横截面的形状及其沿纤维长度的变化，纤维是单丝状还是集束状等。纤维的表面状况主要是指纤维表面的粗糙度以及是否有被覆层等，纤维表面的粗糙度愈

大，则愈有利于与水泥基体的黏结。

4.6.3 纤维增强聚合物基复合材料

聚合物基复合材料也称纤维增强塑料，是以聚合物为基体，以纤维或颗粒为增强体，与具有特殊功能的功能体复合而制成的一种性能有别于组成材料的复合材料。其中，基体起着黏合增强体、传递与均衡载荷的作用，增强体起着承担荷载的作用，功能体则发挥着赋予聚合物基复合材料具有除力学性能外的特殊功能的作用。

复合材料的性能很大程度上取决于增强材料的性能、含量和排布。复合材料因为其轻质、比刚度高、比强度高、疲劳性能优异和比普通金属合金（如钢和铝合金）更高的耐腐蚀性能，已经成为一种重要的材料。

（1）分类

① 根据基体材料类型分类：a. 热固性聚合物基复合材；b. 热塑性聚合物基复合材料。

② 根据增强纤维类型分类：a. 碳纤维增强聚合物基复合材料；b. 玻璃纤维增强聚合物基复合材料；c. 有机纤维增强聚合物基复合材料；d. 硼纤维增强聚合物基复合材料；e. 混杂纤维增强聚合物基复合材料。

③ 根据增强物的外形分类：a. 连续纤维增强聚合物基复合材料；b. 纤维织物或片状材料增强聚合物基复合材料；c. 短纤维增强聚合物基复合材料；d. 粒状填料增强聚合物基复合材料。

④ 同质复合与异质复合的复合材料：a. 同质复合的聚合物基复合材料（包括不同密度的同种聚合物的复合等）；b. 异质复合的聚合物基复合材料。

（2）性能特点

① 比强度高，比模量大。复合材料由高强度、脆性、低密度的纤维材料与低强度、低模量、低密度、韧性较好的树脂基体组成。因此，复合材料具有较高的比强度和比模量。

② 材料性能具有可设计性。复合材料最显著的特性是其性能（包括力学性能、物理性能、工艺性能等）在一定范围内具有可设计性。可以通过选择基体、增强材料的类型和含量、增强材料在基体中的排列方式，以及基体与增强材料之间的界面性质等因素，来获得常规材料难以提供的某一性能或综合性能。

③ 抗腐蚀性和耐久性能好。纤维增强聚合物基复合材料具有较高的抗疲劳强度，究其原因，主要是高强度、高刚度的增强纤维可以阻止或延迟疲劳裂纹的扩展。

这些特点使得纤维增强聚合物基复合材料能满足现代结构向大跨、高耸、重载、轻质高强，以及在恶劣条件下工作发展的需要，同时也能满足现代建筑施工工业化发展的要求，因此纤维增强聚合物基复合材料被越来越广泛地应用于各种民用建筑、桥梁、公路、海洋、水工结构以及地下结构等领域中。

纤维增强聚合物基复合材料也存在着一些缺点和问题，纤维的加入虽然提高了复合材料的力学性能，但同时其组分的多样性和制造工艺过程中稳定性问题，都会导致材料中出现缺陷（比如空隙、分层、夹杂、纤维分布不均等）。由于这些缺陷的存在，降低了纤维增强聚合物基复合材料的延展性、断裂韧性、疲劳寿命、抗蠕变损伤的能力。

思考题

1. 混凝土结构修复工作的系统工程涵盖哪些内容?
2. 混凝土修复中的相容性定义是什么?
3. 影响混凝土修复耐久性的主要因素有哪些?
4. 混凝土修复后体积不相容性会引起哪些问题?
5. 哪些因素会对修复区域中黏结界面应力产生影响?
6. 如何处理待修复基底混凝土表面?
7. 修复材料如何能满足力学相容性和电化学相容性?
8. 混凝土现状调查与评价有哪些主要内容?
9. 选择混凝土结构修复技术方案时,需要考虑哪些因素?
10. 在选择混凝土病害修复材料时,需要考虑哪些因素?如何合理确定修复材料需满足的技术性能指标?
11. 对普通环氧类修复材料耐久性不足的问题,可采取哪些措施?
12. 快硬修复混凝土存在哪些不足之处?可采取哪些措施?
13. 影响补偿收缩混凝土修复质量的因素有哪些?如何提高修复效果?
14. 灌浆类修复材料与渗透密封类修复材料的相似处与不同处体现在哪些方面?
15. 如何提高表面防护类材料修复效果?

参考文献

[1] 蒋正武. 基于整体方法论的混凝土修补思考[J]. 材料导报,2009,5(23):80-83,95.
[2] 蒋正武,龙广成,孙振平. 混凝土修补:原理,技术与材料[M]. 北京:化学工业出版社,2009.
[3] 阎培渝,钱觉时,王立久,等. 结构混凝土的评估·寿命预测·修复[M]. 重庆:重庆大学出版社,2007.
[4] 杨全兵,王薇,吴方政,等. 机场跑道超薄层修复用磷酸盐基材料性能和机理[J]. 建筑材料学报,2022,5(25):477-482.
[5] 孙振平,蒋正武,吴慧华. 水下抗分散混凝土性能的研究[J]. 建筑材料学报,2006,3:279-284.
[6] Chen Qing, Ma Ri, Li Haoxin, et al. Effect of chloride attack on the bonded concrete system repaired by UHPC[J]. Construction and Building Materials,2021,272:121971.
[7] Chen Qing, Zhu Zhiyuan, Ma Rui, et al. Insight into the mechanical performance of the UHPC repaired cementitious composite system after exposure to high temperatures[J]. Materials,2021,15(14):4095.
[8] 李兴旺,张玉奇,廖亮,等. 智能型混凝土修补材料体系研究进展[J]. 重庆建筑大学学报,2006,4:142-145.

第 5 章

混凝土非结构性裂缝修复

🎯 **本章学习目标**

1. 了解混凝土开裂机理的识别与修复方法的选取原则。
2. 理解各类修复技术的基本原理与适用对象。
3. 了解混凝土修复前的预处理技术类别与特点。

混凝土结构在服役过程中容易产生非结构性裂缝，如表面裂缝和贯穿裂缝。尽管这些裂缝不会显著影响结构的整体承载力，但会导致耐久性降低，影响结构的服役寿命和美观。本章主要介绍混凝土非结构性裂缝修复的技术与方法，包括表面涂覆法、灌浆法、开槽密封法、自动愈合法和微生物渗透结晶法等。通过识别和分析裂缝的成因与类型，可以选择适合的修复方法，从而有效提高混凝土结构的服役性能。本章还探讨了裂缝修复前的预处理技术，如混凝土表面清除与缺陷处理，确保修复材料与裂缝的良好黏结，提升修复效果。本章旨在为读者提供裂缝修复的理论基础与实际操作方法，为解决混凝土结构中的裂缝问题提供参考。

5.1 混凝土非结构性裂缝修复技术的选择

5.1.1 混凝土开裂机理的识别

出现裂缝后，首先要判定裂缝是否稳定（裂缝是否已经停止扩展）、裂缝是否有害；根据裂缝的形成原因和结构的受力状态，评定结构的安全度、刚度以及抗裂度等性能，从而找出相应的防治修复措施。混凝土中裂缝的成功修复依赖于对混凝土开裂成因的认知和选择合理解决开裂问题的方法[1]。

表 5-1 中列出了可能导致裂缝的成因和区分动态裂缝与静态裂缝的总体分类指南。

表 5-1 混凝土裂缝产生原因与分类

原因	裂缝类型		注意内容
	动态	静态	
意外荷载		√	
设计缺陷（不适当增强）	√		以目前的能力来决定极限荷载，或者对相关部分进行重新设计

原因	裂缝类型		注意内容
	动态	静态	
温度应变(由温度升高和不恰当的接头而造成的过度膨胀)	√		重新设计接头
增强钢筋的腐蚀	√		简单的裂缝修复方法无济于事,因为钢筋还会被腐蚀并且使混凝土再次开裂
地基沉降	√	√	测定地基是否依然沉降
碱集料反应	√		只要潮气存在混凝土就会持续恶化,裂缝修复方法无效
建筑材料不合格(如使用不合适的固化剂等)			
设计错误(1. 在有多种热膨胀系数的混凝土中使用刚性连接材料;2. 应力集中;3. 不完善的接头体系)	√		
塑性收缩开裂		√	
干缩开裂		√	干燥收缩是否稳定
化学侵蚀膨胀		√	取决于环境条件的变化

注:该表仅适用于一般情况下,不排除其他特殊情况。

5.1.2 混凝土开裂机理的鉴别步骤

一般,混凝土裂缝产生机理涉及以下步骤。

(1)检查裂缝面的表面形貌和裂缝深度以确定裂缝的基本属性

裂缝的基本属性包括:
① 裂缝的类型和特点;
② 裂缝的深度;
③ 刚开始还是已经结束的裂缝;
④ 开裂的程度。

(2)确定何时出现裂缝

这一步需要与施工方或与该建筑物的相关人士进行沟通。

(3)确定裂缝是静态还是动态的

这一步需要确定这种裂缝活动是在增长期还是仅仅是周期性的开始和结束,如由热膨胀导致的裂缝就是周期性的。活动但不增长的裂缝也应按照动态裂缝来对待。裂缝是否为静态可以根据观测和计算的方法判定。

① 观测:定期对裂缝宽度、长度进行观测、记录。观测的方法可在裂缝的个别区段及裂缝顶端涂上石膏,用读数放大镜读出裂缝的宽度。如果在相当长的时间内石膏没有开裂,则说明裂缝已经停止扩展,趋于稳定状态。但这里也要注意,有些裂缝是随时间和环境变化而变化的,譬如贯穿温度裂缝在冬天由于混凝土冷缩而增大,夏天则因材料的膨胀而缩小,

又如收缩裂缝初期的发展速度迅速，在 1～2 年内方可趋于稳定状态，这些裂缝变化都是正常现象。所谓发展中不稳定裂缝，主要是随时间持续不断增大的荷载裂缝和沉降裂缝等。钢筋混凝土结构在各种荷载作用下，一般在受拉区是允许带裂缝工作的，只要裂缝发展是稳定的，宽度在规范允许的范围内都是正常的。但是，裂缝稳定的结构，裂缝会不会继续扩展还要视外界的环境是否稳定而定，环境的变化可能引起旧的裂缝继续扩展，甚至还会出现新的裂缝，所以还应根据构件所处的具体环境加以分析。

② 计算：对于适筋梁，钢筋的应力 σ_s 是影响裂缝宽度的主要因素，因此可以通过对混凝土梁在按荷载短期效应组合下裂缝截面处纵向钢筋应力的计算来判定裂缝是否稳定，计算公式如下：

$$\sigma_s = \frac{M_s \times \eta \times h_0}{S_s} \tag{5-1}$$

式中，M_s 为受拉荷载；S_s 为受拉钢筋的总面积；η 为裂缝截面处内力臂长度系数，通常取 $\eta = 0.87$；h_0 为截面有效高度。

如果计算钢筋的应力 σ_s 小于 $0.8 f_y$（f_y 为钢筋强度设计值），则可认为裂缝处于稳定状态，否则，裂缝是不稳定的。

（4）确定应力大小与损害程度

这一步需要对建筑物的结构和建筑图作一个全面的检查，由钢筋或内含的其他增强材料等提供的内应力和由地基及连接到别的混凝土或其他相邻结构提供的外应力应被考虑进去。

判定裂缝是否有害与损害程度，原则上根据裂缝的危害程度和后果而定，一般认为下列情况的裂缝是有害的：

① 损害建筑物使用功能的裂缝，如水池、水塔开裂引起渗漏水进而影响使用的；

② 宽度超过规范规定限值的裂缝，沿钢筋纵向裂缝，这类裂缝会引起钢筋的锈蚀，使保护层崩落；

③ 严重降低结构刚度或影响建筑物整体性的裂缝；

④ 严重损害建筑结构美观的裂缝。

以下是混凝土裂缝成因的清单。利用这个清单排除尽可能多的开裂可能性。如果还有超过一条的开裂原因存在，那么最终的结果可能需要混凝土样品的实验室分析或者一个详细的应力-应变分析。

① 检查设计上的主要问题。

② 检查可以简单确定的开裂原因：

a. 增强材料的腐蚀；

b. 偶然的荷载或冲击；

c. 不合格的细节设计；

d. 地基的运动。

③ 检查其他可能导致开裂的原因：

a. 建造期间的事故；

b. 收缩导致的应力；

c. 温度导致的应力，同时应考虑收缩；

d. 体积变化。

5.1.3 裂缝修复方法的选择

当裂缝机理确定，选择裂缝修复技术时，应考虑下面这些问题：

（1）裂缝的修复是否可行？

如由内部的化学反应产生膨胀产物而导致的裂缝，修复可能比较难以进行。

（2）按照混凝土的剥落还是按照裂缝来修复？

如果混凝土的质量损失是大量的，那么仅采用裂缝的修复方式可能就不合适了。如果裂缝是由内置钢筋被腐蚀、冻融破坏引起的，那么直接替换该混凝土比只修复裂缝的修复方式更合适。

（3）导致裂缝的这种情况是不是有必要进行补救？是否具有经济可行性？

（4）裂缝将会怎样发展？

（5）是否需要沿着裂缝进行加固？

（6）裂缝的潮湿环境是什么？

对于这些裂缝应根据具体情况进行修复处理或采取加固措施；一般情况下，从耐久性和防水性考虑必须修复与不须修复的裂缝宽度限值可参考表 5-2。

表 5-2　从耐久性和防水性考虑必须修复与不须修复的裂缝宽度限值

项目		从耐久性考虑			从防水性考虑
		环境因素			
		恶劣的	中等的	优良的	
必须修复的裂缝宽度/mm	大	>0.4	>0.4	>0.4	>0.2
	中		>0.4	>0.4	
	小	>0.6	>0.4		
不须修复的裂缝宽度/mm	大	≤0.1	≤0.2	≤0.2	≤0.05
	中			≤0.3	
	小	≤0.2	≤0.3		

当裂缝宽度介于表中必须修复和不须修复之间时则需根据经验，并通过对结构的验算结果、开裂原因、裂缝宽度及密度、裂缝形状及环境条件等因素进行综合分析，从而判断是否需要对结构进行修复和加固。

5.2 混凝土裂缝修复技术

混凝土裂缝修复技术种类较多，本节介绍目前工程中常用的修复技术[2-5]。

5.2.1 表面涂覆法

表面涂覆法是指混凝土表面涂刷防水涂层以封闭微细裂缝的修复方法，是最简单和最普通的裂缝修复方法，也称表面密封法或涂膜封闭法，适用于宽度小于 0.2mm 的微细裂缝的修复，也可用于混凝土外表面的装饰和防水处理，以及防止混凝土保护层的碳化和有害离子对混凝土的侵蚀。

表面涂覆法是沿混凝土结构表面涂刷水泥浆、油漆、沥青、环氧树脂等材料来修复混凝土结构表面细小的混凝土裂缝，对于混凝土干缩裂缝常可以采用这种办法来进行修复。可依据结构的使用要求选择适宜的表面涂覆材料。这种表面涂覆材料必须具有密封性、不透水性和耐碱性、耐候性，其收缩膨胀性应该与被修复的混凝土相近，常选用低黏度的环氧树脂液涂敷或用玻璃纤维布增强。另外，对于中等宽度的温度裂缝，还可以采用向裂缝中填充刚性材料（水泥砂浆、膨胀砂浆和树脂砂浆等）和弹性材料（丙烯酸树脂、硅酸酯、聚硫化合物、合成橡胶等）以固定裂缝和阻止裂缝的扩张。

表面涂覆法分为仅涂覆裂缝部分和全部涂覆两种情况。

5.2.2 开槽密封法

开槽密封法通常用于潜伏性裂缝的修复。该方法先沿缝面扩大裂缝，然后用合适的伸缩缝密封胶进行密封。开槽可以取消，但是不利于永久性的修复。这也是最简单和最普通的裂缝修复方法。开槽密封法不能用于活动裂缝，也不适用于承受明显静水压力的裂缝。

在缝面开槽是使其有足够的位置来装密封胶。一般用手工工具和电动工具。最小的缝面宽度需 6mm，修出的缝面要用压缩空气进行清理，在安装密封胶之前要待其干燥后进行密封。

密封的目的是防止水到达钢筋处，也防止在伸缩缝内产生静水压力，污染混凝土表面，引起远处的构件潮湿等问题。

密封材料有多种，按所需的重要性和耐久性来选择。环氧材料是最常用的；当不需要做整体的伸缩缝防水，而且对外观要求不重要时，可用热浇筑的密封胶；聚氨酯在很大范围内是柔性的，常用在较深的裂缝中。

5.2.3 钻孔嵌塞法

钻孔嵌塞法通常是灌注墙体中的裂缝，常常用于挡墙的垂直裂缝修复。如果要求密封防水，孔中应填入柔性沥青来代替砂浆；如果灌注栓塞的作用比较重要，孔中则要灌注环氧树脂。

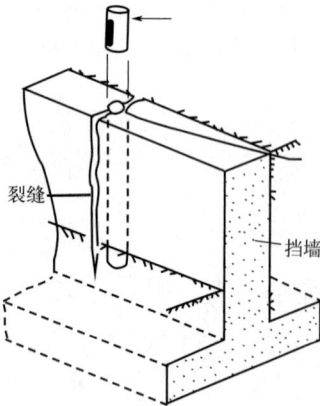

裂缝

挡墙

图 5-1 用钻孔嵌塞法修复裂缝

钻孔和堵塞裂缝包括钻穿裂缝的全长度并灌浆，形成一个塞子（图 5-1）。该技术用于很直的裂缝，而且可以从一侧进入。钻孔的直径为 $50 \sim 75mm$，中心随裂缝而定。孔要足够大，大到能沿全长切入裂缝，而且要提供足够的修复材料，从结构上将荷载作用在塞上。钻孔必须清洁、牢固，用浆液充填。该塞子可以防止裂缝附近的混凝土做横向运动，也减少了通过裂缝的大渗水及渗漏引起墙后的土质损失。

如果水密性很重要，且没有结构荷载的问题，则钻孔应该充填低弹模的回弹材料来代替灌浆。如果塞子的功能很重要，则第三孔用回弹材料，第一孔进行灌浆。

5.2.4 弹性密封法

弹性密封法一般用于动态和静态独立裂缝的修复。采用弹性密封法修复活动缝前应该将缝凿开，用喷砂或空气水枪，或二者并用来清理。在缝里充填合适的现场成型的密封胶。切成的密封槽的宽度和形状要与伸缩缝的开合相符，尽可能与实际缝面形状接近。

密封胶的品种和安装方法应该按相应的伸缩缝来进行选择。在槽的底部必须提供一种黏结隔离剂，以允许密封胶变形时没有应力集中（图 5-2）。这种黏结隔离剂可以是聚乙烯条、压敏条或其他在胶黏剂固化前和固化后不会与它黏结。窄缝如经常移动且外观不很重要时，可以采用柔性密封胶进行表面密封。

在裂缝上粘贴隔离带。将柔性的橡胶密封胶架涂于隔离带上，提供一个足够的黏结面。这是非常经济的方法，可以用在水池内侧、屋顶或其他部位，或其他不承受交通或机械破坏的地方。

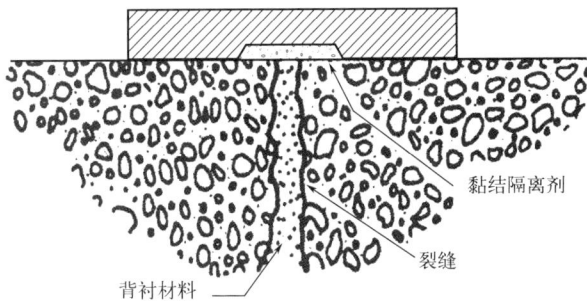

图 5-2　弹性表面密封法修复裂缝

5.2.5 灌浆技术

灌浆技术通常用来填充混凝土结构裂缝、开裂的接头、蜂窝和内部孔洞，主要材料有水硬性水泥基液体悬浮物（水泥浆）以及能在现场固化并产生理想效果的化学浆体，如环氧树脂、聚氨酯橡胶等一些材料。灌浆可以用来加固结构、防止水流或是二者都有。在进行设计灌浆修复工程之前应当注意确定灌浆的目的和选择符合目的要求的灌浆材料。合适的质量控制措施应当包括取芯，以确定浆体的渗透性和黏结性。

5.2.5.1 灌浆技术的分类

灌浆技术根据所使用的不同的灌浆工艺与设备来分类，应根据不同的灌浆目的选择合理的灌浆技术。

静止裂缝可使用环氧或高分子量丙烯酸酯类树脂灌浆。高分子量丙烯酸酯树脂由于其黏度低（$8 \times 10^{-3} \sim 20 \times 10^{-3} \mathrm{Pa \cdot s}$），可以靠自重流入非常细小甚至宽度小于 0.02mm 的裂缝，所以压力下注射是不需要的。环氧树脂也被设计为靠自重流入来修复微裂缝。

活动裂缝必须当作控制接缝处理。必须判断是否需要在裂缝上具备抗张和弯曲强度。如果必须要保持强度，最好在黏结裂缝之前在其附近安装一个可膨胀的接缝。如果裂缝只是被简单地黏结起来，新的裂缝将会在旧裂缝附近产生。

泄漏的活动裂缝的黏结是一个非常困难的问题，必须停止泄漏使裂缝处干燥。如果在注射前裂缝不能被干燥的话，就要考虑其他的加固手段，比如缝合或施加外压。

需防水的活动裂缝很难进行简单的修复处理，因为它们随着温度和湿度的不同会在很大范围内变化。所需的防水封条必须有合适的延长和外形，裂缝必须做成至少 10mm 宽度的通道以提供弹性长度。此外，必须防止通道区底部的黏结以达到不回弹的长度。

弹性体密封剂包括聚氨酯、多硫化物、丙烯酸、硅树脂和环氧树脂。密封剂的选择基于裸露条件和裂缝或接缝的活动量。沥青、普通用橡胶和丁基合成橡胶可用于不活动且干燥裂缝或接缝。

灌浆法可用于修复较深的裂缝。根据灌浆时压力与速度可分为高压快速灌浆法和低压慢速灌浆法。

根据灌浆时是否设灌浆管又分为有管灌浆法及无管灌浆法，多数情况使用有管灌浆法。采用有管灌浆法时在裂缝修复之前首先要沿裂缝以 10～30cm 的间距设置灌浆管，然后将裂缝的其他部位用胶粘带予以密封以防漏浆，灌浆管有带垫圈的与无垫圈的，前者用于不开 V 形槽的裂缝灌浆，后者则适用于开 V 形槽的宽裂缝灌浆。

一般，对混凝土结构中裂缝灌浆，可根据裂缝的宽度和深度对裂缝进行分类，制定相应的灌浆方法，如表 5-3 所示。对于小于 1mm 的裂缝，由于气阻较大，需要较长时间进浆，采用专门的粘贴嘴低压灌浆法；对于大于等于 1mm 的裂隙，相对气阻较小，可以快速灌浆，可采用粘贴嘴连接反向灌浆接头，采用机械或电动泵灌浆。

表 5-3　混凝土裂缝的灌浆技术选择

裂缝类型		灌浆技术的选择		
裂缝宽度/mm	裂缝深度/mm	低压灌浆	粘贴嘴高压灌浆	钻孔高压灌浆
≤1	≤600	√		
≤1	>600	√		√
>1	≤600		√	
>1	>600		√	√

注：以上是提供一般灌浆技术选择的经验数据；选用两种工法表示采用两种工艺灌浆的结合。

以上两种方法都是在裂缝表面采用特制粘贴嘴进行灌浆，对于深度大于 600mm 的裂缝，必要时，需要配合钻孔高压灌浆，通过钻孔穿截裂隙界面，深入到裂隙后半段较深的部位，安装反向灌浆嘴，进行高压灌浆，确保深部灌浆的质量。

（1）低压灌浆技术

当浆体从表面注入，必要时，需要钻一些最小直径为 25mm、最小深度为 50mm 的并能到达裂缝的进入口，各开口之间的原有裂缝的表面采用硅酸盐水泥或含有树脂的砂浆密封。

当外观不是需要考虑的因素时，经常填塞一些能透水、气但不能通过固体物的衣服或织物来密封裂缝，纸和塑料不能用来填塞。

浆体入口的间距主要根据工作的性质来判定，端口的间距一般大于浆体渗入的深度。

灌浆之前，建议使用清洁水冲刷裂缝处，以达到以下目的：

① 润湿内部表面以使浆体更好地流动和渗入；

② 检查表面密封和端口系统的有效性；

③ 为浆体采用合适的流入模式和了解内部连通性以及一些可能预想不到的情况提供信息；

④ 使灌浆人员熟悉灌浆状态。

灌浆从水平裂缝开口的一端或是垂直裂缝的底部开始，直到浆体流入附近第二个端口处；然后灌浆管移到下一个端口继续灌浆，直到浆体又从这个端口溢出流入附近的开口处。当灌浆管移开时关上阀门并塞上端口。如果可以到达，在结构的较远一侧再进行同样的步骤。

在决定灌浆施工时，灌浆通常先采用相对稀的浆体，然后尽可能快地增加稠度直到可泵条件下的最大稠度。

低压灌浆法修复混凝土裂缝的工序如下：裂缝清理——→粘贴灌浆嘴和封闭裂缝——→试漏——→配制灌浆液——→压力灌浆——→二次灌浆——→检查和清理表面。

① 裂缝清理与表面处理。用钢丝刷和砂轮仔细清理裂缝两侧表面的灰尘、苔藓、污物；油污应用丙酮去除，潮湿应用喷灯烘干，松动混凝土应用钢钎除去，浮尘应用略湿的抹布清除，确保裂缝清晰和灌浆基座的粘接安装有效；选择和确认混凝土裂缝上的灌浆点，可以采用钢钉加以钻钉，原则上要求相邻两个灌浆点的间距不要超过裂缝本身的深度。沿裂缝两边约 5cm 的混凝土表面要用湿布擦去尘土，但要注意缝中不得进水。

② 粘贴灌浆嘴。灌浆嘴宜用粘嘴用浆骑缝粘贴，灌浆嘴的间距与裂缝宽度有关。

③ 封闭裂缝。沿裂缝走向 5cm 范围内用抹刀刮抹环氧黏合剂，厚度 1～2mm，尽量一次完成，对缺损的混凝土应填实，尽量一次刮抹完成；在黏合剂固化过程中应防止其接触水；灌浆须在 12 小时（20℃）后进行，随天气的气温升降可提前或推迟，但要求黏合剂必须完全固化。

④ 试漏。试漏要逐条裂缝进行。每条连通的裂缝，先将灌浆嘴用铝铆钉堵上，留一个嘴用补缝器压气，在封闭的裂缝上涂肥皂水进行试漏。

⑤ 配制灌浆液。一般在灌浆施工前一天配制灌浆液，气温在 30℃ 以上时可缩短至提前半天。

⑥ 压力灌浆。用补缝器吸取灌浆液，插入灌浆嘴，用手推动补缝器活塞，使浆液通过灌浆嘴压入裂缝，当相邻的嘴中流出浆液时，就可以拔出补缝器，堵上铝铆钉，将补缝器移到相邻灌浆嘴重复灌浆。垂直缝，一般由下向上灌浆；水平缝，从一端向另一端逐个灌浆。如果裂缝较细时，可以使用补缝器上的弹力装置对灌浆液自动加压。

⑦ 二次灌浆。为了保证浆液充满，在灌浆后约半小时，可以对每个灌浆嘴再次补浆。

⑧ 检查和表面清理。注入缝隙内的胶体强度发展与环境温度有很大关系，一般情况下（20～25℃），1 天后开始固化，1 个月后达到要求强度。检查注缝质量可以用小型空心钻机，跨缝钻取芯样，进行检查。具体时间可通过拉动灌浆器把手来判断，必须在确定固化的情况下才能拆除灌浆器；固化后拆除灌浆器，敲除基座，必要时用砂轮打磨封胶，使施工面光洁平整。

（2）粘贴嘴高压灌浆技术

对于裂缝较宽（大于 1mm）的裂隙，有专门设计的灌浆粘贴嘴，这种粘贴嘴上可以直接安装反向灌浆接头，与机械和电动泵连接。其施工工艺基本和灌浆嘴低压灌浆相似，如图 5-3 所示。

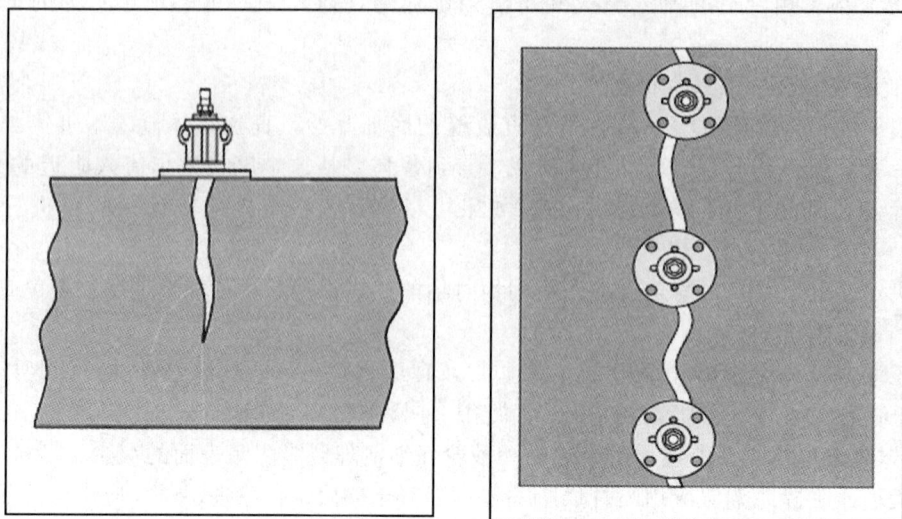

图 5-3 粘贴嘴高压灌浆技术示意图

（3）钻孔高压灌浆技术

通常在表面或尽可能接近空穴底部位置处钻入深度达到内部裂缝交叉位置且直径为25mm 或更大孔来对裂缝、接头或内部空隙进行灌浆。

采用钻石钻头、旋转硬质合金钻头或是冲击钻进行钻孔。优选钻石或旋转钻头钻孔，特别是在灌浆裂缝相对狭窄时，这主要是为了减少碎片堵塞裂缝。使用真空钻可进一步减少切削物进入裂缝中。

钻孔高压灌浆技术主要施工步骤包括：

① 钻灌浆孔。根据缝的走向、深度确定钻孔位置、角度和深度，尽量到达裂缝截面深部后半段，布孔间距原则上不超过裂缝深度的 1/2，如图 5-4 所示。

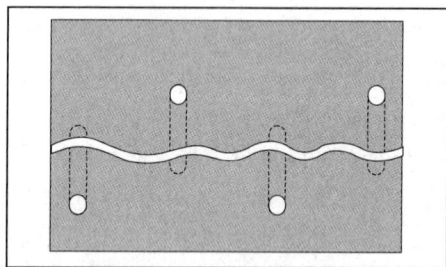

图 5-4 高压钻孔布置图

安装反向灌浆嘴采用高压气流灌注，检查渗漏道上的钻凿灌浆孔拦截位置是否有效，确认渗漏是否通向灌浆孔。

② 安装灌浆嘴。安装反向屏蔽灌浆嘴，出浆口深度通常安排在孔深约 2/3 处，同时应注意不能让膨胀橡皮堵住或超过裂缝所在的位置。

③ 表面裂缝粘贴嘴安装和表面裂缝封闭。

④ 灌浆前准备。备好灌浆泵，应选用适合环氧树脂灌浆的泵，混合事先称量的环氧树脂和硬化剂。

⑤ 灌浆注入。在垂直接缝上灌浆，从最低灌浆头开始；在水平接缝上从第一个灌浆头开始。

在灌浆时要注意：浆液在接缝中会取代水。连续注入直到浆液出现在灌浆头，然后在相邻灌浆头上开始灌浆。在完成灌浆头灌浆后，再从第一个灌浆头开始进行第二次灌浆。

根据接缝的宽度，混凝土厚度以及混凝土情况，灌浆压力可以从 0.4MPa 到 2.0MPa 变化。如果浆体黏度较低，通常情况下，没有必要采用很高的灌浆压力，以免破坏混凝土。

⑥ 清洗设备。当灌浆结束后，所有接触灌浆的部件均需清洗，而且必须在灌浆后30分钟内进行。清洗剂通过泵循环清洗后，再用纯净的清洗剂多清洗几次，且让它置于干燥的地方保存。

⑦ 表面清理。清理混凝土表面，可以用打磨机打磨，填充灌浆嘴的空洞。

⑧ 效果评估。通过钻孔取芯评测，经过7天的固化期，测试所有的抗化学和力学性能。

5.2.5.2 灌浆材料及其灌浆方法

从灌浆材料的胶凝材料的组分分类，可分为水泥基灌浆材料与化学灌浆材料，相应的材料对应不同的灌浆方法。

（1）水泥基灌浆材料灌浆方法

裂缝深度大于保护层厚度的混凝土结构宜采用灌浆修复。宽的缝、重力坝和厚的混凝土墙，可以用水泥浆充填。其方法是沿缝清理混凝土，在裂缝的内跨安装灌浆螺纹短管（接进浆管并加压用），用水泥漆、密封胶或浆液来密封灌浆管周围的裂缝。冲洗裂缝而且进行表面封缝，然后在整个区域内灌浆。灌浆用水泥浆和砂浆的选用主要取决于裂缝的宽度。水灰比按施工需要尽可能低，以使强度最高，收缩最小。减水剂或其他外加剂可以用来改进浆液的性质。在小体积灌浆时，可用手动灌浆枪；对大体积灌浆来说，则用泵灌。当裂缝充填后，压力将保持数分钟以浆液保证有很好的渗透。

（2）化学灌浆材料灌浆方法

小于0.05mm窄缝可以采用化学灌浆法。环氧灌浆是化学灌浆最主要的使用材料之一。小于0.05mm的细裂缝可以用环氧灌浆来黏结。该法需要沿裂缝在比较密集的间隙内钻孔，在某些部位还需要安装进浆管，在压力下灌入环氧浆液。对大体积混凝土来说，需要钻一系列的孔（通常直径在22mm），在许多位置上穿过裂缝，孔距1.5m。

为保证得到满意的环氧灌浆效果，必须控制施工步骤和温度。环氧灌浆的一般步骤如下：

① 清洗裂缝。首先要清理裂缝中的污物，如油、脂、灰尘或细屑，否则会影响混凝土的浆液渗透和黏结。

② 表面密封。表面密封是为了保持环氧浆液在凝结前不会渗漏出来。如果达不到裂缝表面，也需要配有足够密封性的背衬或底板。可以沿表面涂刷环氧浆液，并待其固化。

③ 安装进浆管。

④ 混合环氧浆液。

⑤ 灌注环氧浆液。可以用水压泵、涂料压力锥、气动堵缝枪。如果裂缝是垂直的，先从最底下的灌浆管开始进浆，直到上面出浆。把下面的灌浆管盖好，然后在上面孔内进浆，重复该过程，直到全部裂缝被充满，而且封闭所有的孔。对水平裂缝，灌浆从裂缝的一侧以同一方式到另一侧。如果能保持压力，裂缝即能充满。如果压力不能保持，环氧浆液会无法流到需填充的位置或流出裂缝。

⑥ 去除表面密封。在灌浆材料全部固化后，表面用打磨或其他方法凿除，灌浆孔用环氧浆液修复。

5.2.5.3 灌浆材料的选择

对于特定的修复场合，灌浆材料类型的选择应考虑以下因素：

① 是否有必要横穿裂缝传输压力、拉力、剪力或各组合力；

② 裂缝是否活动，例如未来可能遭受的拉应力以及裂缝修复附近混凝土的抗拉或抗剪强度；

③ 是否全部或部分要求通过裂缝阻止水或空气的运动；

④ 裂缝的宽度是否足以通过所选修复材料；

⑤ 所需内部灌浆压力是否会超过结构或表面密封所能承受的抗力；

⑥ 硬化速率是否足够慢，能让浆体到达目的地并且足够牢固，使其尽可能减少浆体从挡板侧面渗漏出来；

⑦ 一些化学灌浆物，特别是环氧树脂类的发热量是否过大；

⑧ 相对于所期望的结果，灌浆费用是否是合理有效的；

⑨ 灌浆物的收缩、徐变以及吸湿性能否与工程条件相协调；

⑩ 黏性是否足够低，以及灌浆料的寿命能否保证浆体能渗入到全部裂缝（特别是大体积混凝土中小裂缝）。

5.2.6 干填塞法

干填塞法是用将低水灰比的砂浆连续嵌入裂缝，形成与原有混凝土结构紧密连接的密实砂浆。先用电动锯在裂缝表面开槽，在槽沟清理和干燥后，先用一种由水泥浆或等量的水泥和细砂再加水拌成的泥浆作为底胶，并立刻放入干捣的砂浆。

干填塞法用砂浆的水灰比较低、收缩较少，修复较牢固，其耐久性、强度和水密性都较好。干填塞法可以用来修复潜伏性裂缝的窄小槽，不能用于活动缝。

5.2.7 裂缝阻隔法

大体积混凝土施工时，由于表面冷却或其他原因引起的裂缝会在施工过程中发展和扩大到新的混凝土中。这些裂缝可以被抑制或通过把应力分散到更大面积上来阻止裂缝发展。裂缝阻隔法是指将一片黏结隔离带的薄膜和一块格子的钢垫在混凝土施工时盖在裂缝上，也可以将一个半圆形管放在裂缝上，以阻隔裂缝的发展。

5.2.8 聚合物浸渍法

用于浸渍的聚合物单体系统通常含有基本单体（或混合单体）和一种催化剂或引发剂，也可含有交联剂。当加热时，单体聚合在一起，形成一种坚硬的、耐久性好的塑料体，这样可以大大增强混凝土的性能。

如果裂缝混凝土的表面干燥，在其上倒上单体，单体聚合后，裂缝就可被充填修复。然而，若裂缝潮湿有水，单体就不能被吸进混凝土的表面，则该修复就无法完成。如果挥发性大的单体在聚合前蒸发掉，则也不会有好效果。

破裂的梁可以用聚合物浸渍来修复。将破裂处干燥，临时绑上一个水密性的金属片绑带，将单体吸入裂缝，使单体聚合。大空隙或者在压缩部位破裂的地方，可以在倒入单体前用细或粗的骨料填充，然后形成一种聚合物混凝土修复。

5.2.9 迭合面层法

当结构表面存在大量的裂缝，而且采用其他办法单独处理各个裂缝过于昂贵时，用迭合面层法来密闭、覆盖裂缝非常有效，对于偶然出现的大面积网状裂缝使用该法很有效。

桥梁、公园地平铺面和室内的面板采用环氧树脂厚涂层很有效。该处理方法是将骨料撒铺在未固化的树脂上。该方法能封闭潜伏性裂缝。即使抗磨涂料从表面抹去，也不能去除贯穿裂缝中的树脂。

对潜伏性裂缝的面板或桥板可以用一种聚合物水泥砂浆或混凝土来修复。

5.2.10 自动愈合法

裂缝修复的一种自然修复过程称为自动愈合。在实际应用中，自动愈合是在潮湿环境中很接近潜伏性的裂缝中发生，如在大体积混凝土中。

愈合反应是发生在水泥浆中氢氧化钙与二氧化碳生成的碳酸盐的反应。碳酸钙在裂缝中聚集、生长、结晶再交叉缠绕，产生机械黏合效果，使得裂缝被封闭，达到自修复的效果。愈合不会产生在活动缝上，也不会在有变位发生时产生，也不可能发生在有水通过的裂缝处。目前，由自动愈合向主动愈合转变，已提出很多主动自修复方法。

5.2.11 水泥基渗透结晶涂覆法

水泥基渗透结晶涂覆法是指采用一种水泥基渗透结晶型材料通过涂覆、喷涂或干撒等工艺施工于混凝土结构表面，来修复、密封混凝土表面裂缝，起到密实、防水的效果。这类材料可在迎水面和背水面施工，对宽度小于0.4mm的裂缝，具有一定自修复的功能。

一般，结晶渗透型防水材料中含有的活性化学物质通过载体向混凝土内部渗透，在混凝土中与水泥水化产物等发生反应形成不溶于水的结晶体，堵塞毛细孔道，从而使混凝土致密、防水。实际上，结晶渗透型防水材料的渗透机理是活性化学物质，尤其在涂刷早期主要依靠浓度渗透压进行渗透，即结晶渗透型防水材料中活性化学物质在早期浆体中形成高浓度的溶液，利用浓度渗透压力差，活性的离子通过水为载体由毛细孔逐渐向混凝土中渗透。结晶渗透型防水材料不仅仅依靠本身产生的结晶体来密实混凝土，重要的是与水泥水化产物氢氧化钙发生反应，生成不溶的晶体，同时会促进混凝土中未水化水泥的水化，生成水化硅酸钙（C-S-H）凝胶晶体。

5.2.12 电化学沉积修复法

电化学沉积方法是最近兴起的修复钢筋混凝土裂缝的方法之一。它能在混凝土结构裂缝中、表面上生长并沉积一层化合物［如 ZnO、$CaCO_3$ 和 $Mg(OH)_2$ 等］，这些无机化合物膜层不仅提供了一种物理保护层，而且可有效地阻止气液介质在混凝土内部的迁移、传输。电化学沉积法修复钢筋混凝土裂缝的原理见图5-5。

5.2.13 钢筋锈蚀修复技术

钢筋病害最常见的原因是锈蚀。对钢筋采用合适的处理方法将有助于保证其长期的修复效果。最经济的普通修复锈蚀钢筋的方法是替换已破坏的混凝土。一般，在混凝土修复区域周围是氯离子污染的情况下，这种方法会导致腐蚀的再发生，加剧了附近区域的腐蚀。

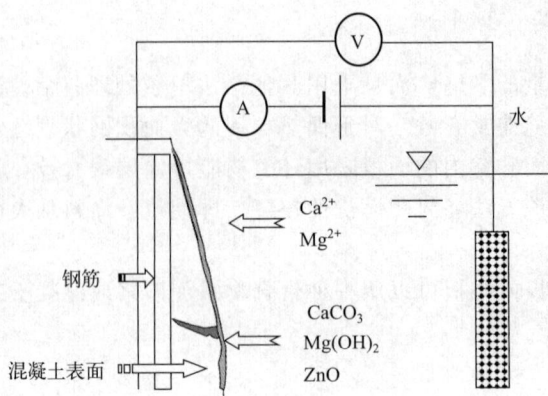

图 5-5　电化学沉积法修复钢筋混凝土裂缝的原理

5.2.13.1　钢筋周围混凝土的清除

钢筋或是预应力筋处理的第一步就是清除钢筋周围遭到破坏的混凝土。在清除混凝土时，不要使钢筋或是预应力筋产生进一步的危害。如果使用破碎机，则冲击破碎机对钢筋或预应力筋的危害很大。对于这种情况，应当使用测厚计和结构图纸来确定钢筋的位置。一旦大面积的破坏混凝土被清除后，则应当使用更小尺寸的切削锤来清除钢筋附近区域的混凝土，且应当注意不要振动钢筋，否则会危害钢筋与附近混凝土间的黏结。

所有受危害和容易清除的混凝土都应当剔除。如果在不完好的混凝土全部清除后仅能部分暴露钢筋棒，也无必要清除更多的混凝土以暴露钢筋的整个周边。如果在清除过程中，暴露出钢筋并发现有疏松的钢筋锈蚀物或是与周围混凝土的黏结不好，应进一步清除混凝土使钢筋周边具有一个可容纳修复材料中最大粒径骨料的空间。

在混凝土清除完后，应当对钢筋清洗并仔细检查以决定钢筋是否应当替换。检测的目的在于确定钢筋是否能发挥设计者所要求的性能。如果钢筋由于腐蚀（剥离或点蚀）产生危害，则可能要替换或是增加附加筋。

所有暴露钢筋的表面的疏松砂浆、锈蚀物、油以及其他污物都应当彻底地清洁。清洁的程度取决于修复工序和选择的材料。对于限定的区域，可以采用金属毛刷或是其他手工清洁方法。一般情况下，砂粒爆破施工是优选的方法。在清洁钢筋和清洁修复区疏松颗粒的时候，应当注意钢筋和混凝土基层都不应该被压缩机的油污染。

在钢筋清洁与新混凝土浇筑时间段内，清洁好的钢筋易发生锈蚀，如果产生的锈蚀跟钢筋黏结非常好以致不能用金属毛刷清除，则没有必要对这种锈蚀作进一步的清除工作；如果锈蚀层很疏松以致阻止了钢筋与混凝土的黏结，那么在混凝土浇筑前应立即清洁钢筋棒；在钢筋初始清洁完后可以使用保护涂层。

5.2.13.2　钢筋修复

在混凝土结构中使用两种类型的钢筋——增强钢筋和预应力钢筋。由于提供结构增强的钢筋具备不同的作用机制，因此对于不同的钢筋有必要使用不同的修复工序。采用的修复工序取决于暴露钢筋所处的条件。

（1）增强钢筋

对于增强钢筋，可替换劣化钢筋或是增加附加钢筋。选择哪种方法应基于增强目的和钢筋构件的要求决定。

钢筋替换方法是切除破坏的区域并接合所取代的钢筋。应避免采用对焊工艺，这是由于它需要很高的焊接技术且钢筋棒产生的大量热会使得周围混凝土开裂，因此焊接大于 25mm 的钢筋棒可能会存在一些问题，其他方法有机械接合法等。

当增强钢筋失去横切面、初始的钢筋不足或是现有构件要求加固时，选择增加附加钢筋的修复方法。破坏的钢筋应根据相应的指导进行清洗，应当清理出一定量的混凝土以允许在旧的钢筋侧面放置附加的钢筋。附加钢筋的长度应当等于现有钢筋破坏部分的长度加上两端焊接叠合的长度。

清洁后用来修复的新的和现有的钢筋可以采用环氧树脂、聚合物水泥砂浆或是富锌涂层进行保护以不受氯离子腐蚀。涂层的厚度应当小于 0.3mm，这主要是为了避免在变形后失去黏结力。锈蚀和清洗使得钢筋失去原来的形状，这样会导致其与大多数修复材料的黏结性不好，而且钢筋的这些涂层将进一步减小其与修复材料的黏结力。

（2）预应力钢筋

结构构件中的预应力钢筋有两种基本类型——黏结性和无黏结性。钢筋束或是钢筋棒的劣化一般来自冲击、腐蚀或是火灾。火灾的作用可能使冷加工和高强预应力筋退火。

不像低碳钢，高强钢丝在修复后可能需要重新拉伸以恢复原结构构件的整体性。因此，对于黏结性钢丝和非黏结性钢丝的修复方法并不相同。

对于黏结性预应力钢筋，不用重新拉伸。然而，要求额外提供替代的钢丝。这种情况下，必须改造构件为新的钢筋提供必要的端锚墩。在为新钢筋放置锚墩时，应当避免不合适的偏心度，否则将需要附加平衡钢筋。

对无黏结钢筋，预埋在混凝土中的护套中，由于被护套或是阻锈材料保护而不发生腐蚀，这种类型的钢筋通常要重新拉伸。

5.3 混凝土裂缝修复前的预处理技术

5.3.1 混凝土清除技术

不管使用何种材料和技术，决定修复寿命最重要的因素之一在于修复工程中混凝土的清除工作。

在大多数混凝土修复工程中，受损混凝土区域没有规定具体的清除方法，不易确定所有的材料是否都已清除或是清除太多。有人建议当骨料颗粒被打破而不是从水泥基体中剥离时，清除工作可以结束。然而，对低强混凝土，骨料可能不易破碎。

为了进行混凝土结构的修复，一些完好的混凝土也可能需要清除。不同清除技术的有效性对于劣化和完好的混凝土可能并不相同，一些技术可能对完好混凝土的清除更有效，而另一些方法则对劣化的混凝土更合适。

选择清除方法要考虑其有效性、安全性、经济性以及最大限度减少对周围混凝土的危害。选择的清除方法对于结构的服务寿命也有很大的影响。不同的清除技术的结合使用可能会加快清除的速度和降低对周围完好混凝土的危害，应结合现场需要对不同的清除技术进行实验，从而选出更适合的清除技术。

使用爆破或是其他强力方式清除混凝土可能引起其它混凝土的破损。在几个使用了爆破方式清除破坏混凝土的修复工程中，发现大量分层的混凝土。这些区域相对薄弱且使用锤子便可鉴别。因此，在大多数情况下，在修复材料浇筑前必须清除这些分层的混凝土。

使用工具清除混凝土时，修复位置附近的混凝土表面都有可能出现小范围的开裂破坏。除非清除这些破坏层，否则替代材料可能会黏结失效。因此，这种不恰当的表面准备工作将导致替代材料的失效。

5.3.1.1　混凝土清除施工结果的检测

混凝土清除施工结果的评估对于减小对剩余混凝土的危害非常必要。表面的评估通常通过肉眼检查和完好性检查来完成，这样的检查通常不能发现近表面处的微裂缝或破碎。只有通过显微检测或是黏结力试验才能确定近表面的危害情况。

使用下列方法中的一种可以评估近表面的破坏情况：
① 取芯进行视觉观察、微观检验、抗压强度试验及劈拉实验；
② 脉冲速度试验；
③ 脉冲回波试验。

5.3.1.2　混凝土清除方法的分类

清除方法可以按照对混凝土的作用方式进行分类。表 5-4 对这些方法及具体的清除技术进行了描述，并且对每一种技术进行了技术总结与讨论[1]。

表 5-4　不同混凝土清除技术的特点和考虑要点/限制条件

类别	具体技术	技术特点	需要考虑的要点/限制条件
1. 爆破施工（使用约束在一系列孔中的快速膨胀的气体来产生可控制的破裂并清除混凝土）	爆炸	大多数用来清除截面厚度在 250mm 或更大体积的混凝土，产生易于清除的混凝土碎片	在设计和施工时要求工作人员有高的技术，在运输、存储以及使用炸药时必须遵守严格的安全规则，必须控制爆炸能量以避免对周围产生危害
2. 锯切施工（使用周切方式清除大块的混凝土）	高压水喷射（无磨损）	适用于对平板、面板以及其他薄混凝土构件进行挖切清除；切去不规则和弯曲形状部分；做没有切角的挖切；切平交叉表面；没有热、振动、尘土产生；碎片易清除	仅限于薄截面的挖切清除；施工慢比用钻石刀锯更不经济；产生中等程度的噪声；需要水来控制废物流出；产生高压水，因此要注意安全
	钻石锯	适用于对平板、面板以及其他薄混凝土构件进行挖切清除；精度高；产生振动、尘土；碎片易清除	仅限于薄截面的挖切清除；施工性能受钻石类型和钻石与金属部分的黏结影响；切块中钢筋含量越高，施工越慢，费用越高；骨料硬度越大，施工越慢，费用越高；需要水来控制废物流出

类别	具体技术	技术特点	需要考虑的要点/限制条件
2. 锯切施工(使用周切方式清除大块的混凝土)	钻石金属线(丝)锯	适用于大的或厚的混凝土块;钻石金属线(丝)锯带能无限长;没有灰尘和振动产生;大的混凝土块用起重机或其他机械工具容易取出;在任何方向的锯切效率相同	切锯带必须连续;必须有贯穿混凝土截面的孔;锯带上必须有水;需要水来控制废物流出;骨料硬度越大,施工越慢,费用越高;施工性能受钻石质量、类型、数量和钻石与金属部分的黏结影响
	机械切剪	适用于对平板、面板以及其他薄混凝土构件进行挖切清除;能够剪切钢筋;仅产生有限的噪声和振动;碎片易清除	仅限于边缘有孔或可以作孔的薄截面;暴露的钢筋会被破坏不能使用;对剩余的混凝土有危害;在剪切边缘有极不规则的轮廓;清除后有粗糙的毛边
	点钻	适用于仅有一面可以进入的混凝土构件的挖切清除;碎片易清除	旋转冲击钻比钻石钻头更经济有利;然而,对剩余混凝土危害更大;切削的深度取决于钻孔设备的精度;切削深度越大,要求钻孔直径越大,费用越高;邻近钻孔之间没有切除的部分会阻碍清除;切钢筋需要更多的时间和费用;骨料的硬度(对钻芯)和韧度(对冲击钻)影响切削费用和效率;噪声大,员工必须戴听力保护设备
	热力切锯	用于大型加筋板、梁、墙,以及其他薄至中等厚度的混凝土构件的挖切;切钢筋混凝土的有效方法;可切不规则形状;噪声、振动、灰尘少	商业可用性有限;不用于限制排渣的场合;对剩余混凝土有热危害,对钢筋附近的混凝土损害更大;产生烟和粉尘,必须保护工作人员不受热渣的伤害
3. 冲击施工(使用大的物体对混凝土表面重复冲击以使其破坏)	手持破碎器	适用于有限体积的混凝土清除、限制爆炸能的场合、工作空间有限的场合;产生相对少并易处理的废渣	施工性能取决于混凝土的完好性和骨料的刚度;当破裂作用不是向下时,效率大大地损失;清除边缘需要锯切以避免毛边;剩余的混凝土可能受到危害;产生大的噪声、灰尘以及振动
	悬臂破碎器	适用于对平板、面板以及其他薄混凝土构件的全深度范围的清除以及大型混凝土结构的表面清除;能使用在垂直面和顶部表面;产生易处理的废渣	要限制传递到混凝土上的爆炸能量以保护修复的结构和周围的结构免受高循环作用产生的危害;施工性能取决于混凝土的完好性和骨料的刚度;剩余的混凝土以及钢筋可能受到危害;产生毛边;产生大的噪声、灰尘以及振动
	整修器	适合工作空间有限的场合;可以有效清除墙或地面表面的劣化混凝土	高循环的能量作用在结构上可能造成原有结构开裂;仅能清除有限深度的区域;产生大的噪声、灰尘
4. 磨耗施工[使用路面破坏机(松土机)清除混凝土表面]	松土机	适合清理平板、面以及大体积混凝土构件的劣化表面;悬臂切削机可用来清除墙和天花板的表面;清除轮廓可控制;产生相对少和易清理的废渣	仅限于没有加筋的混凝土构件的清除;对完好混凝土的清除率低;会危害剩余的混凝土;会产生噪声、灰尘和振动

类别	具体技术	技术特点	需要考虑的要点/限制条件
5. 水力清除施工（使用高压水清除混凝土）	高压水枪	适合清除桥梁和停车场面板的劣化表面的混凝土以及清除深度小于6mm的劣化表面的清理；不会危害剩余的混凝土；清洁后的余留钢筋且不危害重新使用；产生易处理的骨料碎片	清除完好混凝土的效率低；清除轮廓随劣化深度而变化；要求有满足需求的水源；必须控制废水；工作人员要戴听力保护设备；产生飞溅的废渣；需要附加的安全措施
6. 预裂施工（在孔中使用水力千斤顶、水脉冲或是膨胀剂预裂和破坏混凝土使其易于清除）	水力劈裂器	可用来预裂平板、面板、墙，以及其他薄到中等厚度的混凝土构件；比切削法的费用低；通过楔和孔的配制可以控制预裂方向；可以用在仅有有限进口的区域；除了钻孔和二次破碎期间，不产生振动、噪声以及飞溅岩石现象	在预裂平面内存在钢筋时预裂平面的发展大大减少；预裂开口必须足够宽以允许钢筋的切除；为了完全清除需要二次破碎方法；如果孔间隔太远或是孔位于严重受损的区域，则预裂平面的控制会受到影响
	水脉冲劈裂器	经济、方便、结实且容易使用和维修；设备自带电源；产生可以忽略的振动；不受剧烈温度的影响	需要钻间隔小的孔来控制裂缝的扩展；裂缝平面深度的控制有限；不能应用在垂直表面上；产生一些噪声；钻孔需要水
	膨胀剂	可用于尺寸为230mm或更大的混凝土表面的清除；能产生大深度的垂直裂缝平面；除了钻孔和二次破碎期间，不产生振动、噪声以及飞溅废渣现象	最好使用重力填塞的垂直方向或几乎垂直的孔；灰泥稠度的膨胀剂可以使用在水平向或是正上方向的孔中；在预裂平面内存在钢筋时预裂平面的发展大大减少
7. 磨耗性爆破施工（使用设备高速推进磨耗性介质到混凝土上以磨损表面）	砂粒爆破	使混凝土表面粗糙和骨料暴露的有效方法；清洁钢筋；清除表面污染物	干燥的砂粒爆破施工产生大量灰尘；湿砂粒爆破施工缓慢且很难达到法定排放要求
	射击爆破施工	使混凝土表面粗糙和骨料暴露的有效方法；低的灰尘排放量；清除表面污物；可控制混凝土清除的深度；容易商业化应用	大型设备可能产生大的噪声；需要高压电力
	高压水爆破施工（带磨损性）	可选择性地清除缺陷混凝土；可有效清除大量的混凝土；精确控制清除过程；清除混凝土的同时也清洁了钢筋；对剩余混凝土产生最小的危害；不产生热及灰尘；磨蚀性喷射施工能切断钢筋和硬质骨料	初始投资高；需要附加的保护和安全措施；要求控制废水

5.3.2　混凝土表面处理技术

　　混凝土结构修复工程中最重要的工序之一就是对要修复的表面进行处理。上节描述的大多数方法也能用来进行表面处理。然而，一些混凝土清除方法可能使剩余混凝土太平滑、太粗糙或是过于不规则，以致这样的表面不适合修复工作。在这种情况下，可能要求有表面处理工序。典型的表面处理方法包括化学清洁、酸蚀处理、机械处理、磨耗性处理、表面缺陷处理等。

5.3.2.1 化学清洁

对于某些条件下的混凝土涂层，可能使用清洁剂、磷酸三钠以及其他混凝土清洁剂以清除混凝土表面。

5.3.2.2 酸蚀处理

混凝土表面的酸蚀处理方法常用来清除混凝土表面的水泥浆和灰尘。酸要除去足够数量的水泥浆以提供粗糙的表面保证材料层之间的黏结。一般，仅在没有其他替代的方法可用时才使用酸蚀处理方法。

5.3.2.3 机械处理

机械处理使用冲击工具、研磨机以及路面破坏机等设备清除混凝土薄面层。

5.3.2.4 磨耗性处理

磨耗性处理使用如砂粒爆破、射击爆破以及高压水爆破等磨损性设备来清除混凝土薄面层。

5.3.3 混凝土表面缺陷处理

5.3.3.1 混凝土浅层缺陷的修复

混凝土浅层缺陷的修复应包括混凝土表层破损深度不超过钢筋保护层的混凝土构件修复。修复材料宜选用聚合物水泥砂浆、环氧树脂水泥砂浆、防水材料、微膨胀水泥砂浆等，面积较大时可采用喷射砂浆或混凝土。

混凝土浅层缺陷修复的施工应满足下列要求：

① 混凝土表面应凿毛，并露出混凝土坚硬部分，表面的松散层、附着物、油污、污垢、灰尘等应清除干净；

② 裸露钢筋应除锈，并涂一薄层环氧浆液，在尚未固化前再压抹修复材料；

③ 修复材料应具有一定的可操作时间，满足被粘混凝土构件的定位、调整等施工时间要求；

④ 修复材料一次或分次嵌入缺陷，并抹平修整。

5.3.3.2 混凝土表层缺陷的修复

混凝土表层缺陷的修复应包括混凝土表面出现砂斑、砂线、蜂窝、麻面、表层裂缝缺陷的修复。修复材料宜采用防腐涂料、聚合物水泥浆、砂浆或环氧水泥浆、防水材料等。

混凝土表层缺陷修复施工应满足下列要求：

① 混凝土表面缺陷处应凿毛，并露出密实部分；

② 应仔细涂布压抹修复材料；

③ 应进行表面修整，必要时表面应涂布涂料。

5.3.3.3　混凝土施工缝的修复

混凝土施工缝的处理对象应包括对新老混凝土施工缝的黏结力和抗渗有较高要求的混凝土结构或需加厚的混凝土保护层。

修复材料宜采用环氧浆液或聚合物砂浆等。施工应满足下列要求：

① 老混凝土表面应凿毛，清除水泥薄膜、松动石子并弱化混凝土层，保持表面干净；

② 用环氧浆液作修复材料时，混凝土表面应干燥；用乳化环氧水泥浆或砂浆作修复材料时，混凝土表面可呈潮湿状态，但不得积水；

③ 修复材料凝结后不得浇筑混凝土。

5.3.3.4　混凝土防渗堵漏

混凝土防渗堵漏应包括混凝土结构表面缺陷导致的渗、漏修复。防渗堵漏的材料和方法应根据混凝土结构表面缺陷和环境的情况确定。修复材料可采用环氧树脂、聚氨酯、防水材料、堵漏剂、快硬剂等。

施工应满足下列要求：

① 应将待处理的混凝土表面适度打毛，并洗刷干净；

② 应堵塞表面的渗水孔、洞，必要时应进行灌浆处理或降低地下水位；

③ 应在渗水面上大面积涂刷一定厚度的防渗堵漏材料；

④ 应进行表面修整或压抹一层砂浆保护防水层。

思考题

1. 如何选择非结构性裂缝修复技术？

2. 描述判定混凝土裂缝是否稳定的步骤，并解释如何利用观测和计算来确定裂缝的动态特性。

3. 混凝土裂缝修复技术有哪些？如何确定其适用对象？

4. 在选择混凝土裂缝的修复方法时，需要考虑哪些主要因素？列举并解释这些因素如何影响修复技术的选择。

5. 表面涂覆法适用于哪些类型的裂缝？请描述表面涂覆法的操作步骤和材料选择标准。

6. 请比较低压灌浆和高压灌浆的适用场景及其优缺点，并解释在何种情况下应选择钻孔高压灌浆。

7. 为什么混凝土修复前的清除和表面处理工作至关重要？请列举常用的清除技术和表面处理方法，并分析其适用范围及优缺点。

8. 什么情况下适合使用弹性密封法进行裂缝修复？请描述弹性密封法的操作步骤和常用的密封材料。

9. 开槽密封法适用于哪种类型的裂缝？请说明这种方法的具体操作过程以及注意事项。

10. 钻孔嵌塞法通常用于什么类型的裂缝修复？请描述该方法的施工步骤和所需材料。

11. 混凝土表面清除技术与表面处理技术的区别在哪里？

参考文献

［1］ ACI PRC-546-14. Guide to Concrete Repair［R］.

［2］ ACI PRC-224. 1-07. Causes，Evaluation，and Repair of Cracks in Concrete Structures［R］.

［3］ 郝耀斌. 混凝土结构构件的裂缝处理［J］. 山西建筑，2005，10：35-36.

［4］ Meng Zhaofeng，Liu Qingfeng，She Wei，et al. Electrochemical deposition method for load-induced crack repair of reinforced concrete structures：A numerical study［J］. Engineering Structures，2021，246：112903.

［5］ 蒋正武. 从混凝土技术发展看水泥基渗透结晶型防水材料［J］. 中国建筑防水，2007，11：10-13.

第6章

混凝土结构加固

本章学习目标

1. 理解混凝土结构加固的基本原理。
2. 了解各类加固方法的优缺点与施工工艺。

本章着重介绍了混凝土结构加固的原理和技术方法。混凝土结构在长期服役过程中，会因承载力不足、环境劣化或使用功能的改变而导致结构性能下降甚至失效。为确保结构的安全性和耐久性，加固技术的应用至关重要。加固方法主要包括直接加固法（如增大截面法、外包型钢法）、间接加固法（如体外预应力加固法、增设支点法）等，不同方法适用于不同的结构劣化情况。通过本章的学习，读者将掌握如何在实际工程中合理选择和应用加固技术，提高结构承载力和耐久性，并了解各类加固方法的设计要点及其优缺点，以便在不同工程条件下优化加固方案。

6.1 混凝土结构加固原理

本节主要通过结构性加固受力特征、加固界面及计算假定三个方面阐释。

6.1.1 混凝土加固结构的受力特征

加固前原结构已经承受荷载，若将其称为第一次受力，则加固后属于二次受力。加固前原结构已经产生了应力、应变，存在一定的弯曲变形、压缩变形等，同时，原结构混凝土的收缩变形也已完成。而加固一般是在未卸除或部分卸除已承受的荷载下进行的，只有在荷载变化时，新增加的结构部分才开始受力，所以新加部分的应力、应变滞后于原结构，新、旧结构不能同时达到应力峰值，破坏时，新加部分可能达不到自身的极限承载能力。如果原结构构件的应力和变形较大，那么新加部分的应力将处于较低水平，承载潜力不能充分发挥，无法起到应有的加固效果。

加固结构属于新、旧二次组合结构，新、旧部分能否成为整体共同工作，关键在于结合面能否充分地传递剪力。混凝土结合面的抗剪强度一般低于一次整浇混凝土的抗剪强度，所以二次组合结构承载力低于一次整浇结构。加固结构的这些受力特征，决定了混凝土结构加固设计计算、构造及施工将与新建的混凝土结构有所不同。

6.1.2 新旧混凝土的黏结抗剪强度

加固结构的薄弱环节在于新旧混凝土的结合面，其黏结抗剪强度一般仅为一次整浇混凝土抗剪强度的 15%～20%。

当混凝土黏结抗剪强度不能满足要求时，可通过配置贯通结合面的剪切-摩擦钢筋，以提高加固结构的黏结抗剪能力。结合面黏结抗剪可按下式进行验算：

$$\tau \leqslant f_v + 0.56\rho_{sv}f_y \tag{6-1}$$

式中，τ 为结合面剪应力设计值，MPa；f_v 为结合面混凝土抗剪强度设计值，MPa；ρ_{sv} 为横贯结合面的剪切-摩擦钢筋配筋率，$\rho_{sv} = A_{sv}/(bs)$（A_{sv} 为配置在同一截面内贯通钢筋的截面面积，mm^2；b 为截面宽度，mm；s 为贯通钢筋间距，mm），%；f_y 为贯通钢筋抗拉强度设计值，MPa。

为了提高结合面的黏结抗剪强度，可以通过对结合面进行处理及选择合适的加固混凝土强度等措施实现。另外，可以通过在结合面上涂刷界面剂提高结合面的黏结抗剪强度。加固混凝土的强度，一般应比原结构混凝土强度等级提高一级。

6.1.3 混凝土加固结构的计算假定

混凝土加固结构无论采用加大截面法、外包钢法还是粘钢加固法，加固结构的承载力都不是新、旧两部分的简单叠加，加固结构的承载力与原结构的应力、应变水平以及极限变形能力相关，与两部分材料的应力-应变关系相关。为了从理论上分析计算加固结构的承载力，对混凝土加固结构计算作如下假定：

① 截面变形保持平面。

② 不考虑混凝土的抗拉强度。

混凝土轴心受压的应力 σ_c 与应变 ε_c 关系为抛物线［图 6-1（a）］，可用如下回归方程表示：

$$\sigma_c = \left[2\left(\frac{\varepsilon_c}{\varepsilon_{c0}}\right) - \left(\frac{\varepsilon_c}{\varepsilon_{c0}}\right)^2\right]f_c \tag{6-2}$$

式中，f_c 为混凝土轴心抗压强度设计值，MPa；ε_{c0} 为混凝土轴心受压极限应变值，取 0.002。

混凝土非均匀受压时的应力 σ_c 与应变 ε_c 关系为抛物线和水平线段的组合［图 6-1(b)］，用如下方程表示：

$$\sigma_c = \begin{cases} \left[2\left(\dfrac{\varepsilon_c}{\varepsilon_{c0}}\right) - \left(\dfrac{\varepsilon_c}{\varepsilon_{c0}}\right)^2\right]f_{cm}, \varepsilon_c \leqslant \varepsilon_{c0} \\ f_{cm}, \varepsilon_{c0} < \varepsilon_c \leqslant \varepsilon_{cu} \end{cases} \tag{6-3}$$

式中，f_{cm} 为混凝土弯曲抗压强度设计值，MPa；ε_{cu} 为混凝土弯曲受压极限应变值，取 0.0033。

钢筋的应力 σ_s 与应变 ε_s 关系为直线和水平线段的组合，受拉钢筋极限应变值 $\varepsilon_{su} = 0.01$，应力应变关系用下式表示：

$$\sigma_s = \begin{cases} \varepsilon_s E_s, \varepsilon_s E_s < f_y \\ f_y, \varepsilon_s E_s \geqslant f_y \end{cases} \tag{6-4}$$

式中，f_y 为钢筋屈服强度设计值，MPa；E_s 取钢筋弹性模量。

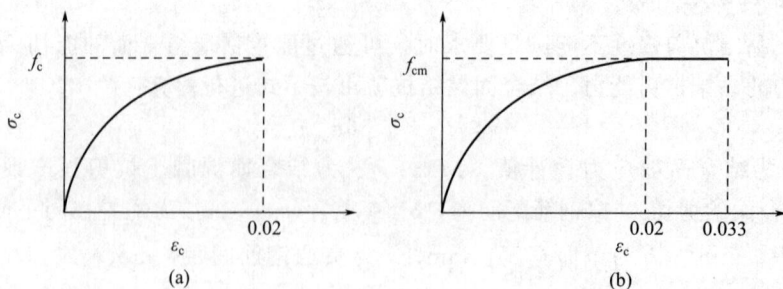

图 6-1 混凝土受压应力-应变关系曲线
(a) 混凝土轴心受压的应力-应变曲线；(b) 混凝土非均匀受压时的应力-应变曲线

6.2 直接加固方法

直接加固宜根据工程的实际情况选用增大截面加固法、置换混凝土加固法、外包型钢加固法、复合截面加固法、绕丝加固法、灌浆加固法等[1-4]。

6.2.1 增大截面加固法

增大截面加固法是指在原截面的一侧或多侧，通过增大原结构梁、板、柱等受力截面的尺寸并增加配筋，以提高承载力、刚度、抗震性能或改变其自振频率的一种直接加固法。钢筋混凝土受弯和受压构件的加固，采用增大截面加固较为有效，如图 6-2 所示。

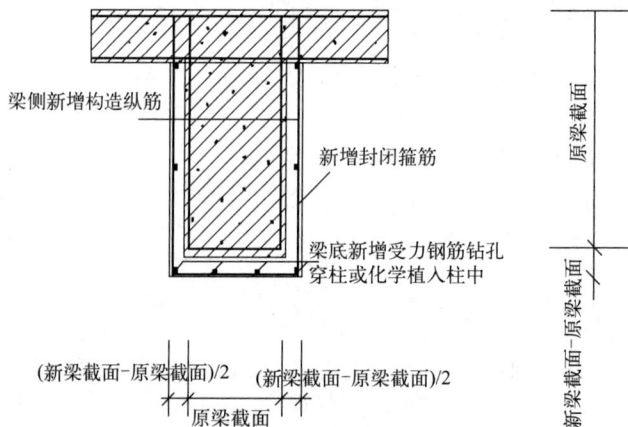

图 6-2 加大梁截面示意图

6.2.1.1 优缺点

该方法施工操作较为简便，优点突出，能够有效提高混凝土构件外部的整体承载力，对于改善老旧房屋的结构性能具有重要作用。采用增大截面加固法能直观、有效地增加截面的惯性矩，从而降低截面最外缘的应力，使截面材料能够承受该应力，达到加固的目的。增大截面加固技术适应性强、应用范围广、应用难度低，应用效果较为理想，尤其适用于截面超限及轴压比超限的构件，能够满足施工要求。

对于混凝土构件新增截面的施工，一般可根据实际情况和条件选用人工浇筑、喷射技术或自密实技术进行施工，可能需要现场湿作业，施工期长，存在结构计算分析不够准确、构件截面尺寸增大可能影响使用功能等缺点。该方法要求清除所有劣化的混凝土，必须清洁裂缝、现有钢筋，需要表面处理，这种处理措施主要是为了使新的修复材料能与现有结构黏结牢固。另外，这种方法还会占用更多空间，从而影响其使用功能。

6.2.1.2 施工工艺

混凝土构件外包混凝土加大界面，在新增界面上加强受力钢筋，并将新增截面的联结钢筋植入原结构，以保证新增界面能与原结构共同受力。

（1）构件表面处理

施工前仔细检查混凝土构件病害状况，对混凝土露出骨料、麻面和风化的面层都应该凿毛至露出新鲜结构层。对外露钢筋除锈后在钢筋表面涂刷阻锈剂，对存在的裂缝进行灌浆或封闭处理。

（2）植筋施工

① 放样。根据植筋设计图的位置、在现场直接放样点出。

② 钻孔。在图纸植筋直径的基础上扩大 4～8mm，作为钻孔的直径。

③ 清孔。先用吹风机吹一遍，再用钢丝刷一遍，再用吹风机吹干净。

④ 钢筋除锈。用钢丝刷或磨机刷在植筋深度范围内钢筋段进行除锈。

⑤ 配胶。植筋结构胶根据要求进行精确配制。

⑥ 注胶。胶灌入孔中，要求达到孔深 2/3 以上。

⑦ 插筋。将已清洗的钢筋插入，要求插到孔底，孔口有少量胶溢出。

⑧ 封口。当为水平植筋或向上植筋时，避免固化前胶慢慢流出，造成胶不饱满，要求用胶泥封口。

⑨ 固化。一般固化时间约为 12 小时，在固化时不应碰钢筋。

⑩ 验收。现场检查植筋的位置、规格、数量符合图纸要求，并无异常情况，即可验收。

（3）立模板

① 所用模板表面平整度和光洁度应满足相关规范的要求。

② 模板安装之前，把浇筑混凝土范围内所有垃圾清理干净，并用淡水将其冲洗。

③ 在模板上涂抹脱模剂，脱模剂采用色拉油或新购的机油，禁止采用废机油。

④ 在钢筋骨架上绑扎塑料或混凝土保护层垫块，以保证钢筋的保护层满足设计要求。

⑤ 模板安装支架采用双钢管作为主稳定骨架，模板间用拉杆按适当间距对拉，从而保证模板的整体强度和局部尺寸的精度。

⑥ 模板间的缝隙采用双面胶封闭。

（4）浇筑混凝土

① 混凝土构件表面处理。混凝土构件表面凿毛，并清洗干净。

② 按设计图要求进行植筋。

③ 钢筋制作。按图纸要求布置纵筋和箍筋，箍筋采用电焊连接。

④ 模板制作。按图纸尺寸制作模板，要求模板尺寸准确，表面平整垂直，连接严密。

⑤ 浇筑混凝土。按设计图要求进行配合比试配，严格控制石子的粒径，严格控制水灰比，浇捣前，原构件表面和模板先浇水润湿，浇筑混凝土时，应人工配合小锤子在模板外侧进行轻轻敲打，保证混凝土浇筑密实。

6.2.2 置换混凝土加固法

置换混凝土加固法是指将待加工工作面中部分陈旧或有缺陷的混凝土予以剔除，采用新浇筑混凝土将这些存在缺陷的混凝土部分或全部置换，以达到在原截面保持不变的条件下，承载力和耐久性满足原设计要求的加固方法。通过这一置换能够将不达标的混凝土部位和已经存在质量问题的混凝土部位进行有效替换，提升混凝土结构的整体强度。这一加固技术在应用过程中需要对钢筋混凝土结构的类型和结构的整体强度进行验算，重点验算承载力不足的部位，通过置换混凝土并予以局部增强，使整个钢筋混凝土的结构性能得以改善。

采用本方法加固混凝土结构构件时，其非置换部分的原构件混凝土强度等级，按现场检测结果不应低于该混凝土结构建造时规定的强度等级。对于部分置换的截面，应保证截面折算强度不低于原设计强度。

该方法适用于承重构件受压区混凝土强度偏低或有严重缺陷的局部加固，如图 6-3 所示。

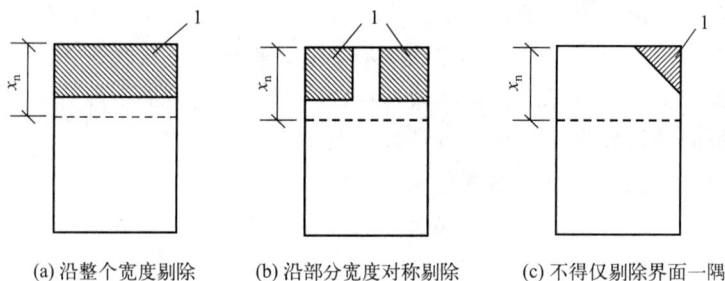

(a) 沿整个宽度剔除　　　(b) 沿部分宽度对称剔除　　　(c) 不得仅剔除界面一隅

图 6-3　梁置换混凝土的剔除部位
1—剔除区；x_n—受压区高度

6.2.2.1 优缺点

置换法对于剪力墙墙肢混凝土强度无法满足设计要求或墙肢构件遭受破坏严重时，加固的效果较好，结构加固后能恢复原貌，且不影响建筑物的使用面积；置换混凝土加固技术能够恢复结构的承载力，而且不影响原建筑的使用，整体施工成本较低，对于提高钢筋混凝土结构施工质量具有重要意义。

置换混凝土加固施工工期长，施工工艺要求较为严格。新、旧混凝土的共同承载性能有所降低，剔凿不宜实施，且可能损伤原结构，湿作业期长。

6.2.2.2 施工工艺

（1）混凝土局部剔除及界面处理

① 剔除被置换的混凝土时，应在到达缺陷边缘后，再向边缘外延伸清除一段，长度不

小于50mm；对缺陷范围较小的构件，应从缺陷中心向四周扩展，逐步进行清除，其长度和宽度均不应小于200mm。剔除过程中不得损伤钢筋及无须置换的混凝土；若钢筋或混凝土受到损伤，应由施工单位提出技术处理方案，经设计和监理单位认可后方可进行处理；处理后应重新检查、验收。

②新、旧混凝土黏合面的界面处理应符合设计规定：可以增大截面加固施工中界面处理的要求，但不凿成沟槽。若用高压水射流打毛，应按照《建筑结构加固工程施工质量验收规范》（GB 50550—2010）的规定打磨成垂直于轴线方向的均匀纹路。

③当对原构件混凝土黏合面涂刷结构界面胶（剂）时，其涂刷质量应均匀，无漏刷。

（2）置换混凝土施工

①置换混凝土需补配钢筋或箍筋时，其安装位置及其与原钢筋焊接方法，应符合设计规定；其焊接质量应符合现行行业标准《钢筋焊接及验收规程》（JGJ 18—2012）的要求；若发现焊接伤及原钢筋，应及时会同设计单位进行处理，处理后应重新检查、验收。

②采用普通混凝土置换时，其施工过程的质量控制，应符合要求；其他未列事项应符合现行国家标准《混凝土结构工程施工质量验收规范》（GB 50204—2015）的规定。

③采用喷射混凝土置换时，其施工过程的质量控制，应符合有关喷射混凝土加固技术的规定，其检查数量和检验方法也应按相关规程规定执行。

④置换混凝土的模板及支架拆除时，其混凝土强度应达到设计规定的强度等级。

⑤混凝土浇筑完毕后，应按施工技术方案及时进行养护。

6.2.3　外包型钢加固法

外包型钢加固法是指对钢筋混凝土梁、柱外包型钢及钢缀板焊成的构架，以达到共同受力并使原构件受到约束作用的加固方法。外包型钢加固法，按其与原构件连接方式分为外粘型钢加固法和无黏结外包型钢加固法，二者均适用于需要大幅度提高截面承载能力和抗震能力的钢筋混凝土柱及梁的加固。当工程要求不适用结构胶黏剂时，宜选用无黏结外包型钢加固法，也称干式外包型钢加固法；当工程允许使用结构胶黏剂，且原柱状况适于采取加固措施时，宜选用外粘型钢加固法，如图 6-4 所示。

6.2.3.1　优缺点

黏结外包钢加工技术将型钢或钢板外包在需要进行加固处理的钢筋混凝土构件的外部，通过对包括锚栓及灌注结构粘钢胶等在内连接技术的合理应用，构成受力整体。按照这一方式，使钢筋混凝土构件所承受部分作用力能够同步由外包钢所承担，形成一个复合截面，对混凝土结构的强度加强和承

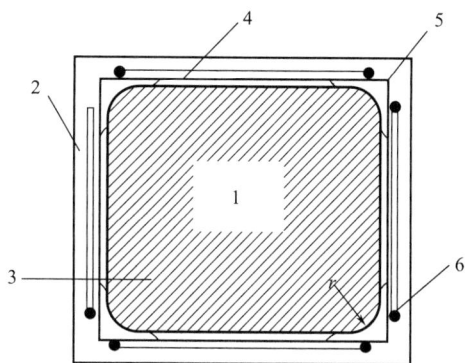

图 6-4　外粘型钢加固
1—原柱；2—防护层；3—注胶；4—缀板；
5—角钢；6—缀板与角钢焊缝

载力的提高具有重要作用。钢筋混凝土结构与黏结外包钢能够相互支持，并由外包钢承担主要荷载，在提高钢筋混凝土整体强度方面具有重要作用。该方法修复之后，结构受力可靠，能显著改善结构性能，对使用空间影响小。

该加固技术缺点在于适用范围受限，外露钢材的耐久性较差，需进行防火、防腐处理，以及施工要求较高，同时需要考虑有机胶的耐久性和耐火性问题。

6.2.3.2　施工工艺

① 施工准备：混凝土结构表面须清理干净，按设计图纸，在混凝土粘钢位置测放控制线。

② 混凝土表层出现剥落、空鼓、蜂窝、腐蚀等劣化现象的部位应予以剔除，直至完全露出。

③ 包钢加固用的钢材表面须进行除锈和粗糙处理。用砂轮磨光机打磨出金属光泽。打磨粗糙度越大越好，打磨纹路应与钢材受力方向垂直。

④ 组装焊接。角钢与原结构柱尽量贴紧，竖向顺直。如原结构柱垂直度出现较大偏差，应进行顺直处理，缀板与角钢搭接部位须三面围焊。

⑤ 验收焊缝。

⑥ 埋管注胶。a. 焊缝检验合格后，用环氧砂浆沿钢材边缘封严，结合现场实际情况确定埋管位置及间距。b. 严格按结构胶说明书提供的配比配制，搅拌均匀后方可使用。c. 用气泵和注胶罐进行注胶，注胶时垂直方向按从下向上的顺序，水平方向按同一方向的顺序，注胶时待下一注胶管（孔）溢出胶为止，依次注胶，直至所有注胶管（孔）均注完。最后一个注胶管（孔）用于出气，可不注胶，注胶结束后清理残留结构胶。

⑦ 竣工验收结构胶固化后，用小锤轻轻敲击钢材表面，从声音判断黏结效果，如有个别空洞声，表明局部不密实，须采用高压注胶方法补实。

6.2.4　复合截面加固法

根据增强材料的不同，复合截面加固法可分为外粘型钢、粘贴钢板、粘贴纤维增强复合材料和外加钢丝绳网-聚合物砂浆面层等多种加固法，下面列举其中两种方法简单介绍。

粘贴钢板加固法是指采用结构胶黏剂将薄钢板粘贴于原构件的混凝土表面，形成复合截面，提高承载力。本方法适用于对钢筋混凝土受弯、大偏心受压和受拉构件的加固，不适用于素混凝土构件，包括纵向受力钢筋一侧配筋率小于0.2%的构件加固，如图6-5所示。

粘贴纤维增强复合材料加固法是指采用结构胶黏剂将纤维复合材料粘贴于原构件的混凝土表面，提高其承载力。采用高强度的连续纤维按一定规则排列，经用胶黏剂浸渍、黏结固化后形成的具有纤维增强效应的复合材料，统称为纤维复合材料。混凝土结构加固用的纤维材料主要有两类，即承重结构用的碳纤维和承重结构用的玻璃纤维。其中，碳纤维加固成为常用的加固混凝土结构方法之一。

6.2.4.1　优缺点

粘贴钢板桥梁加固法可以根据计算分析结果，对不能满足荷载承载力的桥梁部位，依据等面积替代法设计的钢板尺寸和数量，使用黏结剂以及锚栓将设计钢板粘贴在桥梁加固部位，从而达到加固部位的桥梁混凝土和设计钢板共同作用，形成一个有机的整体，提高桥梁的结构承载力和可靠度，延长桥梁的使用寿命。对于粘贴纤维复合材料加固法来说，高强复合纤维材料所呈现的结构加固效果是良好的，其具体的加固效果随着纤维复合材料使用量的

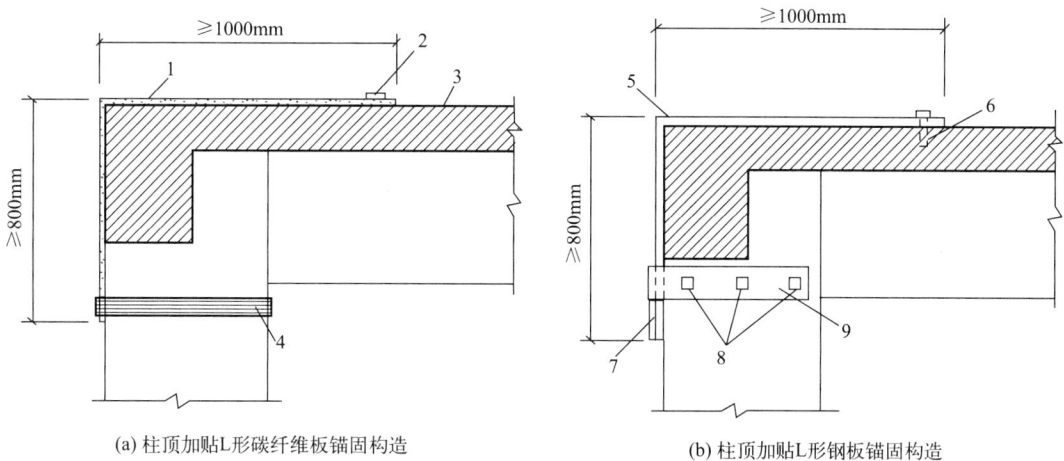

(a) 柱顶加贴L形碳纤维板锚固构造　　　　(b) 柱顶加贴L形钢板锚固构造

图 6-5　柱顶加贴 L 形碳纤维板或钢板锚固构造

1—粘贴 L 形碳纤维板；2—横向压条；3—纤维复合材料；4—纤维复合材料围束；5—粘贴 L 形钢板；
6—M12 锚栓；7—加焊顶板（预焊）；8—$d \geqslant$M16 的 6.8 级锚栓；9—胶粘于柱上的 U 形钢箍板

增减而变化。该方法具有轻质高强、施工简便、可曲面或转折粘贴，加固后基本不增加原构件质量，不影响结构外形等优点。

对于粘贴钢板加固法，如果结构物的素混凝土以及纵向钢筋配筋过少，则不宜采用粘钢板加固。另外，环境温度过高会导致灌注胶失效，无法保证钢板与结构物形成一体，因此，环境温度高于 60℃ 也不宜采用粘钢板加固。粘贴钢板需对结构物进行打孔植入锚栓钢筋，对原结构物造成一定的损伤。钢板需采用耐候钢板，并进行防腐涂装，日常养护成本较高。粘贴纤维复合材料加固法，缺点是存在有机胶的耐久性和耐火性问题以及纤维复合材料的附加锚固问题。

6.2.4.2　施工工艺

粘贴钢板加固法的施工工艺如下。

（1）加固构件结合面处理

根据设计要求，先对梁板底部存在的裂缝进行灌缝或封闭处理，然后在梁板底部放出钢板的位置大样，采用凿毛机将被粘贴混凝土表面凿毛，露出新鲜混凝土，并形成平整的粗糙面。剔除梁板底被粘贴区的松散混凝土，最后吹除表面粉尘或冲洗干净，待完全干燥后用脱脂棉蘸取丙酮擦拭表面。

（2）钢板防腐处理

钢板应采用耐候钢板并且外露面应进行防腐处理。

（3）钻孔植埋螺栓

按照设计要求，对钻孔位置进行准确放样，同时采用钢筋混凝土保护层测试仪探明梁板钢筋布置，避开钢筋进行钻孔。

（4）安装钢板

根据梁板底植埋螺栓的位置，对粘贴钢板进行配套打孔，打孔位置要准确并与植埋螺栓一一对应。钢板粘贴面打磨粗糙后，将钢板固定在植埋螺栓上。

（5）封边

按照给定的比例调配封边胶，将注胶管贴在钢板的注入孔上，钢板的较高位置、边缘、边角应设有排气管。钢板、螺栓及注胶管周围间隙应用封边胶密封。封边胶密封24h后方可进行灌注胶施工。

（6）配胶

灌注胶应是A级胶。按照灌注胶产品说明书要求的比例进行配制，并且搅拌均匀。

（7）固定与加压

用注胶泵从注胶管灌注到钢板和梁底板的空隙中，注胶应遵循从低到高的原则，从梁底板的一端开始，当邻近的排气管有胶液流出时，将该排气管弯折封闭。在灌注过程中，应不断地用小锤敲打钢板，听声音判断胶液流动情况及胶液是否注满以使胶液刚从钢板边缝挤出为佳。

粘贴纤维复合材料加固法的施工工艺如下。

① 被加固结构的表面必须清洁，清除剥落、疏松、蜂窝等劣化混凝土部分，直至露出混凝土结构层。

② 结构表面所有宽度大于0.3mm的裂缝均须用环氧树脂灌缝，然后用裂缝修复胶将表面修复平整。

③ 加固混凝土表面应坚实，除去表面浮浆层和油污等杂质后打磨平整直至露出混凝土结构新面，且平整度应达到5mm/m。转角粘贴处要打磨成圆弧状，圆弧半径应不小于20mm。

④ 在结构表面涂刷一层底胶，当底胶表面指触干燥后方可进行下道工序，并应及时粘贴碳纤维复合材料，按设计要求裁剪纤维织物，严谨折叠，涂刷结构胶黏剂应均匀。

⑤ 施工质量检验：碳纤维复合材料与混凝土结构之间的黏结质量可用锤击法进行检查，要求总有效黏结面积大于总黏结面积的95%。

6.2.5 绕丝加固法

绕丝加固法是指缠绕退火钢丝使被加固的受压构件混凝土受到约束作用，从而提高其极限承载力和延性的一种加固方法。本方法适用于提高钢筋混凝土柱位移延性的加固，如图6-6所示。

6.2.5.1 优缺点

绕丝加固法由于采用传统的高强钢丝作为增强材料，具有造价低廉、施工便利等优点，且构件加固后自重增加较少、外形尺寸变化不大。

绕丝加固法对矩形截面混凝土构件承载力提高不显著，

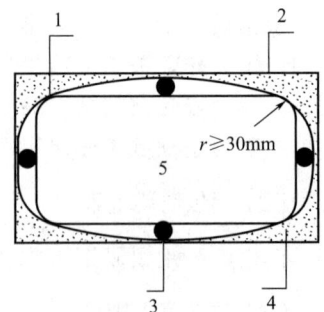

图6-6 绕丝构造示意图
1—圆角；2—直径为4mm间距为5～30mm的钢丝；3—直径为25mm的钢筋；4—细石混凝土或高强度等级水泥砂浆；5—原柱

限制了其应用范围。

6.2.5.2　施工工艺

绕丝加固混凝土主要工艺包括表面处理——→钢丝绳一端固定——→缠绕钢丝绳——→钢丝绳另一端固定——→涂抹黏结材料。

① 绕丝加固法的基本构造方式是将钢丝绕在专设的钢筋上，再浇筑细石混凝土或喷抹水泥砂浆。绕丝用的钢丝，应为冷拔钢丝，且应经退火处理。

② 原构件截面的四角保护层应凿出，并应打磨成圆角。

③ 绕丝加固用的细石混凝土应优先采用喷射混凝土，但也可采用现浇混凝土。

④ 绕丝的间距应分布均匀，绕丝的两端与原构件主筋焊牢。

⑤ 绕丝的局部绷不紧时，应加钢楔子绷紧。

6.3　间接加固方法

间接加固宜根据工程的实际情况选用体外预应力加固法、预应力碳纤维复合板加固法和增设支点加固法等。本章仅介绍以下两种方法[2,5-7]。

6.3.1　体外预应力加固法

体外预应力加固法是指通过施加体外预应力，使原结构、构件的受力得到改善或调整的一种间接加固法。本方法适用于下列钢筋混凝土结构构件的加固：①以无黏结钢绞线为预应力下撑式拉杆时，连续梁和大跨简支梁的加固；②以普通钢筋为预应力下撑式拉杆时，一般简支梁的加固；③以型钢为预应力撑杆时，柱的加固。本方法不适用于素混凝土构件（包括纵向受力钢筋一侧配筋率小于 0.2% 的构件）的加固。

体外预应力技术主要是与体内预应力技术相对比产生的。在体外预应力技术的应用过程中，预应力直接布置在主体结构以外，通过对主体结构以外的预应力钢筋的布置，使整个预应力加固技术能够对结构外部的强度和结构外部的承载力予以有效提高，使钢筋混凝土结构的整体强度得到提升。体外预应力加固技术对钢筋混凝土的结构不造成损伤，能够保证钢筋混凝土结构的强度和结构的整体性，在实际应用过程当中，只需要对钢筋混凝土结构外部布置预应力即可实现。这种布置方式能够满足钢筋混凝土结构的加固要求，提高构件的极限承载能力。

6.3.1.1　优缺点

体外预应力加固方法便捷，可以减小施工对交通的影响，并且作业简单，机动性较强，可以大大提升加固的稳定性，因此被多数施工方采用。

体外预应力加固施工工艺较复杂，造价高，且新增的预应力杆件、缀板、锚固与紧固件都需要做可靠防腐措施。其相应的构件比较脆弱，只能进行基础的加固作业，而无法控制局部裂缝，且其预应力构件的长度容易受其他因素的影响而不能自由伸缩。

6.3.1.2 施工工艺

（1）放样定位

放样定位是一项极其严谨的工作，即通过绘制的方式，对垫板和锚固支座进行科学放样。通常情况下，相关技术人员需要标记好滑块垫板的中心位置及跨中位置，标记好锚固支座的位置，即梁底的两侧，同时还要对螺栓的孔位进行科学标记。

对于桥梁工程而言，上锚固点的放样位置非常重要，其关系到工程的整体质量。以斜筋锚固点与梁的相对位置为区分，上锚固点的放样定位一般分为两种情况，具体为：当斜筋不在梁端时，应以纵轴线为准，进行锚固点的测量放样；当斜筋在梁端时，应以垂直距离为测量标准，进行锚固点的测量放样。

（2）上锚固点设置

对于上锚固点的设置，首先要求相关技术人员将锚固点布置于梁顶及梁端顶面，然后设计斜筋穿出位置，以斜孔形式凿穿桥面板或梁顶面，重复两次。根据相关技术要求，首先需要清理桥面铺装层。钢筋露于表面后，即可进行锚固垫板处的混凝土清理工作。相关清理工作完成后，进行斜孔的开凿作业，多采用凿岩机进行。开凿及清理作业结束后，即可开始养护作业。

（3）转向装置

转向装置具备传载能力，是体外索加固的重要组成部分。体外预应力加固法要求混凝土结构的预应力钢筋可以实现曲线转折。转向装置自身必须具备严密性与科学性，其设计是以保证预应力筋在折角点的高精准度位置作为前提。

（4）预应力筋的安装和张拉

预应力筋的安装工作是以保证锚具的质量为前提条件。在正式作业前，必须对锚具等进行严格检查。对于水平筋和斜筋的处理，通常是以两根粗钢筋或斜杆为型钢，在与水平滑块一同固定的情况下，进行斜筋的上锚固点固定工作，同时必须将两水平筋的螺母上紧。体外预应力筋的张拉方法通常有两种，即沿斜筋方向在梁顶张拉和沿水平筋方向在梁底张拉。

（5）压浆

压浆作业是张拉完成后的环节。在正式压浆作业前，需要以 1∶1 的模型进行试验作业，目的是避免压浆密实度不足或者是密实度合理而设计张力不满足相关使用标准。

6.3.2 增设支点加固法

增设支点加固法是指采用增设支承点，改变结构受力状态，减小结构计算跨度，以减小结构内力的一种加固方法。本方法适用于梁、板、桁架等架构的加固。本方法按支承结构受力性能的不同可以分为刚性支点加固法和弹性支点加固法两种。设计时，应根据被加固结构的构造特点和工作条件选用其中一种。图 6-7 为梁构件增设支点加固应用图。

6.3.2.1 优缺点

该方法能够较大程度地提高建筑结构的承载力，减小与限制梁、板的挠曲变形。增设支

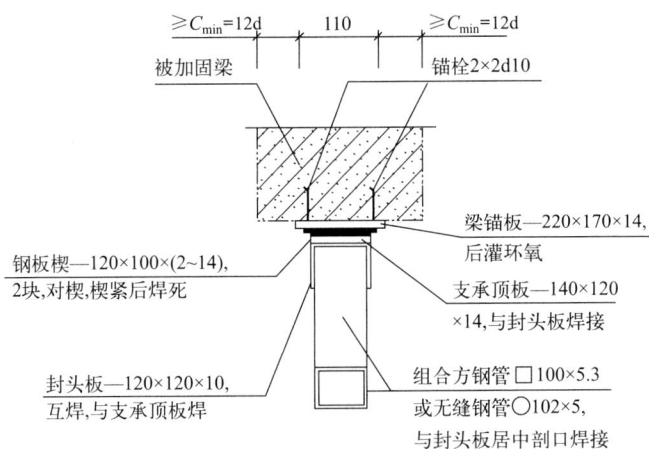

图 6-7　梁构件增设支点加固应用图

[“≥C_{min}＝12d”表示最小混凝土保护层厚度 C_{min} 应该至少等于 12 倍钢筋直径的 d（单位 mm）；“锚栓 2×2d10”表示锚固钢筋的规格，共 4 根直径为 10mm 的钢筋（d10）；“钢板楔—120×100×（2~14）”表示钢板楔的尺寸为 120mm×100mm，并采用 2 块厚度为 14mm 的钢板叠加使用；“梁锚板—220×170×14”表示梁锚板的尺寸为 220mm×170mm，厚度 14mm；“支承顶板—140×120×14”表示支承顶板的尺寸为 140mm×120mm，厚度 14mm；“封头板—120×120×10”表示封头板的尺寸为 120mm×120mm，厚度 10mm；“组合方钢管□100×5.3 或无缝钢管○102×5”表示组合方钢管的规格为 100mm×100mm（壁厚 5.3mm），或者使用外径 102mm、壁厚 5mm 的无缝钢管]

点加固法的施工工艺简单便捷，施工过程中需要注意维护房屋建筑的原貌完整与功能稳定，避免因支点的增设而影响或损害建筑的原貌与功能。该方法受力明确，简便可靠，且易拆卸、复原，具有文物和历史建筑加固要求的可逆性。

增设支点加固法在原有构件的基础上增加新的支撑点，这在一定程度上会缩小建筑物的可使用空间。在高湿度或高温度环境中使用钢构件及其连接时，需采用有效的防锈、隔热措施。

6.3.2.2　施工工艺

（1）确定加固方案

在对建筑结构进行优秀的检测和评估后，确定加固的具体方案和加固的位置。加固方案应根据结构的受力特点和实际情况进行制定，确保加固效果达到预期。

（2）施工准备

清理和平整施工现场，确保施工环境的整洁和安全。准备好所需的加固材料和施工设备，如钢板、膨胀螺栓、焊接机等。

（3）安装支点

根据加固方案，确定支点的位置和数量，并在结构上进行标记。使用膨胀螺栓等固定件将支点固定在结构上，确保支点的稳定性和可靠性。

（4）连接支点

将支点与结构进行连接，可以使用焊接、螺栓连接等方式。连接过程中需要注意连接的质量和稳定性，确保连接处的传力效果。

（5）检测加固效果

在完成增设支点加固后，需要对加固效果进行检测和评估。可以通过静载试验、振动测试等方式来检测结构的承载能力和稳定性，确保加固效果达到预期。

思考题

1. 说明混凝土结构在加固前后的受力特征差异，并讨论为何新加部分的应力和应变滞后于原结构。

2. 列出并解释加固结构计算的基本假定，并讨论这些假定对加固设计的重要性。

3. 常见的结构加固方法有哪些？

4. 比较增大截面加固法和外包型钢加固法的优缺点，并讨论它们各自适用的场景。

5. 说明置换混凝土加固法的施工工艺，并讨论该方法适用于哪些结构类型。

6. 讨论粘贴钢板和粘贴纤维复合材料两种复合截面加固法的施工步骤和应用优缺点。

7. 说明绕丝加固法的施工过程，并讨论该方法在提高混凝土柱延性方面的作用。

8. 描述体外预应力加固法的施工步骤，并讨论其适用范围和主要优缺点。

9. 说明增设支点加固法的原理和施工工艺，并讨论这种方法在实际工程中的应用实例。

10. 讨论如何处理新、旧混凝土的结合面以确保加固效果，并说明影响结合面黏结强度的主要因素。

参考文献

[1] 范云鹤 . 钢筋混凝土结构加固方法的对比与分析[J]. 四川建材,2008,5:83-84.

[2] GB 50367—2013. 混凝土结构加固设计规范[S].

[3] 金晓晨,陈盈 . 钢筋混凝土框架结构抗震加固研究现状及展望[J]. 建筑结构,2018,S1(48):603-606.

[4] 钱长川,杨江金 . 钢筋混凝土结构腐蚀的修复及维护[J]. 混凝土与水泥制品,2002,4:47-49.

[5] 杜修力,张建伟,邓宗才 . 预应力 FRP 加固混凝土结构技术研究与应用[J]. 工程力学,2007,S2:62-74.

[6] 徐怀钊,鲁斐 . 混凝土结构加固基本方法及选择要点[J]. 建筑结构,2016,S1(46):926-930.

[7] 杨峰斌,晋娟茹,陈雪君 . 混凝土结构加固设计方法优选[J]. 施工技术,2016,21(45):22-24.

第 7 章

混凝土结构修复与防护

本章学习目标

1. 掌握混凝土结构电化学修复与电化学防护技术的原理与特点。
2. 理解阻锈剂的类别与作用机制。
3. 了解钢筋表面涂覆与混凝土结构表面防护技术的基本类别与特点。

 混凝土结构修复技术是指在服役环境中已发生劣化的混凝土恢复正常服役功能及耐久性以达成延长结构服役寿命的技术手段。混凝土结构防护技术是指为防止混凝土结构因受服役环境作用而发生劣化破坏而提前采取的用于保持结构在设计服役期限内的适用性与安全性的技术手段。本章详细介绍了混凝土结构的修复与防护技术，重点讨论了电化学修复技术、阴极保护技术及钢筋防护等。电化学修复技术（如电化学脱氯和再碱化）能够有效地减缓或抑制钢筋的腐蚀过程，从而提升混凝土结构的耐久性。阴极保护技术（如牺牲阳极型和外加电流型阴极保护）则通过改变钢筋电化学环境来阻止腐蚀发生。除此之外，本章还涉及多种防护材料的应用，如表面密封涂料、孔隙封闭型涂层、疏水浸渍处理等，用于防止环境介质渗入混凝土内部。本章内容将帮助读者全面了解混凝土结构修复与防护的技术手段及其适用条件，为提升结构的耐久性和延长使用寿命提供理论和实践指导。

7.1　混凝土结构电化学修复技术

 氯离子侵蚀和混凝土碳化都可以引起混凝土中钢筋的锈蚀破坏。传统的局部修复法需要消耗大量劳力且修复过程相对复杂，此外，未修复区域的钢筋表面（包括点蚀坑内部）及混凝土内的氯盐污染将在短时间内与修复区域形成腐蚀原电池，进而加速修复界面邻近区域的钢筋发生二次腐蚀破坏，严重削弱了该方法的修复效率。相比之下，近几十年里出现的钢筋混凝土结构电化学修复技术可以有效克服上述传统混凝土修复方法的缺点，能够在维持钢筋混凝土结构完整性的前提下实现钢筋表面及邻近区域钝化环境的形成以及混凝土保护层内部侵蚀性介质的移除。因此，研究钢筋混凝土结构电化学修复技术的应用原理和应用技术对钢筋混凝土结构的修复与耐久性维持具有重要的指导意义。

 钢筋混凝土结构电化学修复技术包括以下三大类。

（1）电化学脱氯

 电化学脱氯技术，又称电化学除氯或电化学除盐技术。该技术是通过控制电源在钢筋与修复结构外部的阳极系统之间构建一个电场环境，在一定时间内向被氯盐污染的混凝土施加较高电流密度的直流电，以使混凝土内部的氯离子在电场作用下向外部迁移排出。该技术的目的是通过降低混凝土中氯离子含量的方式使钢筋表面氯盐浓度低于诱发锈蚀的临界氯离子浓度，从而降低混凝土中钢筋的腐蚀速度、延长其服役寿命。

（2）电化学再碱化

与电化学脱氯技术相类似，电化学再碱化同样需要构建一个电场环境以向被修复结构输送保护电流，是一种运行时间相对较短且重点针对混凝土碳化腐蚀的结构修复技术。该技术的作用机制在于使钢筋表面持续发生还原性电化学反应，生成大量的 OH^-，以提升并恢复碳化混凝土内部孔溶液的碱度。通过再碱化技术的处理，钢筋附近的混凝土碱度能够恢复到碳化之前或更高的水平，进而有利于钢筋钝化状态的恢复和长期维持。此外，与电化学再碱化技术相似的电化学沉积技术同样是一种致力于对结构中混凝土保护层的防护功能进行提升的电化学修复技术，该技术主要以溶解在淡水或海水中的各类矿化物（或加入合适的矿化物）作为电解质，并通过钢筋表面阴极电化学反应的电沉积作用在混凝土结构的裂缝表面及内部形成并沉积一层化合物〔如 ZnO、$CaCO_3$、$Mg(OH)_2$ 等〕，从而达到填充修复混凝土内部裂缝，密实混凝土表面的技术目的。一般而言，设计引入的电沉积物应具备优良的耐久性与附着力。

（3）阴极保护

依据 GB/T 10123—2022 中金属/合金腐蚀技术领域的相关定义，阴极保护是指通过对金属进行阴极极化以使其腐蚀速率显著降低至不影响其正常结构设计功能的修复技术。对于钢筋混凝土结构这一相对特殊的应用场景而言，一般需要在外部阳极系统的辅助下对钢筋/钢筋网进行长期、稳定的极化作用以获取预期的阴极保护效应。经有效的阴极保护技术处理后，混凝土内部钢筋的腐蚀速率可降低至 $10\mu m/a$。

7.1.1 电化学修复技术的基本原理

总体而言，上述三类面向钢筋混凝土的电化学修复技术作用原理基本相同，都是通过外部阳极系统在混凝土内部构建一个直流电场环境，并在该电场环境作用下，一方面通过对钢筋的极化作用改变其表面电化学反应状态，另一方面混凝土内部孔溶液中的电解质（包含氯盐污染引入的氯离子）作为载流子累积持续性的电迁移效应。基于此，电化学修复系统可实现如下对钢筋混凝土的修复和防护效果：①通过对钢筋的阴极极化使钢筋电位负移达到腐蚀反应免疫状态；②在电场作用下快速从混凝土中去除有害离子（氯离子）；③恢复或加强混凝土这一钢筋保护组分的腐蚀防护功能性，如提升钢筋表面附近的混凝土碱度或通过在混凝土裂缝中沉积不溶性化合物促进裂缝修复，以缓解侵蚀性介质的侵入。不同电化学修复技术的主要区别在于所使用的电流大小、处理时间长短以及外部环境条件的差异，其主要技术参数特征如表 7-1 所示。

表 7-1　不同钢筋混凝土电化学修复技术的主要参数特征

电化学修复方法	处理时间	典型的电流密度范围
电化学脱氯	1～2 月	$1\sim2A/m^2$
电化学再碱化	100～200 小时	$1\sim2A/m^2$
电化学沉积	50～100 天	$0.5\sim1A/m^2$
阴极保护	连续不间断	$1.0\sim50.0mA/m^2$

一般而言，在上述钢筋混凝土电化学修复过程中通常会发生下列物理化学反应和电化学反应。虽然核心机制和产生效应的内涵一致，但受原生条件、劣化成因与劣化程度影响，不同电化学修复技术在各自利用的效应方面存在一定的侧重和差异。

（1）极化作用

在电化学修复技术领域内，极化作用主要是指通过外部的技术干预使钢筋的电位偏离其正常的腐蚀状态，从而降低其腐蚀速度或使其达到腐蚀免疫状态。对钢筋混凝土而言，极化作用通常是将钢筋的电位向相对于自身开路电位的负向移动，即阴极极化。

（2）电解作用

在电化学修复技术施加的电流作用下，钢筋（阴极）和外部阳极上会发生相应的电化学反应，这一过程一般称为电解。电解会在钢筋表面发生如下电化学反应：

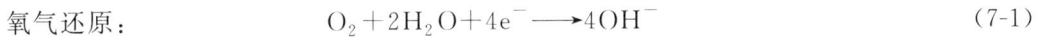

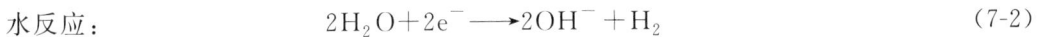

氧气还原：
$$O_2 + 2H_2O + 4e^- \longrightarrow 4OH^- \tag{7-1}$$

水反应：
$$2H_2O + 2e^- \longrightarrow 2OH^- + H_2 \tag{7-2}$$

上述电化学反应在钢筋表面的发生不仅取决于钢筋表面的氧气富集状态，还与保护系统所施加的电流密度以及混凝土内部的离子传输性质等因素有关。在低电流密度和通风良好的混凝土中，钢筋表面发生的电化学反应以式（7-1）为主；在高电流密度且混凝土水饱和或接近饱和状态下，钢筋表面的氧气不足，所发生的电化学反应则以式（7-2）为主。上述反应产生的 OH^- 会使钢筋附近混凝土孔溶液的 pH 值升高，使钢筋恢复并稳定保持钝化状态，提高诱发钢筋锈蚀的临界氯离子浓度，这正是电化学再碱化技术的作用和目的。

（3）电迁移作用

在电化学修复过程中，在电场作用下阳离子会向作为阴极的钢筋迁移，而阴离子会向外部阳极迁移。在混凝土中，电化学修复的电流主要由 OH^-、碱金属离子和氯离子的迁移来完成，发生迁移的离子数量与其迁移数成正比。通过电迁移的方式，可以让氯离子快速从混凝土中移除，这是电化学脱氯技术的作用和目的。当外部溶液中的其他阳离子（如 Ca^{2+}、Mg^{2+}、Zn^{2+} 等）在电场作用下迁移至钢筋附近，会与钢筋附近的 OH^- 发生反应，生成不溶性沉积物促进裂缝修复，这是电化学沉积技术的作用和目的。

（4）电渗作用

电渗是指在电化学修复技术的外加电场作用下液体在混凝土孔隙中的迁移。电渗速度取决于溶液与混凝土孔壁性质以及所施加的电场大小。碱性溶液特别是碳酸钠溶液的电渗有利于钢筋恢复钝化状态，这是电化学再碱化技术的主要作用和目的。

（5）扩散与吸附作用

不同组分溶液存在浓度差时，扩散过程就会发生。研究表明，在电化学修复过程中，由浓度梯度引起的扩散对于离子迁移的影响可以忽略。但是电化学再碱化后碱金属离子的扩散会使得钢筋表面附近局部碱度下降，从而降低钢筋的耐蚀性。由于毛细作用，碱溶液会吸附在混凝土表面，吸附力的大小取决于混凝土表面的湿润状态和孔结构特征。当混凝土结构经常进行电化学再碱化处理时，混凝土结构对碱溶液的吸附较小。

7.1.2　电化学修复应用技术条件

在对钢筋混凝土结构进行电化学修复处理前，必须对其腐蚀状态进行评估，以确定钢筋混凝土结构当前的劣化状态（劣化原因和程度）、未来可能的劣化发展情况、可能导致的结果和修复要求、修复技术类型和修复程度等。当状态评估表明必须对钢筋混凝土结构实施电化学修复时，需根据实际情况采用适合的电化学修复技术。

钢筋混凝土结构的初步调查为总体调查，主要内容为识别混凝土结构裂缝、变形和其他各种缺陷。主要源于电化学类修复技术往往需要对钢筋混凝土结构构建均匀的电场以使结构具备发生上述优化效应的适宜环境，而结构裂缝、形变以及其他质量缺陷会使所构建的电场环境偏离设计预期。因此，若上述缺陷达到显著水平，则必须重新考虑结构所适用的处理方法并进行结构修复。如果无须进行结构修复，检查应集中在电化学修复处理的准备方法上。对所有需处理区域应进行下列方面的评估。

（1）混凝土保护层厚度

依据《混凝土结构耐久性设计标准》（GB/T 50476—2019），混凝土保护层的厚度随应用环境场景、设计服役寿命的变化而有所区别。在氯盐服役场景中，混凝土保护层厚度一般不小于35mm。对设计服役寿命较高且具有富氧、高湿度变化特点的极端含氯盐服役环境情况，混凝土保护层厚度甚至可达70mm（C50强度等级混凝土，设计使用年限100年）。作为一种导电性质相对较差的材质，混凝土保护层对于电流的传递路径与传导效率具有显著影响。混凝土保护层厚度变化会导致不同位置钢筋所获得的电流分布不均匀。因此，对划定的同一保护单元而言，混凝土保护层过薄或厚薄均匀程度差异较大的区域在应用电化学修复技术之前应进行针对上述不利因素的调研及预处理。其中，测量混凝土保护层厚度，包括最小厚度、平均厚度和厚度的变化范围是选择保护技术类别、确定技术参数的重要依据。例如，当同一修复单元结构的混凝土保护层厚度变化非常大时，说明该结构单元内部的钢筋布置严重偏离设计，可能在施工阶段存在严重的质量问题。在此情况下，电化学修复技术可能不再适用，往往需要对该结构单元采取特别的技术处理措施。此外，对于需要在结构内部内置阳极以实现电化学修复系统的架设应用情景，工程师往往需要使用特制工具对检测钻孔内部与钢筋的电阻参数进行"扫描式"检测，以避免阳极与钢筋之间的混凝土保护层厚度过低而诱发系统短路。

（2）混凝土中氯离子含量及分布

采用电化学脱氯技术时，应先确定混凝土中的氯离子分布、氯离子随混凝土表面的变化和来源。混凝土中的氯离子浓度分布非常重要，是决定电化学脱氯技术是否可行的重要依据。在具有多钢筋层结构的电化学修复系统中，不同层之间的钢筋电位一致，与外部阳极最接近的第一层钢筋对内部迁移出的阴离子具有一定的屏蔽及阻碍效应，导致第一层钢筋捆扎范围以内的氯离子排出十分困难，因此，电化学脱氯技术对于混凝土拌和过程引入的氯盐污染（如海水海砂拌制混凝土）排出效果相对有限，需要依据具体污染及腐蚀程度调研结果确定技术方案中的各修复单元控制中心的具体位置。

（3）混凝土的碳化深度

在对钢筋混凝土实施电化学再碱化技术处理之前，需要预先对混凝土保护层的碳化程度进行调查评估。由于酚酞由无色至红色的变色敏感 pH 值阈值范围处于 8.3～10.0，恰为混凝土充分碳化后的 pH 值范围。因此，在工程领域，将配制的酚酞溶液喷洒于新鲜暴露的混凝土截面上，通过截面的显色效应查验混凝土保护层的碳化深度。常规酚酞溶液的变色范围较低，导致实际显色范围与实际碳化前沿仍存在一定差异。为此，有学者通过将 1% 质量分数的酚酞水溶液稀释于 96% 酒精中制备了变色 pH 值为 11 的显色指示溶液，进一步提升了对碳化范围表征的精确度。在评价混凝土的碳化深度时应当综合构筑物的环境条件、混凝土的性质等因素进行多点测量。对电化学修复技术而言，碳化深度和混凝土保护层厚度的精确测量对于电化学保护系统局部保护单元的划分以及电极的布置具有重要的指导意义。

（4）混凝土中的裂缝分布情况

采用电化学沉积技术时，应调查钢筋混凝土结构中既有裂缝的基本情况以及主要产生原因。混凝土表观可观测到的裂缝及裂缝中渗出的水渍、锈迹是钢筋混凝土损伤的最直观证据。裂缝的存在不仅将钢筋与外界环境介质直接联系，使有害介质能够直达钢筋腐蚀反应界面，而且阻断了保护电流的迁移路径，是所有电化学修复手段实施前需要重点排查的原生缺陷。

（5）混凝土中钢筋的电连通性

钢筋保持良好的电连通性是成功应用电化学修复与防护技术的前提。不连通的钢筋不能通电流，得不到有效保护，部分电连通性不佳的钢筋甚至可能在施加电化学修复处理后发生腐蚀加速。钢筋的非电连通性必须通过附加连接来解决。例如，《海港工程钢筋混凝土结构电化学防腐蚀技术规范》（JTS 153—2—2012）、*Cathodic protection of steel in concrete*（ISO 12696：2022）等规范对阴极保护独立保护单元内的钢筋电连通性进行了严格限定，要求在使用数字万用表测量的不同钢筋之间电阻值小于 1.0Ω。此外，钢筋周围的混凝土保护层以及外部阳极系统也必须是电连通的。这就要求混凝土不能有大裂缝、变形或旧的高电阻修复材料（如非胶凝型聚合物砂浆或涂层），因为这些会对电流的均匀分布起阻碍作用。所有上述造成电流分布不均匀的原因都必须在电化学修复与防护技术应用前检查并修正。

（6）处理有效性检验标准

我国对于钢筋混凝土结构的腐蚀修复技术规范化工作起步相对较晚，对于电化学修复与防护方法，长期以来缺乏具有技术先进性以及普遍适用性的规范及标准。2012 年，在广泛调研、总结实践经验并参考相关国际先进标准的基础上，住房和城乡建设部、交通运输部先后颁布了《混凝土结构耐久性修复与防护技术规程》（JGJ/T 259—2012）以及《海港工程钢筋混凝土结构电化学防腐蚀技术规范》（JTS 153—2—2012），对包括有效性确认方法在内的电化学修复技术参数及特征进行了规范化。2018 年颁布的中国工程建设标准化协会标准《混凝土结构耐久性电化学技术规程》（T/CECS 565—2018），对阴极保护、电化学再碱化、电化学脱氯、电化学沉积和双向电迁移等电化学修复与防护技术的系统设计、安装调试、质量控制与检验和维护与管理做了详细规定，对于推动电化学修复与防护技术在我国钢筋混凝土结构中的应用起到了重要的指导作用。

对不同电化学修复技术而言，用于确认其修复有效性的措施往往存在较大差异。电化学脱氯需要在处理结束后通过钢筋电位以及混凝土保护层中氯离子的含量分布进行有效性确认。电化学再碱化技术则需要在测量钢筋电位的基础上通过邻近的混凝土 pH 值的变化综合评价其有效性。对电化学沉积技术而言，由于该技术重点观察的内容为混凝土的裂缝，因此，处理前后的裂缝愈合率成为该项技术有效性考察的主要参数指标。相比之下，由于处理周期较长，阴极保护需要在全周期内对构筑物进行持续性的定期监测以确保其有效性，所使用的考察指标包括钢筋极化电位以及基于瞬断电位测量的经时电位衰减值等。

7.1.3 电化学脱氯技术

（1）电化学脱氯技术的发展历程

电化学脱氯技术，又叫电化学除盐技术或者电化学除氯技术。该项技术于 20 世纪 70 年代由美国联邦高速公路管理局提出，并在随后通过一系列探索性实验研究，最终由 Norcure 公司证明了其有效性并于 1988 年以 Norcure™ 为名申请专利[1]。在加拿大安大略省的伯灵顿公路修复工程中，电化学脱氯技术实现首次应用。根据 Norcure 的估计，在电化学脱氯技术诞生后的十年时间内，该技术已经在包括美国、加拿大、瑞典、德国、英国和日本在内的 20 多个国家和地区应用，累计修复面积超过 18 万平方米。除此之外，挪威和英国等欧洲国家也相继制定了电化学脱氯技术的推荐执行标准。我国也制定了《混凝土结构耐久性修复与防护技术规程》和《海港工程钢筋混凝土结构电化学防腐蚀技术规范》等相关技术规程，为电化学脱氯技术的操作和电化学参数选取提供了基本依据。

（2）电化学脱氯技术的基本原理

电化学脱氯技术的基本原理如图 7-1 所示，以钢筋混凝土构件中的钢筋作为阴极，并在混凝土表面敷置电解液（常用氢氧化钠溶液或饱和氢氧化钙溶液），在电解液中放置金属网或金属片作为阳极。通过在外部金属阳极和混凝土内置钢筋阴极之间通以电流形成电场，混凝土孔溶液中的氯离子等阴离子将在电场作用下迁移至外部电解液中，达到混凝土除氯的目的。与此同时，钢筋（阴极）表面会发生如下电化学反应[2]：

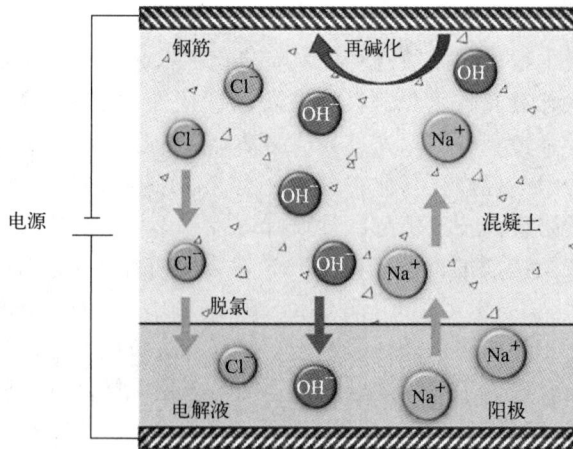

$$2H_2O + O_2 + 4e^- \longrightarrow 4OH^- \tag{7-3}$$

$$2H_2O + 2e^- \longrightarrow 2OH^- + H_2 \tag{7-4}$$

图 7-1　电化学脱氯技术的原理

可以看出，钢筋表面阴极反应所生成的 OH^- 可以提高钢筋/混凝土界面处碱度，保证钢筋恢复或保持钝化状态。但过大的电流密度和过长的处理时间会导致混凝土中氢氧根离子富余，存在诱发碱-骨料反应的潜在风险。另外，部分氢气也会在钢筋表面产生，易导致钢筋的氢脆。处于电解液中的阳极表面发生的电化学反应如下：

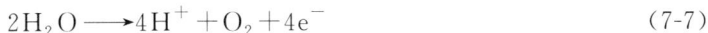

$$4OH^- \longrightarrow 2H_2O + O_2 + 4e^- \tag{7-5}$$

$$2Cl^- \longrightarrow Cl_2 + 2e^- \tag{7-6}$$

$$2H_2O \longrightarrow 4H^+ + O_2 + 4e^- \tag{7-7}$$

为了防止阳极生成的氯气排入大气造成环境污染，可以将电解液的碱性保持在足够高的水平（pH 值大于 9），以抑制式（7-6）所示的电化学反应。

有学者进一步提出了电化学除氯技术的改进方法，在实现除氯的同时能够抑制诱发期碱-骨料反应，实现钢筋锈蚀和碱骨料损伤的并联治理[3]。具体原理为在电解液中加入氢氧化锂，将离子半径更小的锂离子迁入混凝土，改变碱骨料凝胶的膨胀特性以及碱金属离子的存在状态，从而达到抑制碱-骨料反应的效果，防止混凝土因碱骨料凝胶膨胀而产生损伤和开裂。

（3）电化学脱氯技术的影响因素

电化学脱氯效率技术的影响因素可大致分为两类，即混凝土中钢筋排布方式、混凝土配合比和矿物掺合料以及保护层厚度等内部因素，以及环境温度、电解液组分、通电时间和电流大小等外部因素。对于电化学脱氯处理技术面向最广的既有结构，其内部影响因素常常已知，因此需要在考虑内部因素的基础上调整外部因素，以达到最优的除氯效果。对于沿海地区氯离子侵蚀现象严重的新建结构，应在设计阶段尽可能考虑内部因素，为其未来的电化学脱氯处理提供便利。

在实际工程中，不同结构部件的钢筋排布方式和混凝土保护层厚度均存在差异，而钢筋作为电化学脱氯系统中的阴极，其布置方式对最终的除氯效果存在重要的影响。首先，混凝土内部钢筋的布置方式会影响除氯效率，在钢筋和阳极之间电流场的路线最短，氯离子迁移也更快，该区域的除氯效率也最高。相关研究也发现对于典型结构构件，如柱、板和梁，除氯效果受配筋率和钢筋布置类型影响显著，而均匀的等间距布筋有利于混凝土中氯离子的迁出。此外，箍筋的存在一方面会加快氯离子迁移的速率，另一方面也会导致箍筋包裹范围内的混凝土核心区域处于等电势状态，阻碍箍筋包裹混凝土区域内部氯离子的迁出[4]。因此，无法有效去除带箍筋构件内部的氯离子是限制电化学脱氯技术更广泛应用的原因之一。浙江大学研究团队提出了基于多级电迁移的脱氯技术[5]，在混凝土内预先埋设多层碳纤维网作为补充阴极，可以实现较厚混凝土中氯离子的有效去除。

水灰比直接关系到混凝土内部的孔隙分布，会影响混凝土内部氯离子的传输速度。水灰比越大，混凝土的孔隙率越高，电化学脱氯的效率越高。混凝土中加入矿粉、硅灰等矿物掺合料和萘系减水剂会提高其密实度，降低离子传输速率，在实际应用中可适当增大脱氯电流密度，延长通电时间。另外，由于矿粉和粉煤灰可以使吸附在水化产物表面的结合氯离子释放为游离氯离子，在电场作用下得到进一步去除。因此，在含有矿粉和粉煤灰的混凝土中，钢筋附近氯离子的去除效果更加显著。除此之外，引气剂的加入有利于电化学脱氯过程中离子传输，极大地提升了电化学除氯效率。

除内部因素之外，环境温度和电解液成分等外部因素也会影响电化学脱氯效率。研究表明，由于低温环境下离子扩散系数降低，当环境温度低于 0℃时应采取保温措施以保证除氯效果。当温度从 0℃上升到 20℃时，除氯效果的提升最为显著。也有学者发现当电解液处于 40℃时，混凝土中的氯离子去除率得到显著提高。在阳极电解液的选择方面，有学者发现使用硼酸钠溶液作为电解液的除氯效果优于使用饱和氢氧化钙溶液，但在电化学脱氯处理后的氯离子浓度分布上，两种溶液并没有显著差别。

对于通电时间和电流大小等电化学参数选择，通常认为电流密度越大，最终的氯离子去除率越高，而除氯效率会随处理时间的延长而降低。但过大的电流密度和过长的通电时间都会产生包括氢脆、碱-骨料反应和力学性能下降在内的副作用。因此，合理的电化学参数设置对电化学脱氯有着不可忽视的影响。相关实验研究表明，在钢筋（阴极）施加 $2A/m^2$ 的电流对于电化学脱氯较为合适[6]。由于长时间进行通电并不会提高电化学除氯效率，因此有学者提出采用间歇式的供电方式进行电化学脱氯处理，实验结果表明，该方式不仅可以降低成本，而且提高了除氯效率[7]。相关实验结果同样表明在相同电流密度下，脉冲电流的除氯效果要优于直流电流。值得一提的是，随着计算机技术的发展，不同电化学参数下的离子传输行为可以通过数值模型得到较为准确的预测，但数值模型对于电化学脱氯过程中内在机理的数学物理表达以及复杂工况因素的考虑仍需要更为深入地研究和探索。

7.1.4 电化学再碱化技术

（1）电化学再碱化技术的特点

电化学再碱化技术是 20 世纪 70 年代末在美国和欧洲兴起的一种用于恢复碳化混凝土碱性，防治钢筋腐蚀，提高钢筋混凝土结构长期耐久性，进而延长结构使用寿命的方法。针对碳化混凝土，传统的修复方法包括移除碳化混凝土，清洁暴露钢筋，以及使用碱性砂浆或混凝土填补去除的碳化混凝土区域。根据碳化区域的范围及其深度，传统的修复可能涉及拆除大面积的初始混凝土。但事实上，仅仅移除已碳化的混凝土并不能有效提高结构剩余服役期限内的耐久性。此外，拆除混凝土产生的废弃物，必须妥善清除；拆除过程还会产生噪声和大量灰尘，对建筑物周围环境产生影响。电化学再碱化技术则可以在再碱化碳化混凝土区域的同时，提高整个混凝土保护层的碱性，以降低结构未来遭受碳化侵蚀的风险。电化学再碱化技术作为一种无损修复技术，有望解决碳化钢筋混凝土结构现场修复难的问题。随着电化学再碱化技术的推广和应用，国内外学者也对其再碱化机理、影响因素和修复效果开展了相关研究。

（2）电化学再碱化技术的原理

电化学再碱化技术的主要原理与电化学脱氯技术较为相似，在混凝土试件表面的外部金属网阳极和混凝土内部的钢筋阴极之间通直流电，对钢筋进行阴极极化。钢筋表面发生阴极电化学反应并产生氢氧根离子以保证钢筋处于钝化状态，其阴极电化学反应与式（7-3）和式（7-4）相同。在电场和浓度梯度作用下，混凝土中钢筋表面的反应产物氢氧根离子由钢筋表面向混凝土表面及表层迁移、扩散以进一步保证混凝土保护层处于碱性状态，与此同时阳离子（如 Na^+、K^+ 和 Ca^{2+}）由阳极向混凝土内部的阴极迁移。

就电化学再碱化机理而言，有学者认为外部电解液中的碱性离子通过电渗（电迁移）作用到达钢筋附近，恢复钢筋周围混凝土的碱性，从而实现再碱化的目的，相关试验研究也证实了电化学再碱化过程中电渗过程的存在。但是，也有学者认为主要是钢筋表面产生的氢氧根离子实现了钢筋钝化和混凝土再碱化。目前，普遍接受的观点是电渗和阴极电化学反应产生的氢氧根离子的共同作用。

（3）电化学再碱化技术效率的影响因素

电化学再碱化技术效率的影响因素同样可以从内部因素和外部因素两个方面分别讨论。电化学再碱化技术的效率受胶凝材料种类影响。有学者发现由于火山灰水泥水化反应中的氢氧化钙被消耗导致其碱度储备较低，需延长电化学再碱化的时间来确保火山灰水泥混凝土的再碱化达到理想效果。此外，矿物掺合料也会影响混凝土再碱化效果，粉煤灰和矿渣的掺入可以一定程度上改善碳化混凝土的再碱化效果。就外部因素而言，国内外一系列的实验研究表明，通过施加数周时间 $1 \sim 2 A/m^2$ 的直流电可以实现钢筋邻近区域 $20 \sim 30mm$ 范围内混凝土保护层的再碱化。类似于电化学除氯技术，钢筋的配置方式同样会对再碱化效果产生影响：配筋率越高的钢筋混凝土结构再碱化效果越好，而外部电源接入钢筋笼的位置对再碱化效果基本没有明显影响。同济大学研究团队发现电化学再碱化所用电解质溶液的种类或浓度会对电化学再碱化效果产生影响，其中以 $0.1mol/L$ 的氢氧化钠溶液的再碱化效果最佳[8]。

（4）电化学再碱化技术的修复效果

作为一种电化学技术，电化学再碱化处理会对混凝土的孔结构和矿物组成产生一定影响。适宜的电化学再碱化处理可以使混凝土的大孔、有害孔明显减少，孔隙率大幅度降低，平均孔径、平均比表面积明显减小；再碱化还可以改善混凝土的界面结构，有利于保护钢筋，提高混凝土的抗渗性和耐久性。此外，电化学再碱化处理后钢筋钝化和混凝土碱度的有效维持时间也是衡量其有效性和经济性的重要指标。有研究认为电化学再碱化处理后混凝土内部的碱性环境可以维持长达 7 年，之后钢筋会恢复至脱钝状态且腐蚀电流密度显著增加。然而也有学者通过施加 8.5 天 $1A/m^2$ 的电流进行电化学再碱化处理，发现钢筋的腐蚀活性只在短期（1 年）内得到有效控制，并且建议电化学再碱化处理有必要每两年重复进行。尽管电化学再碱化技术可以将碱离子（Na^+ 和 K^+）迁入混凝土内部并提高其浓度，但是 OH^- 浓度受外部环境影响较大，孔溶液的 pH 值仍会有所下降。因此，再碱化后钢筋混凝土孔溶液的碱性环境衰退影响因素较多，涉及具体结构的服役环境和电化学处理方式的选择，目前还没有明确的定论。

7.1.5　电化学沉积技术

（1）电化学沉积技术的原理和优点

电化学沉积技术作为一种新兴的混凝土裂缝修复技术，最初由日本港口研究所和三井工程造船有限公司于 20 世纪 80 年代末开发，实际工程应用也证明，该方法在其他传统修复方法效率低下或修复费用非常昂贵的海洋环境中特别适用。一般来说，可以从多个尺度解释电化学沉积技术的基本原理，如图 7-2 所示。在宏观尺度上，外部金属网浸入含有金属阳离子（锌离子或镁离子）的电解液中，然后在外部金属网和内部钢筋之间施加弱电流密度，将金属离子迁移至开裂的混凝土中。在细观尺度上，氢氧根离子和金属离子会发生反应形成氢氧化物沉积，从而闭合裂缝；此外，在外加电场作用下，混凝土中的氯离子也可以被去除。由于钢筋表面（阴极表面）发生电化学反应，可以不断产生氢氧根离子，从而保证钢筋周围的孔溶液为碱性。在微观尺度上，沉淀还会逐渐形成于孔隙中，沉积产物不断生长，细化混凝土孔隙结构，进而影响后续混凝土中的离子传输过程。

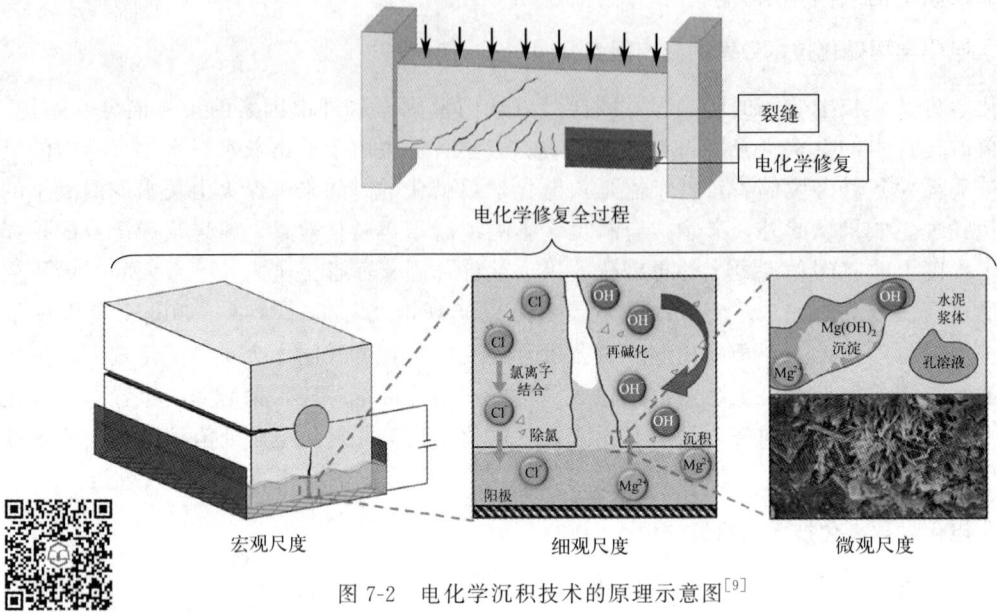

图 7-2　电化学沉积技术的原理示意图[9]

电化学沉积技术除了具有裂缝闭合的优点外，还具有以下优点：首先，由于在孔溶液中形成沉积物，混凝土的孔结构可以得到细化，因此可以提高混凝土的整体密实度和抗渗性；其次，在电场的作用下，氯离子可以从钢筋表面附近迁移排出，从而有效降低钢筋腐蚀和混凝土保护层随后的腐蚀开裂的风险；最后，由于阴极电化学反应的进行，在钢筋表面附近会产生大量氢氧根离子，从而提高周围孔溶液的碱性，保证钢筋处于钝化状态。

（2）电化学沉积技术效率的影响因素

对于电化学沉积技术，已有学者开展了实验研究并积累了相应的实践经验。在阳极电解质的选择上，不同于电化学除氯和电化学再碱化技术，电化学沉积技术所选取的电解质溶液应包含可生成氢氧化物沉淀的金属阳离子，其中钙离子、镁离子和锌离子的氢氧化物可以实现深层裂缝的修复和闭合，而阴离子则应尽量选择弱酸盐（如醋酸盐），这是因为其水解作用可有效控制外部溶液的 pH 值，实现更好的修复效果。另外，裂缝宽度、混凝土保护层厚度和温度会影响裂缝修复率。较宽的裂缝需要更长的通电时间来实现完全闭合，较厚的混凝土保护层厚度由于裂缝长度更长因而也需要更长的修复时间，而且适当提高电解液温度可以加快修复速率。研究结果表明，电化学沉积技术可以改善混凝土的微观结构和矿物成分，并且一定程度上恢复由裂缝导致的混凝土强度。此外，提高电解液浓度反而会抑制裂缝修复速率，这是因为高浓度电解液会过早在混凝土表层形成沉淀，从而抑制后续金属离子迁入混凝土内部并闭合深层裂缝。由于电化学沉积技术兼备电化学除氯和再碱化技术的功效，该技术也常用于钢筋锈胀裂缝的修复。相关研究表明，电化学沉积技术在有效修复裂缝的同时，可以去除混凝土中 80% 左右的自由氯离子并且实现锈蚀钢筋的再钝化。电化学沉积技术也被用于修复收缩裂缝，处理过程中砂浆表面会生成沉淀物以降低其渗透性，有助于提高砂浆质量。此外，电化学沉积技术处理后的砂浆力学性能也有所改善，随着外部施加电压和处理时间的增加，砂浆试样的抗压强度和抗折强度先增加后降低。后期强度降低的主要原因为沉淀产生的强度提升无法弥补电场作用下胶凝材料分解所带来的强度下降。

电化学沉积技术会在混凝土表面形成氢氧化物沉淀进而阻碍内部氯离子的迁出和后续金属离子的迁入，因此电化学参数的合适选择对深层裂缝的修复效率至关重要。目前的实验研究仍大多基于目测的方法测定裂缝修复率，然而由于沉淀产物并非完全密实且仍存在一定的孔隙，因此裂缝的修复效果无法得到统一的判别。随着计算机数值模拟技术的成熟，数值模型的建立使得裂缝修复状态的可视化成为可能，能够更好地服务于工程实践应用。电化学沉积技术的数值模型建立存在以下难点[10]：

① 数值模型应该能够再现沉淀产物在裂缝内部的动态界面发展过程，以弥补目前实验研究基于目测评定裂缝修复速率的不足。

② 尽管已有数值模型利用多相建模技术实现了多离子传输和氢氧化物沉淀生成两个过程的相互耦合，可以较为准确地再现沉淀在裂缝中的动态发展过程，但是在裂缝分布模式的曲折度、混凝土的非均匀性以及孔隙率时变规律等方面，数值模拟研究仍有进一步提升空间。

③ 电化学沉积过程伴随着混凝土孔隙率的改变，也将影响离子传输和沉淀化学反应，在建立数值模型时应予以考虑。

④ 电化学沉积技术处理后混凝土力学性能的预测也可以通过数值建模的方式实现，但是宏观构件尺度上的预测模型仍较为缺乏。

值得提出的是，目前大多数研究仍着眼于电化学沉积技术对于裂缝的修复效果，却少有研究着眼于电化学沉积技术处理后钢筋混凝土结构的长期性能。由于氢氧化物沉淀的化学特性，其在中性和酸性环境下极易分解，使得原本闭合的裂缝再次暴露。特别是易遭受碳化侵蚀的区域，氢氧化物沉淀的稳定性更难以得到有效保证。因此，电化学沉积技术修复裂缝的长期效果（比如裂缝修复率、钢筋的钝化和混凝土力学性能）仍需更多的研究和探索。

7.1.6　电化学修复技术的优点和局限性

电化学修复技术的主要优点体现在以下两个方面：

① 电化学修复技术仅需要清除剥落与分层开裂或具备明显缺陷的混凝土，力学性能良好、受氯盐污染或已碳化的混凝土在电化学修复技术中以及处理后仍能得以保留。因此与传统混凝土修复方法相比，电化学修复方法对混凝土的凿除量小，处理时间短，节省劳力，更加简单。在助力"双碳"目标的当下，电化学修复技术具有相对更优的低碳排放量。

② 传统凿除混凝土的修复方法仅对处理完好的混凝土结构区域起作用，而其他未处理的混凝土结构区域仍然存在腐蚀破坏的风险。潜在的原电池效应甚至会导致修复后期原生混凝土部分的钢筋发生加速腐蚀，难以获得持续性的修复效果以及可观的服役寿命延长作用。相比之下，电化学修复技术在结合钢筋混凝土结构具体腐蚀成因与腐蚀劣化程度的基础上，基于腐蚀破坏共性与腐蚀个案的特性，从原理上对钢筋的腐蚀行为以及腐蚀反应环境进行调控，进而使整个钢筋混凝土结构的耐久性得到有效提升。因此，与传统混凝土修复方法相比，电化学修复技术具有相对更优的修复效率以及更佳的耐久性维持/提升效果。

除了上述优点，在实际应用过程中，电化学修复技术也存在不足和潜在负面影响，必须通过有效的监测与控制，消除潜在的技术风险。电化学修复技术的潜在负面作用包括以下几个方面。

（1）钢筋氢脆破坏

对高强（高应力）钢筋实施电化学修复技术时，施加的强极化电场环境可能会使钢筋表面发生的阴极反应产生氢气从而引起钢筋氢脆风险。尤其对于预应力钢筋，由于所施加的电流密度高，阳极附近钢筋的电位往往低于析氢电位，因此在实际电化学修复处理中应尽量避免高电流密度的产生。在电化学脱氯处理中，由于所用的电流密度大且持续时间较长，钢筋氢脆破坏成为非常重要的潜在负面影响。如果预应力钢筋被强烈极化，可能会导致严重氢脆破坏从而使得钢筋最终突然断裂。由于预应力钢筋对于氢脆的敏感性比普通钢筋更高，因此，除非实验验证对预应力钢筋没有损坏，否则不建议对预应力结构应用电化学脱氯处理。

（2）碱-骨料反应破坏

电化学修复处理过程中在钢筋表面发生的电化学反应都会使钢筋附近的 OH^- 浓度一定程度提高，在电场作用下带正电的碱金属离子也会向钢筋表面迁移并富集。因此，钢筋/混凝土界面处的碱-骨料膨胀反应会被加剧。当然，潜在的碱-骨料反应风险并不意味着一定会发生碱-骨料反应破坏。相关研究表明，由于混凝土自身中性化严重，采用电化学再碱化处理的碳化混凝土一般不会有碱-骨料反应问题。但是对于碱-骨料反应十分敏感的电化学脱氯处理的混凝土，碱-骨料反应破坏趋势是一个潜在的重要隐患。

（3）钢筋/混凝土界面黏结力下降

在进行电化学修复处理时，电场作用下迁移至钢筋/混凝土界面的以 Na^+、K^+ 为代表的碱金属离子将软化混凝土基体中的 C-S-H 凝胶，进而降低其宏观力学性能。此外，较高的极化状态下将激活钢筋界面产生强还原的"析氢"反应，在高电流密度的运行状态下，钢筋/混凝土界面处大量生成的氢气小分子一方面钻入钢筋内部造成"氢脆"，降低钢筋的综合力学性能；另一方面，产生的气压与混凝土界面临近位置的凝胶软化共同作用，将导致钢筋/混凝土界面的黏结力下降，进而削弱混凝土对钢筋的握裹力，从而严重影响钢筋混凝土结构的承载力和耐久性。尤其是采用高电流密度进行电化学脱氯和电化学再碱化处理时，钢筋/混凝土界面黏结力下降的趋势更为明显。

7.2 混凝土结构电化学防护技术

7.2.1 阴极保护原理、分类与特点

阴极保护技术与电化学除盐（脱氯）、电化学再碱化、电化学沉积等技术同属电化学腐蚀修复技术。阴极保护的实质为通过电化学方法改变钢筋表面的电子富集水平，即通过极化将钢筋人为调整至电化学腐蚀免疫区域以抑制钢筋原有的氧化腐蚀破坏进程。

在混凝土中的孔溶液环境下，钢筋表面总是同时存在氧化阳极反应与还原阴极反应，二

者为共轭反应。其中，氧化阳极反应往往造成钢筋的腐蚀破坏。此外，作为在钢筋表面发生的电化学反应，上述共轭反应不仅改变了孔溶液中的离子种类及浓度，还改变了钢筋表面的电子富集情况从而使钢筋偏离电中性状态。图 7-3 展示了 $Fe\text{-}H_2O$ 体系的阴极保护作用机制示意图。如图所示，金属表面同时存在如下氧化阳极反应与还原阴极反应：

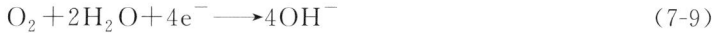

$$Fe \longrightarrow Fe^{2+} + 2e^- \tag{7-8}$$

$$O_2 + 2H_2O + 4e^- \longrightarrow 4OH^- \tag{7-9}$$

在特定的腐蚀反应条件，以上共轭反应在钢筋腐蚀电位（E_{corr}）处维持动态平衡，即上述共轭反应发生时钢筋的初始腐蚀状态。当电位被人为改变，向更负方向移动至极化电位 E_c 时，额外引入的电子将抑制反应式（7-8）的发生并同时促进反应式（7-9）的进行。

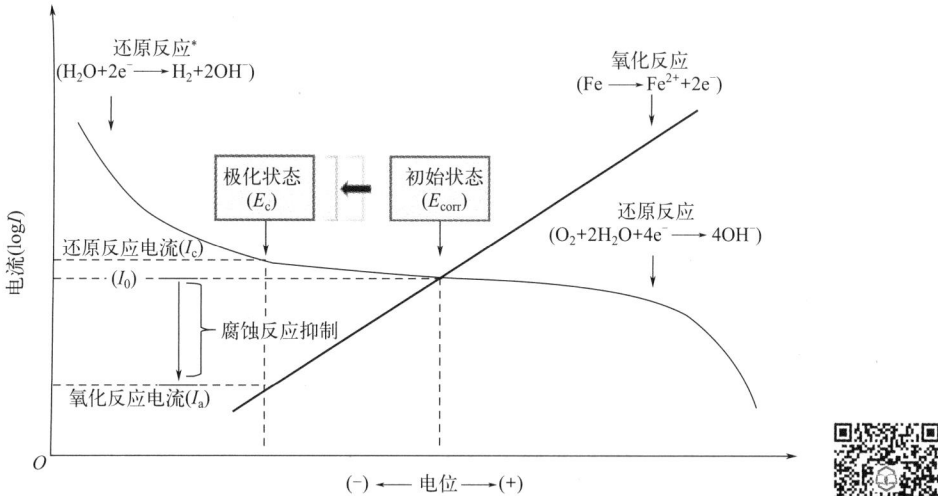

图 7-3　$Fe\text{-}H_2O$ 体系阴极保护的作用机制示意图

对比 E_{corr} 以及 E_c 可以发现，造成钢筋腐蚀破坏的氧化阳极反应电流由 I_0 降低至 I_a，从而达到通过调整钢筋电位降低其腐蚀速度的目的。理论计算与实践研究证明，将钢筋的腐蚀电位负向极化 120mV 可使其阳极腐蚀反应速率下降 3 个数量级，部分学者甚至认为在实际阴极保护系统中被保护钢筋的电位负移 150mV 可以确保对腐蚀反应的充分抑制效果。由于以上过程往往伴随着被保护钢筋电位的负向移动，为了与金属腐蚀防护领域中通过正向极化钝化实现金属腐蚀保护的阳极保护技术加以区别，将该类技术统称为阴极保护。

极化是阴极保护对钢筋实施腐蚀防护的核心，同样也可以通过钢筋的极化状态评价阴极保护的保护效果。由于其独特的腐蚀环境特点，往往难以确定被保护混凝土构筑物中钢筋的具体面积，计算其腐蚀电流密度。因此，评价钢筋混凝土阴极保护有效性的判定指标包括"钢筋瞬间断开保护系统回路电位（瞬断电位）低于 -720mV vs. SCE（相对饱和甘汞参比电极电位）"或者"自切断阴极保护系统回路 24 小时后钢筋的电位衰减大于 100mV"。

一般而言，依据技术手段以及应用场景的差异，阴极保护技术可被分为牺牲阳极型阴极保护技术和外加电流型阴极保护技术。两类技术的核心一致，但在干预实现及调控手段方面存在差异。

7.2.2 牺牲阳极型阴极保护技术

（1）牺牲阳极型阴极保护技术的原理

牺牲阳极型阴极保护是一种利用伽伐尼电偶中相对活泼的金属发生消耗性的氧化腐蚀反应以保护另一种金属的技术手段。图 7-4 为牺牲阳极型阴极保护系统的示意图。该类阴极保护系统主要由被保护金属和牺牲阳极组成，二者之间需通过导线或直接接触实现电连通以构成伽伐尼电偶。两种金属在同一环境中发生腐蚀氧化反应的活性存在差异，因此，相对活泼的金属会在电位差的驱动下将电子传输至电连通的另一金属，进而使被动接收电子的金属表面氧化反应受到压制，达到降低该金属腐蚀速率的目的。

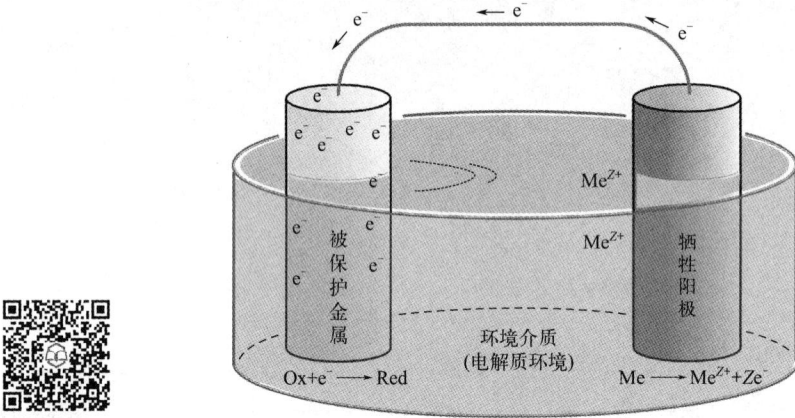

图 7-4 牺牲阳极型阴极保护系统示意简图

由于系统构成相对简单且可操作性强，牺牲阳极型阴极保护技术成为应用最早、最为广泛的阴极保护技术，其最早应用可追溯至十八世纪的英国地区。Humphrey Davy 爵士在实验室中发现了锌以及铸铁相对于铜的保护效应，并率先使用锌块对远洋船体的铜质结构进行保护。随着相关应用研究的不断深入，Humphrey Davy 爵士在 1812 年将该类技术进一步系统性总结为"通过改变材料的电学状态以调控其腐蚀化学反应进程"的方法，这也成为最早的关于阴极保护技术的基础理论雏形。基于前述介绍可知，牺牲阳极型阴极保护技术的实现依赖于牺牲阳极材料相对更低的自腐蚀电位，而阳极材料与被保护金属自腐蚀电位之间的电势差以及金属之间的电解质对阴极保护效果具有极其重要的作用。

（2）牺牲阳极材料的类型

目前在实际工程中应用最为广泛的牺牲阳极材料主要有锌及锌合金、铝合金以及镁合金。顾名思义，由于牺牲阳极材料需要通过腐蚀氧化反应消耗自身来获得对电偶对中另一金属的保护效果，因此，评价牺牲阳极材料性能的主要指标包括消耗单位质量牺牲阳极所产生的电量（电容量）以及牺牲阳极的工作电位。其中，工作电位不仅可以用于计算牺牲阳极相对于被保护金属的电势差，更能在实际使用中帮助技术人员快速判断阳极的运行情况和消耗速率。在海水腐蚀环境中，锌阳极的自腐蚀电位通常为 $-1.0\text{V}(\text{vs. SCE})$；依据具体材质的差异，铝合金系列阳极的自腐蚀电位范围为 $-1.0\sim-0.8\text{V}(\text{vs. SCE})$；镁合金系列阳极的自腐蚀电位相对最负，可达 $-1.4\text{V}(\text{vs. SCE})$ 左右。因此，在被保护金属腐蚀状态确定时，对电阻率较高的钢筋混凝土开展牺牲阳极型阴极保护时，更低的牺牲阳极自腐蚀电位无疑能够使被保护钢筋获得更高的保护电流。当然，更低的牺牲阳极电位往往也意味其自身发生氧化腐蚀反应的活性越大，因此，其消耗速率也往往更大。

纯锌材质的牺牲阳极具有较粗大的结晶，易导致非均匀腐蚀损耗的发生，往往在铸造过程中添加少量的镉（约0.15%）和铝（约0.50%）等元素以细化结晶。值得注意的是，由于在高温溶液环境下易发生钝化，锌以及锌合金类牺牲阳极不适于在诸如热带高温海水环境下使用。此外，环境介质对锌以及锌合金阳极材料的腐蚀消耗也存在较大影响。例如，在常温淡水环境下，锌阳极的腐蚀速率约为0.02g/(m^2·h)；而在常温海水中，锌阳极的腐蚀速率为0.03g/(m^2·h)。由于反应所生成的γ-Al$_2$O$_3$相具有显著的钝化效应，纯铝材料难以直接作为牺牲阳极材料使用，往往需要通过合金化作用引入锌、镁、镉、镓等元素或者ZnO等金属氧化物作为"活化合金"组分以抑制表面钝化膜层的形成。镁合金类牺牲阳极材料具有相对最低的工作电位以及最高的反应活性，根据GB/T 17731—2015，目前使用最为广泛的镁合金类材质主要有AZ63B、AZ31B以及M1C三个牌号的合金种类。

此外，在使用过程中腐蚀反应产物的累积往往会造成牺牲阳极材料工作电位的变化以及反应活性的降低，导致阴极系统保护电流不足以及阳极实际使用电容量远小于理论电容量，称为牺牲阳极材料的钝化效应。该效应常见于有难溶性氧化腐蚀产物形成的铝合金类牺牲阳极材料，可使实际使用电容量降低30%以上。因此，该类牺牲阳极材料往往被限定在冲刷效应较强的海洋环境中使用，以借助流水将难溶性氧化腐蚀产物及时移除保护系统。

（3）牺牲阳极型阴极保护技术在钢筋混凝土中的应用

牺牲阳极型阴极保护技术对自身所处的电解质的电导率具有较高要求，因此，该技术主要应用于土壤下埋管道、金属罐体等具有较高湿度、电解质电导率较高的场景。在滨海潮汐浪溅服役环境下的钢筋混凝土结构的腐蚀保护中，牺牲阳极型阴极保护技术同样具有其独特的优势。例如，浸没于海水的钢筋与水面以上钢筋往往因为混凝土中溶解氧、氯离子浓度及湿度差异形成原电池，诱发电偶腐蚀。在水面下施加牺牲阳极型阴极保护能够简单有效地避免该位置钢筋混凝土结构发生腐蚀劣化。但是，由于牺牲阳极材料具有相对固定的工作电位，不具备外加电流型阴极保护技术相对灵活的调节能力，因而限制了其应用。例如，传统的铝合金和锌合金系列牺牲阳极对模拟孔溶液中的钢筋具有过度极化作用，仅有部分镁铝合金牺牲阳极材料适用于该溶液中钢筋的阴极保护。此外，研究人员还在上述几类牺牲阳极材料以外尝试了诸如含磷生铁等其他类型牺牲阳极材料作为钢筋混凝土结构牺牲阳极型阴极保护应用的可行性。该类材质主要通过在铁基材料中引入杂质提高其腐蚀反应活性并降低合金整体的自腐蚀电位，使其具备牺牲阳极材料的功能特性。值得指出的是，混凝土的组分结构复杂，且比溶液的电阻率更高，因此，牺牲阳极材料在钢筋混凝土结构中的空间位置会对回路中不同保护电流路径起到重要影响，继而影响钢筋混凝土中保护电流的分布。此外，有基于计算机模拟研究结果认为，牺牲阳极材料安装在氯盐污染的原生混凝土部分具有更好的保护效果。

综上所述，牺牲阳极型阴极保护技术具有结构简单、易于维护且成本低廉等优点，适用于盐污染程度较高、湿度高及浸没于海水中的钢筋混凝土结构的腐蚀防护，但是不太适用于电阻率较高、大气环境下或者干湿交替变化较为频繁的钢筋混凝土结构腐蚀修复工作。

7.2.3 外加电流型阴极保护技术

(1) 外加电流型阴极保护技术的作用原理

基于阴极保护技术的作用原理可知，阴极保护需要在阳极表面发生电化学阳极反应以实现电荷转移使回路导通。一般而言，阳极表面可发生的阳极反应主要有如下几类：

$$M \longrightarrow M^{n+} + ne^- \tag{7-10}$$

$$2H_2O \longrightarrow O_2 + 4H^+ + 4e^- \tag{7-11}$$

$$2Cl^- \longrightarrow Cl_2 + 2e^- \tag{7-12}$$

$$Cl_2 + H_2O \longrightarrow Cl^- + ClO^- + 2H^+ \tag{7-13}$$

其中，阳极反应式（7-10）为阳极材料本身的氧化腐蚀反应，即7.2.2节介绍的牺牲阳极型阴极保护技术。阳极反应式（7-11）至式（7-13）则是由阳极表面的溶液及溶液中的离子在电极界面极化高能状态下参与的电极反应，即外加电流型阴极保护技术。与牺牲阳极型阴极保护技术相比，外加电流型阴极保护技术手段不通过阳极材料自身的氧化腐蚀提供电子，激活阳极反应的能量来源于外部电源。因此，外加电流型阴极保护技术可以通过控制外部电源自主调节阳极材料的表面反应活性状态，具备更大的可操作空间。

外加电流型阴极保护技术在钢筋混凝土结构中的应用最早可追溯至20世纪50年代的旧金山地区San Mateo-Hayward大桥的梁以及支承桩结构部分，为其提供腐蚀防护。随着技术应用的日趋成熟，自20世纪70年代开始，外加电流型阴极保护被越来越多地应用于北美地区整桥以及高等级公路桥的维护工作中，随后进一步推广至深受除冰盐腐蚀破坏困扰的欧洲地区。

应用于钢筋混凝土结构的外加电流型阴极保护系统结构如图7-5所示。在确定其电连通状态后，钢筋混凝土结构内部的钢筋经由控制系统与外部低压直流电源连接，外部直流电源的另一端则与混凝土外部的外部阳极系统连接，通过外部直流电源实现对作为阴极的钢筋的阴极极化。对于钢筋混凝土结构而言，外加电流型阴极保护技术除了可以将钢筋阴极极化至腐蚀免疫区域外，钢筋表面还将在极化状态下发生阴极反应［式（7-9）］。该反应将有效消耗氧气和水，并提高钢筋表面孔溶液的碱度，有利于恢复和维持钢筋的钝化。此外，在外部电源所形成的电场作用下，钢筋/混凝土界面处的氯离子亦将向混凝土外部迁移排出，同样有利于抑制钢筋的腐蚀速率，延长钢筋混凝土结构的服役寿命。

图7-6为外加电流型阴极保护系统中钢筋电位与保护状态之间的关系。对于不同氯盐污染状态的钢筋混凝土结构而言，不同的极化状态可分别对应于不同保护效果。对于不同腐蚀程度的钢筋，所需要的保护电流亦有所不同。由于使用了外部直流电源，应用于钢筋混凝土结构的外加电流型阴极保护技术可根据实际情况，通过控制系统将钢筋调整至最佳极化电位，并施加与当下腐蚀水平相匹配的电流密度，这些调节功能是牺牲阳极型阴极保护技术所难以实现的。因此，在系统监测装置功能良好、阳极功能正常的前提下，外加电流型阴极保护技术出现析氢破坏以及保护电流不足等负面效应的概率相对牺牲阳极型阴极保护技术显著降低，可以认为是牺牲阳极型阴极保护技术的"升级版"。但是，外加电流型阴极保护技术需要功能良好的监控设备以及控制电源作为基础支撑，因此系统的运行和维护更加复杂。

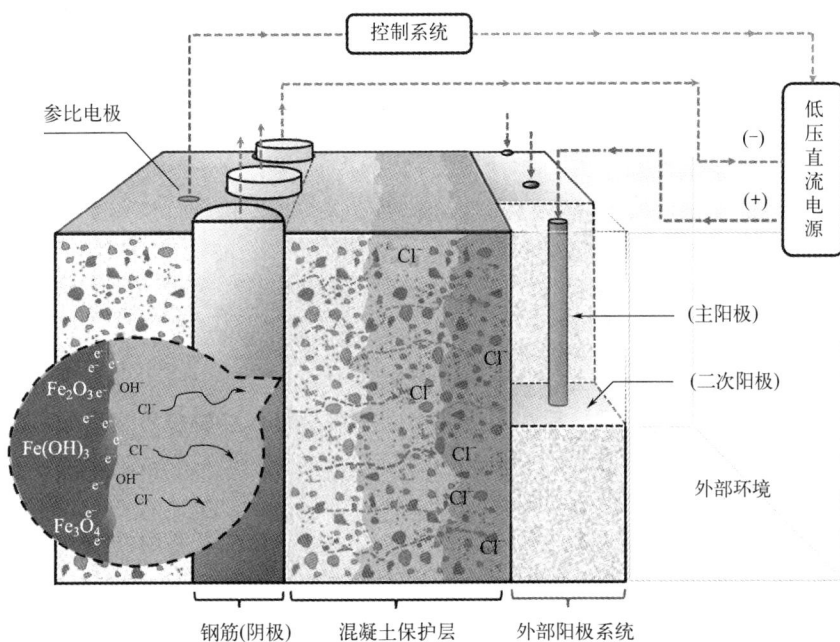

图 7-5　外加电流型阴极保护系统结构

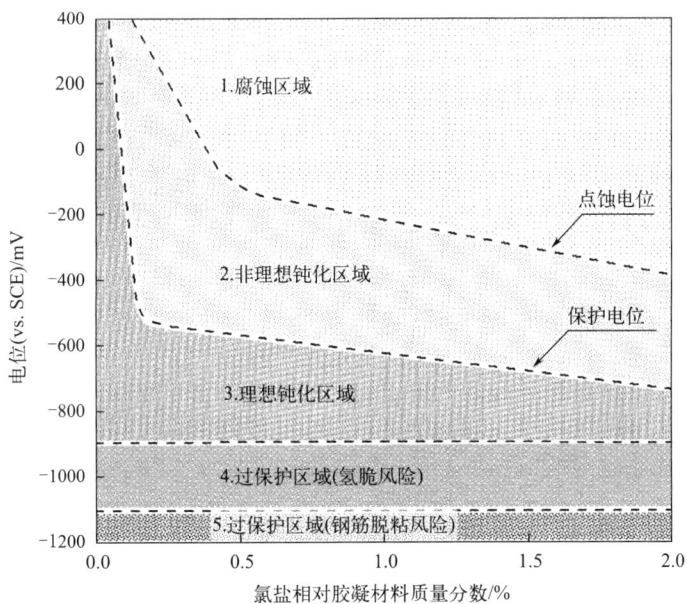

图 7-6　外加电流型阴极保护系统中钢筋电位与保护状态之间的关系

（2）外部阳极材料与外部阳极系统

　　与牺牲阳极型阴极保护技术类似，外加电流型阴极保护技术的保护效率同样与阳极材料性能密切相关。自外加电流型阴极保护技术问世以来，其保护效率的提高均依赖于高性能阳极材料和阳极系统的研发。最早使用的铸铁阳极虽然造价低廉，但由于自身腐蚀消耗速率极大，因此，供应 10A 电量一般需要消耗 2 吨铸铁主阳极。当石墨阳极问世后，主阳极可在 $20A/m^2$ 的高保护电流密度下将阳极损耗控制在 $1\sim1.5kg/(A \cdot a)$；多孔铂金主阳极材料的损耗量更可降低至 $2mg/(A \cdot a)$ 的可忽略级别。虽然铂金类贵金属阳极的优异性能使其十分适合作为主阳极使用，但是高昂的价格阻止了其在实际工程中的大规模应用。基于此，研究人员开发了具有高稳定性和高电催化活性涂层（IrO_2 及 Ta_2O_5）的阳极材料。具有混合金属氧化物热烧结涂层的钛基阳极材料为其中的佼佼者：活性热烧结涂层有效降低了钛基阳极材料的阳极极化钝化效应，具有高活性（海水环境下可在 $600A/m^2$ 保护电流密度下工作）和低损耗量［阳极损耗约为 $1\times10^{-3}g/(A \cdot a)$］等特点。目前，外加电流型阴极保护技术中采用的主阳极材料主要包括以铂为代表的具有高稳定性及耐蚀性的贵金属材料、以钛为代表的表面具有催化氧化物涂层的特种复合材料等。

此外，对于外加电流阴极保护系统而言，将主阳极与被保护钢筋混凝土结构连接的材料性质同样对保护效率具有重要影响，这类材料一般称为二次阳极材料或回填材料。二次阳极材料的电学特性非常重要：保护电流在由主阳极传递至钢筋的过程中，通过的二次阳极材料电阻率越低，其占据的压降就越小，系统电压（槽电压）也越小。以导电砂浆为主的水泥基复合材料是应用于钢筋混凝土外加电流型阴极保护系统最广泛的二次阳极材料。碳纤维、石墨是用于制备导电水泥基二次阳极材料最常见的两类碳基材料。虽然在外加电流型阴极保护技术中阳极反应不会像牺牲阳极型阴极保护技术那样大量消耗阳极金属，但阳极材料表面发生的阳极反应将对主阳极以及二次阳极材料产生严重的酸化侵蚀破坏。对水泥基二次阳极材料而言，系统长期运行中阳极反应所引起的局部孔溶液 pH 值下降会使 $Ca(OH)_2$、以钙矾石为代表的水化硫酸钙甚至 C-S-H 凝胶逐步酸化溶解，造成保护效率的下降，最终导致外加电流型阴极保护系统提前劣化失效[11-12]。因此，受制于上述外部阳极系统中酸化劣化对外加电流型阴极保护技术的负面影响，相关标准规定该技术实际运行中主阳极可长期承受的最大工作电流密度为 $110mA/m^2$。基于钢筋混凝土结构外加电流型阴极保护工程的性能需求，相关文献中提出的高性能二次阳极材料应具备的特点[13]：在阴极保护运行过程中与混凝土结构保持优良的黏结性能、与各种混凝土表面均具有良好的相容性、优异的力学性能以及离子电导性能能尽量少地受环境湿度变化的影响。虽然碳纤维等材料能够有效提高二次阳极的力学性能和导电性，但是不能解决阴极保护运行过程中二次阳极材料的酸化劣化问题。华南理工大学设计制备了基于导电功能性轻骨料的高稳定性外部阳极砂浆，有效提升了水泥基二次阳极材料的离子电导性能，抑制了外加电流型阴极保护运行过程中水泥基二次阳极材料的酸化劣化，进一步提高了外加电流型阴极保护技术的效率和稳定性[11]。

7.2.4 双向电渗保护技术

（1）双向电渗保护技术的作用原理

双向电渗结合了电化学除氯和电迁移型阻锈剂的技术特点，目前已在国内外得到广泛应用。双向电渗保护技术的基本原理如图 7-7 所示。双向电渗保护技术是将钢筋混凝土结构中的钢筋作为阴极，并在混凝土外表面铺设不锈钢或钛合金网片作为阳极，在阳极和结构表面布设含阻锈剂的阴极电解液，并在阴阳极之间施以直流电压。在外加电场作用下，电解液中的阻锈剂阳离子进入混凝土保护层，并向钢筋（阴极）电迁移；混凝土中的氯离子也将向外部阳极迁移，迁移出混凝土保护层。当阻锈剂在钢筋表面浓度达到一定值时，会在钢筋表面形成一层密实的保护膜，将氯离子和氧气等腐蚀介质与钢筋隔离，从而起到阻锈的作用。因为双向电渗保护技术同时包括电化学除氯和阻锈剂迁移等多个子过程，所以考虑除氯与阻锈剂迁移的耦合作用，最优化相应的双向电渗参数，合理选择阻锈剂，是实现良好修复效果的重要保障。

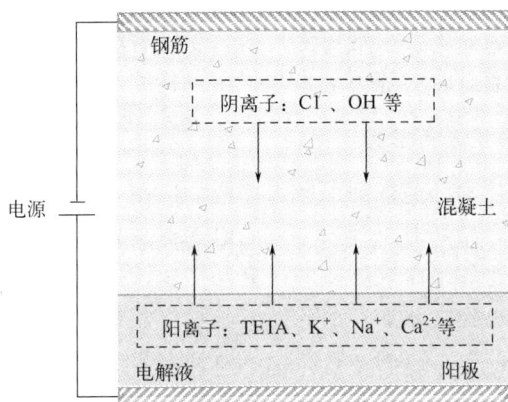

图 7-7 双向电渗保护技术的原理示意图

（2）双向电渗保护技术的保护效果

双向电渗保护技术中阻锈剂的选择应从阻锈效果、电迁移能力、环境友好性等几个方面出发。目前，双向电渗保护技术中普遍使用的为胺类阻锈剂。胺类阻锈剂会在电场作用下迁移至钢筋表面，其极性基团（氨基）可以牢固吸附在钢筋表面，而非极性基团（碳链）则能够完整覆盖钢筋表面，形成一层密实保护层，将钢筋与氧气、氯离子等侵蚀介质隔离，从而延缓甚至防止钢筋锈蚀。除物理隔离外，胺类阻锈剂（如三乙烯四胺）也可以通过化学方式抑制"氢脆"现象，即吸附了三乙烯四胺的钢筋表面的析氢反应过程发生改变，首先发生三乙烯四胺的脱附反应，然后氢离子获得电子并吸附到钢筋表面。除此之外，二甲基乙醇胺也可作为电迁移型阻锈剂，在降低钢筋"氢脆"风险的同时实现与传统电化学除氯技术同等的除氯效果。也有学者研究了醇胺类阻锈剂对混凝土模拟孔溶液中钢筋的阻锈效果，并且利用自行设计的电迁移试验装置研究了混凝土中钢筋的自腐蚀电位、极化电阻、交流阻抗谱的变化规律，基于试验数据建立了阻锈过程中极化电阻变化模型，进一步为双向电渗的实际应用提供了指导。相较于传统的电化学修复方法，双向电渗保护技术在后期具有明显的优势，具体表现为传统电化学修复技术（如电化学除氯）在后期都会伴随混凝土除氯效率下降和钢筋"氢脆"现象的出现，但阻锈剂的迁入可保证双向电渗保护技术后期的修复效果。

由于阻锈剂的掺入，双向电渗保护技术的除氯效果与传统电化学除氯技术的除氯效果存在差异。双向电渗处理后混凝土保护层中氯离子浓度分布呈现内部高外部低的趋势，而电化学除氯处理后氯离子浓度分布较为均匀。另外，相关研究表明，双向电渗保护技术和电化学除氯技术都会使混凝土保护层表面强度以及钢筋与混凝土的界面黏结强度降低，阻锈剂也会对混凝土保护层表面和钢筋/混凝土之间的黏结造成一定程度的负面影响。双向电渗保护技术也适用于近年来兴起的海砂钢筋混凝土结构，并成为一种提升海砂混凝土建筑耐久性的有效防护手段。目前建议的双向电渗保护技术的电流密度为 $3A/m^2$，但是实际工程应用中应参考混凝土的实测电阻以及安全电压以详细确定具体参数。双向电渗技术也可以与传统电化学修复技术有机结合形成联合修复技术。相较于单纯的双向电渗技术，联合修复技术的阻锈剂活性基团迁移更为有效，并且氯离子去除能力与传统技术类似。联合修复处理后砂浆中钢筋有很好的钝化保持能力，随着通电时间、水灰比的增加，氮元素渗入量和氯离子去除量增加。

尽管阻锈剂可以一定程度上抑制电化学修复过程中钢筋"氢脆"现象的产生，但是当施加电流密度过大时，钢筋表面仍会出现析氢反应，且随着电流密度的增大而加剧。因此，双向电渗技术的电流密度和通电时间等关键参数仍需严格控制和精密计算。

（3）双向电渗保护技术的发展趋势

目前，双向电渗保护技术已经得到了较为广泛的应用，并证明可以显著提高既有钢筋混凝土结构的耐久性和服役寿命。对于其未来双向电渗保护技术的发展趋势，首先，小电流或者微电流作用下电化学修复效果需要更多的研究和探索。这是因为随着电流密度的增大，由析氢反应带来的负面效应也随之增加，因此低于临界电流密度的小电流处理可以有效避免钢筋"氢脆"现象的出现。其次，将纳米材料引入双向电渗保护技术中。双向电渗保护技术中引入纳米材料是一种全新的技术，该研究在国内基本处于空白状态，国外研究也仅处于起步阶段。将纳米材料引入双向电渗主要有两种思路：

① 将阻锈剂制备成纳米材料使用。国外已有学者对电动纳米粒子修复技术抑制钢筋混凝土锈蚀破坏及其提升钢筋混凝土的长期耐久性进行了研究。该方法主要采用电场加速火山灰纳米粒子通过混凝土的毛细孔，直接到达钢筋表面，使纳米颗粒将毛细孔封闭，防止氯离子渗透。经过纳米粒子处理后，混凝土微观结构的变化可有效减轻新浇筑混凝土和既有混凝土中钢筋的腐蚀。

② 将纳米材料和阻锈剂一起使用。使用纳米水溶胶等材料将阻锈剂包裹，通过双向电渗保护技术使其迁入混凝土中。这种思路主要来源于对氧化铝粉体在硅溶胶中的分散机理和稳定性的研究，具体实施仍然需要大量试验研究。

7.3　混凝土结构中钢筋锈蚀防护技术

尽管混凝土中的钢筋锈蚀破坏是电化学反应过程，采用电化学修复与防护技术是对钢筋混凝土提供腐蚀防护的最有效手段。但是，对于服役于含氯化物等具有较高腐蚀危害风险环境且暂未发生钢筋失钝活化的构筑物而言，采用其他物理、化学或结构改进等技术和方法，不仅同样能够起到较好的腐蚀防护效果，有的技术还可以弥补电化学修复与防护技术的不足与局限性。

7.3.1　混凝土组成结构调控

众所周知，混凝土是典型的多孔材料，环境中的侵蚀性离子和 CO_2 可以通过混凝土的内部孔隙迁移进入混凝土。因此，改善混凝土的孔结构，提高混凝土的密实度和抗渗性，并适当增加混凝土的保护层厚度，可以有效抑制混凝土中钢筋的锈蚀破坏。混凝土结构自防护技术包括以下几个方面。

① 降低水灰比、提高胶凝材料用量、优化混凝土的骨料级配，可以显著减少混凝土中

的孔隙，提高混凝土的抗渗性、密实度，延长 CO_2 和氯离子诱发钢筋腐蚀破坏的时间。

② 利用矿渣、粉煤灰、硅灰等矿物掺合料替代部分水泥，一方面可以提高混凝土基体结合氯离子的能力，另一方面可以降低孔隙尺寸并堵塞部分孔隙，进一步提高混凝土的密实度，延缓氯离子等侵蚀性介质侵入的速度，延迟钢筋开始锈蚀的时间，提高混凝土的耐久性。

③ 对于重要的钢筋混凝土结构，如跨海大桥等，为保障其耐久性和服役寿命，延迟钢筋腐蚀诱发的时间，可适当增大混凝土保护层厚度。但是，混凝土保护层厚度的增加会提高其在凝结硬化过程中的收缩开裂风险，需采取一定措施（如掺入纤维、使用低热混凝土或给骨料降温并使用低温水进行混凝土配制等）进行裂缝控制。

7.3.2 混凝土结构附加防护技术

混凝土结构附加防护技术是指通过改进混凝土结构的设计和施工对钢筋混凝土进行腐蚀防护的技术和措施，包括在混凝土结构的桥面铺设防水层、修筑排水沟等。

（1）铺设防水层

在结构实际服役过程中，环境中的侵蚀性介质往往经由水这一媒介侵入结构内部，因此，由外而内阻断水的传输不失为一项行之有效的防护技术路线。目前，很多欧洲国家采取在混凝土桥面上铺设防水层的方式防止除冰盐渗入桥面。该类防水层往往具备多层复合结构：在混凝土桥面板上先涂刷底层涂料，以增加防水层与混凝土桥面板的界面黏结力；然后，依次铺设黏结层、透气膜、防水膜；防水膜上放置保护板，再在保护板上涂刷一层黏结涂料；最后，在涂料上铺设沥青混凝土垫层和面层。其中，防水膜是防水层的核心组成部分，可分为两类。第一类是防水卷材，包括沥青防水卷材、高分子聚合物改性沥青防水卷材和合成高分子防水卷材。合成高分子防水卷材是以合成橡胶、合成树脂为基料，加入适量辅助剂和填充剂制备而成的，具有拉伸强度高、延伸率大、抗撕裂强度高、耐热性能好、低温柔性好、耐腐蚀、抗老化等一系列优点。第二类是防水涂料，也包括沥青防水涂料、高分子聚合物改性沥青防水涂料和合成高分子防水涂料。防水涂料在常温下呈黏稠状态，将其涂刷在混凝土基底表面上，待涂料中的溶剂和水分挥发后，各组分间通过化学反应，在混凝土基底表面形成一层具有弹性的防水、防潮、防渗的连续薄膜。防水涂料的优点是可形成重量轻、无接缝的完整防水膜，特别适合形状不规则的复杂混凝土结构表面。防水涂料在施工时要采用刷子、刮板等简单工具涂刷，因此其厚度很难像防水卷材均匀一致。

如果施工不当，防水膜在铺设时会被热沥青烫漏或被沥青混凝土中的骨料刺破。此外，在桥面板连接处、道路边缘和排水处也容易出现防水膜破损。一旦防水膜发生破损，氯离子就可以从破损处进入混凝土，诱发钢筋锈蚀破坏。因此，必须严格按照规范进行防水层的施工。值得注意的是，防水层与阴极保护系统不兼容。因为阴极保护系统在运行过程中会产生气体，而防水层却阻碍气体的排出。所以在实施阴极保护技术的混凝土结构中不得铺设防水层。

防水层的使用寿命为 10～15 年，因此必须定期更换。当混凝土结构进行局部修理时，也要随之更换防水层。目前，防水层不仅广泛应用于公路桥面，并且也应用于停车场地面。停车场的车辆通过量比桥面少得多，所以铺设防水层的混凝土保护层厚度可以减少。这样既可以减轻防水层的载荷，也能增加停车场的净高度。

（2）修筑排水沟

在混凝土建筑物或桥梁下部结构修筑排水沟与排水系统，可以将含有氯离子的水从混凝土表面疏导排出，可认为是防水层的扩展，也是抑制氯离子对混凝土侵蚀破坏的最简单、最经济的方法。修筑排水沟可以降低混凝土结构中钢筋的腐蚀破坏速度，延长挖补修复区、阴极保护系统中辅助外部阳极和去除氯离子后钢筋混凝土结构的服役寿命。

7.3.3 阻锈剂防护技术

7.3.3.1 阻锈剂的定义与分类

（1）阻锈剂的定义

美国混凝土学会的116R-85标准将阻锈剂定义为："一种液态或粉末状的化学物品，通常在很低浓度下就能有效地减少钢筋腐蚀，无论钢筋是埋入混凝土之前或是处于混凝土之中。"美国《混凝土钢筋腐蚀设计标准》中规定使用阻锈剂作为钢筋防腐蚀的措施之一。日本是一个岛国，盐害尤为严重，为了防止海砂及海水中的Cl^-对混凝土中钢筋的侵蚀，很早便采用钢筋阻锈剂。1973年，日本在建冲绳发电站时，大量使用钢筋阻锈剂。苏联也是使用钢筋阻锈剂较早的国家。

鉴于钢筋阻锈剂的重要性，国内外颁布了多部关于钢筋阻锈剂的标准。国内现行涉及阻锈剂性能指标的标准有《钢筋阻锈剂应用技术规程》（YB/T 9231—2009）、《钢筋阻锈剂应用技术规程》（JGJ/T 192—2009）、《混凝土结构加固设计规范》（GB 50367—2013）、《钢筋混凝土阻锈剂》（JT/T 537—2018）和《水运工程结构防腐蚀施工规范》（JTS/T 209—2020）。在上述相关标准和规范中，阻锈剂的定义为：掺入混凝土（或砂浆）中或涂刷在混凝土（或砂浆）表面，通过对混凝土（或砂浆）内钢筋的直接作用，能够阻止或减缓钢筋锈蚀的外加剂。

（2）阻锈剂的分类

按照阻锈剂的应用方式，混凝土中的钢筋阻锈剂可以分为内掺型阻锈剂和迁移型阻锈剂。其中，内掺型阻锈剂主要通过内掺对新建钢筋混凝土结构进行有效防护，而迁移型阻锈剂主要通过表面渗透对现有钢筋混凝土结构进行有效预防和修复。由于内掺型阻锈剂能更容易掺加到混凝土中，人们通常认为内掺型阻锈剂比迁移型阻锈剂更加可靠。此外，按照存在形式，可将阻锈剂分为溶液型阻锈剂和粉剂型阻锈剂；按阻锈机理可分为阴极型（抑制阴极反应）阻锈剂、阳极型（抑制阳极反应）阻锈剂、混合型（抑制阴极和阳极反应）阻锈剂；按化学成分，可将阻锈剂分为无机阻锈剂、有机阻锈剂和新型阻锈剂。

① 无机阻锈剂。20世纪60年代到90年代应用广泛的是以亚硝酸盐、磷酸盐为代表的无机阻锈剂。其中，亚硝酸钙可使钢筋再次钝化而提高钢筋的耐锈蚀性能，其作用机理主要是通过将钢筋活化后产生的Fe^{2+}氧化成Fe^{3+}，形成钝化膜Fe_2O_3，抑制或减缓阳极反应，达到阻锈目的，并表现出阳极阻锈剂的特征。但是，当其用量不足时又会加速钢筋锈蚀，存在很大的使用风险。此外，亚硝酸钙对水泥的凝结有促凝作用，尽管其能提高混凝土强度，但会加速氢氧化钙和钙矾石的生成，增大孔径尺寸，进而降低耐硫酸盐侵蚀性能；再者为了保证阻锈效果，通常掺量较大，然而较大的掺量会导致较多的溶出。由于亚硝酸盐具有严重

的生物毒性和致癌作用，目前已被许多国家限制或禁止使用。

磷酸盐有内掺和迁移两种应用方式，其作用机理主要通过溶解-沉淀在钢筋表面生成保护膜。尽管单氟磷酸钠作为内掺型阻锈剂具有较好的阻锈效果，但由于单氟磷酸钠会和新拌水泥浆体中的钙离子反应生成不溶的氟化钙和磷酸钙，大量的单氟磷酸根被消耗而达不到阻锈效果。迁移型单氟磷酸钠阻锈剂则可以有效解决上述问题，减小阻锈剂的反应消耗量，使更多的单氟磷酸根起到阻锈效果，故迁移型单氟磷酸钠较内掺型的阻锈效率更高，但混凝土的密实结构使得磷酸盐的渗透效率低下。此外，磷化物容易引起水体的富营养化，使藻类植物大量繁殖，因此其实际应用也存在较多问题。

② 有机阻锈剂。由于大多无机阻锈剂的掺量较大且具有毒性，对环境或生物会造成较大危害，因此 20 世纪 80 年代以来以醇胺类、脂肪酸酯、有机酸盐等为代表的有机阻锈剂引起人们的日益重视，并向着绿色、环保、无危害的方向发展。有机阻锈剂主要通过在阴极表面形成吸附膜，减缓电化学反应的阴极过程，表现出阴极阻锈剂的特征，或同时阻止和减缓电化学反应的阴、阳极过程，表现出复合型阻锈剂的特征。

内掺型有机阻锈剂：主要由烷醇胺类、环亚胺、脂肪酸酯及其盐类组成，通过直接掺加到混凝土中，用于新建工程和修复工程的钢筋锈蚀防护。醇胺类阻锈剂是通过吸附在钢筋表面形成保护膜，抑制钢筋锈蚀的阳极反应或阴极反应，降低钢筋的锈蚀破坏。脂肪酸酯类阻锈剂在钢筋表面吸附的同时，还可通过在强碱性环境中形成羧酸盐，减缓 Cl^- 进入混凝土内部的速率，从而提高阻锈效率。虽然内掺有机阻锈剂具有诸多优点，但存在着以下问题：a. 可能会影响新拌混凝土的凝结时间；b. 可能对混凝土的强度产生负面影响；c. 醇胺类的钢筋阻锈剂会导致混凝土孔结构的孔径尺寸变大，增加了混凝土的传输系数，导致更高的渗透性和离子传输速率，对钢筋混凝土的耐久性造成损害。

迁移型有机阻锈剂：其主要组分与内掺型有机阻锈剂类似，通常以水溶液或水乳液涂覆在混凝土表面，通过气液双相扩散机制，在浓度梯度与毛细吸收作用下随水分进入混凝土内部。进入混凝土内部的有机物还可通过挥发、以气相形式向混凝土内部进行二次扩散，通过物理或化学吸附作用力吸附在钢筋表面、在钢筋表面成膜从而保护钢筋，主要用于既有工程的修复。鉴于迁移型有机阻锈剂中多采用挥发性组分，其向混凝土深处扩散的同时，也存在挥发性组分向空气中反向扩散的现象，该现象可使混凝土内迁移型有机阻锈剂浓度降低，进而降低其阻锈效率。此外，目前迁移型有机阻锈剂对 Cl^- 诱发的钢筋锈蚀的保护作用有限，当 Cl^- 高于水泥质量 0.6％时，乙醇胺类迁移型有机阻锈剂在混凝土内未见明显修复作用，且迁移型有机阻锈剂的作用效果与钢筋的锈蚀情况密切相关。

③ 新型阻锈剂。针对传统阻锈剂的毒性大、迁移效率不高、不具有智能防护的不足，新型钢筋混凝土阻锈剂向绿色化、高效迁移阻锈剂、智能响应型阻锈剂三个发展方向。

传统的无机阻锈剂（磷酸盐类、铬酸盐类和亚硝酸盐类）一般具有较大的毒性，已被禁止使用，而传统的有机阻锈剂（胺类、醇胺类和脂肪酸类）也存在阻锈性能和零污染无法统筹兼顾等问题。因此，绿色化、无毒环保阻锈剂成为阻锈剂发展的一个重要方向（如图 7-8 所示）。其中，小分子生物制剂、天然小分子生物材料（维生素）、天然提取物等新型阻锈剂，具有来源广泛、价格低廉、环境友好且对人体无毒性的特点，已成为钢筋混凝土防腐领域中的关注热点。

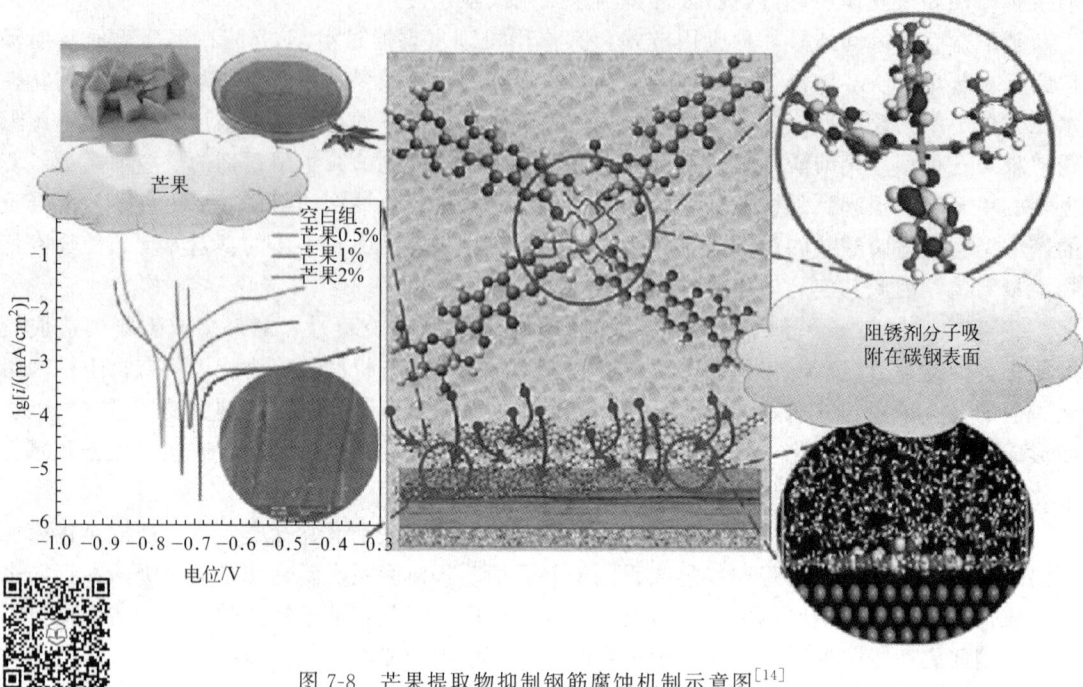

图 7-8　芒果提取物抑制钢筋腐蚀机制示意图[14]

　　在智能响应型阻锈剂方面，有学者利用 Cl⁻ 诱发钢筋的点蚀会使锈蚀区域的 pH 值下降这一特点，采用 pH 值敏感的微胶囊材料包裹有机阻锈剂的技术路线制备了核壳型阻锈剂（如图 7-9 所示）：一方面，在钢筋锈蚀诱发前，有机阻锈剂在高 pH 值环境中可以稳定地包裹于微胶囊中，可缓解其对混凝土材料性能的负面影响，并避免阻锈剂溶出的问题；另一方面，在钢筋锈蚀诱发之后，锈蚀区域的局部 pH 值下降可使包裹于微胶囊内的阻锈剂有效释放，进而实现对钢筋锈蚀破坏的智能防护[15]。

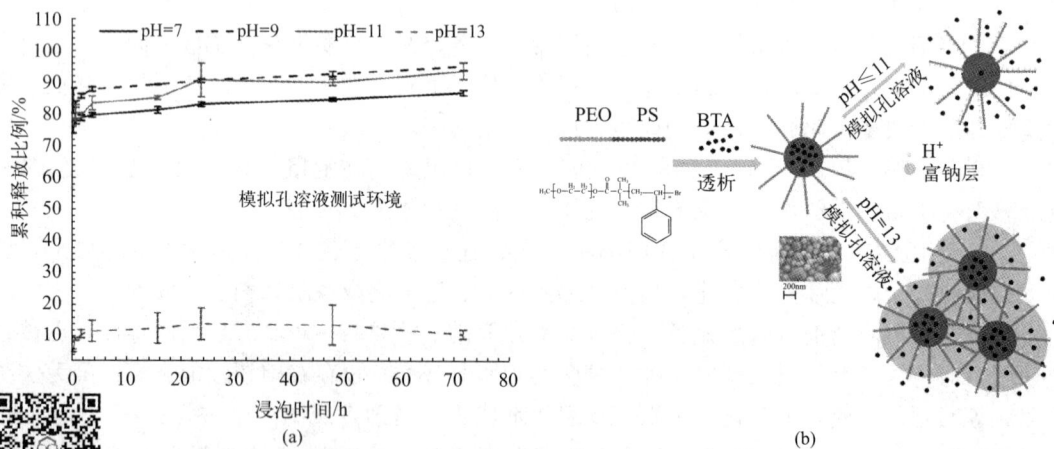

图 7-9　有机微纳阻锈胶囊的 pH 响应性（a）及响应机理图（b）[15]

7.3.3.2　阻锈剂的性能与测试方法

　　一般而言，钢筋阻锈剂主要通过以下作用起到阻锈作用：①提高腐蚀所需的氯离子浓度；②腐蚀破坏发生后，降低钢筋腐蚀速率。根据相关标准和设计规范，应用于钢筋混凝土体系中的阻锈剂除了要求阻锈效率高，以达到减小添加量之外，还必须满足以下要求：①具有合适的溶解度，溶解度太大会使得溶于水的阻锈剂容易从混凝土中溶出，溶解度过小则难以保证阻锈剂的阻锈效果；②在混凝土孔溶液的高碱性环境中具有较好的稳定性，同时与混凝土具有较好的相容性，不能给新拌/硬化混凝土带来严重的副作用；③使用方便、简单、无须维护；④环境友好，对环境和人体无毒无害；⑤价格便宜，成本较低。

根据我国钢筋阻锈剂的相关标准和设计规范，在实际工程中主要采用以下两种测试方法来评价阻锈剂的性能。

（1）盐水浸渍试验

将依照标准方法处理好的钢筋浸泡在加入阻锈剂的氯化钠溶液中，以钢筋的开路电位和腐蚀电流来评价阻锈剂的阻锈效果，如图 7-10 所示。

（2）盐水干湿循环试验

与第一种方法类似，经过若干次干湿循环后，以钢筋的锈蚀面积百分率评价阻锈剂的阻锈效果。盐水干湿循环试验用试件规格如图 7-11 所示。

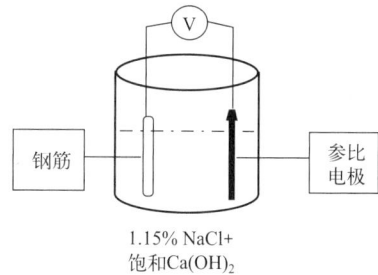

图 7-10　盐水浸渍试验示意图

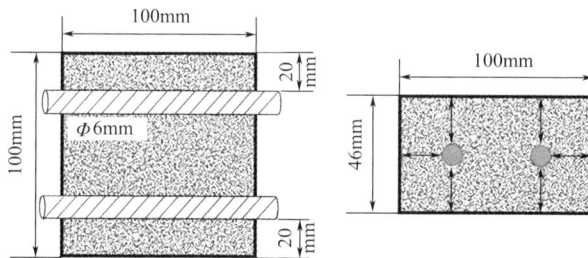

图 7-11　盐水干湿循环试验用试件规格

在实验室研究中，阻锈剂阻锈性能的研究方法按照其侧重点和所运用的原理大致可以分为以下几类。

（1）失重法

失重法是通过钢筋在空白和添加阻锈剂的模拟混凝土孔溶液中浸泡后的失重量的对比对阻锈剂的阻锈性能进行评价。这种方法比较直接，可以多组同时进行，但误差较大，无法对阻锈机理进行探讨。研究表明，醇胺类阻锈剂可以有效降低钢筋的腐蚀速率，随着溶液中阻锈剂浓度提高，其阻锈效率逐渐上升，可见失重法可以有效用于钢筋阻锈剂阻锈性能的表征。

（2）电化学方法

电化学方法是一类基于对钢筋施加的交变电学激励信号并通过收集分析其信号反馈特性以关联其腐蚀状态的分析测试方法，是目前最常用的一类无损检测/分析研究方法。它主要包括测量在空白和添加阻锈剂的模拟混凝土孔溶液/混凝土中钢筋腐蚀电位、极化电阻、腐蚀电流和交流阻抗等的变化，对阻锈剂的阻锈作用和相关机理进行探讨。电化学方法通过测试系统（如图 7-12 所示）测定有关化学参数来对钢筋的锈蚀状态和锈蚀速率进行定性评价和定量测量，具有测试速度快、灵敏度高、同时能在一段时间进行连续检测等优点。图 7-13 为浸泡在含有机微纳阻锈胶囊（试样 E1、E2 和 E3）和负载苯并三氮唑的有机微纳阻锈胶囊试样（B1、B2、B3）模拟混凝土孔溶液中钢筋的交流阻抗谱。如图 7-13 所示，与参比样（试样 W）相比，两类有机微纳阻锈胶囊均可有效提高钢筋的容抗弧半径。此外，浸泡在含有负载苯并三氮唑的样品容抗弧半径进一步增大。因此，可基于以上系列电化学测试结果判断钢筋在不同阻锈处理条件下的腐蚀行为变化，并进一步定量评估不同有机微纳阻锈材料对钢筋腐蚀速度的影响差异。

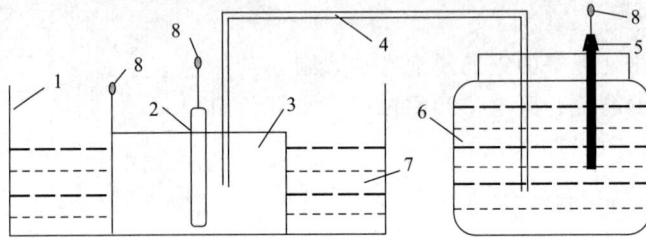

图 7-12　电解池测试系统示意图

1—电解池；2—钢筋（工作电极）；3—环状辅助电极；4—盐桥；5—参比电极
（饱和甘汞电极）；6—饱和氯化钾溶液；7—试验溶液；8—插孔

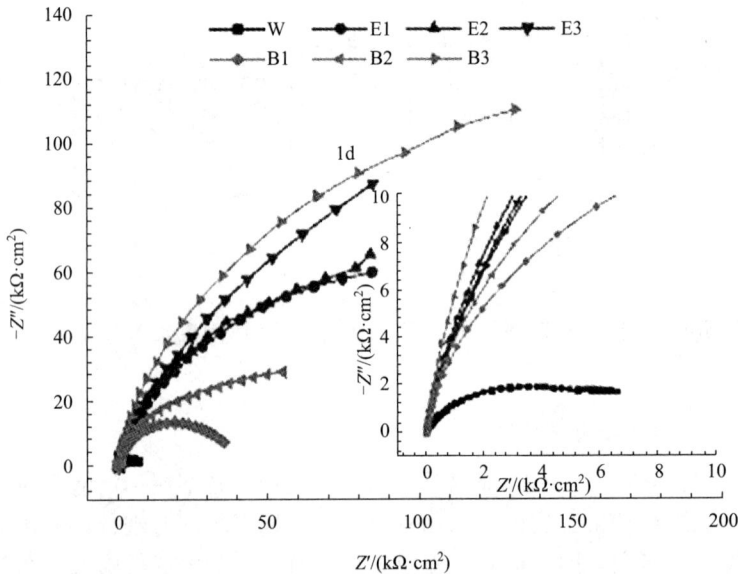

图 7-13　浸泡在含有机微纳阻锈胶囊模拟混凝土孔溶液中的钢筋交流阻抗谱[15]

（3）表面分析方法

表面分析法是指采用红外光谱分析（图 7-14）和热重分析（图 7-15）等表面分析技术，来分析和确定阻锈剂分子的主要官能团及其结构，表征金属表面吸附膜的状况与精细结构，从而阐明阻锈剂作用的过程和机理。另外，也可以通过分光光度计来分析混凝土结构中阻锈剂的分布情况，来进一步分析阻锈剂的阻锈机理。

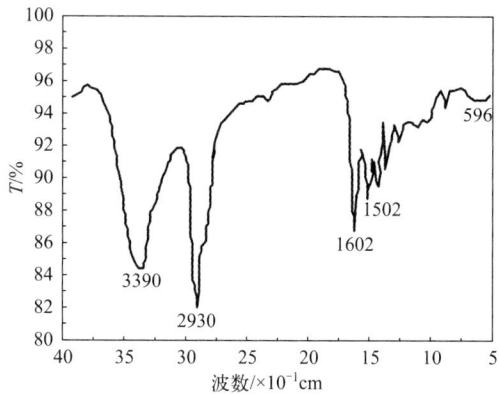

图 7-14　松香基咪唑啉的红外图谱[16]

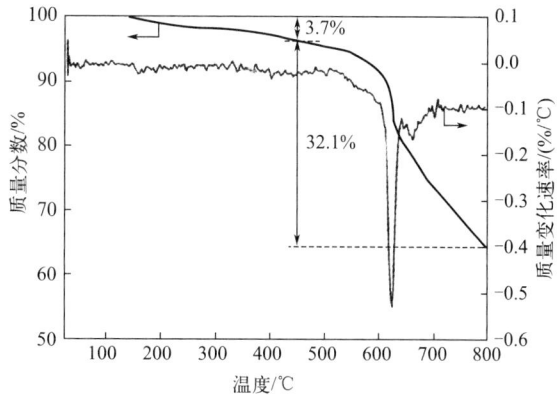

图 7-15　类沸石锌基咪唑酯金属有机
框架阻锈剂的热重图谱[17]

7.3.3.3　阻锈剂的作用机制

（1）内掺型阻锈剂

由于按化学成分，可将阻锈剂分为无机、有机和混合型。因此，不同类型内掺型阻锈剂的阻锈机理和作用机制也不相同。

① 无机内掺型阻锈剂。大多数无机阻锈剂是对钢筋锈蚀破坏的阳极过程产生抑制作用，属于阳极型阻锈剂，主要通过在钢筋表面形成钝化膜，延缓钢筋的阳极电化学反应，如亚硝酸盐、铬酸盐、钼酸盐等无机盐类。以亚硝酸盐为例，其阻锈机理被认为是 NO_2^- 与 OH^- 和钢筋失去电子产生的 Fe^{2+} 反应，形成由 Fe_2O_3 和 $\gamma\text{-}FeOOH$ 为主的新钝化膜，修复破坏的钝化膜，抑制钢筋锈蚀的阳极反应，主要化学反应式如下[18]：

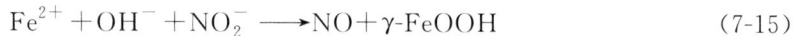

$$2Fe^{2+} + 2OH^- + 2NO_2^- \longrightarrow 2NO + Fe_2O_3 + H_2O \tag{7-14}$$

$$Fe^{2+} + OH^- + NO_2^- \longrightarrow NO + \gamma\text{-}FeOOH \tag{7-15}$$

图 7-16 为不同 NO_2^- 含量下混凝土中 Cl^- 含量与钢筋腐蚀面积比的关系。研究发现当掺入 NO_2^- 后，即使混凝土中氯离子浓度超过临界值，亚硝酸根离子的引入对混凝土钢筋腐蚀也有足够的抑制作用，即 NO_2^- 提高了诱发钢筋锈蚀破坏的临界氯离子浓度。

由上述化学反应式可知，该反应只能在碱性环境下发生。相关研究表明，亚硝酸盐在 pH 值大于 6.0 的环境下才能保持良好的阻锈能力，而氯盐的侵蚀会降低钢筋周围环境的 pH 值，因此，$[Cl^-]/[NO_2^-]$ 的相对比值会影响最终的阻锈效果。如果亚硝酸盐的掺入量不足或者遇到高浓度的氯盐侵蚀，即使能够形成钝化膜，由于膜层不够致密完整，依然会引起局部腐蚀，某些条件下甚至会加速钢筋的锈蚀，这就决定了亚硝酸盐的掺入量必须足够大才能满足长期防护和有效防护的要求。

此外，也有一些无机阻锈剂属于阴极型阻锈剂。与阳极型阻锈剂的阻锈机理类似，阴极型阻锈剂能够与混凝土孔溶液中的部分离子反应生成难溶性盐沉积或者吸附在电化学反应的阴极区域，以阻止或减缓阴极得到电子，从而抑制钢筋锈蚀的阴极反应过程。以单氟磷酸钠 Na_2PO_3F 为例，其可以与孔溶液中的 $Ca(OH)_2$ 反应生成 $Ca_5(PO_4)F$ 沉淀，覆盖在钢筋腐蚀电化学反应的阴极区域，使得溶解氧难以向钢筋表面扩散，降低了阴极反应速率，主要化学反应式如下[19]：

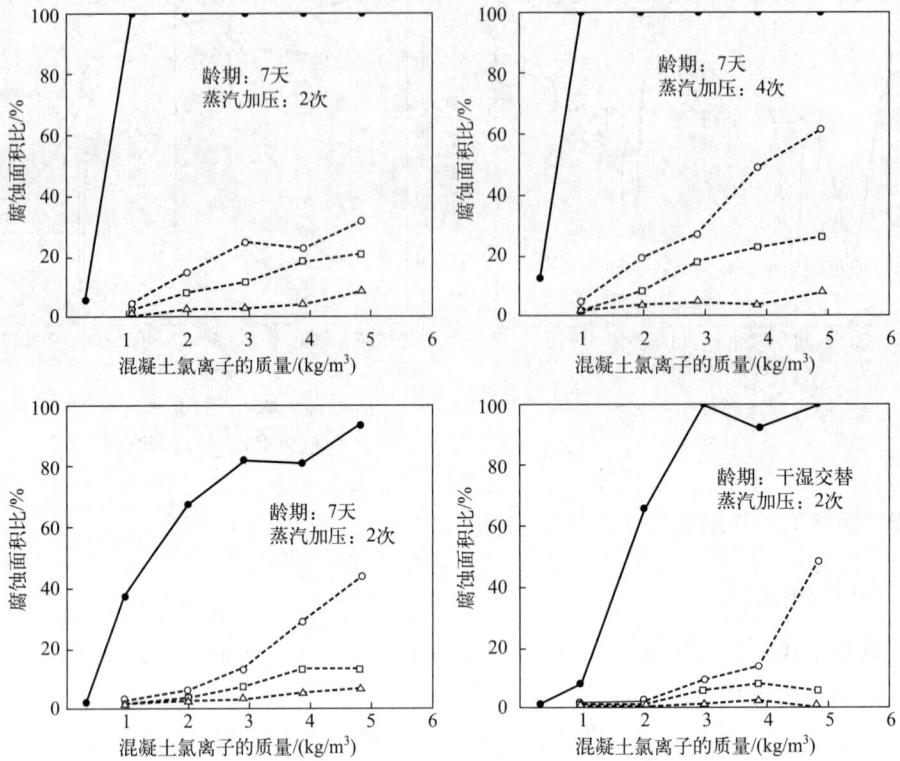

图 7-16　不同 NO_2^- 含量下混凝土中 Cl^- 含量与钢筋腐蚀面积比的关系[16]

（●—0kg/m³；○—2.0kg/m³；□—3.5kg/m³；△—5.0kg/m³）

$$5Ca(OH)_2 + 3Na_2PO_3F + 3H_2O \longrightarrow Ca_5(PO_4)F + 2NaF + 4NaOH + 6H_2O \quad (7-16)$$

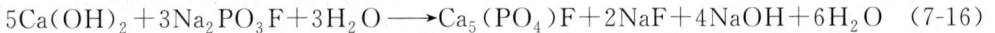

图 7-17 为浸泡在单氟磷酸钠溶液中碳化砂浆试样的交流阻抗图。与浸泡在纯水中相比，浸泡在单氟磷酸钠溶液中砂浆的电阻率由 $50k\Omega \cdot cm^2$ 下降到 $20k\Omega \cdot cm^2$，说明单氟磷酸钠已经渗透进入到砂浆内部。此外，单氟磷酸钠能够延缓钢筋腐蚀的发生，使钢筋表面氧化层电阻由 $190k\Omega \cdot cm^2$ 升高到 $500k\Omega \cdot cm^2$。

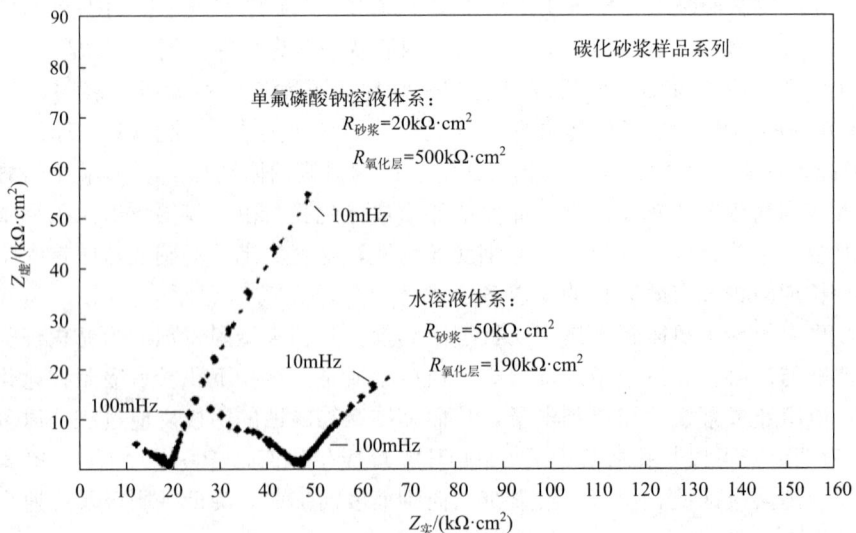

图 7-17　浸泡在单氟磷酸钠或纯水溶液中 48h 后碳化砂浆试样的交流阻抗[19]

阴极型阻锈剂会优先吸附在钢筋表面阴极区域的活性位置，阻碍阴极反应在该位置的进行，从而在客观上等效于提高了整个阴极区域电化学反应的活化能位垒，从而减缓腐蚀反应速率。

② 有机内掺型阻锈剂。与无机阻锈剂不同的是，有机阻锈剂在钢筋表面主要形成吸附膜来起阻锈作用。有机阻锈剂主要包括有胺类、氨基醇类、吗啉多元胺、链烷醇胺、脂肪酸酯以及它们的盐类，通常包含以电负性较大的 O、N、S 和 P 等原子为中心的极性基团和以 C、H 原子为中心的非极性基团。其中，极性基团可以吸附在钢筋表面，从而改变钢筋表面的双电层结构并提高钢筋离子化过程的活化能；非极性基团则远离钢筋表面并定向排列，形成一层疏水膜，阻碍钢筋腐蚀反应过程的电荷转移或物质转移，降低钢筋的腐蚀速率。因此，有机阻锈剂在钢筋表面的吸附行为直接决定了其阻锈作用和阻锈效率。一般而言，有机阻锈剂是通过物理吸附、化学吸附和 π 键吸附等方式吸附在钢筋表面。

阻锈剂在钢筋表面的物理吸附来源于阻锈剂分子与钢筋表面电荷产生的静电引力和二者之间的范德瓦耳斯力，其中静电引力起重要作用。阻锈剂在钢筋表面的化学吸附是由于阻锈剂分子一般同时具有极性基团和非极性基团。极性基团的中心原子 N、O、S 等有未共用的孤对电子，而钢筋表面存在空的 d 轨道。因此阻锈剂分子的孤对电子就会与金属表面的空 d 轨道相互作用形成配位键，使其吸附于钢筋表面。此外，如果阻锈剂分子中含有 π 电子的话，也可以向钢筋表面的空 d 轨道提供电子而形成配位键，发生 π 键吸附。

氨基醇主要是通过限制有害离子在阴极区的运动，隔离有害离子使之不与钢筋接触，从而达到防止或抑制钢筋腐蚀的目的。脂肪酸酯类阻锈剂加入混凝土中以后，会在强碱性环境中发生水解，形成羧酸和相应的醇。在碱性环境中，这一反应是不可逆的，酸根负离子很快与钙离子结合形成脂肪酸盐，在混凝土毛细孔内侧沉积成膜。这层膜可以改变毛细孔中液相与混凝土的接触角，利用表面张力作用把孔中水向外排出，同时阻止外部水分进入混凝土内部。因此，脂肪酸盐能够减少有害物质进入混凝土内部的量，同时延长钢筋表面氯离子浓度达到临界值的时间，提高混凝土的服役寿命。

（2）迁移型阻锈剂

迁移型阻锈剂一般为水溶液或者水乳液，其阻锈成分主要为胺类、醇胺类及其盐类或脂类。将迁移型阻锈剂涂覆在混凝土表面时，该阻锈剂可以分别通过液相（以水作为载体通过毛细作用进行传输）或者气相（有机物在水分蒸发后形成高浓度气体，在浓差作用下进行传输）的方式，利用混凝土内部的毛细孔向混凝土中渗透，到达钢筋表面。迁移型阻锈剂分子中的含 N 极性基团可以通过物理或化学吸附在钢筋表面形成紧密的吸附层，其烷基等非极性基团可以在钢筋表面形成疏水膜层，因此可以将钢筋与氧气、水分、二氧化碳、氯离子等物质隔离，达到阻锈的效果。由上述迁移型阻锈剂的阻锈机理可以看到，迁移型阻锈剂需要通过混凝土的内部孔隙才能迁移到钢筋表面，因此对于保护层厚度较大和孔结构较致密的混凝土中钢筋的阻锈效果不理想。

近年来也出现了阳离子型电迁移性阻锈剂，其可以在电场的作用下通过电迁移的方式进入混凝土内部，到达钢筋表面，加速了阻锈剂在混凝土中的传输速度。电迁移性阻锈剂可以与电化学除盐、电化学再碱化等电化学修复技术结合使用，进一步降低钢筋的腐蚀活性，提高电化学修复技术的效率和钢筋混凝土的耐久性。此外，虽然在电迁移处理后期钢筋的阳极腐蚀电流密度逐渐增加，但总体仍小于腐蚀电流密度临界值，钢筋依然可维持于钝化阶段，表明阻锈剂仍然能够为钢筋提供较好的腐蚀防护效果。

7.3.3.4　阻锈剂的应用技术

阻锈剂在混凝土中的用量非常重要。在实际工程中，钢筋阻锈剂的用量取决于设计服役年限内混凝土中钢筋表面的氯离子浓度。根据《钢筋阻锈剂应用技术规程》（YB/T 9231—2009）的规定，在能够确定钢筋表面氯离子浓度时，若采用亚硝酸盐类阻锈剂，亚硝酸根离子与钢筋表面氯离子的摩尔比应不小于 0.6，以确保该阻锈剂的阻锈效果，避免其对钢筋锈蚀破坏的加速作用。当采用其他阻锈剂时，应根据生产厂家推荐量并经试验确定掺量，当采用单功能阻锈剂应满足表 7-2 中建议推荐用量。

表 7-2　单功能阻锈剂推荐掺量

环境类别①	环境条件		阻锈剂掺量（kg/m³ 混凝土）
Ⅲ	水下区		4～10
	大气区	轻度盐雾区②	4～10
		重度盐雾区③	6～15
	潮汐区或浪溅区	非炎热地区	10～20
		南方炎热潮湿地区	15～30
	土中区	非干湿交替	4～10
		干湿交替	6～15
Ⅳ	较低氯离子浓度④		4～10
	较高氯离子浓度		6～15
	高氯离子浓度，或干湿交替引起氯离子积累		10～20
盐碱地地区			6～15

① 采用《混凝土结构耐久性设计规范》的腐蚀环境分类方法。
② 指离平均水位上方 15m 以上的海上大气区，离涨潮岸线 100m 外至 300m 内的陆上室外环境。
③ 指离平均水位上方 15m 以内的海上大气区，离涨潮岸线 100m 内的陆上室外环境。
④ 反复冻融环境按较高氯离子浓度。

当设计服役年限内混凝土中钢筋表面氯离子浓度无法确定时，内掺型阻锈剂用量应满足表 7-2 中的推荐掺量，且阻锈剂中有效阻锈成分含量应不低于 30%。在满足上述阻锈剂掺量下，要求在盐水浸渍试验中钢筋无锈蚀，电位在 $-250\sim0\text{mV}$ 之间，电化学综合实验中钢筋的腐蚀电流小于 $150\mu\text{A}$，盐水干湿循环试验中钢筋表面腐蚀面积百分率减少 95% 以上。作为一种外加剂，当阻锈剂加入混凝土中时，会与混凝土发生相互作用，影响混凝土微观与宏观材料性能。因此，在使用钢筋阻锈剂时，应密切关注阻锈剂对混凝土性能的影响，特别是相关标准和规范中明文规定的混凝土力学性能、抗渗性、工作性能和凝结时间等。此外，当采用粉剂型阻锈剂时，应适当延长混凝土拌合时间，确保混凝土拌合物的均匀性。

目前电迁移性阻锈剂在实际工程中应用还比较少。在我国 2018 年制定的《混凝土结构耐久性电化学技术规程》（T/CECS 565—2018）中对电迁移阻锈剂的应用技术——双向电迁技术进行了明确规定，包括阳离子型电迁移性阻锈剂的种类，该技术的适用环境、系统组成、相关参数等。双向电迁技术的具体参数如表 7-3 所示。该技术规范的制定能够推进电迁移性阻锈剂在我国实际工程中的应用。

表 7-3　双向电迁技术参数

项目	双向电迁
通电时间	15～30d
电流密度 i/(mA/m^2)	2000≤i≤3000(普通混凝土) 1000≤i≤2000(预应力混凝土结构)
通电电压 U/V	U≤50
电解质溶液	阳离子型阻锈剂溶液
确认效果的方法	测定混凝土的氯离子含量、钢筋电位和阻锈剂浓度
确认效果的时间	通电结束后

7.3.4　环氧树脂涂覆防蚀技术

环氧树脂涂层主要是利用环氧树脂作为成膜剂的一类有机涂层。环氧树脂涂层钢筋最早在 20 世纪 80 年代美国宾夕法尼亚州的一座桥梁上进行使用，此后环氧树脂涂层在美国迅速推广，广泛应用于美国的交通运输行业中钢筋的防腐。环氧树脂拥有较好的耐化学腐蚀性和力学性能，在钢筋表面具有良好的附着性，能有效地隔绝侵蚀性介质与钢筋接触，显著提高钢筋的防腐能力，是目前应用最广的钢筋表面涂层。环氧树脂涂层在混凝土结构中对钢筋的腐蚀防护作用主要来自涂层优良的耐腐蚀性能以及涂层的高致密性。环氧涂层高致密性能够隔绝侵蚀性介质（如 Cl^-、CO_2、H_2O 等）侵入钢筋表面与钢筋直接接触。并且只要涂层在钢筋表面保持完整性，涂层就能够对钢筋保持稳定的防护作用。

但是，环氧树脂涂层在实际工程应用中还存在许多不足之处。其中，很重要的一点是由于环氧树脂对机械损伤非常敏感，在运输、施工过程中易遭受破坏，造成钢筋表面局部出现缺陷，当涂层表面出现缺陷时容易引发钢筋的点蚀破坏，从而使得钢筋的腐蚀速度加快。在美国的密西西比、佛罗里达等地区均发现环氧树脂涂层钢筋发生点蚀而加速钢筋腐蚀破坏的问题。环氧涂层还会降低钢筋与混凝土的黏结力。环氧树脂涂层属于有机涂层，与混凝土的相容性较差。一些专家在报告中指出，环氧树脂涂层钢筋与混凝土的握裹力较无涂层普通钢筋会降低 10%～25%，甚至有的研究结果表明会下降约 50%。此外，环氧树脂涂层与钢筋也存在相容性差的问题。环氧涂层与钢筋的黏结来自涂层与钢筋表面的物理作用，但是随着涂层在混凝土内部服役时间的延长，环氧涂层会发生老化、变形，导致涂层发生起皮，甚至造成涂层从钢筋表面脱落。并且当涂层的完整性遭到破坏时，侵蚀性介质更容易侵入钢筋表面，涂层丧失对钢筋的保护能力，甚至会加速钢筋腐蚀。

7.3.5　钢筋镀锌防蚀技术

钢筋镀锌防蚀技术是一种采用热浸镀或电镀工艺提升钢筋耐腐蚀性能的技术。热浸镀工艺需要在对钢筋进行表面预处理并烘干、预热后，浸渍进入 450～560℃ 的锌及锌合金熔融液中以实现保护层的包覆。电镀工艺主要通过将钢筋在特定电解液中的阴极极化以及还原性反应产物在钢筋表面的析出及沉积而实现镀层涂覆。一般在工业界中为了便于与热浸镀锌工艺区分，常常将电镀法称为冷镀锌工艺。

镀锌钢筋的耐腐蚀性能主要来源于两个方面：首先，在腐蚀性相对较低的大气环境中，锌镀层的氧化腐蚀速率要显著低于钢筋；此外，镀锌层的氧化产物 ZnO 在反应形成 $Zn(OH)_2$ 后会与大气中的 CO_2 进一步反应形成结构致密的 $ZnCO_3$，进一步延缓镀层的氧化消耗，从而延长钢筋与侵蚀性环境介质接触的时间。其次，在高湿多盐的极端侵蚀性环境中，锌镀层具有阴极保护作用，其实质为将相对活泼、自腐蚀电位更低的锌合金与钢筋形成伽伐尼电偶，锌及锌合金类镀层起到类似 7.2.2 节中牺牲阳极的作用，在牺牲阳极消耗殆尽之前，钢筋作为阴极能够获得较好的保护效果。这一特性也使得镀锌钢筋的镀层缺陷位置以及切割端头部不易发生腐蚀。

由上述镀锌钢筋的保护效果及机制可知，不论是热浸渍还是冷镀法，在同等服役条件下，镀锌钢筋的保护效果主要由镀层和钢筋的性质以及二者的结合程度决定。镀层局部最小厚度需随服役环境的严酷性增加而提高，以满足设计服役寿命。热浸渍镀层的平均厚度一般控制在 $80\mu m$，主要通过浸渍工艺中的温度控制调节镀层厚度。相比之下，由于电镀法主要通过电化学沉积获得镀层，可通过调节电流、电量以及电解液等方式来调控镀层的性质及厚度，因此可实现对镀层厚度的精细调控，相关国家标准中最低电镀厚度可达 $5\mu m$。

采用镀锌工艺对钢筋提供腐蚀保护具有一系列的独特优势。例如，镀锌涂层可实现对边角等非常规面的有效覆盖及保护。此外，与无机非金属涂层和有机涂层相比，镀锌涂层具有优异的耐机械破坏能力和良好导电性，不影响常规电学手段对钢筋腐蚀状态的监测以及后续的焊接加工工艺等。更为重要的是，镀锌钢筋引入的阴极保护效果，能在多种极端服役环境中为钢筋提供优异的保护效果。

虽然镀锌防蚀技术具有上述系列优势，但是该保护技术同样具有一定的局限性。镀层的缺陷将极大加速钢筋表面局部的阳极腐蚀速率，其保护效果受熔融金属状态、钢筋基体性质等热浸渍工艺参数影响较大。受镀层厚度以及具体使用环境影响，镀锌层能够将钢筋开始活化发生腐蚀的年限推迟 2~17 年。此外，因预处理和涂镀效果不佳以及钢筋非正常工况应力状态所造成的潜在氢脆隐患也是镀锌防蚀技术的主要技术风险。

为了进一步提升镀锌钢筋的性能，研究人员目前正通过不同技术手段对钢筋镀锌工艺流程中的薄弱环节进行优化。例如，采取有机组分预处理作为临时腐蚀保护介质，降低镀锌前钢筋的腐蚀风险；采用有机涂层预处理技术提升镀层与钢筋的结合力以及通过转换浸渍处理转换提高镀层表面 Ti、Si 等耐蚀组分含量以提升阻锈能力等优化技术手段。

7.3.6 不锈钢钢筋

不锈钢通常指含有不低于 10.5% 的 Cr 以及 Si、Mo、Ti、Ni 等其他元素的铁基合金材料，依据晶型以及微量元素组成差异可分为铁素体不锈钢、奥氏体不锈钢、马氏体不锈钢、双相不锈钢和沉淀-硬化不锈钢五大类别。

在室温下，不锈钢钢筋表面会形成一层连续致密、不可溶且具备快速氧化自修复的钝化膜。不同类型不锈钢形成钝化膜的环境条件略有差异，但是当满足各自发生钝化的条件时，不锈钢的腐蚀速率一般可低至可忽略的程度（其腐蚀速率一般低于 0.1mm/a）。需要注意的是，不锈钢表面钝化膜的形成无须通过对其表面进行额外的化学处理实现，而且酸洗后可在特定环境和常规氧气浓度下迅速形成。然而，一旦不锈钢的服役环境偏离其钝化膜形成环境，钝化膜层将失去修复能力，表现为与一般碳钢钢筋类似的腐蚀行为。

不锈钢钢筋的耐蚀特性主要来源于其表面形成的钝化膜，而钝化膜又具备遇氧自修复的特性，因此环境中的氧气含量对不锈钢钢筋的腐蚀行为至关重要。当不锈钢表面因为污染物、其他涂层或者构件的存在而形成局部缺氧环境时，该缺氧区域将形成阳极，其余正常暴露位置成为阴极而发生电偶腐蚀。在此情况下，只有进一步提高不锈钢钢筋中的合金元素含量才能够获得足够的耐腐蚀特性。

不锈钢钢筋的元素组成对其耐腐蚀性具有重要影响。其中，Cr 是对不锈钢表面钝化膜形成起最主要作用的元素，其他元素则主要对钝化膜的形成及维持起次要作用。当 Cr 含量达到 10.5% 时，不锈钢表面就会形成钝化膜。但是，在大气环境中，该 Cr 含量水平的不锈钢仅具有稍高于碳钢的耐蚀特性，即钝化膜的稳定性较差。随后，研究人员通过将 Cr 含量提高至 20% 左右获得奥氏体不锈钢、提高至 26%～29% 范围获得铁素体不锈钢等钝化膜稳定性显著提高的不锈钢，从而显著提升了不锈钢的耐蚀特性。

不锈钢中 Cr 含量的提高虽然对其耐腐蚀性具有显著的提升作用，但是会给不锈钢的力学性能、焊接加工性能均带来极大的负面影响。因此，研究人员开始逐渐采用其他合金元素取代 Cr 以在获得具备高耐蚀性的同时兼顾其他性能的不锈钢。例如，引入 Ni 元素即可对奥氏体不锈钢晶体结构起到较好的稳定作用，进而极大提高其力学性能。此外，Ni 元素对于不锈钢钢筋钝化膜层的快速恢复同样起到了至关重要的作用。掺加 8%～10% 的 Ni 还可以提升不锈钢的屈服强度以及韧性，但同时会提高不锈钢的应力腐蚀开裂风险。将 Mo 和 Cr 同时引入不锈钢中可以有效提升氯盐污染环境中不锈钢钝化膜的稳定性，进而提升其在氯盐污染环境中的耐腐蚀性。因此，Mo 的掺加对于不锈钢钢筋的点蚀破坏具有优异的抑制作用。此外，虽然不锈钢属于低碳钢，但是 C 元素对不锈钢的韧性以及热加工后的加工硬化具有较好的提升作用。N 元素对于奥氏体不锈钢的耐点蚀性能的提升同样具有积极影响，N 元素还能减少 Cr 与 Mo 的偏析、提升奥氏体相含量、抑制 Cr-Mo 形成 σ 相，从而提高不锈钢的力学性能及耐蚀性能。

7.4 混凝土结构表面防护技术

混凝土是一种多孔结构材料，在其服役期间会承受海流、海风、海雾、海浪、潮差，以及海洋生物腐蚀、污损等耦合作用，令其发生腐蚀破坏和性能劣化，进而缩短服役寿命。混凝土耐久性的下降大多因外界有害介质的入侵导致构件发生破坏。为此，可从混凝土"内"和"外"两方面进行防护，阻止有害介质的进入，进而提高混凝土的耐久性。从混凝土内部，可以通过优化混凝土组成从而改善其微观结构，提升混凝土材料的致密性以提升其自身的防护性能；从混凝土外部，主要采取表面防护技术。根据对混凝土表面孔隙封闭方式的不同，混凝土表面防护材料一般分为表面成膜/层型、孔隙封闭型、疏水浸渍型 3 类。如图 7-18（a）所示，表面成膜型防护材料主要侧重于材料自身致密的结构，通过表面的成膜隔绝有害介质的侵入；相比之下，图 7-18（b）所示的孔隙封闭型则相对更强调向内深入浸渍填充混凝土结构的孔隙中，一方面使涂层材料与混凝土基体的结合更为致密，另一方面也同时优化了表层混凝土的"缺陷"，对有害介质的防护相对更为立体；疏水浸渍型 ［图 7-18（c）］ 则在前一类材料基础上进一步通过疏水改性降低表面有害介质的污损附着量。

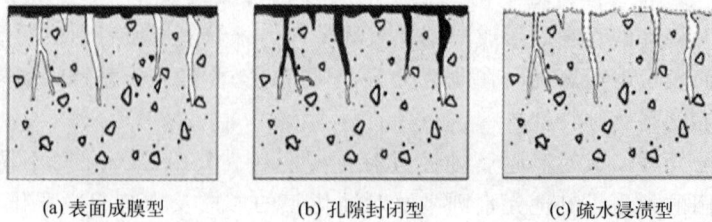

| (a) 表面成膜型 | (b) 孔隙封闭型 | (c) 疏水浸渍型 |

图 7-18 混凝土表面防护材料的三种类型

7.4.1 表面成膜/层型涂料

表面成膜/层型涂料可在混凝土表面发生特定的物理化学反应，形成致密的膜/层结构，从而封闭混凝土表面孔隙、阻隔混凝土与外界腐蚀介质的接触并阻碍其入侵到混凝土内部，实现对混凝土的防护。表面成膜/层型涂料可以有效提高混凝土结构的抗碳化、抗渗以及抗盐离子侵蚀性能。表面成膜/层型涂料主要包括有机涂料、无机涂料和有机-无机复合涂料。有机涂料包括环氧树脂涂料、丙烯酸树脂类涂料、聚氨酯树脂涂料、氟聚合物涂料、氯化橡胶涂料、有机硅涂料等；无机涂料则包括地聚物涂料等；常见的有机-无机复合涂料则包括聚合物水泥涂料等。

（1）表面成膜/层型有机涂料

表面成膜/层型有机涂料在混凝土防护领域应用广泛，在此主要介绍环氧树脂、丙烯酸酯、聚氨酯涂料。

① 环氧树脂涂料。环氧树脂是指以芳香族或脂肪族为主链，一个分子中含有两个及以上环氧基团的高分子低聚物的总称。环氧树脂结构中的极性基团赋予环氧树脂涂料各种优异的性能：大量的羟基、醚键和环氧基可形成化学键与不同基材连接，因此涂料的附着力较高；此外，环氧树脂结构中的苯环、主链中的双酚结构使得涂料硬度较高，耐磨性、耐腐蚀性能较好。因此，环氧树脂涂料被广泛应用于国防及民用领域。环氧树脂涂料大致可分为溶剂型环氧树脂、无溶剂型环氧树脂（含少量活性稀释剂）以及水性环氧树脂。水性环氧树脂符合低 VOC（挥发性有机物）、HAPs（有害空气污染物）的环保要求，但引入亲水性基团和链段后，环氧树脂涂料在低温高湿环境下较难固化。由于分子结构中存在苯环，水性环氧树脂耐紫外线能力较弱，在工程中常用作底涂或中涂，配合聚氨酯等有机涂料共同使用。

环氧树脂涂料以环氧树脂为主要成膜物质。环氧树脂涂料在混凝土表面具有优良的附着力，还具有良好的耐化学药品性，特别是耐碱、耐盐性能。另外，还可以通过其他各种树脂对环氧树脂进行改性处理，多样化的固化剂体系可使环氧树脂涂料成为一种高强度耐腐蚀性涂料。但环氧树脂涂料中含有醚键，在紫外线照射下易发生降解、断链，涂膜光泽度受到较大影响。

② 丙烯酸酯涂料。丙烯酸酯涂料是以丙烯酸酯单体或甲基丙烯酸酯单体加聚反应生成的聚丙烯酸树脂为主体，加入各种助剂或加入橡胶乳液等作改性剂配制而成。其性能可通过加入的单体进行调整。如选择苯乙烯、甲基丙烯酸甲酯可提高涂料的附着力和硬度；选用丙烯腈或丙烯酰胺可提高涂料的耐溶剂性；选择丙烯酸丁酯或丙烯酸十八烷基酯可提高涂料的柔韧性和耐水性。

聚丙烯酸树脂主要包含两大类：热塑性丙烯酸树脂和热固性丙烯酸树脂。热塑性树脂具有较好的耐水性和耐紫外线老化性，但柔韧性、附着力、耐冲击性等性能远不如热固性树脂，分散性、流展性、施工性也不佳。总体来说，聚丙烯酸树酯涂料由于不含共轭双键，因此具有良好的耐候性、耐化学品性和保光保色性，具有极高的装饰性和极强的附着力，还能与其他树脂混合使用。此涂料也存在一定缺点，如低温易变脆、高温变黏，从而导致该涂料易粘灰粘尘、耐污染性差。

③ 聚氨酯涂料。聚氨酯涂料以聚氨酯树脂为主要成膜物质。聚氨酯由含羟基、羧基、氨基等官能团的化合物与含异氰酸酯基化合物反应得到，以大分子多元醇为软段，多异氰酸酯和小分子扩链剂为硬段，经聚合反应制备的共聚物。通过调整软硬段的比例、交联剂、小分子扩链剂的种类，可获得力学强度、柔韧性等各项性能不同的聚氨酯涂料。

聚氨酯树脂涂料在应用中具有以下优点：①附着力好；②涂层保持较小的透氧性和透水性，具有优良的防护性能；③具有优良的耐候性；④调节涂料配方，可制备适用于低温、潮湿环境下的防腐蚀涂料；⑤可制成聚氨酯刚性涂料或弹性涂料；⑥可与其他各种树脂混合改性制备多种具有特色的防护涂料。但聚氨酯树脂涂料含芳烃基团，可能存在漆膜褪色、粉化、变黄、固化反应慢等问题。此外，若不使用底漆，聚氨酯涂料的附着力、耐水性较差，为此一般需要与环氧底漆配合使用。

（2）表面成膜/层型无机涂料

① 微生物表面矿化材料。微生物表面矿化材料通过微生物的矿化作用，在混凝土表面形成矿物沉淀，堵塞混凝土表面孔隙，提高表面密实度，从而改善混凝土的抗渗性和耐久性。微生物表面矿化材料通常可分为两类：微生物控制成矿和微生物诱导成矿。在微生物控制成矿过程中，微生物高度控制矿化沉积过程，包括矿物颗粒的成核与长大，因此所形成的矿物形态为该种菌体所特有，与外界条件无关，如趋磁性细菌所生成的磁铁矿、单细胞颗石藻和硅藻所生成的硅石等。微生物诱导成矿所形成的矿物并无特有形态，且受菌种及环境因素影响较大。矿物范围包括磷酸盐、硫酸盐、碳酸盐、硅酸盐、硫化物及氧化物等。上述两类方式中微生物诱导碳酸盐沉积备受关注，也是目前国内外的研究热点。

a. 微生物表面矿化材料的组成。微生物表面矿化材料的组分主要包括菌株、营养液和沉积前体，考虑到混凝土的高碱性环境，还需要提供保护组分或缓冲液等。微生物表面矿化组分至少应该具有以下其中的几点或全部特性：微生物矿化能够快速形成沉积产物，从而提高混凝土的抗渗透性能；微生物表面矿化材料必须与混凝土基体具有较好的相容性，不能降低混凝土本身性能；微生物表面矿化材料应具有合理的经济性。

混凝土属于高碱性材料，早期混凝土孔溶液的 pH 值通常在 11 到 13 之间。因此，微生物表面矿化材料所用的菌株应能够承受高碱性环境。此外，微生物表面矿化材料所用的菌株在能够有效诱导碳酸盐沉积之外，还应不会对环境产生负面影响。目前，常用于混凝土裂缝修复的微生物菌株包括巴氏芽孢杆菌、巴氏芽孢八叠球菌、科氏芽孢杆菌、耐盐芽孢杆菌、嗜碱芽孢杆菌、球形芽孢杆菌、绿脓杆菌和希瓦氏菌等。

细菌体的化学成分有水、糖类、蛋白质、脂类和无机盐类等，合成这些成分的原料以及合成过程中所需要的能量，都由培养基中的营养液提供。此外，培养基还应提供微生物生长所需的环境条件，如一定的 pH 值。培养基的组成和配比是否恰当对微生物的生长有很大的影响。一般培养基的营养物质包括水、氮源、碳源、无机盐类等。

微生物进行生命活动离不开水，水在微生物生长繁殖过程中占有极为重要的地位。配制培养基时常使用去离子水或蒸馏水，其水质较纯不含杂质，比其他水好。氮源主要用于构成菌体细胞物质（氨基酸、蛋白质、核酸等），常用的氮源可分为有机氮源和无机氮源两大类。有机氮源主要有蛋白胨、酵母膏、牛肉膏和尿素等，其中，尿素是微生物脲解矿化沉积过程中酶化反应必不可少的。无机氮源主要有铵盐（如氯化铵、硫酸铵、硝酸铵、磷酸铵）和硝酸盐（如硝酸钙）等。碳源亦可分为有机碳源和无机碳源。异养微生物利用有机碳源，而自养微生物利用无机碳源。常用的碳源有蔗糖、葡萄糖及一些有机酸等，上述某些氮源也可同时充当碳源，如蛋白胨、牛肉膏等。微生物在生长繁殖过程中，还需要某些无机盐和微量元素作为生理活性物质的组成或生理活性作用的调节物。这些物质一般在低浓度时，对微生物的生长具有促进作用，在高浓度时常表现出明显的抑制作用。无机盐可分为大量元素和微量元素，大量元素（如P、S、K、Mg、Ca、Na等）的浓度在 $10^{-4} \sim 10^{-3}\,mol/L$ 之间，微量元素（如Cu、Zn、Mn、Mo、Co等）的浓度在 $10^{-8} \sim 10^{-6}\,mol/L$ 之间。细菌在一般的基础培养基中均能生长，但是为了能使目标细菌更好地繁殖，不同的菌种所对应配制的培养基组成会有所差异。因此，在配制培养基时，需要根据菌种的种类特点来选择适合其生长的营养物质。

在微生物沉积修复过程中需要可溶性盐类提供矿化沉积的前体，如钙质沉积前体、镁质沉积前体等，目前研究最多的是钙质沉积前体，也称钙源。钙离子是微生物生长所需的常量元素，一般不参与微生物的细胞结构物质组成（除细菌芽孢外），但参与细胞膜的通透性调节。在微生物矿化沉积过程中，钙离子主要作用是与碳酸盐反应生成碳酸钙沉淀。目前的研究所选取的钙源主要有氯化钙、硝酸钙、醋酸钙、乳酸钙等。

在以往很多研究中选取氯化钙作为钙源，但是微生物沉积碳酸钙主要用于重大工程混凝土的防护，使用氯化钙提供钙源，在引入 Ca^{2+} 的同时，会带入诱发混凝土中钢筋锈蚀破坏的 Cl^-，这将对处理后的钢筋混凝土结构带来新的耐久性隐患。因此，在实际工程应用中应慎重选择钙源。研究结果表明，乳酸钙既提供矿化所需的 Ca^{2+} 源，也提供 CO_3^{2-} 来源，其他有机营养物质也可提供 CO_3^{2-}。此外，微生物诱导形成的碳酸镁同样具有胶结松散颗粒的作用。

b. 微生物表面矿化处理工艺。目前，利用微生物的矿化作用，在混凝土表面进行覆膜防护的研究中，采取的覆膜工艺都要求必须将混凝土试件长期浸泡于菌株培养液中，以保障菌株生长繁殖和矿化沉积过程所需的足量营养源，这使得此项技术仅局限于实验室研究中，难以应用于实际工程中混凝土结构的表面防护。

有研究尝试采用涂刷固载覆膜工艺，以期实现在既有混凝土结构表面原位矿化沉积碳酸钙的目的，这就需要找出合适的载体。用于水泥基材料缺陷微生物矿物修复的载体必须满足以下要求：载体与菌株的相容性好，能保证目标菌株在选择载体中依然具有良好的生长繁殖状态和酶活性；载体配制涂刷修复液工艺简单，修复液具有一定黏度，能保证在混凝土表面层和侧面层涂刷后均维持一定滞留量；载体能够同时负载营养源、尿素和 Ca^{2+}，使目标菌株能渗入混凝土缺陷中附着生长，直至完成矿化；载体最终能在水泥基材料缺陷表面形成较致密的微生物碳酸钙膜或载体-碳酸钙复合膜与水泥基材料表面紧密结合。

通过浸泡、喷涂、固载涂刷等多种工艺对水泥石表面进行微生物覆膜并对比，发现以海藻酸钠或琼脂作为载体涂刷覆膜能够为菌株的生长繁殖提供适宜的微环境。相比于喷涂法，固载涂刷更能使菌株附着于水泥石表面生长，并在较长时间内保护菌株细胞内的酶活性。利用琼脂作为菌株的载体，将菌株和营养物质涂刷于水泥石表面，3天后试件表面呈现出较致密且连续的白色覆盖层，厚度约为 $100\mu m$，有效封闭了水泥石表面的毛细孔洞。

c. 微生物表面矿化处理效果测试与评价。微生物矿化沉积产物不仅填充了裂缝，还能堵塞裂缝周围的孔隙，使混凝土的孔隙率降低，在一定程度上提高混凝土的耐久性和服役寿命。微生物表面矿化处理后，混凝土耐久性测试主要包括吸水性、抗碳化性能、氯离子渗透性、抗冻性等。

大量研究结果表明，经过表面处理的所有砂浆试件的毛细吸水率都降低，其中采用硅酮处理的砂浆试件吸水系数最低，经过细菌和钙源处理的砂浆试件的毛细水吸附性比没有处理的试件降低超过 50%，只用细菌处理的砂浆试件吸水性也有一定降低（图 7-19）。

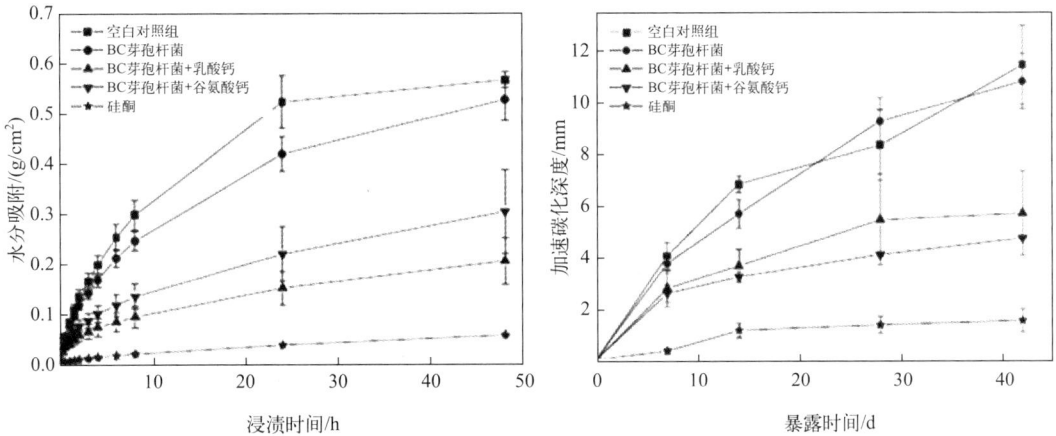

图 7-19　表面处理后的吸水率及碳化系数[20]

此外，从沉积层的 SEM 图像（图 7-20）上来看，谷氨酸钙和细菌组的沉积层厚度比乳酸钙和细菌组的大，但二者的耐久性提高的程度基本一致。这说明砂浆试件抗渗性能提高主要是由于微生物的矿化沉积导致砂浆试件表层孔隙封闭，与沉积层厚度没有必然的联系。

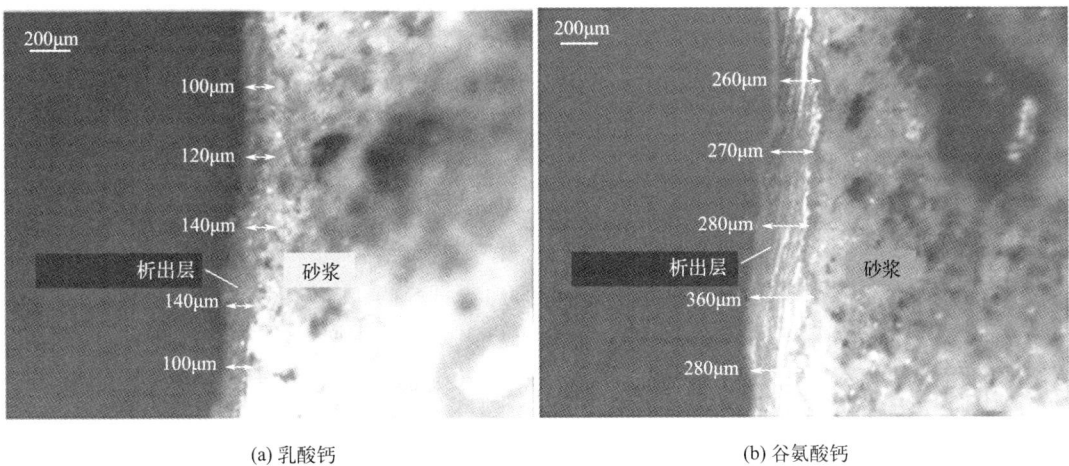

(a) 乳酸钙　　　　　　　　　　　　(b) 谷氨酸钙

图 7-20　微生物诱导沉积质厚度[20]

② 地聚物涂料。地聚物是以硅氧四面体和铝氧四面体聚合形成的类似有机大分子聚合物结构，且具有非晶态与准晶态的三维网状凝胶体。相比于通过范德瓦耳斯力、氢键连接的水泥基材料，地聚物内部主要通过共价键、离子键进行连接，所以其高温稳定性、抗冻融性、抗盐离子侵蚀能力较好，强度较高。地聚物生产能耗仅为水泥的30%。因此，地聚物涂料具有替代水泥基涂料的潜力。

地聚物涂料广泛应用于工业防火，对于混凝土的耐火阻燃性能提升效果显著。有研究者用膨胀、可膨胀石墨掺杂地聚物，形成了低碳、可持续的无卤阻燃涂料，其高温稳定性较好。同时，地聚物具有沸石分子筛的结构，可以吸附、隔离重金属离子，因此也多被用于防护油污对混凝土的侵蚀，在工业重金属、石油等领域的防护工程中有着广阔的应用前景。相比于水泥基涂料，地聚物涂料的钙含量较低，具有较好的抗硫酸盐及海水侵蚀性能，可用于海洋工程的防护。

此外，地聚物涂料也存在着一些不足，如水灰比较高时，地聚物涂料在混凝土表面的附着力均不超过1MPa，且自收缩较大。目前研究的地聚物涂料大多需要在高温下固化，在潮湿、寒冷环境下施工困难，这限制了地聚物涂料的使用。今后，实现常温固化、收缩低、凝结时间可控对地聚物涂料的发展至关重要。

（3）表面成膜/层型有机-无机复合涂料（聚合物砂浆）

表面成膜/层型有机-无机复合涂料通常是由粉料（水泥、无机填料）、乳液（聚合物乳液、添加剂）双组分制备而成的复合材料。该涂料的性能主要受3种因素的影响：聚合物乳液种类、聚灰比和粉料类型。如有机-无机复合防水涂料，常用的乳液有乙烯-醋酸乙烯酯和聚丙烯酸酯。乙烯-醋酸乙烯酯涂料耐老化性较差，但抗拉强度、耐碱性较好；聚丙烯酸酯涂料耐水、耐紫外线、耐高温以及柔性较好，但强度不足。有机-无机复合防水涂料的聚灰比约为0.6时，是涂料的刚柔性分界线。小于0.6时，涂料呈刚性，拉伸强度主要受水泥品种的影响；大于0.6时，聚合物可形成较完整的空间网络连续结构，涂料呈柔韧性，可以减少表面微裂纹。有机-无机复合防水涂料的拉伸强度主要受聚合物连续相结构和粉料的黏附分散情况影响。常用的粉料有云母、石英砂等。

有机-无机复合防水涂料在一定程度上同时具备有机涂料和无机涂料的优势，成膜收缩率低，抗紫外线性能较强，还具有较好的透气性，适用于各类环境。有研究表明，在防护开裂的混凝土中应首选有机-无机复合防水涂料。但有机-无机复合防水涂料在水泥基材料界面过渡区存在黏结较差的问题，施工时需注意。目前，开发和应用高性能、环保的有机-无机复合防水涂料越来越受人们的重视。

7.4.2 孔隙封闭型涂料

表面成膜型涂料是对混凝土孔隙进行表面封闭，良好的防护性能以涂料的完整性和较好的黏结性为前提。相比之下，孔隙封闭型涂料可以渗入混凝土内部，原位反应后生成固结体堵塞毛细孔，提高混凝土表面的硬度和抗渗性，可以与混凝土成为一体。孔隙封闭型涂料一般用于底涂，主要包括水泥基渗透结晶型防水涂料和渗入固结型涂料。

（1）水泥基渗透结晶型防水涂料

水泥基渗透结晶型防水涂料是以水泥、石英砂为基材，加入活性化学物质、外加剂制备而成。涂料中的活性化学物质以水为载体，向混凝土内部渗透，与氢氧化钙及未水化的水泥颗粒发生反应，生成针状结晶，堵塞混凝土孔隙。水泥基渗透结晶型防水涂料中活性化学物质的种类是影响其性能的主要因素，常用的活性化学物质包括碱金属及碱土金属无机盐类、硅烷及硅氧烷类、硫酸盐类、活性二氧化硅纳米粒子类等。

水泥基渗透结晶型防水涂料具有较好的自愈合能力，当有涂料的混凝土缺陷处遇水后，活性化学物质会发生二次结晶，可以封闭宽度小于 0.4mm 的微裂纹。此外，水泥基渗透结晶型防水涂料对水泥基材料预处理的要求较低，可直接在渗水或新建混凝土建筑表面施工。

水泥基渗透结晶型防水涂料目前主要应用于水库大坝、桥梁、隧道等防水抗渗工程。水泥基渗透结晶型防水涂料性能的不足限制了其进一步应用。首先，水泥基渗透结晶型防水涂料在酸性条件下易脱落，结晶体耐腐蚀性差。其次，水泥基渗透结晶型防水涂料与混凝土之间的黏结强度较低，一般只有 1.7～2.0MPa。此外，水泥基渗透结晶型防水涂料对高性能混凝土的防护作用较差，对氯离子几乎没有阻碍作用，也不能降低高性能混凝土的吸水率。水泥基渗透结晶型防水涂料的自修复过程需要以水为载体，这就限制了其在石化等非防水领域的应用。最后，水泥基渗透结晶型防水涂料的结晶机理、结晶稳定性、渗透深度测定、大坝迎水面或背水面施工的坝面选择等问题还存在较大争议，这些将是今后研究的重点。

（2）渗入固结型涂料

渗入固结型涂料在毛细孔中的渗透深度、形成固结体的强度和稳定性对混凝土的防护有重要影响。渗入固结型涂料采用糠醛/丙酮混合物为环氧树脂基体的反应性溶剂，自身发生醛酮缩合反应，能有效避免因溶剂挥发所产生的涂料微观孔隙问题。同时，该溶剂还能与胺类固化剂发生席夫反应，与环氧树脂形成稳定化学连接。与传统渗透型涂料需要以水为载体进行渗透不同，渗入固结型涂料凭借较低的黏度、优异的润湿性与亲和力在 5s 内便可渗入标准砂浆试件内部 3.5mm 左右，使混凝土表面强度提高至处理前的 2 倍以上，并在混凝土表面形成附着力在 3.5MPa 以上的膜层，综合了表面成膜型涂料与孔隙封闭型涂料的优点。

渗入固结型涂料的渗透与固结体的形成是同步进行的，液体向毛细孔中渗透时的驱动力源于液体在毛细孔中弯曲液面上下的压力差。当毛细孔被固结体堵塞后，涂料是否继续渗透取决于被堵塞的毛细孔孔径。因此，固结型涂料的渗入与堵塞相互促进、相互制约。提高渗入固结型涂料的润湿性能，研制高固-液界面能的反应型溶剂，提高固结体性能是今后渗入固结型涂料的发展重点。

7.4.3　疏水浸渍处理

（1）硅烷的分子结构及性能

硅烷表面浸渍处理是混凝土最常用的耐久性防护措施。混凝土防护中使用的硅烷是指具有烷氧基的硅烷材料，其分子式为 R—Si—(OR)$_3$。它是一种小分子有机物，具有表面能低、黏度较低的特性，易溶于醇等有机溶剂而不溶于水，但能与水反应发生水解反应，酸与碱均可促进水解过程，碱的影响更大，该反应如式（7-17）所示：

$$R—Si—(OR)_3 + nH_2O \longrightarrow R—Si—(OR)_{3-n}(OH)_n + nROH \qquad (7-17)$$

式中，$n \leqslant 3$，表示硅烷的水解程度。硅烷水解后会生成反应活性很大的羟基硅烷，其能够进一步发生缩聚反应，形成网状结构，或与其他硅羟基进行反应，形成硅氧键。

硅烷的种类很多，可根据成分或形态进行分类。按照成分分类，硅烷可分为烷基烷氧基硅烷和烯烃基烷氧基硅烷。一般使用更多的是烷基烷氧基硅烷材料，主要产品包括异丁基三甲氧基硅烷、异丁基三乙氧基硅烷、异辛基烯三甲氧基硅烷、异辛基烯三乙氧基硅烷等。而根据形态分类，硅烷可分为溶液状、乳液状、膏体、凝胶和干粉状等诸多形态，可根据施工环境的要求选择不同形态的硅烷，提高施工效率及质量。

（2）硅烷在混凝土中的反应及产物

有机硅与混凝土基体的反应过程的第一步为硅烷水解反应，在水和混凝土孔溶液中氢氧根催化作用下，硅烷发生水解反应生成硅羟基；第二步为硅醇缩合反应，硅醇之间通过缩合反应生成硅氧键；第三步为硅醇缩聚产物与硅酸盐中的羟基和水发生反应，通过稳定的硅氧化学键，将有机硅分子牢固地附着在混凝土表面和内部孔隙壁上。硅烷材料改性后，混凝土表面和孔壁的相界面被改变，表面张力变小进而获得优良的憎水效果。因其在混凝土表面形成薄膜是一个复杂的动态过程，一般需要数小时至数天的时间。其中，混凝土中的自由水量、pH值及养护温度均对该功能性薄膜的形成具有重要影响：由于缩聚反应脱水，因此混凝土表面越干燥，越有利于薄膜的形成；pH值对硅烷的水解影响很大，酸性和碱性条件均会促进其水解，但碱性条件下的水解速率更大；温度越高，其水解和缩聚过程越会受到促进。由于涂覆硅烷材料的混凝土表面张力较小，远小于水的表面张力 72mN/m，当水与涂覆硅烷材料的混凝土表面接触时，其润湿角大于 90°，表现出憎水特性，使水无法润湿混凝土。另外，因化学反应形成的防水层与混凝土有机结合为一个整体，减少了由干燥收缩与荷载作用等引起的变形，而这正是传统防护方式失效的主要原因之一。有机硅涂料具有优异的耐候性、耐热性、憎水性、耐化学药品性，但也存在附着力不足和耐有机溶剂性较差等问题，同时根据有机硅的性能，其常常作为其他涂料的添加剂或树脂的改性剂。

（3）硅烷表面防护对混凝土性能的影响

在混凝土表面浸渍硅烷后，硅烷可通过毛细孔渗透至混凝土中，在毛细孔壁及基体表面形成致密的疏水保护层，封闭部分孔隙，但不会完全堵塞所有孔隙。因此，硅烷表面防护主要可以降低混凝土表面的吸水性，抵抗水溶性离子的侵蚀作用，提高抗融冻性能，但对碳化作用的影响比较小。此外，硅烷涂覆相比于环氧树脂、丙烯酸等，具有更好的耐磨蚀性能，因此具有更好的耐久性。

经过硅烷表面浸渍处理的混凝土表面的毛细吸水系数明显降低，在一定硅烷用量的范围内，混凝土表面吸水性随硅烷用量增大而减小，说明防水效果逐渐增强。硅烷在混凝土表面形成保护层后，会增大表面与水的接触角，但硅烷疏水保护层与水的接触角与厚度无关，是恒定的，且混凝土基体中的毛细孔数量也是有限的，因此当硅烷用量达到饱和后，再提高用量不会使毛细吸水系数降低。硅烷浸渍对吸水量的影响与相对湿度也有很大关系，在某一湿度以上时，硅烷才会明显降低混凝土的吸水量。此外，浸渍前混凝土所处的环境湿度也对硅烷的防水效果有很大影响。如果湿度较高，混凝土的孔隙中含水率就较高，憎水的硅烷难以渗透，并且缩聚反应受到抑制，阻碍了疏水防护层的形成，也就降低了防水效果。对于不同种类的硅烷，辛基硅烷形成的防护层接触角更大，憎水性更强，并且分子链较长，网络结构更加稳定，缩合反应后的有效含量高于丁基硅烷。但是，丁基硅烷的分子更小，因此其在混凝土中的渗透能力更强，在混凝土密度较高时，丁基硅烷更容易渗透进入混凝土表面形成防护层，而辛基硅烷则比较难以渗透。

此外，硅烷表面浸渍处理可以明显抑制氯离子、硫酸根离子等侵蚀性离子在混凝土中的传输，对混凝土抗离子渗透能力的提升作用高于透水模板、硬脂酸盐防水剂、亚硝酸盐阻锈剂等常用防侵蚀的方法。这是由于硅烷表面浸渍处理封闭了混凝土表面部分气孔，并在毛细孔内壁及基体表面形成疏水性薄膜，使得侵蚀性离子的渗透及毛细吸收作用均受到抑制。随着硅烷用量的增加，其抗离子侵蚀能力逐渐增强。

其他的防水涂料如环氧树脂类、聚氨酯类涂料等，多是通过完全填充封闭混凝土表面孔隙来阻止水分侵入，因此也会使得混凝土的透气性显著下降。而硅烷浸渍处理则是通过在基体表面和毛细孔壁形成疏水防护层来阻止水分侵入，并没有堵塞孔隙，因此对混凝土透气性的影响非常小。混凝土碳化主要由水和 CO_2 在混凝土孔隙中与氢氧化钙反应生成碳酸钙引起，因此硅烷浸渍处理可以一定程度抑制碳化反应，硅烷用量越大，抑制效果越好。此外，硅烷浸渍处理后的混凝土具有良好的防水性能，并且防水保护层与基体具有很好的黏结性能，因此在经历冻融循环后仍能保持比较完好的结构，质量损失很小，微观结构也没有明显改变，具有较好的抗融冻性能。

经过硅烷浸渍处理后的混凝土表面会具有更好的光洁度和强度，并且在防护效果相同的情况下，硅烷在混凝土中的渗透深度高于环氧树脂、丙烯酸等常用的表面防护涂料，因此硅烷浸渍后混凝土结构表面磨损后仍具有良好的保护能力，显著提高了其服役寿命。同时，有研究表明，硅烷表面浸渍处理过的混凝土，其抗压强度会提升 7%～10%，这也说明硅烷浸渍处理提高了混凝土的抗磨蚀性能。

（4）施工方法

硅烷通常只用于大气环境中。在水下环境特别是海水环境中，由于外部水压较大，很容易克服硅烷防护层的憎水效果而进入混凝土内部，从而使得防护失效。因此硅烷表面防护并不适用于在水中服役的混凝土。硅烷浸渍处理在大气环境中的施工具体步骤如下。

① 对需要硅烷浸渍处理的混凝土基体进行表面预处理。如有表面缺陷，应先用水泥进行修复，然后去除表面油污、灰尘及碎屑，并使得混凝土表面干燥。

② 涂覆硅烷材料。喷涂液体或膏体硅烷材料的混凝土龄期不应少于 28d 或者混凝土修复后不应少于 14d。混凝土表面温度保持在 5～45℃ 之间，施工现场杜绝明火并保持通风。浸渍所需硅烷应一次性备足并由经验丰富的操作人员进行施工。浸渍硅烷应连续喷涂，达到被涂表面饱和且有喷涂液流淌。在立面上，应自下而上喷涂，使被涂表面至少 5s 保持潮湿状态；在顶面或者底面上，都至少 5s 保持"看上去是镜面"的状态。硅烷浸渍用量依照厂家推荐，分两次喷涂，两次喷涂的时间间隔不少于 6h。膏体硅烷浸渍施工技术可参考《海港工程钢筋混凝土结构电化学防腐蚀技术规范》（JTS 153—2—2012）执行。

思考题

1. 电化学脱氯技术的基本原理是什么？它适用于哪种类型的混凝土结构问题？
2. 与电化学脱氯相比，电化学再碱化技术的主要作用机制和应用场景有哪些不同？
3. 下列情境中可直接采用阴极保护技术的有（　　　）。

A. 长江中游地区新落成的高等级公路桥梁的柱式墩

B. 珠江入海口建成使用逾 20 年的高等级公路桥梁排架墩

C. 某滨海公路桥已发生钢筋腐蚀并开裂渗漏出锈渍的结构

D. 投入使用逾 20 年，未见钢筋锈蚀开裂与锈渍渗出的某滨海公路桥结构

4. 在同等电流密度应用范围的前提下，为什么电化学脱氯技术的作用时间远长于电化学再碱化技术？

5. 对于不同的电化学修复技术而言，阳极系统的性质可从哪些方面对修复效果进行影响？其影响机理如何？

6. 在电化学修复技术的运行过程中，可通过何种方式确认保护系统的有效性？方式方法各基于何种机理？

7. 在实际工程中，对于在混凝土浇筑过程中内掺阻锈剂的结构，如何评价该种腐蚀防护技术的有效性？

8. 内掺型阻锈剂和迁移型阻锈剂的区别是什么？各自的优缺点有哪些？

9. 某干燥地区火力发电厂区内的一处框架结构中的钢筋混凝土柱体四面中的一面发生了钢筋锈蚀胀裂，腐蚀面脱落的混凝土保护层厚度约为 1cm，其余三个立面均未见明显腐蚀，试分析该结构单元的腐蚀破坏形式以及仅一面发生碳化的原因。

10. 混凝土保护层中的裂缝对于电化学修复技术可能存在哪些具体影响？具体的影响机制如何？

参考文献

[1] Yeih Weichung, Chang Jiang Jhy. A study on the efficiency of electrochemical realkalisation of carbonated concrete[J]. Construction and Building Materials, 2005, 7(19): 516-524.

[2] Liu Qingfeng, Xia Jin, Easterbrook Dave, et al. Three-phase modelling of electrochemical chloride removal from corroded steel-reinforced concrete[J]. Construction and Building Materials, 2014, 70: 410-427.

[3] Mao Lixuan, Hu Zhiyao, Xia Jin, et al. Multi-phase modelling of electrochemical rehabilitation for ASR and chloride affected concrete composites[J]. Composite Structures, 2019, 207: 176-189.

[4] Xia Jin, Cheng Xin, Liu Qingfeng, et al. Effect of the stirrup on the transport of chloride ions during electrochemical chloride removal in concrete structures[J]. Construction and Building Materials, 2020, 250: 118898.

[5] 宋鑫，樊玮洁，毛江鸿，等. 基于多级电迁的混凝土内氯离子动态控制效果[J]. 浙江大学学报（工学版），2021，3(55)：511-518.

[6] Lin Hui, Li Yue, Li Yaqiang. A study on the deterioration of interfacial bonding properties of chloride-contaminated reinforced concrete after electrochemical chloride extraction treatment[J]. Construction and Building Materials, 2019, 197: 228-240.

[7] Elsener B, Angst U. Mechanism of electrochemical chloride removal[J]. Corrosion Science, 2007, 12(49): 4504-4522.

[8] 蒋正武，杨凯飞，潘微旺. 碳化混凝土电化学再碱化效果研究[J]. 建筑材料学报，2012，1(15)：17-21.

[9] Meng Zhaofeng, Liu Qingfeng, Xia Jin, et al. Mechanical-transport-chemical modeling of electrochemical repair methods for corrosion-induced cracking in marine concrete[J]. Computer-Aided Civil and

Infrastructure Engineering，2022，14（37）：1854-1874.

［10］ Meng Zhaofeng，Liu Qingfeng，She Wei，et al. Electrochemical deposition method for load-induced crack repair of reinforced concrete structures：A numerical study［J］. Engineering Structures，2021，246：112903.

［11］ Guo Wenhao，Hu Jie，Ma Yuwei，et al. The application of novel lightweight functional aggregates on the mitigation of acidification damage in the external anode mortar during cathodic protection for reinforced concrete［J］. Corrosion Science，2020，165：108366.

［12］ Bertolini Luca，Bolzoni Fabio，Pastore Tommaso，et al. Effectiveness of a conductive cementitious mortar anode for cathodic protection of steel in concrete［J］. Cement and Concrete Research，2004，4（34）：681-694.

［13］ Pedeferri Pietro. Cathodic protection and cathodic prevention［J］. Construction and Building Materials，1996，5（10）：391-402.

［14］ Rahmani M H，Dehghani A，Salamati M，et al. Mango extract behavior as a potent corrosion inhibitor against simulated chloride-contaminated concrete pore solution：coupled experimental and computer modeling studies［J］. Journal of Industrial and Engineering Chemistry，2024，130：368-381.

［15］ Hu Jie，Zhu Yangyang，Hang Jinzhen，et al. The effect of organic core-shell corrosion inhibitors on corrosion performance of the reinforcement in simulated concrete pore solution［J］. Construction and Building Materials，2021，267：121011.

［16］ 谢晖 何文深，周永红. 松香基咪唑啉的合成及其性能［J］. 腐蚀科学与防护技术，2004，4：247-249.

［17］ 王羊洋，胡捷，黄浩良，等. 类沸石锌基咪唑酯金属有机框架阻锈剂在钢筋砂浆中的阻锈作用及机理［J］. 硅酸盐学报，2025，53（3）：539-552

［18］ Soeda Koichi，Ichimura Takao. Present state of corrosion inhibitors in Japan［J］. Cement and Concrete Composites，2003，1（25）：117-122.

［19］ Chaussadent Thierry，Nobel-Pujol Véronique，Farcas Fabienne，et al. Effectiveness conditions of sodium monofluorophosphate as a corrosion inhibitor for concrete reinforcements［J］. Cement and Concrete Research，2006，3（36）：556-561.

［20］ Xu Jing，Yao Wu，Jiang Zhengwu. Non-ureolytic bacterial carbonate precipitation as a surface treatment strategy on cementitious materials［J］. Journal of Materials in Civil Engineering，2014，5（26）：983-991.

第8章

混凝土自修复

⚙ **本章学习目标**

1. 掌握矿物自修复、微生物自修复、微胶囊自修复、腐蚀自免疫技术的基本原理。
2. 理解混凝土自修复效果的评价方法。
3. 了解其他自修复技术的作用机制。

自修复技术是近年来混凝土研究领域的热点之一，通过引入自修复材料或外部刺激手段，使混凝土在受损时能自动愈合裂缝，恢复结构完整性。本章系统介绍了矿物自修复、微生物自修复、微胶囊自修复等多种自修复技术的原理、材料设计及其在实际工程中的应用。矿物自修复通过矿物质沉积填补裂缝，而微生物自修复利用细菌代谢产物沉积愈合裂缝，微胶囊自修复则依靠微胶囊破裂释放修复剂来实现自修复。本章旨在帮助读者全面理解不同自修复机制的优缺点及其应用前景，为自修复技术在混凝土领域的进一步发展提供理论支持与技术指导。

8.1 混凝土自修复机制与设计方法

混凝土基体裂缝扩展是导致混凝土结构劣化的主要原因。目前对于裂缝的修复，比较常用的方法是人工修复，人工修复可以延长混凝土结构的使用寿命，但具有局限性，比如无法获得优良持久的混凝土使用性能、混凝土裂缝不易观察和修复所需资金大。混凝土的损伤通常是微裂缝累积发展而成，如果能够在混凝土出现微裂缝的初始阶段利用混凝土自身的特性将裂缝自修复，就可以避免混凝土微裂缝的进一步扩展，提高结构安全性并显著降低维修费。

自修复混凝土是一种材料科学中全新发展的领域。该概念起源于生物体在损伤后的自我修复功能，当生物体受伤的时候，会有血液从伤口处流出，形成血凝块堵住伤口，防止伤口进一步发展。基于仿生学理论，研究人员将修复材料预埋进混凝土内部，当混凝土结构出现损伤的时候，修复材料通过不同的触发机制（例如温度、碱度或者裂缝）触发对损伤的区域进行修复，从而延长混凝土结构的使用寿命和提高其耐久性能。

8.1.1 混凝土自修复的类型

根据日本混凝土协会有关混凝土自修复的研究对混凝土自修复进行了系统的分类，其主要包含两大类（图 8-1）：一类是混凝土本征自修复（autogenous healing）；另一类是人为赋予混凝土的自修复（engineered healing）。这两类自修复特性重叠部分被定义为混凝土自主修复（autonomic healing），如辅助胶凝材料的火山灰反应、微生物钙化沉积等。

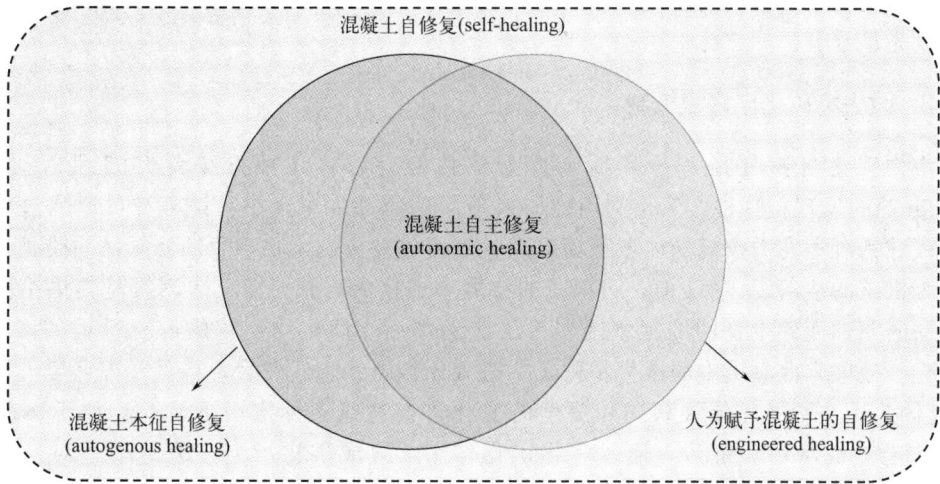

图 8-1 混凝土自修复类型与相互关系

根据不同的修复材料和修复机理，混凝土自修复技术通常被分为以下四大修复体系：混凝土本征自修复体系（即基于水泥基体自修复特性的修复体系）、微生物矿化自修复体系、微胶囊自修复体系、中空纤维管自修复体系[1]。不同修复体系的修复机制都有其各自的特点，具体概述如下。

8.1.1.1 混凝土本征自修复机制

混凝土的内在自我修复特性是基于所含水泥的基本性质。目前，在混凝土材料领域，最被广泛研究的裂缝自修复机理是混凝土本征自修复，这是一种完全取决于所含水泥本身性能的自修复特性。通常来说，混凝土本征自修复大致划分为四类：

① 氢氧化钙碳化形成碳酸钙［图 8-2（a）］；
② 水中杂质和裂缝处剥落混凝土颗粒阻塞裂缝［图 8-2（b）］；
③ 未水化水泥颗粒继续水化［图 8-2（c）］；
④ 裂缝两侧混凝土基体中 C-S-H 凝胶的吸水膨胀［图 8-2（d）］。

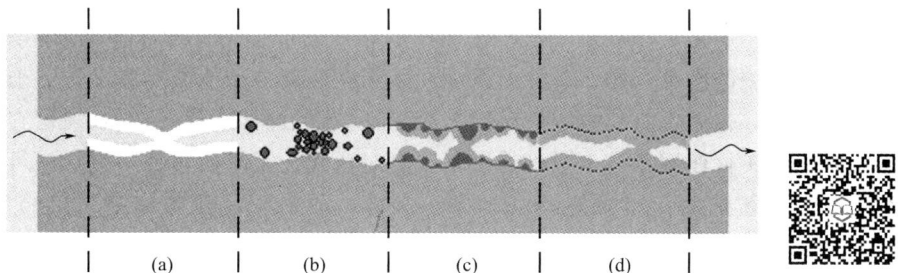

图 8-2 混凝土本征自修复机制过程
（图中灰色为混凝土基体，蓝色为裂缝，箭头由混凝土外部指向内部）
（a）氢氧化钙碳化形成碳酸钙；（b）水中杂质和裂缝处剥落混凝土颗粒阻塞裂缝；
（c）未水化水泥颗粒继续水化；（d）裂缝两侧混凝土基体中 C-S-H 凝胶的吸水膨胀[2]

混凝土基体裂缝宽度越窄，越容易修复。但是混凝土本征自修复过程较长，效率较低。目前，为了提高混凝土的自修复能力，学者们纷纷提出了解决方案，例如，通过添加纤维，以提升基体的韧性，限制基体在开裂时的裂缝宽度；添加超吸水树脂，为未水化水泥的二次水化提供充足水分。

8.1.1.2　微生物矿化自修复机制

微生物矿化自修复是一种环境友好型的修复方法，这种方法要追溯到 19 世纪中 Gollapudi 等的发现。这种方法是利用把尿素分解菌添加混凝土中，该菌种可以通过矿化的方法把碳酸钙沉积在微裂缝的区域从而对裂缝进行修复。微生物矿化的修复体系受很多因素影响：无机碳的溶解度、pH 值、钙离子的浓度和成核的区域。前三个因素是提供给微生物生成代谢的条件而微生物的细胞壁则作为反应的场所。微生物矿化的修复过程如图 8-3 所示。首先，被埋入混凝土中的微生物孢子一直处于休眠状态。然后，当其外界环境发生变化（主要是因为产生裂缝）导致氧气和湿度的变化，在这些条件作用下，一直处于休眠状态的微生物孢子被激活。最后，通过生物矿化作用，生成矿物沉淀在裂缝附近对裂缝进行修复。

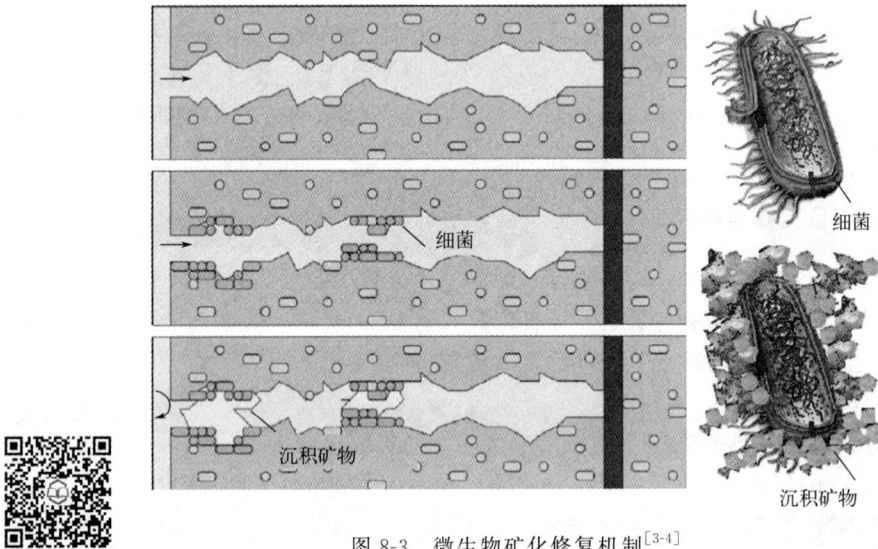

图 8-3　微生物矿化修复机制[3-4]

虽然微生物矿化自修复是一种环境友好型的方法并且有很多优点，但是该方法目前还存在很多需要克服的困难。比如，如何保证微生物在混凝土中能够"生存"下来直到需要它修复裂缝的时候；在微生物被激活的时候能否保证其附近有足够的条件来满足它进行生物化学反应；微生物矿化作用是一个缓慢的过程，暂时还无法及时快速地对裂缝进行修复；目前的研究表明微生物矿化作用只能够修复微小裂缝，而对于较宽的裂缝它的修复效果则不太明显。

8.1.1.3　微胶囊自修复机制

微胶囊自修复的基本原理是把修复材料存储在微胶囊内部，在外界环境刺激下（如裂缝作用），内部的囊芯材料释放出来从而起到修复作用（如图 8-4 所示）。微胶囊是一种球形的载体，它可以全方位无死角地与潜在损伤接触（如裂缝）这样可以提高触发的成功率，另外，胶囊的尺寸可以根据研究需要进行设计满足不同的要求，所以把修复剂放入微胶囊中是其中一种最好的包裹手段。

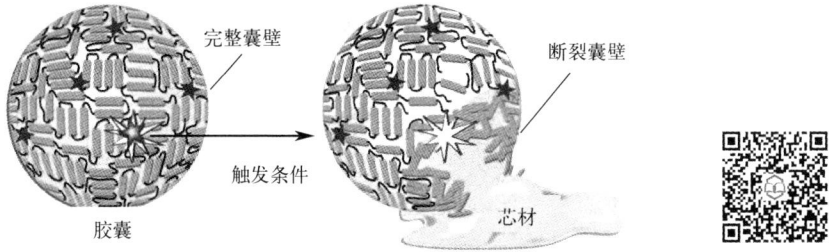

图 8-4　微胶囊自修复机制[5]

目前针对混凝土耐久性问题面临的两个主要目标，即裂缝开裂和混凝土钢筋锈蚀，微胶囊自修复体系则相应分成了物理自修复和化学自修复两大分支。物理自修复主要针对混凝土内部裂缝的智能检测和对其进行及时的修复。而化学自修复主要针对混凝土内部化学环境进行一个智能的平衡调节，进而对混凝土内部钢筋的智能阻锈。微胶囊自修复体系（物理自修复和化学自修复）的研究和开发已历经二十多年，从最初概念化的设想，到后来的实际性材料的研发，已取得了很多突破性的成果。

目前，对于微胶囊化学自修复体系的研究已经有了初步的探索，也取得了一些有价值的科研进展。但是，还有些问题亟须探究和克服，如：①目前的化学触发式微胶囊的种类还非常少，需要根据不同有害离子侵蚀问题研发具有针对性的微胶囊化学自修复体系；②微胶囊化学自修复体系的整个触发、释放以及修复机理还缺乏深入成体系的研究；③微胶囊化学自修复体系的时效性也是需要探讨和优化的一个重要课题。

8.1.1.4　中空纤维管自修复机制

中空纤维管自修复的机制是首先把修复剂储存在中空的纤维管内部，而这个纤维管是连接着混凝土内部和外部的。然后，当裂缝产生把纤维管切断时，其内部的修复剂流出把裂缝填补。一般这种体系包括两种基本的分支（如图 8-5 所示）：第一种是修复剂是单一组分的体系，也就是说单一修复剂就可以把裂缝填补［如图 8-5（a）所示］；第二种是修复剂是复合组分的体系，需要两种或两种以上的修复相互作用后填补裂缝［如图 8-5（b）所示］。目前，对第一种中空纤维管自修复体系研究比较多的是采用氰基丙烯酸盐黏合剂作为修复材料并把修复剂储存在玻璃管中。管道的一端是暴露在空气中并弯曲以便存储修复剂。当玻璃管被裂缝破坏后，外部的修复剂通过管道添加到裂缝处对裂缝实现修复作用。也有学者尝试复合双组分的修复方式，通过两条玻璃管储存修复剂并连同到外部环境。其中一条管道储存了环氧树脂，另一条则储存了能与环氧树脂发生固化反应的材料。在裂缝作用下，两条管都发生破裂，并且两条管内的修复剂同时流出发生聚合反应把裂缝填补住。

这种方法相对于基于水泥基材料自修复的修复体系有着修复快速的特点，并能够取得更好的修复效果。但是，这种修复机制也存在着无法避免的局限性，就是只对相对于中空管垂直的裂缝有好的修复效果，对于平行于管道的裂缝，则不能起到良好的修复效果，反而会影响混凝土本身的修复性能。

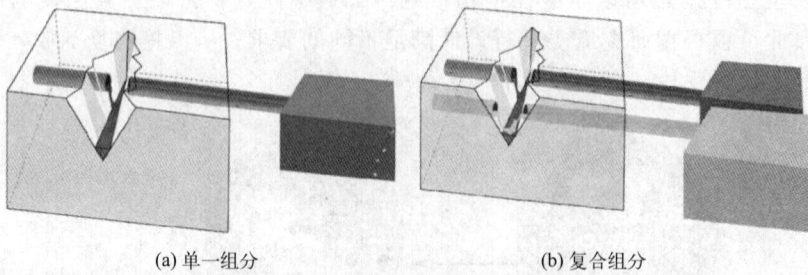

(a) 单一组分   (b) 复合组分

图 8-5　中空纤维管自修复机制[6]

除上述自修复技术外，还有基于矿物的混凝土自修复技术、混凝土腐蚀自免疫技术、混凝土渗透结晶自修复技术、基于超吸水聚合物的自修复混凝土技术，以及形状记忆合金自修复混凝土技术。

8.1.2　混凝土自修复设计方法

8.1.2.1　混凝土本征自修复设计方法

混凝土具有"自生"愈合的作用，但所能完全修复的裂缝宽度有限。针对该问题，研究人员提出了引入多种矿物促进混凝土自修复的设计方法。一般是在混凝土制备过程中将矿物自修复功能组分直接与水泥等原材料一起拌合制备自修复混凝土。也有研究人员提出在加入混凝土前对矿物自修复功能组分进行包覆，避免其在混凝土开裂前反应从而保证其修复效果，同时避免膨胀应力导致混凝土提前开裂。包覆层需有足够强度保证其在混凝土搅拌浇筑过程中尽可能免受破损，同时需在混凝土基体开裂时可被裂缝贯穿进而保证裂缝自修复反应的发生。水是矿物自修复功能组分溶解和离子传输的介质，同时也作为反应物形成含结晶水或结合水的自修复产物。可见，水是基于矿物的混凝土自修复技术的必要条件。因此，该自修复技术主要适用于水下、地下或处于干湿循环区域的混凝土结构或构件。

8.1.2.2　微生物矿化自修复设计方法

微生物矿化自修复是利用微生物的矿化作用，在混凝土材料中实现微生物矿化的核心是微生物菌种的筛选，主要从以下几种微生物类型进行自修复设计：第一种是利用好氧型微生物和底物构成微生物修复剂，底物会在微生物的代谢下生成矿化产物来修复裂缝；第二种是基于产生脲酶的脲酶菌的修复体系，利用脲酶菌能够将尿素快速水解为碳酸根离子的特性，碳酸根离子与混凝土中钙离子结合形成碳酸钙沉积；第三种微生物矿化体系是捕捉空气中二氧化碳，形成碳酸钙晶体而实现裂缝愈合。

8.1.2.3　微胶囊自修复设计方法

微胶囊自修复的核心在于微胶囊的设计，需考虑微胶囊的稳定性、敏感性和修复性。稳定性是指在混凝土材料发生劣化前，也就是说在不需要微胶囊体系发挥作用的时候，微胶囊能够长期稳定地保存在水泥基材料里。敏感性是指在混凝土材料发生劣化的时候，微胶囊需要对其作出敏感的反应并触发修复体系，如物理自修复微胶囊对于裂缝产生和开展的敏感性，化学自修复微胶囊对于有害离子（如氯离子）浓度变化的敏感性。修复性是指在混凝土材料发生劣化后,微胶囊体系能够对劣化区域进行及时修复,如裂缝修复、氯离子浓度调节。在此理念的基础上,对微胶囊的囊壁和囊芯进行相应的设计与制备探讨分析。

8.1.2.4 中空纤维管自修复设计方法

相比于微胶囊,中空纤维管具有更大的负载量和长径比,显著提升了混凝土的修复效率、修复范围。尤其是与外界联通的中空管路,可以实现修复剂源源不断地注入,进一步提升修复效率、修复范围以及修复次数。中空纤维管自修复混凝土的设计核心是含有修复剂的中空纤维管在混凝土内部排布,合适的排布方式可大幅提高混凝土裂缝的修复效率。

8.2 矿物混凝土自修复技术

8.2.1 基于矿物的混凝土自修复技术

虽然混凝土具有"自生"愈合的作用,但所能完全修复的裂缝最大宽度一般不超过 $60\mu m$,且需要较长的修复时间,难以大幅提高开裂混凝土结构耐久性。为此,研究人员提出了多种促进混凝土裂缝自修复的方法,基于矿物的混凝土自修复技术便是其中之一[7]。基于矿物添加剂的裂缝自修复技术是通过使用无机矿物组分掺入混凝土以促进混凝土裂缝自修复的技术。无机矿物组分主要分为结晶型和膨胀型两类。结晶型矿物自修复组分可与混凝土基体中溶出的钙离子反应生成碳酸钙或 C-S-H 凝胶等产物,从而修复裂缝。目前被广泛研究的结晶型矿物自修复组分有碳酸盐、硅酸钠、滑石粉等。膨胀型矿物组分则在与水的反应过程中伴有体积膨胀效应,即反应产物体积大于矿物组分自身的体积。被研究相对较多的膨胀型矿物自修复组分主要有硫铝酸盐、生石灰、硬石膏、MgO 等。除此之外,还有学者发现铝硅酸钠和蒙脱土等具有膨胀性的复合岩土材料也可用于提升混凝土裂缝自修复效果。但该类材料不同于一般的膨胀剂型矿物自修复功能组分。就蒙脱土而言,虽然其组成中的 SiO_2 和 Al_2O_3 等活性物质也可生成膨胀性的自修复产物,但蒙脱土本身可在湿润的条件下吸收自身质量 $15 \sim 18$ 倍的水并发生物理"肿胀"效应,因此在修复过程中主要通过吸水产生的物理性"肿胀"填充裂缝,与通常意义上的膨胀型矿物自修复功能组分不同。

与其他自修复剂相比,无机矿物自修复功能组分具有来源广泛、使用简单、与水泥基材料相容性好等特点。如石膏、MgO 等已作为无机添加剂较广泛地应用于水泥混凝土材料中。因其使用简单、原料丰富,成本通常比基于微生物矿化或有机微胶囊等自修复技术低,利于规模化推广使用。

8.2.2 基于矿物的混凝土自修复机理与材料设计

8.2.2.1 基于矿物的混凝土自修复机理

无机矿物自修复功能组分的作用过程主要为矿物溶解-离子传输-沉淀形成的过程。水泥基材料开裂后,外界水分进入裂缝内部,水泥基材料中未反应的无机矿物自修复功能组分、未水化胶凝材料和水化产物等与水接触后便开始溶解。通常,无机矿物自修复功能组分、未水化胶凝材料的溶解速度较快,基体中水化产物的溶解相对缓慢。溶出离子和水泥基体孔溶液离子在浓度梯度驱动下向裂缝扩散。随着裂缝中溶液离子浓度逐渐升高,浓度梯度驱动作用减弱。此外,裂缝中的溶液与外界环境溶液也存在离子交换作用。当裂缝中溶液的离子浓度对某一反应产物达到一定过饱和浓度时,该产物便在裂缝中形成。随着相应离子从基体不断溶出,该产物继续在裂缝中生长,其他产物也逐一形成和生长。该过程涉及自修复反应的热动力学。

根据上述机理分析,影响混凝土自修复速度的因素除了无机矿物自修复功能组分的掺量及分布特征外,还包括其溶解速度和离子扩散速度。自修复功能组分的溶解速度与其活性直接相关,而溶出离子的扩散速度则与浓度差、离子种类、孔隙和裂缝的尺寸以及环境温度等因素相关。如表 8-1 所示,不同离子在水中的扩散系数不同,其中 OH^- 的扩散系数比水泥基材料中其他常见离子的扩散系数大数倍。

表 8-1 不同离子在 25℃ 自由水中的扩散系数

离子种类	Ca^{2+}	Al^{3+}	Mg^{2+}	OH^-	SO_4^{2-}	$H_2SiO_4^{2-}$
扩散系数$\times 10^{-9}/(m^2/s)$	0.72	0.60	0.71	5.28	1.01	0.70

此外,反应产物溶解度差异对其在材料内部空间分布特征有重要影响。溶解度低的反应产物趋于在反应物附近形成,溶解度相对高的反应产物在其沉淀发生前,离子有较长的扩散时间,因此可在远离反应物的位置形成。此机理与水泥浆体中水化硅酸钙由水泥颗粒表面向外生长、氢氧化钙则在颗粒间分布相一致。对于裂缝自修复而言,溶解度相对高的反应产物由于在其沉淀前离子有较长扩散时间,其在裂缝中形成的可能性增大。对在裂缝自修复产物的矿相进行分析表明,由氢氧化钙碳化而成的碳酸钙含量通常远高于其他矿相证实了此机理。

溶液体系中,沉淀物质的溶解度与其颗粒尺寸和局部压力相关。颗粒越小溶解度越高;压强越大溶解度越高。水泥基体中的孔隙空间有限且存在毛细孔压力,因此反应产物更倾向于在裂缝形成。此机理作用下基体中的氢氧化钙等溶解度相对较高的水化产物在基体中溶出并在裂缝中重结晶,一定程度上促进了裂缝的自修复过程。

8.2.2.2 矿物自修复功能组分设计

对于矿物自修复功能组分的设计,可根据热力学理论用吉布斯自由能变化值 ΔG 来判断自修复反应是否发生。假设在恒温恒压条件下某反应为

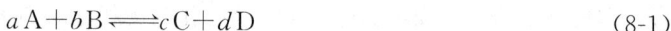

$$a\mathrm{A} + b\mathrm{B} \Longrightarrow c\mathrm{C} + d\mathrm{D} \tag{8-1}$$

吉布斯自由能变 ΔG 为

$$\Delta G = \Delta G^0 + RT\ln Q \tag{8-2}$$

式中,ΔG 为系统吉布斯自由能的变化值,kJ/mol;R 为摩尔气体常数,$kJ/(mol \cdot K)$;T 为反应温度,K;Q 为活度熵,$kJ/(mol \cdot K)$,$Q = [C]^c [D]^d / ([A]^a [B]^b)$。

ΔG 为系统从一个物理化学状态到另一个物理化学状态时自由能的变化值,它的物理意义为两态之间体系持有的自由能高度之差。在温度、压力不变时体系应从高能量状态转向低能量状态,因此当体系与外界无能量交换时,可以根据反应的吉布斯自由能来推测反应进行的方向。当 $\Delta G > 0$,反应不能进行;当 $\Delta G < 0$,反应能进行;$\Delta G = 0$,反应达到平衡状态。

反应的标准吉布斯自由能变可以用下式计算得到:

$$\Delta G^{\ominus} = \Sigma 生成物 - \Sigma 反应物 \tag{8-3}$$

当系统达到平衡状态时，反应的标准吉布斯自由能变与平衡常数存在如下关系：

$$\Delta G^{\ominus} = -RT\ln K \tag{8-4}$$

式中，K 为反应平衡常数。

由式（8-2）和式（8-4）可得：

$$\Delta G = RT\ln\frac{Q}{K} \tag{8-5}$$

根据式（8-5）进一步判断反应方向：

$$\ln\frac{Q}{K}\begin{cases} >0 & \text{反应向左进行} \\ =0 & \text{反应平衡} \\ <0 & \text{反应向右进行} \end{cases}$$

自修复反应可根据体系中吉布斯自由能最小化、质量守恒定律以及电荷平衡，计算体系中各相沉淀溶解平衡状态，从而确定平衡体系中矿相组成及其含量、溶液中离子浓度以及 pH 值。目前已有多个可计算无机化学反应的热力学模拟软件，如 GEMs、JCHESS 等。

通过热力学模拟技术可判断矿物自修复功能组分反应是否发生，预测反应达到平衡状态时产物及反应溶液中离子的组成，进而为矿物自修复功能组分设计提供理论指导。需要指出，热力学模拟只能得到矿物自修复功能组分反应的最终状态，但不能得到反应过程的相关信息，需结合实验技术测试自修复功能组分反应速度，优化矿物自修复功能组分对水泥基材料裂缝自修复的促进作用。

混凝土裂缝自修复与混凝土所在服役环境密切相关。如前所述，矿物混凝土裂缝自修复技术需以水为离子传输的介质才能发生。水从混凝土外环境进入裂缝内部时不可避免地将外部环境离子带入裂缝中。而且，在裂缝未完全愈合前裂缝内部仍然与混凝土外部环境相通，将持续着离子交换作用。外环境离子不仅可以腐蚀混凝土和钢筋，同时影响混凝土裂缝自修复热动力过程。如海水中有大量 Cl^-、SO_4^{2-}、Mg^{2+} 等腐蚀性离子，海水 pH 值约为 8，在海水环境中服役的混凝土一旦开裂，海水便携带着大量的腐蚀性离子通过裂缝直接进入混凝土内部，可使钢筋表面钝化膜破坏进而诱发锈蚀，同时也使混凝土基体侵蚀发生，从而制约了混凝土裂缝自修复对开裂混凝土耐久性的提升作用。另外，已有的研究表明海水离子对不含自修复功能组分的混凝土的自愈合有明显促进作用。根据矿物混凝土自修复技术的作用机理，通过设计矿物自修复组分调控其溶解的离子组分进而优化自修复反应产物，使其对裂缝具有更好的填充性、对裂缝面具有更强的黏结性，甚至可化学固化已侵入裂缝内部的腐蚀离子，从而最大限度地提高裂缝自修复对开裂混凝土力学性能和耐久性的恢复作用。此外，可通过自修复功能组分设计，调控裂缝溶液化学环境，如使裂缝内部溶液再碱化从而保证钢筋钝化膜的稳定性。甚至向自修复功能组分中加入阻锈剂，减缓钢筋锈蚀过程。

综上所述，矿物混凝土自修复技术具有较强的可设计性，在探明其作用机理的基础上根据热动力学原理对其组分进行设计，不仅提高矿物自修复功能组分的环境适应性，而且能利用环境特点最大程度地提高混凝土裂缝自修复能力，并结合阻锈等功能组分，最大程度地提升开裂混凝土的耐久性恢复能力。

8.2.2.3　矿物自修复组分加工处理

若将矿物自修复功能组分直接掺入混凝土中，则在拌合时功能组分便与水发生反应，导致其在混凝土开裂前便已被消耗，从而降低其修复效果。而且，对膨胀型自修复功能组分而言，其膨胀反应会引起混凝土内部应力，甚至导致混凝土提前开缝。为此，在掺入混凝土前可对矿物自修复功能组分进行包覆等加工处理。此外，自修复剂的尺寸决定了其在基体中的空间分布特征，影响其对某一裂缝的自修复促进作用。同一掺量的自修复剂对某一裂缝的有效作用体积与其尺寸直接相关，存在某一最优尺寸。因此，对粉末状矿物自修复功能组分进行包覆处理前，可借鉴陶瓷制备常用的粉末干压（如图 8-6 所示）等方法把自修复剂制备成一定尺寸的颗粒，随后在颗粒表面涂覆有机防水涂层，从而制备出以矿物组分为芯材的自修复功能骨料。为了使自修复功能骨料与水泥硬化浆体有更好的相容性，可利用水泥粉末、细砂等对包覆层表面进行处理，增强功能骨料与硬化水泥浆体的黏结，保证混凝土开裂时能贯穿骨料进而促发自修复反应。目前已报道的有机物包覆材料有聚甲基丙烯酸甲酯、环氧树脂、聚乙烯吡咯烷酮、聚乙烯醇等。已有研究表明，对矿物自修复功能组分进行包覆后能有效解决自修复功能组分在开裂前反应并引起膨胀应力的问题。

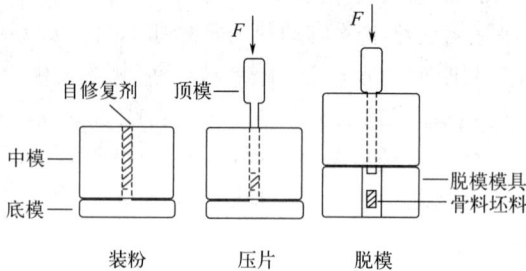

图 8-6　通过挤压成型的方法以粉末状自修复功能组分制备自修复功能骨料坯料的过程

8.2.3　自修复效果评估

目前对基于矿物的混凝土自修复效果的评估主要从表面裂缝宽度、传输性能和力学性能等几个方面进行。下面将以表面裂缝闭合率、水渗透系数、氯离子迁移系数、力学性能恢复率等指标介绍基于矿物的混凝土自修复效果。

8.2.3.1　表面裂缝宽度与裂缝闭合率

混凝土在基于矿物反应作用下自我修复裂缝时，其表面裂缝宽度逐渐变小，可利用显微镜等观察裂缝修复情况并测量表面裂缝宽度，分析其随自修复时间的变化，评价裂缝自修复效果。需要强调的是，在裂缝修复的过程中修复产物在裂缝中的形成是一个非均匀成核-结晶过程，具有非均匀性的特点。在有利于成核-结晶的位点上，自修复产物迅速结晶并长大，并导致其他位置的自修复产物非常有限，因此在同一裂缝中常出现某些部位具有较大的裂缝闭合率，而某些部位则基本未被产物填充的现象。这导致不同位置在相同自修复时间下裂缝宽度的离散性较大。如图 8-7 所示，对于同一自修复功能组分而言，具有相近初始宽度的裂缝经过相同时间修复后剩余裂缝宽度波动较大，有的剩余宽度为 0，但有的仍然接近初始宽度。甚至会出现初始宽度大的裂缝修复后的剩余宽度远小于初始宽度小的裂缝的剩余宽度。因此，以表面裂缝宽度评价自修复效果时需尽量取多处观察点，以保证结果具有足够的代表意义。

根据测得的表面裂缝宽度，通过式（8-6）可计算裂缝闭合率：

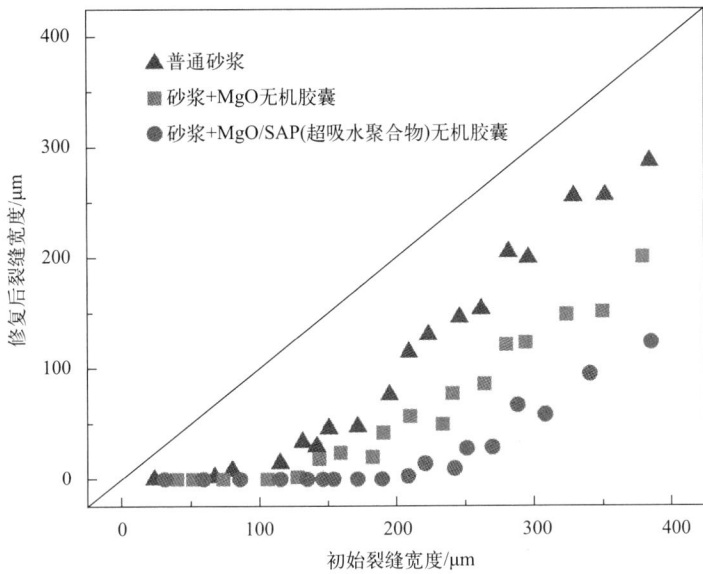

图 8-7　表面裂缝初始宽度与修复后裂缝宽度的关系

$$\tau_t = \frac{w_i - w_t}{w_i} \tag{8-6}$$

式中，w_i 为初始裂缝宽度，μm；w_t 为自修复时间 t 后的裂缝宽度，μm；τ_t 为自修复时间 t 后的裂缝愈合率，%。

然而，以上式所得的裂缝闭合率对比不同矿物组分的自修复效果时，裂缝初始宽度需尽可能相近。大量研究证实，在相同情况下，裂缝初始宽度越大，自修复引起的裂缝闭合越困难，因此只有在裂缝初始宽度相近时，以裂缝闭合率分析自修复效果时才有意义。

如图 8-8 所示，利用式（8-6）可确定裂缝闭合率随自修复时间的关系，从而较直观地看出裂缝自修复的发展过程。值得注意，图 8-8 所示结果是由每组试样 60 个裂缝宽度测点数据计算所得，但每组试样的裂缝闭合率的偏差值都较大，反映了上述的裂缝宽度离散性问题。

8.2.3.2　水渗透性和吸水性

可通过测试开裂混凝土试样在自修复过程中水渗透性的变化来评估裂缝自修复效果。开裂混凝土的水渗透性通常采用类似如图 8-9 所示的装置进行测试。试验可根据具体情况确定水位高度，但在测试过程中应保持一致，以保证不同试样间和同一试样不同测试时间内的水头一致，从而使水渗透结果具有可比性。实验过程中可记录某一固定时间段内通过开裂混凝土试样的水的质量。在混凝土试样开裂后可先测试初始渗水量。因该测试过程通常只持续数分钟，此过程中的自修复反应的影响可忽略。此后，继续测试试样在自修复不同时间后的渗水量。根据式（8-7）计算相对渗透系数以评估自修复效果：

$$\beta = \frac{P_i}{P_t} \tag{8-7}$$

式中，β 为相对渗透系数；P_i 为自修复前初始渗水量；P_t 为自修复时间 t 后的渗水量。

相对渗透系数越小，水渗透量在自修复后降低越显著，裂缝自修复效果越好。除了水渗

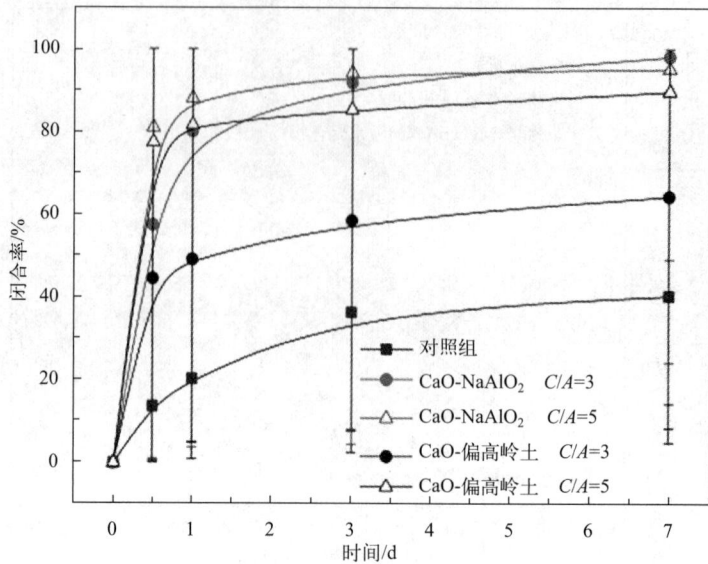

图 8-8 海水浸泡条件下含可固化侵蚀离子自修复功能骨料的混凝土裂缝
（初始裂缝宽度为 $350\sim450\mu m$）自修复率
（C/A 为 Ca/Al 物质的量比）

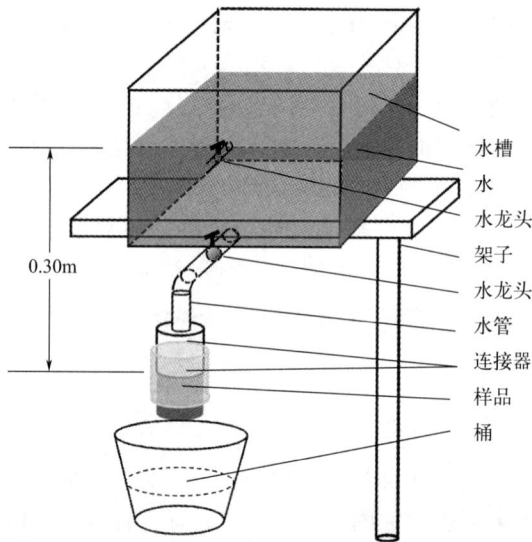

图 8-9 评估裂缝自修复能力的渗透试验装置[8]

透性测试外，还可通过测试开裂混凝土在自修复前后的吸水性来评价自修复效果。

8.2.3.3 离子渗透系数

与自修复降低水渗透性相似，开裂混凝土自修复后离子渗透性下降，即抗离子渗透性上升，这主要由于自修复产物对裂缝通道有阻碍甚至封堵作用。氯离子渗透性普遍采用快速氯离子渗透法等方法来测试。可分别对没有开裂、开裂以及裂后自修复养护一定时间的试件用快速氯离子渗透法测试其氯离子迁移系数。基于氯离子迁移系数可计算出表示修复效果的离子迁移系数比值。

8.2.3.4　力学性能恢复

上述水渗透性和离子迁移性指标的测试主要从开裂混凝土耐久性恢复的角度评价自修复效果。实际上，人们除了关注裂缝自修复对开裂混凝土耐久性的恢复外，也关注其对开裂混凝土力学性能的恢复。因此，也提出了以混凝土力学性能恢复率来评价裂缝自修复效果。力学性能恢复率通常包括抗压强度、抗折强度和弹性模量的恢复率，可通过式（8-8）计算：

$$\varepsilon = \frac{M_s}{M_{nc}} \tag{8-8}$$

式中，ε 为力学性能恢复率；M_s 为某龄期试样自修复一定时间后的力学性能（抗压强度、抗折强度或弹性模量）；M_{nc} 为同配比和养护条件的非开裂试样在该龄期的力学性能（抗压强度、抗折强度或弹性模量）。

8.2.4　自修复产物表征

为了更深入地认识不同矿物自修复功能组分的作用机理，通常对在裂缝中形成的自修复产物进行表征，分析其在自修复过程中的演变。

8.2.4.1　形貌特征及元素分析

目前，通常使用扫描电子显微镜（SEM）观察自修复产物的形貌并结合能谱分析对自修复产物元素进行分析，如图 8-10 所示。

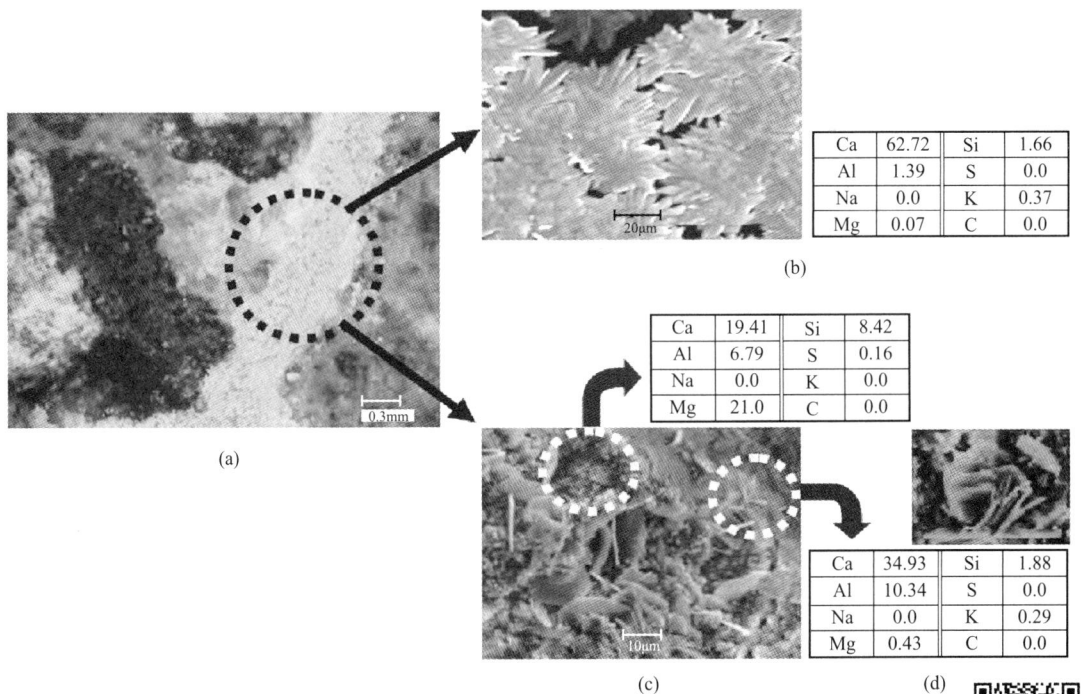

图 8-10　基于矿物的自修复产物的 SEM-EDS（能量色散 X 射线谱）分析[9]

8.2.4.2　物相分析

在确定自修复产物元素组成和分布的基础上，常用 XRD（X 射线衍射）、TG（热重）等技术分析自修复产物的物相组成。但在表征测试前一般需把在裂缝中形成的产物提取出来。

如图 8-11 所示，通过 XRD 技术可得到自修复反应产物中的晶体物相，对推断自修复反应具有重要作用。由于多相混合物中各相衍射线的强度随该相含量的增加而增加，即物相的相对含量越高，则对应的 X 射线衍射峰的相对强度也越高。虽然由于试样吸收等因素的影响某物相的衍射强度与其相对含量并不是简单的线性关系，但如果用实验测量或理论分析的方法确定了该关系曲线就可以根据实验测得的强度计算出该物相的含量。因此，XRD 技术也可定量表征自修复产物中物相的含量。

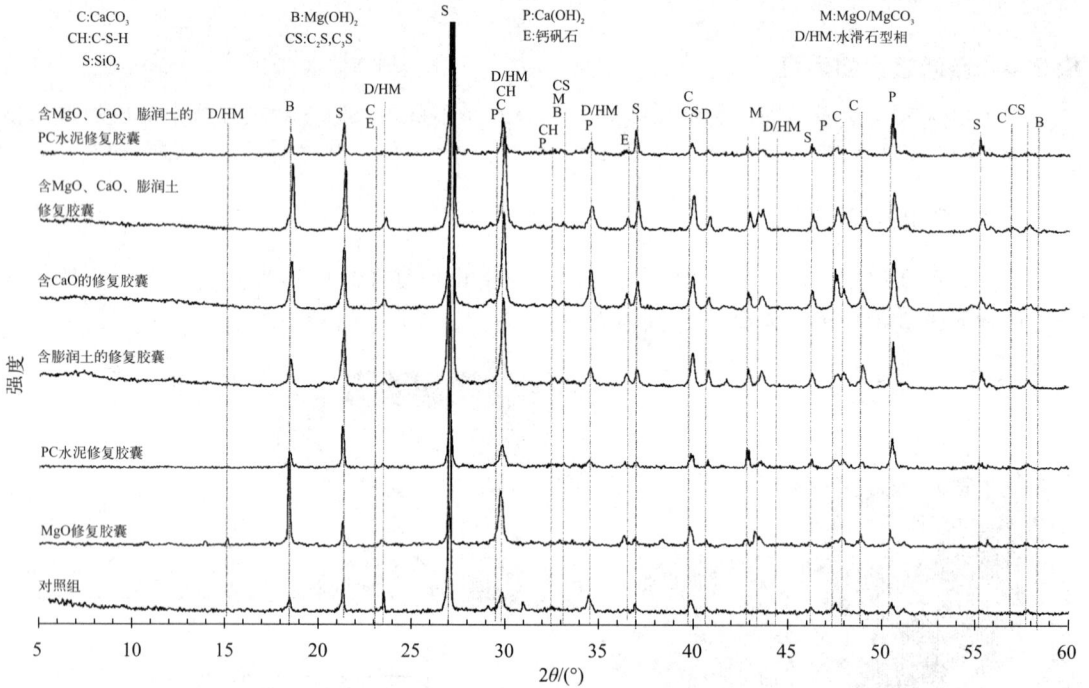

图 8-11　掺有氧化镁自修复剂的混凝土自修复产物的 XRD 图谱[10]

TG 可测试自修复产物的质量随温度的变化。根据 TG 曲线对温度求一阶导数，能精确地显示物质微小质量变化和变化率、变化的起始温度和终止温度。通过热重分析技术，可以确定自修复产物中某些物相（如氢氧化钙、碳酸钙等物相）的含量，可与 XRD 定量分析的结果相互验证和补充。

8.3　微生物混凝土自修复材料与技术

很久以来，人们对微生物与建筑材料，尤其是混凝土材料之间相互作用的认识多集中在微生物对混凝土材料造成的腐蚀作用。微生物分泌的有机酸可与混凝土材料所含的氢氧化钙反应，生成可溶性钙盐。随着反应的进行，可溶性钙盐不断从混凝土中析出，导致混凝土表层孔隙率增加，pH值下降，混凝土性能由表及里不断退化。如混凝土污水管道系统内常由硫酸盐还原菌和硫酸盐氧化菌的作用造成严重管道腐蚀。

然而，近年来，研究者们发现微生物同样可以对混凝土材料具有防护作用，这主要归因于微生物矿化诱导碳酸钙沉积作用。1973年，巴塞罗那大学的微生物学家发现几乎所有细菌在适宜条件下都能诱导碳酸钙生成。之后，细菌诱导的碳酸钙开始被研究应用于多孔介质堵漏、石材文物表面防护与加固、岩土体加固等领域。2007年，荷兰代尔夫特理工大学Henk Jonkers教授首次将微生物矿化沉积碳酸钙用于混凝土裂缝的自愈合研究，随后在世界上掀起了基于微生物矿化的混凝土裂缝自修复技术的研究热潮。相较于其他混凝土自修复材料，微生物矿化诱导生成的碳酸钙（也称生物碳酸钙）是一种兼具耐久、耐候、与混凝土材料相容、环境友好等优点的新型自修复材料。本节将详细介绍微生物自修复混凝土材料相关的基础理论与知识。

8.3.1 概述

8.3.1.1 定义

微生物是个体微小（一般小于0.1mm）、结构简单、在适宜环境下能生长繁殖和发生遗传变异的低等微小生物的统称。它种类繁多，包括各种细菌、真菌、藻类等，分布在自然界各个角落。目前用于自修复混凝土的微生物多为具有矿化沉积无机盐能力的细菌，简称矿化菌，包括碳酸盐矿化菌、磷酸盐矿化菌等，其中以碳酸盐矿化菌最为普遍。碳酸盐矿化菌是指能够诱导碳酸盐类（比如碳酸钙）沉淀的一类细菌，该类细菌或在其新陈代谢过程中或通过生物酶作用诱导碳酸盐沉淀。

沉积前驱物是指在无机盐矿物沉积过程中，提供无机盐阴、阳离子来源的化合物。以生物碳酸钙为例，其沉积前驱物为钙源（钙离子来源）以及有机（无机）碳化合物（碳酸根离子来源）。

微生物基修复剂是指基于微生物矿化，可促进水泥混凝土材料裂缝自修复的功能添加剂，主要由矿化菌、沉积前驱物以及细菌营养物质构成。

微生物自修复混凝土是指具有自修复功能的一类混凝土，该类混凝土在制备成型阶段提前加入微生物基修复剂，待混凝土开裂时，通过预埋的微生物基修复剂自主修复裂缝，实现裂缝自愈合。

微生物自修复材料是指混凝土开裂后，预埋的微生物在裂缝区原位诱导生成的无机盐矿物沉淀，该沉淀不仅填塞裂缝，且具有一定强度，可以修复裂缝，目前常见的微生物自修复材料是生物碳酸钙。

8.3.1.2 微生物自修复混凝土工作机制

微生物自修复混凝土的工作机制如图8-12所示，微生物基修复剂需在混凝土拌制成型过程中加入。由于混凝土基体高碱性，而且随着水泥水化的进行，水化产物不断生成，基体内孔径逐渐减小，基体微结构逐渐形成，为防止矿化菌在水化过程中因基体微结构越来越致密造成挤压破坏，以及混凝土成型搅拌过程中剪切力对细菌的伤害，矿化菌需预先固定于保护性载体内。与细菌的营养细胞相比，细菌的惰性芽孢具有寿命长（几年甚至几十年）、抵抗力强的优点，而混凝土裂缝出现的时间难以确定，为确保开裂时预埋的矿化菌仍在其"有效期"内，目前矿化菌多以惰性芽孢的形式使用。沉积前驱物和营养物质可直接与混凝土固体组分拌合或先溶解于拌合水中，再与混凝土其他组分进行拌合；沉积前驱物和有机营养物质也可以固载的方式加入，可与矿化菌固载于同一载体或分别固载，这样可减少其对混凝土基体工作性和力学强度的不良影响，同时提高裂缝区内矿化菌对沉积前驱物和有机营养物质的使用效率。载体、矿化菌、沉积前驱物及营养物质共同构成自修复功能单元。

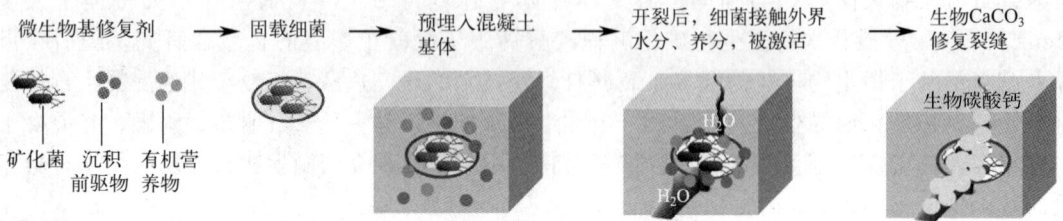

图 8-12　微生物自修复混凝土工作机制

混凝土开裂触发自修复单元开始工作，包埋细菌的载体破裂，载体内惰性矿化菌接触入渗至裂缝区的水分。水分是促使矿化菌惰性芽孢激活的必备要素，水分促使裂缝区有机营养物质二次溶解，为芽孢的激活萌发提供营养成分；同时，水分溶解裂缝区的沉积前驱物，促使萌发后的活性矿化菌在裂缝区诱导生物碳酸钙沉积，修复裂缝。因此，微生物自修复混凝土工作机制受环境中水分影响，水分是自修复功能单元的主要触发剂，而微生物自修复混凝土的核心是固载的矿化菌能及时激活并能在裂缝区环境内诱导生物碳酸钙沉积。

8.3.1.3　微生物基修复剂组成及设计原理

狭义上讲，微生物基修复剂包括有矿化菌、沉积前驱物以及细菌的营养物质。载体主要对细菌起保护作用，不直接参与细菌矿化沉积过程，是保证矿化菌在基体内的有效存活，以及裂缝区有足量矿化产物生成的关键要素。但在一些自修复体系中，比如用水凝胶作为细菌载体的微生物自修复体系中，水凝胶在裂缝区吸水后可以填充部分裂缝体积，其吸水保水性能有利于促使矿化菌芽孢萌发和诱导矿化沉积，因此从广义上说，载体是微生物基修复剂不可或缺的一部分。混凝土开裂后，自修复功能单元各构成要素需协同作用，才能发挥最大自修复效果。需注意，自修复功能单元的掺入不可影响混凝土的工作、力学及耐久性能。

8.3.2　微生物矿化沉积机制

微生物自修复混凝土核心是矿化菌在混凝土裂缝区原位诱导生物碳酸钙的沉积，虽然微生物矿化沉积作用不局限于微生物种类，也不限定于微生物数量，但在混凝土的应用环境中，仅耐碱或嗜碱型矿化菌可以在碱性的裂缝区环境诱导生物碳酸钙沉积。本节将详细介绍目前微生物自修复混凝土中涉及的微生物矿化沉积机制以及相应矿化菌的矿化特性。

8.3.2.1　基于氧化分解有机化合物的矿化机制

矿化菌通过有氧呼吸作用分解有机化合物生成 CO_2 和 H_2O，混凝土碱性环境下与 Ca 源发生化学反应生成碳酸钙沉淀，具体反应过程见式（8-9）～式（8-11）。该矿化机制在自然界中最为常见，只要有氧存在，就可进行，且无有害副产物生成。该矿化机制下生物碳酸钙的沉积速率和产率主要受沉积前驱物浓度和水中溶解氧含量的限制。如对于科氏芽孢杆菌而言，其碳酸钙产率在 1.6g/（L·d）左右，因此基于该类矿化机制构建的微生物自修复混凝土，其裂缝修复周期较长，代表菌株有嗜碱好氧菌如科氏芽孢杆菌等。

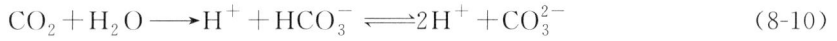

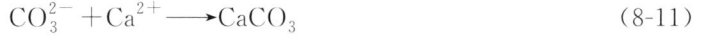

$$CH_3COO^- + 2O_2 \longrightarrow HCO_3^- + CO_2 + H_2O \tag{8-9}$$

$$CO_2 + H_2O \longrightarrow H^+ + HCO_3^- \rightleftharpoons 2H^+ + CO_3^{2-} \tag{8-10}$$

$$CO_3^{2-} + Ca^{2+} \longrightarrow CaCO_3 \tag{8-11}$$

8.3.2.2 基于脲酶催化分解尿素的矿化机制

此类矿化菌在新陈代谢过程中分泌产生活性脲酶，脲酶可催化尿素水解成 CO_2 和 NH_3，NH_3 溶于水迅速提高环境 pH 值，促使 CO_2 转为 CO_3^{2-}，与钙离子反应生成碳酸钙沉淀，生化反应式见式（8-12）、式（8-13）。由于酶促反应具有高 pH 值适应性，可耐受环境 pH=11 左右，反应快速可控，碳酸钙产率高，最高可达 18g/（L·d），该矿化机制在微生物自修复混凝土中应用比较广泛，代表菌株有产脲酶菌等。

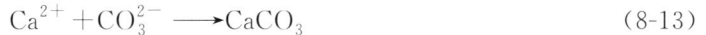

$$CO(NH_2)_2 + 2H_2O \xrightarrow{脲酶} 2NH_4^+ + CO_3^{2-} \tag{8-12}$$

$$Ca^{2+} + CO_3^{2-} \longrightarrow CaCO_3 \tag{8-13}$$

不可忽视的是，脲酶诱导生物碳酸钙沉积过程中，其副产物 NH_3 的释放会引起环境问题，解决此问题的途径目前有种：一是将其固定在难溶盐内，利用 Mg^{2+} 和磷酸根将其固定生成难溶的鸟粪石，减少对环境的污染；二是将反应环境的 pH 值控制在 NH_3/NH_4^+ 的平衡电点以内，促使 NH_3 转化为 NH_4^+。

8.3.2.3 基于反硝化作用的矿化机制

该矿化机制主要通过反硝化细菌，在厌氧条件下，以硝酸根作为电子受体，分解有机碳化物，生成碳酸根离子，与钙离子反应生成碳酸钙沉淀，反应过程见式（8-15）~式（8-17）。反硝化的矿化机制适于氧气不足的环境，如裂缝深处、混凝土内部微裂缝的修复。反硝化细菌最高耐受的 pH 值在 10 左右，但矿化沉积碳酸钙速率偏低，为 0.7~1g/（L·d）。

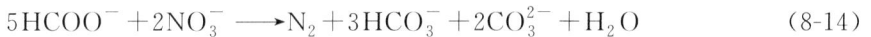

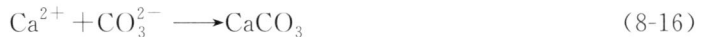

$$5HCOO^- + 2NO_3^- \longrightarrow N_2 + 3HCO_3^- + 2CO_3^{2-} + H_2O \tag{8-14}$$

$$OH^- + HCO_3^- \longrightarrow CO_3^{2-} + H_2O \tag{8-15}$$

$$Ca^{2+} + CO_3^{2-} \longrightarrow CaCO_3 \tag{8-16}$$

8.3.2.4 基于碳酸酐酶催化作用的矿化机制

碳酸酐酶是一种以 Zn^{2+} 为活性中心的金属酶，能高效催化二氧化碳与水和碳酸与氢质子之间的可逆反应，pH 值于 4~9 之间，且在温度低于 65℃ 的条件下可以保持较高的活性和稳定性，近年来，碳酸酐酶巨大的生物催化能力逐渐被发掘，某些细菌分泌的碳酸酐酶能够加速 CO_2 的水合反应，诱导碳酸钙的沉积。其反应过程见式（8-17）~式（8-19）。其代表菌株有产碳酸酐酶菌。

$$CO_2 + H_2O \xrightarrow{碳酸酐酶} H^+ + HCO_3^- \tag{8-17}$$

$$OH^- + HCO_3^- \longrightarrow CO_3^{2-} + H_2O \tag{8-18}$$

$$Ca^{2+} + CO_3^{2-} \longrightarrow CaCO_3 \qquad\qquad (8\text{-}19)$$

8.3.3 载体及固载方法

8.3.3.1 载体的必要性

游离的活性矿化菌直接掺入水泥混凝土基体中，1天后存活率约为20%，3天和28天后仅剩1%和0.1%。理论上，惰性芽孢比活性细菌具有更高抗力，然而其在水泥基体中未经固载保护的芽孢和活性细菌存活率相当。这是由于水泥基体环境不适于微生物的生存。第一，细菌菌体在混凝土搅拌过程中易受到剪切力而破坏。第二，由于水化作用的持续进行，基体内部微结构形成，基体逐渐致密，孔隙尺寸逐渐减小到$0.5\mu m$以下，而菌体尺寸一般在$1\sim3\mu m$，芽孢在$0.5\sim1\mu m$，因此在水化过程中细菌易被挤压而造成破坏。第三，混凝土内部的高碱、高盐、低湿易导致菌体细胞渗透压失衡，继而失活及死亡。因此，微生物自修复混凝土中使用载体对矿化菌进行固载保护非常必要。

8.3.3.2 载体选择的基本原则

（1）生物相容性原则

细菌载体需首先具备生物相容性。生物相容性是指载体本身以及固载过程不会对矿化菌的生理生化特性造成不良影响，固载后的矿化菌活性与游离矿化菌活性相当。

（2）与混凝土基体相容原则

与混凝土基体相容是指微生物基修复剂各组分加入混凝土后，对新拌混凝土和硬化混凝土性能均无明显的负面影响。细菌以固载方式掺入时，载体与混凝土基体的相容性直接决定了其最大掺入量。视其尺寸大小，载体（含菌）可作为掺合料直接加入，或取代部分细骨料或粗骨料掺入混凝土。以常见的多孔轻骨料载体为例，由于其质轻、吸水率高，掺入后易导致流动性下降，随着取代率增加，流动性下降越显著。同样，多孔载体的掺入会引起强度的显著下降。从自修复角度，固载细菌掺入量越高，预期的裂缝自修复效果越好，然而，同时需考虑载体对混凝土基体可能的负面影响。因此，固载细菌的最适掺入量需在最佳自修复效果与工程上可接受的性能下降范围取得平衡。

（3）不阻碍裂缝区细菌矿化反应

混凝土开裂后，载体需及时响应释放修复剂，促使裂缝区的固载矿化菌获得外界水分、养分以及其他激活因子顺利萌发，继而矿化沉积碳酸钙。因此，混凝土开裂后载体的存在形式不能影响液、气的传输，不能阻碍矿化菌对激活因子和沉积前驱物的获取。

8.3.3.3 载体的分类及固载方法

用于固载细菌的载体种类繁多，根据载体的形态主要分为多孔类载体和闭合型载体。

（1）多孔类载体及固载方法

介质内或表面含有大量微孔的一类载体称为多孔类载体。根据孔径大小，细菌一般固载于微孔内壁或表面。常用的细菌多孔类载体有多孔微粉（如硅藻土、纳米颗粒）和多孔骨料

（陶粒、膨胀珍珠岩等）。多孔微粉固载矿化菌时，由于所含微孔尺寸在几纳米到几十纳米之间，比表面能大，细菌多吸附于微粉颗粒表面。而多孔骨料含大量微米级甚至毫米级大孔，细菌可吸附于孔内空间。当多孔载体所含孔的尺寸是细菌大小的 3~10 倍时，最适于固载细菌。多孔载体固载细菌一般通过物理吸附作用使菌体吸附于孔内部或孔表面，所以在混凝土搅拌过程中易受到剪切力作用而导致脱附。而且，开口孔无法完全隔绝细菌与水泥基体接触，固载后细菌存活率仍有一定的下降。可通过裹糖衣的方式在固载后的多孔骨料表面覆一层保护膜，将细菌与水泥基体碱性环境完全隔绝，从而防止菌体提前从载体逃逸出来。需注意的是，所覆的保护膜需同时满足生物相容和混凝土相容性原则。

多孔微粉固载细菌时，一般先将多孔微粉与细菌悬浮液混合，低速下搅拌，促使菌体通过分子间力吸附于微粉表面。而多孔骨料固载细菌时，多采用负压浸渍法促使细菌进入骨料基体深处的微孔。

（2）闭合型载体及固载方法

闭合型载体，是一类全封闭式载体，细菌完全物理包埋或包封于载体内部，与外界水泥基体完全隔绝，不会发生细菌提前从载体中逃逸至水泥基体的情况，因此该类载体的保护作用明显，可显著提高细菌的存活率，常用的有玻纤管、微胶囊、水凝胶等。

固载方法包括物理包埋和化学包埋，物理包埋是指细菌包埋过程中不发生化学反应，比如使用玻纤管包埋微生物基修复剂时，只需将矿化菌液及沉积前驱物溶液分别注入玻纤管中，并将玻纤管口封住即可。化学包埋的包埋过程是在化学反应过程中实现的，如利用微胶囊包埋细菌芽孢是细菌芽孢作为囊芯的一部分，在微胶囊的合成过程中实现对细菌的包埋。水凝胶固载细菌时，细菌在凝胶网络的形成过程中加入，凝胶网络交联完毕的同时实现凝胶基体对细菌的包埋。相较而言，物理包埋工艺更为简单，包埋过程对细菌友好，无不良影响。而化学包埋工艺较为复杂，化学反应过程或条件（瞬时高温、紫外光照等）易对细菌生理生化特性造成影响。因此，化学包埋更适合包埋抵抗力强的芽孢。

（3）其他特殊种类载体

除了上述两类常规载体，近年来，研究人员开发出一类特殊的混合菌群，混合菌群的核心主要由各种好氧和兼性厌氧矿化微生物菌群（约占 70%）构成，菌群还含有 30% 左右无机盐和培养时残留的营养物浓缩成的保护性硬壳。因此该混合菌群不再需要额外载体进行固载保护，矿化菌的培养和固载同时进行，成本大大降低。混合菌群的核心具有足够的坚固性可抵抗搅拌时的剪切力，低掺量（小于水泥质量的 0.5%）下对混凝土抗压强度无影响，自修复效果良好，裂缝最大愈合宽度 0.4mm。

8.3.3.4 固载效果评价

载体的固载效果可从固载量、逃逸率和固载后活性保持率三个方面进行评价。

（1）固载量

固载量是指单位质量载体所固载的矿化菌的数量，单位是 cells/g。

固载量的测试方法如下：将固载有细菌的载体利用充分的涡旋振荡或超声破碎，促使所有细菌从载体中分离，收集分离出的细菌并进行计量，得固载量。对于多孔类载体，可通过测量固载前、后细菌悬浊液中所含细菌数量之差间接得到固载量。

（2）逃逸率

逃逸率是指在混凝土搅拌过程中从载体脱离的细菌量与初始固载量的百分比。逃逸率反映固载的牢固程度，以及载体的有效固载量。

逃逸率测试时，为模拟搅拌过程，将固载有细菌的载体加入水中，通过涡旋振荡对混合液进行扰动，时间 3 分钟（与标准砂浆试块搅拌时间一致），扰动后收集从载体中逸出的矿化菌并进行计量，其与初始固载量相比即可。

（3）固载后活性保持率

固载后活性保持率是指矿化菌芽孢固载后能顺利激活萌发的数量与初始固载量的百分比。该参数直接决定了开裂后具有矿化活性的有效细菌数量。测试方法与固载量的测试方法类似，将固载有细菌的载体利用充分的涡旋振荡或超声破碎，促使所有芽孢从载体中分离，通过平板法计量可萌发的芽孢数量，其与初始固载量的比值为固载后活性保持率。

8.3.4 微生物自修复混凝土多维表征

8.3.4.1 裂缝自修复宏观表征

在宏观层面，混凝土裂缝自修复效果的表征主要可通过超声探伤来实现。超声探伤技术基于超声波在介质中传播时，遇到不同介质发生反射、折射，从而导致传播声时波形变化的

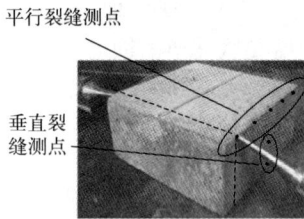

平行裂缝测点

垂直裂缝测点

图 8-13　混凝土裂缝损伤的超声探损

原理。当混凝土开裂后，超声波在混凝土内部向前传播遇到裂缝时，超声波将会绕过裂缝继续向前传播，导致路径延长，声速下降。利用超声波检测混凝土内部缺陷，对比声速的变化，间接反映混凝土内损伤愈合情况。具体测试时，分别平行和垂直裂缝方向布设若干测点，可一定程度上减少水化进程以及位置等因素的影响，如图 8-13 所示。通过超声测试发现 28 天后，微生物修复组的相对损伤恢复率为基准组的 4 倍。

8.3.4.2 裂缝自修复细观表征

在细观层面，混凝土裂缝自修复的表征主要可通过扫描拍照法来实现，进一步分为二维及三维扫描。混凝土表面裂缝的变化能最直观反映裂缝自修复效果，通常采用高清数字相机拍摄混凝土表面裂缝自修复前后的图像，并利用图像处理软件对裂缝宽度和裂缝面积的变化进行定量分析。微生物诱导碳酸钙沉积能得到大尺寸的矿物颗粒。同时，裂缝尺寸是影响微生物混凝土自修复效率的一个关键因素，一般情况下混凝土本征自修复仅限于 0.1mm 以下的裂缝，而微生物自修复可以将宽度低于 0.5mm 的裂缝完全修复，如图 8-14 所示。

对于裂缝内部修复状态的细观表征，目前有破损法和无损探测法两类手段。破损法即直接将样品沿裂缝面破坏并分析微生物矿化产物的分布。如图 8-15 所示，在裂缝深度 z 方向 25mm 范围内均有碳酸钙生成，且生成的碳酸钙晶体在裂缝开口处最多，随着裂缝深度的增加碳酸钙量逐渐减少；裂缝深度超过 25mm 后几乎没有碳酸钙生成。沿裂缝宽度 x 轴方向，距离裂缝断裂面表层 1.5mm 内，微生物矿化形成的碳酸钙较多，平均含量达到 20% 以上；

(a)

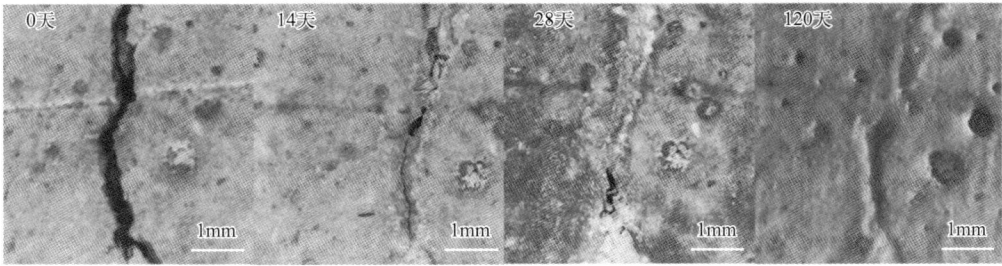

(b)

图 8-14　基准组（a）与微生物自修复组（b）的自修复对比

越靠近裂缝的表层，碳酸钙含量越低，在 1.5～2mm 范围内的平均含量仅为 8% 左右。对于好氧型微生物而言，填充裂缝的物质主要是微生物诱导生成的碳酸钙晶体和随着水泥砂浆孔溶液析出到裂缝中且尚未被微生物分解的底物，外观呈白色，且沿裂缝宽度和深度呈规律性分布。

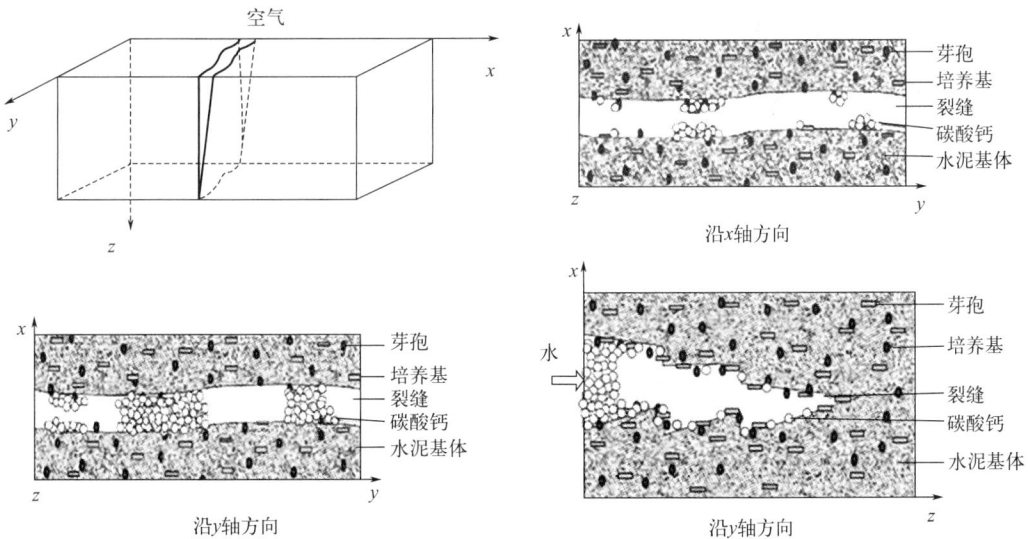

图 8-15　混凝土裂缝内部不同深度的愈合效果[11]

X 射线断层扫描是一种无损测试技术，可以对混凝土内部损伤和修复进行原位跟踪。测试基本原理是利用一定强度的 X 射线穿过测试样品，由于测试样品内材料密度、厚度、原子序数等因素影响，部分 X 射线光子会被吸收、散射，被接收器接收 X 射线强度有一定衰减。因此，利用 X 射线对样品不同角度进行照射，所得 X 射线的衰减程度不一。在完成了全方位的 X 射线照射后，利用相应软件对扫描得到的二维投影图进行三维重建。通过对图像中不同组成成分的分析研究，选择合适的阈值对图像进行区域分割，确定出骨料、浆体、裂缝、孔隙。然而，混凝土裂缝区域的微生物愈合矿物主要为钙、碳、氧成分的碳酸钙，与基体成分元素相似，从图像上很难区分愈合矿物与基体成分。为定量分析愈合效果，可借助软件分析愈合前后裂缝区域的体积变化量，从而获得愈合矿物填充率以及矿物填充分布（如图 8-16 所示）。

图 8-16　混凝土内部损伤愈合的 X 射线断层扫描表征[12]
（R—空白组；m-H—掺有纯水凝胶的砂浆试块；m-HS—掺有水凝胶固载细菌的砂浆试块；黄色表示生成的修复物质）

8.3.4.3　裂缝自修复微观表征

混凝土裂缝自修复后裂缝内的修复物质成分复杂，除矿化菌诱导生成的碳酸钙外，还含有混凝土自然碳化过程生成的碳酸钙。目前尚无能够区分这两种来源碳酸钙的方法。但生物碳酸钙表面常带有细菌的印记，如图 8-17 所示。另外，微生物矿化沉积产物与水泥基体之间具有很强的结合力，修复后的混凝土具有一定的弯折强度恢复性能。

微生物自修复技术是提高混凝土耐久性的一种很有前景的手段，从混凝土的全生命周期角度，自修复功能不但延长了混凝土结构服役寿命，而且减少了对水泥等原料的需求，因此能大幅减少水泥生产带来的碳排放，对实现"双碳"目标具有重大意义。目前在微生物自修复混凝土的功能单元设计及混凝土配合比优化、裂缝环境下微生物智能感知与响应触发及调控机制、智能感知与生物修复过程的模拟与监测技术、自修复性能多维评价与品质验收，以

图 8-17　裂缝内生成的带有细菌印记的碳酸钙沉淀

及实际服役条件下混凝土裂缝智能感知与生物修复技术开发方面均取得了显著进展。未来将重点开发适合实际服役环境（海洋环境、地下水环境、大温差环境等）的生物自修复功能单元，实现裂缝的高效快速自修复。

8.4　微胶囊混凝土裂缝自修复材料与技术

　　微胶囊混凝土裂缝自修复材料是一种将修复剂储存在微胶囊内部的自修复材料。当胶囊被外界产生的裂缝破坏了，微胶囊所储存的修复剂将释放出来和相应的反应材料作用形成愈合产物把损伤的区域修复（如图 8-18 所示）[13]。微胶囊是一种球形的载体，可以多角度接触裂缝从而提高微胶囊触发的成功率，另外，胶囊的尺寸可以根据应用需求进行针对性设计。

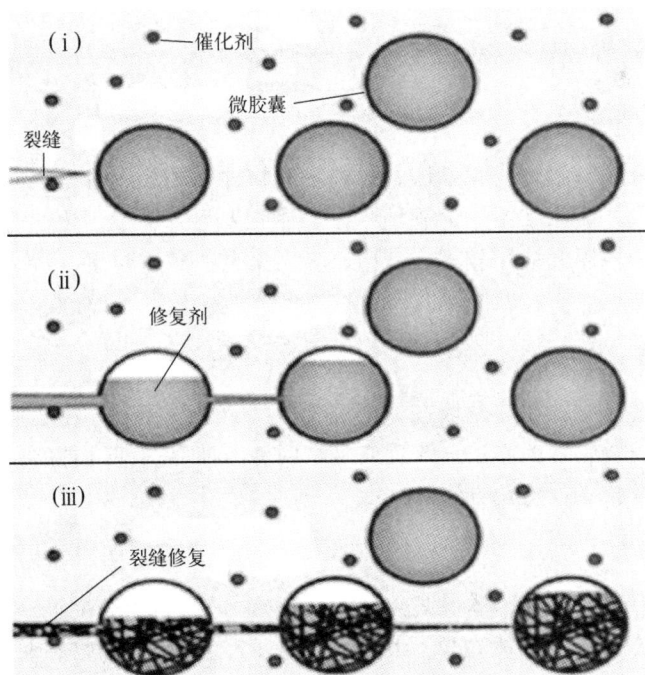

图 8-18　微胶囊裂缝自修复机制[14]

8.4.1 微胶囊的设计、制备与表征

8.4.1.1 微胶囊的设计理念

（1）微胶囊囊壁的设计

考虑混凝土特殊的内部环境，微胶囊囊壁设计需要满足以下要求：

① 成膜性。用于制备微胶囊囊壁的材料需要具有很好的成膜特性，并且能够形成致密的薄膜包裹在囊芯表面，对囊芯形成保护作用。

② 相容性。由于混凝土内部的环境属于高碱度环境（一般 pH 值在 12.5 左右），所以采用的囊壁材料需要具有很高的抗碱能力。

③ 化学稳定性。混凝土材料属于复合材料，其内部存在不同的化学物质，囊壁材料应具有良好的化学稳定性，在长期工作中微胶囊囊壁需与水泥基材料保持独立工作能力。

④ 力学性能。在混凝土浇筑过程中需要经过搅拌、振捣、填充等过程，所以微胶囊囊壁需具备良好的力学性能，以保证在浇筑过程中微胶囊不被破坏。

（2）微胶囊囊芯的设计

微胶囊囊芯（修复剂）是微胶囊设计中最关键的一环，它需要围绕混凝土的裂缝修复进行针对性的设计，并满足以下要求：

① 功能性。囊芯材料的选取需具备裂缝修复的功能性，其选用的材料需能够及时填补裂缝。

② 有效性。囊芯材料对于裂缝修复需要起到长期有效的修复效果，以满足混凝土材料的长寿命服役。

③ 化学稳定性。囊芯材料与囊壁材料需保持独立工作，不能与囊壁材料发生化学反应。

8.4.1.2 微胶囊的制备

微胶囊制备的方法一般分为化学法、物理法和物理化学法三种，不同的合成方法制得的微胶囊性能差别很大，应用于不同的领域。在上述三大类方法中，化学法和物理化学法一般通过反应釜即可进行，因此应用较多，其中以界面聚合法、原位聚合法、水相分离法和喷雾干燥法应用最广。

（1）界面聚合法

界面聚合法是将芯材乳化或分散在一个溶有壁材的连续相中，在芯材物料的表面上通过单体聚合反应而形成微胶囊的方法。该反应是在两种溶液界面间进行的，界面聚合反应法已成为一种较普遍的微胶囊成型化方法。

（2）原位聚合法

原位聚合法是一种把反应单体（或其可溶性预聚体）与催化剂加入分散相（或连续相）中，芯材物质为分散相。预聚体在单一相中是可溶的，而其聚合物在整个体系中是不可溶的，所以聚合反应在分散相芯材上发生，当预聚体聚合尺寸初步增大后，则沉积在芯材的表面形成囊壁，成型微胶囊。

（3）水相分离法

水相分离法是相分离法中的一种，是在分散有囊芯材料的连续相中，利用改变温度或在溶液中加入无机盐、成膜材料的凝聚剂，使壁材溶液产生相分离，让原来的两相体系转变成三相体系，凝聚胶体相逐步围绕在囊芯微粒周围，最后形成微胶囊的囊壁。

（4）喷雾干燥法

喷雾干燥法是将微细芯材稳定乳化分散于包囊材料的溶液中形成乳化分散液，通过雾化装置将此乳化分散液在干燥的热气流中雾化成微细液滴，溶解壁材的溶剂受热迅速蒸发，从而使包埋在微细芯材周围的壁材形成一种具有筛分作用的网状膜结构，分子较大的芯材被保留在形成的囊膜内，而壁材中的水或其他溶剂等小分子物质因热蒸发而透过网孔顺利移出，使膜进一步干燥固化，得到干燥的球状微胶囊。

8.4.1.3 微胶囊的表征

微胶囊作为微胶囊混凝土自修复体系最关键的一环，对于它的基础性能研究不仅作为后续修复机理研究的基础，还为不断优化微胶囊的制备工艺提供最直接的反馈信息。微胶囊的基础性能表征主要包括表观形貌、粒度分布、力学性能和化学稳定性（主要指耐碱性能）。表观形貌分析主要涉及微胶囊的球形成型度和囊壁粗糙程度分析。微胶囊的粒度分析主要是表征微胶囊的粒度分布情况。力学性能主要测试单颗微胶囊的受力情况，而化学稳定性分析主要是研究合成微胶囊在高碱性的环境下是否保存完好。上述基础性能的测试是确保合成微胶囊能运用到水泥基材料中的前提条件。

8.4.2 微胶囊混凝土自修复材料裂缝修复机理

微胶囊混凝土裂缝自修复机理分为以下 4 种形式：①囊芯修复剂发生反应基于外界环境作用，如水、空气或者温度［如图 8-19（a）所示］；②囊芯修复剂与混凝土内部的材料发生反应，生成修复产物［如图 8-19（b）所示］；③囊芯修复剂流出后和混凝土内部预掺的材料反应，生成修复产物［如图 8-19（c）所示］；④两种微胶囊流出的修复剂进行反应，把裂缝填补［如图 8-19（d）所示］。

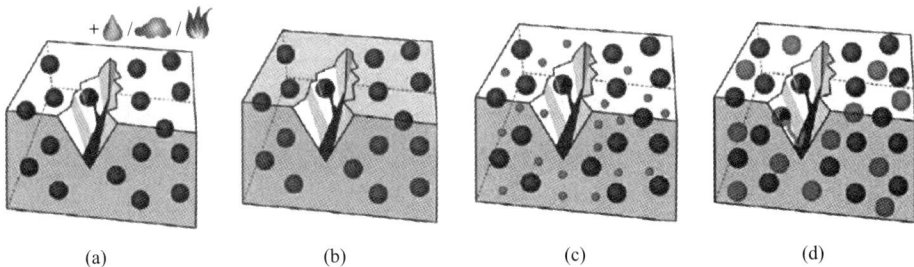

(a)　　　　　　　(b)　　　　　　　(c)　　　　　　　(d)

图 8-19　微胶囊物理自修复机制[6]

（a）外界环境作用；（b）内部材料作用；（c）内掺材料反应；（d）胶囊修复剂互相反应

对于第一种形式的物理修复体系［如图 8-19（a）所示］，可采用氰基丙烯酸盐黏合剂作为囊芯修复材料，在裂缝作用下微胶囊破裂是内部的修复剂

流出把裂缝填补。对于第二种形式的物理修复体系［如图 8-19（b）所示］，可采用硅酸钠溶液作为囊芯修复材料，当胶囊被裂缝破坏后，胶囊破裂和其内部的硅酸钠溶液流到裂缝处与氢氧化钙发生反应形成水化硅酸钙产物填补裂缝。对于第三种形式的物理修复体系［如图 8-19（c）所示］，将环戊二烯二聚体作为囊芯材料，并在混凝土中埋入固化剂，当胶囊被破坏，其内部的修复剂流出与固化剂发生固化反应把裂缝填补。对于第四种物理修复体系［如图 8-19（d）所示］，不同于前面的三种体系，第四种体系内部包含了两种或者两种以上的胶囊，它们包含不同的修复材料。若要起到修复效果，需要多种胶囊同时破裂，囊芯材料之间相互作用。脲醛被尝试作为囊壁材料包裹双组分的环氧树脂，但是流入到裂缝的修复剂的量不足，导致裂缝修复效果不佳。

8.4.3 微胶囊混凝土裂缝自修复过程与修复效果

微胶囊混凝土裂缝自修复过程一般分为裂缝触发微胶囊过程、囊芯释放及反应过程和裂缝修复过程（如图 8-20 所示）。微胶囊的裂缝触发是指裂缝穿过微胶囊，破坏囊壁，达到触发的效果。囊芯的释放方式与反应过程和裂缝修复体系有关。微胶囊裂缝自修复体系根据修复过程主要分为双组分修复体系和复合型修复体系。双组分修复体系是指需要预埋两种不同组分的原材料进入混凝土，通过后期的触发，使得二者发生物理或化学作用，形成可以修复裂缝的固化材料。复合型修复体系是指需要借助外界环境（如水、空气或者温度）来发挥修复作用的类型。本节将基于双组分和复合型微胶囊混凝土裂缝修复体系进行案例分析。

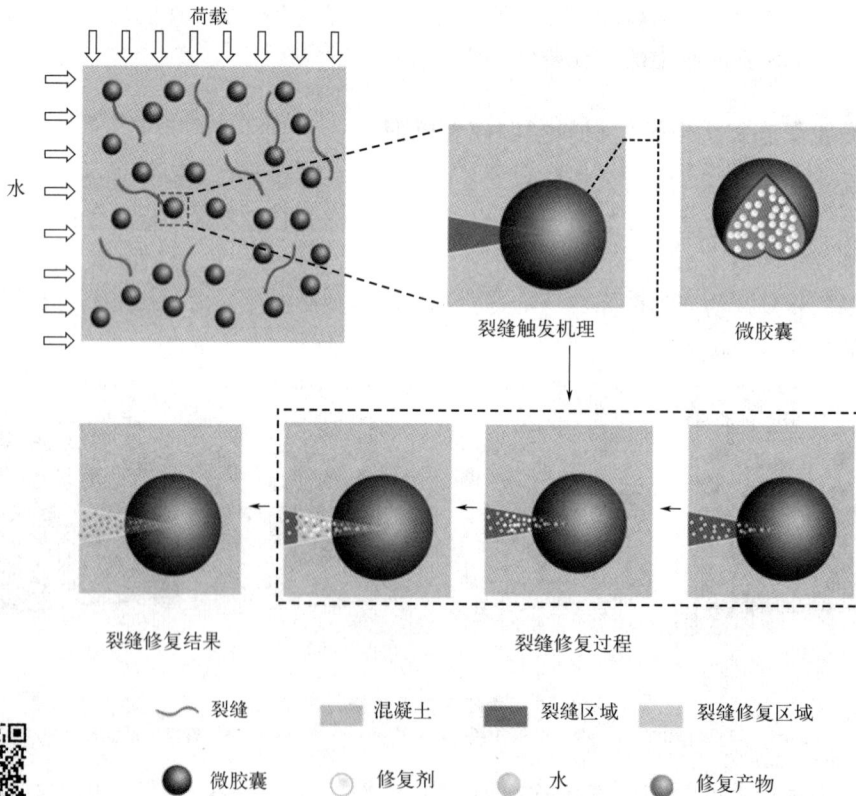

图 8-20　微胶囊混凝土裂缝自修复体系[15]

8.4.3.1 基于双组分修复体系的脲醛树脂/环氧树脂微胶囊

(1) 微胶囊的囊芯设计

选择环氧树脂胶黏剂作为自修复剂，它由环氧树脂、稀释剂和固化剂等构成。环氧树脂分子链上含有独特的环氧基、羟基、醚基等活性基团和极性基团。根据其分子量的高低可分为低分子量环氧树脂、中等分子量环氧树脂、高分子量环氧树脂、超高分子量环氧树脂。由于双酚 A 型环氧树脂 E-51 具有黏结强度高、黏结面广、稳定性好、固化产物收缩率低及力学性能好等优势，双酚 A 型环氧树脂 E-51 可作为囊芯组分材料。但是，室温下环氧树脂 E-51 黏度较大尚不利于微胶囊破裂时在基体中虹吸现象的发生，需要加入稀释剂降低树脂 E-51 黏度，使树脂胶液易于浸润裂纹壁表面。稀释剂分为活性与非活性两大类，活性稀释剂（如正丁基缩水甘油醚）的优点在于，可以直接参与环氧树脂固化反应，成为环氧胶黏剂固化物交联网络结构的一部分，对固化产物的性能影响较小。这种设计不仅能实现稀释剂减小环氧树脂黏度的目的，而且可以提高固化树脂的力学性能。此外，由于作为囊芯材料的环氧树脂只有加入固化剂才能转变为三维网状立体结构，为保证自修复效果，需要混凝土中加入固化剂（如潜伏型固化剂 MC120D），以确保环氧树脂芯材从微胶囊中流出后在常温或高温环境下能即时发生固化，起到裂缝修复的作用。

(2) 微胶囊的囊壁设计

脲醛树脂具有较好的力学性能、耐热性、密封性等，并能采用水作为分散介质，通过溶液聚合方法合成得到，所以脲醛树脂可作为微胶囊的囊壁。脲醛树脂囊壁是单体尿素和甲醛在催化剂的作用下，经加成反应生成羧甲基脲预聚后形成水溶性预聚体，后经缩聚反应形成交联网状结构的水溶性预聚物，沉积到囊芯表面形成壁材并起到包覆作用。

(3) 微胶囊的合成与制备

原位聚合法制备的微胶囊具有粒子尺寸、囊壁厚度易于控制，工艺简单、成本低廉，易于工业化生产等优点，所以经常用于微胶囊的合成。原位聚合法反应体系包括囊壁的反应单体、催化剂、分散介质和囊芯材料组成。囊壁材料的反应单体为尿素和甲醛，催化剂为三乙醇胺和硫酸，分散介质为十二烷基苯磺酸钠，囊芯材料为环氧树脂混合物。因为囊芯材料为油性，不溶于水，且密度比水轻，单靠机械搅拌不能将囊芯均匀分散并使之稳定存在于水中，分散介质的作用是使囊芯液滴表面带电荷，形成电场，使液滴之间相互排斥，从而形成均匀稳定的乳液滴。将形成囊壁的反应单体（或可溶性预聚体）与催化剂全部加入分散介质（或连续相）中，同时把不溶的囊芯材料分散在分散介质中。单体是可溶的，其聚合物是不可溶的，故聚合反应在分散相芯材上发生。反应开始时，单体发生预聚，然后预聚体进一步聚合；当预聚体分子量足够大时，就开始在分散相表面上沉积；经过进一步的交联最终形成囊壁壳体，将囊芯物质包裹起来形成微胶囊。

(4) 微胶囊基础性能表征

微胶囊的粒径、表观形貌和囊壁厚度跟合成过程中采用的芯材/壁材质量比、反应体系 pH 值和反应温度等因素有关。当芯/壁质量比为 (1.0～1.2)：1.0 时，脲醛树脂粒子在囊芯液滴表面沉积速率适宜，微胶囊的表面较为致密，脲醛树脂颗粒团聚程度较低，包封效果最好。pH 值越低，微胶囊囊壁的三维网状化学结构越紧密，形成的囊壁越坚固。pH 值为 2～3 时，微胶囊囊壁表面结构致密，形成囊壁的树脂颗粒大小较均匀。当反应温度为 50℃时，形成的树脂颗粒大小和沉积速度适中，脲醛树脂的团聚现象减弱，微胶囊的表面较为致密，微胶囊囊壁强度适中，包覆效果好，微胶囊的合成率较高。

（5）裂缝修复机理与过程

脲醛树脂/环氧树脂微胶囊的物理修复机理是基于环氧树脂 E-51、固化剂 MC120D 以及稀释剂正丁基缩水甘油醚（BGE）的三元共聚物固化机理。这个修复机理分为三个阶段：①咪唑环上带孤对电子的叔胺与环氧基加成，生成加合物；②加合物与另外的环氧基生成分子内正负离子并存的络合物；③络合物中的负离子是活性中心，可以催化环氧基开环进行共缩聚反应，得到环氧树脂、稀释剂和咪唑三元共聚物。基于上述反应机理，当微胶囊破裂后，囊芯材料（环氧树脂）释放到裂缝区域与预埋的固化剂发生反应，形成三元共聚物固化产物填补裂缝（如图 8-21 所示）。

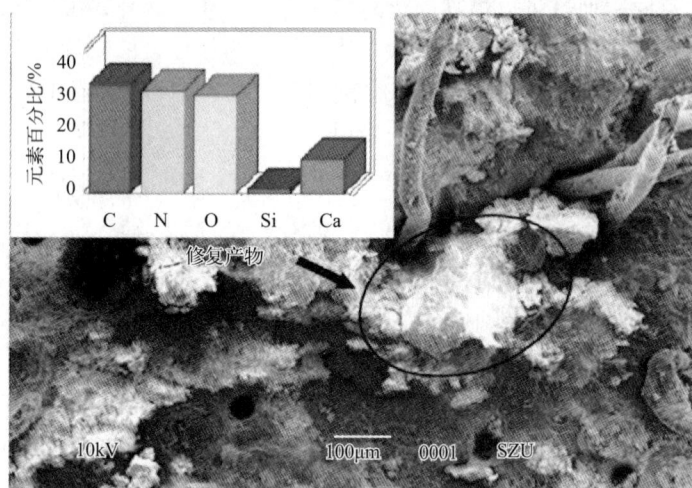

图 8-21　双组分微胶囊混凝土裂缝修复结果[16]

8.4.3.2　基于复合型修复体系的硫铝酸盐/乙基纤维素微胶囊

（1）微胶囊的囊芯设计

硫铝酸盐水泥作为一种替代普通硅酸盐水泥的潜在水泥胶凝材料，除了该材料本身是一种低碳环保的材料之外，主要是它在水化反应之后能够形成密实的产物。基于该反应产物的高表面能以及良好的黏结性能，硫铝酸盐水泥可以作为填补裂缝的修复材料。

（2）微胶囊的囊壁设计

结合微胶囊高分子技术理论知识，乙基纤维素满足所需的条件，该物质具有很好的成膜特性和耐碱性，并且能够使囊壁成型后具备良好的力学性能。但是，要溶解该物质需要复合使用芳香烃类溶解剂和醇类溶剂，以保证合适的黏度。

（3）微胶囊的合成与制备

采用由挤出滚圆法和喷雾干燥法结合的复合方法。该方法由挤出滚圆和喷雾干燥两大部分组成。首先是挤出滚圆法制备囊芯的过程，该过程由三个步骤组成：①湿料的制备。该步骤是把囊芯材料与辅料（如微晶纤维素、乳糖等）混合均匀，加入水或其他溶液作为凝结剂或黏合剂，将粉料制备成具有一定可塑性的湿润均匀的物料。②挤压过程。将第一步制备出来的塑性湿料置于挤压机内，经螺旋推进挤压方式将湿料通过具有一定直径的孔，压挤成圆柱形条状挤出物。③滚圆成丸过程。将上述挤出物堆卸在滚圆机的自转摩擦板上，挤出物则被分散成长短相当于其直径的更小的圆柱体，由于摩擦力的作用，这些塑性圆柱形物料在板上不停地滚动，逐渐滚成圆球形。在囊芯制备完成后，进行相应的干燥处理，以便于后续的囊壁喷雾包衣。对于囊壁喷雾包衣过程，该过程也包括三个步骤：①囊壁喷雾剂制备。将囊壁材料（乙基纤维素）溶解于设计好的溶剂（即甲苯和乙醇混合液中），并进行均匀搅拌，使囊壁材料完全溶解。②喷雾包衣。将干燥好的囊芯颗粒放置于滚筒中并按一定速度滚动，喷雾剂倒在喷雾容器里面，在蠕动泵力的作用下，喷雾剂从喷嘴喷出并与囊芯颗粒充分接触，进行包裹。③热风干燥。在完成了对囊芯材料的包衣后，需要进行相应的干燥处理，防止胶囊之间互相黏结。

（4）微胶囊的基础性能表征

如图 8-22 所示，由挤出滚圆法和喷雾干燥法结合的复合方法制备出来的微胶囊球形度好，尺寸在 $500\mu m$ 左右。微胶囊的表面纹理属于粗糙类别，有助于增强微胶囊与混凝土之间的摩擦力。

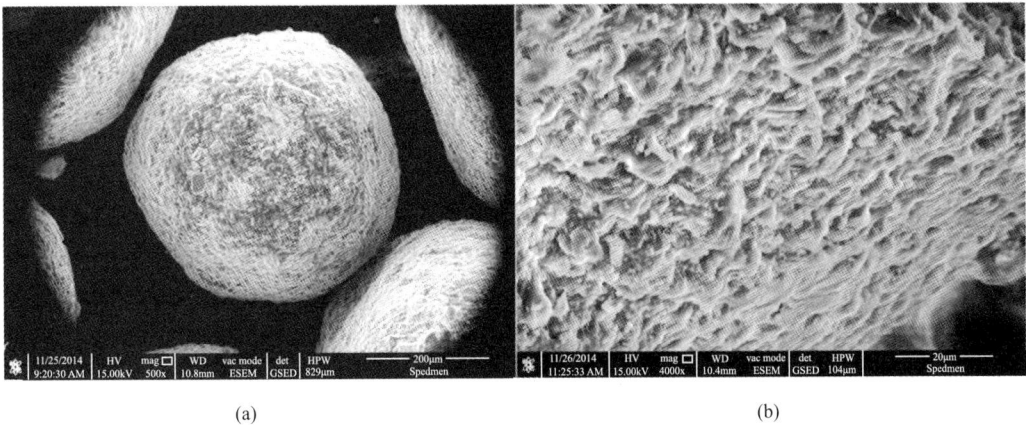

图 8-22　微胶囊微观形貌
（a）微胶囊整体形貌；（b）微胶囊表面纹理

（5）裂缝修复机理与过程

如图 8-23 所示，在模拟孔溶液中养护完成后，微胶囊囊芯材料从胶囊内部渗出与外界水反应，生成一些块状、绒球状的膨胀产物，并通过能谱分析发现囊芯材料水化反应的主要产物是钙矾石和铝化产物。其中，块状产物（EDS Spot1）代表钙矾石，绒球状产物（EDS Spot2）代表铝化产物，测试点（EDS Spot3）代表微胶囊囊壁，表示如下：

$$C_4A_3S + 8CS + 6CH + 90H \longrightarrow 3C_6AS_3H_{32}(钙矾石) \tag{8-20}$$

$$C_4A_3S + 2CS + 38H \longrightarrow 3C_6AS_3H_{32} + 2AH_3(三水化铝) \tag{8-21}$$

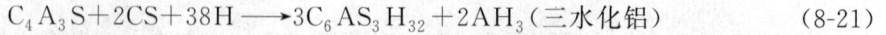

其中，第一种反应情况是在没有氢氧化钙的条件下的反应产物，第二种是在有氢氧化钙的条件下生成的产物。硫铝酸盐水泥的主要反应产物之一的钙矾石具有以下特点：①具有很高的表面能和特殊的表面形貌；②具有非常好的黏结能力；③具有很好的初期力学性能。这些特点有助于实现裂缝的高效修复。

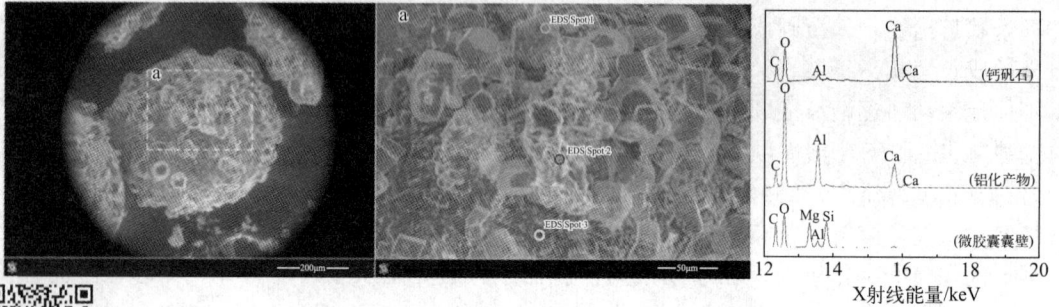

图 8-23 微胶囊扫描电镜结果和能谱分析结果

8.4.4 微胶囊裂缝自修复混凝土性能表征与分析

微胶囊自修复混凝土是由微胶囊和混凝土复合在一起的混合材料，需要考察微胶囊的添加对于混凝土基本性能的影响情况（如力学性能的影响）。此外，微胶囊修复体系对于混凝土受损后的整体力学性能以及抗渗性的修复情况，也是微胶囊自修复混凝土性能评估中很关键的一环。本节将介绍微胶囊裂缝自修复混凝土的基础性能、力学性能和抗渗性能。

8.4.4.1 微胶囊裂缝自修复混凝土的基础性能

微胶囊自修复混凝土的基础性能评估主要考察不同微胶囊尺寸和掺量对于混凝土基体的性能影响。混凝土的 28 天抗压强度会随着微胶囊的添加而降低，增加 2%～8% 的微胶囊会带来混凝土 5%～25% 抗压强度的损失。微胶囊的尺寸越小给混凝土抗压强度带来的负面影响也越小。在微胶囊自修复混凝土的设计中，需要考虑微胶囊的尺寸与掺量设计，以保证该新型混凝土能够满足实际工程的需求。

8.4.4.2 微胶囊自修复混凝土的力学性能修复

微胶囊自修复混凝土力学性能的修复是考察微胶囊自修复体系对混凝土损伤后的力学提升作用，主要探究微胶囊尺寸和掺量、养护条件以及修复龄期对混凝土抗压强度的修复影响。混凝土的强度修复率定义如式（8-22）所示。这里将以脲醛树脂/环氧树脂微胶囊物理自修复混凝土为研究案例来分析不同影响因素对混凝土抗压强度的修复影响。

$$\eta_{STR} = 100 \times \frac{f_{healed} - f_{initial}}{f_{initial}} \tag{8-22}$$

式中，η_{STR} 为基于抗压强度测试得到的强度修复率，%；f_{healed} 为修复养护后试件的抗压强度，Pa；$f_{initial}$ 为未修复养护试件的抗压强度，MPa。

如图 8-24 所示，微胶囊掺量为胶凝材料的 4.0% 和 6.0%，混凝土在按最大抗压强度

（σ_{max}）的 60％ 预损伤后 50℃ 养护 7 天的强度修复率。微胶囊粒径在 82～230μm 范围内时，抗压强度修复率随粒径增大而增加。当微胶囊粒径超过 230μm 后，强度修复率增长趋缓，这说明微胶囊修复能力与微观缺陷（包括荷载损伤造成、水泥材料制备时产生和微胶囊造成）存在一程度上的匹配性，微胶囊修复功能存在一定极限。

图 8-25 为粒径分别为 132μm、180μm、230μm 三种微胶囊的自修复试样在按最大抗压强度（σ_{max}）的 60％ 预压损伤后在 50℃ 养护 7 天的强度修复率结果。由图可知，当掺量为胶凝材料的 0.0％～8.0％ 时，强度修复率随微胶囊掺量的增加近似线性增加。当三种微胶囊掺量均为 8.0％ 时，损伤试样的强度修复率相对于空白试样分别增加了 6.95％、11.37％ 和 12.23％。这说明微胶囊掺量及粒径的增加使体系的修复剂含量增加，有更多的修复剂参与黏结、封堵裂纹，从而使自修复效果增加。

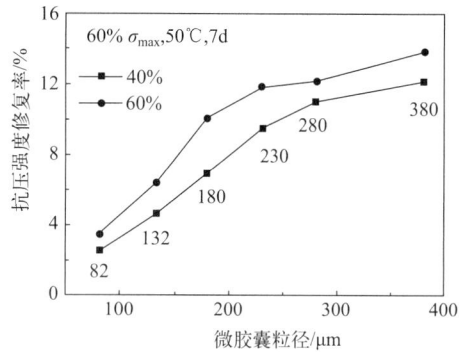

图 8-24　微胶囊粒径不同时强度修复率

图 8-26 为掺量 6.0％ 的三种微胶囊自修复试样在按最大抗压强度（σ_{max}）的 60％ 预压损伤后在 50℃ 下修复不同龄期的强度恢复结果。修复养护龄期在 3 至 7 天范围内时，强度恢复率随修复龄期增加而增加，但修复龄期过 7 天后强度增加已不明显。这说明早期（7 天前）的微胶囊自修复体系对混凝土内部裂缝修复效果明显，但是到了后期由于修复剂已经大量固化，无法对后期裂缝进行进一步的修复，从而混凝土的整体抗压强度趋于稳定。

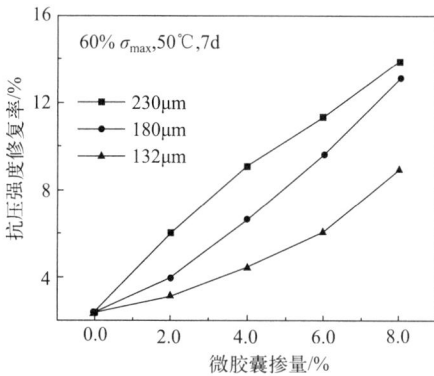

图 8-25　微胶囊掺量不同时强度修复率

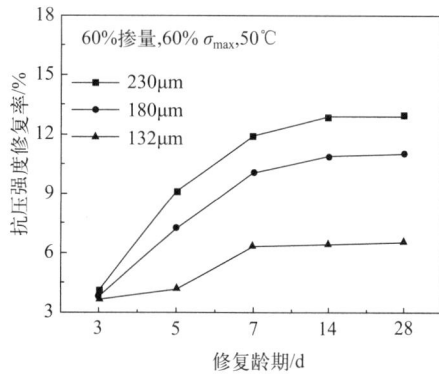

图 8-26　修复龄期不同时强度修复率

8.4.4.3　微胶囊裂缝自修复混凝土的抗渗性修复

混凝土受载损伤时破坏了微观孔结构、增大了孔隙率和孔隙间的连通度，因而降低了抗渗性。微胶囊自修复体系对混凝土内部裂缝的修复，将有助于降低孔隙率，减少孔隙间的连通度，进而提升混凝土基体的抗渗性。氯离子扩散系数的变化可用来间接反应混凝土基体的抗渗性。通过对比微胶囊裂缝修复前后的氯离子扩散系数可以得到混凝土基体的抗渗性修复率，计算公式如下所示：

$$\eta_{RCM} = 100 \times \frac{D_{healed} - D_{initial}}{D_{initial}} \tag{8-23}$$

式中，η_{RCM} 为基于 RCM 测试得到的抗渗性修复率，%；D_{healed} 为修复养护后试件的氯离子扩散系数，m/s^2；$D_{initial}$ 为未修复养护试件的氯离子扩散系数，m/s^2。

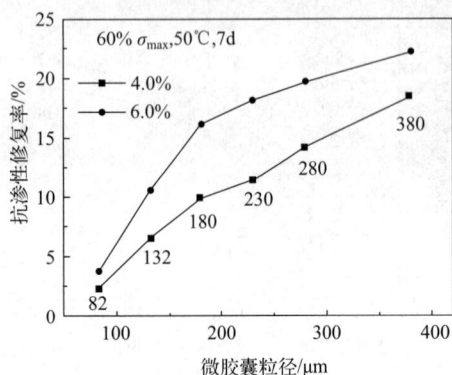

图 8-27　微胶囊粒径不同时抗渗性修复率

图 8-27 是不同微胶囊粒径的自修复试样经过按最大抗压强度（σ_{max}）的 60% 预压损伤后，50℃自修复养护 7 天的自修复试件，当微胶囊掺量 4.0% 和 6.0% 时，抗渗性修复率随着微胶囊粒径的增加而增加，这与强度修复率相似，但抗渗性修复率明显高于强度修复率。

微胶囊混凝土裂缝自修复材料是一种新型的自修复材料，基于微胶囊的球形载体设计，将有助于提高裂缝触发和修复的成功率。微胶囊的设计需要根据稳定性、敏感性和修复性三个基本要求进行。微胶囊制备的方法主要包括界面聚合法、原位聚合法、水相分离法和喷雾干燥法。根据不同的修复材料和修复机理，微胶囊裂缝自修复材料主要分为双组分和复合组分两种类型，二者均可以实现裂缝的自修复。微胶囊混凝土裂缝自修复材料的基础性能、力学性能修复和抗渗性能修复与微胶囊的掺量、尺寸和修复龄期有直接关系。提高微胶囊的掺量和尺寸有助于提高混凝土的强度和抗渗性修复率，但是也会给混凝土的基础性能带来负面影响。

为了满足实际工程应用的需求，微胶囊混凝土裂缝自修复材料需要进一步提升和完善。从微胶囊修复的角度考虑，需要优化以下几点：①增强微胶囊与水泥基的黏结性和匹配度；② 提升微胶囊混凝土材料的裂缝自修复效率和效果；③实现微胶囊在混凝土体内部的长期有效性和修复性。从微胶囊混凝土整体性能的角度考虑，需要优化微胶囊的设计与配合比设计以减少其对混凝土基础性能的负面影响，并提升对损伤后混凝土基体的力学性能和抗渗性的修复率，使其满足实际工程的需求。

8.5　混凝土腐蚀自免疫技术

众所周知，混凝土中钢筋的腐蚀与混凝土中孔隙和钢筋与混凝土界面的孔隙中存在的水分和空气有莫大的关系，它们直接或间接地参加了钢筋的电化学腐蚀过程，但是部分钢筋混凝土结构受钢筋锈蚀的影响极大，甚至可能酿成灾祸。虽然混凝土保护层对钢筋的腐蚀有一定程度的保护作用，但是混凝土复杂的服役环境（如滨海/海洋环境），氯离子的侵入会使得阳极极化过程变得更为容易，从而更容易导致钢筋锈蚀。

实践证明，钢筋锈蚀量很小的时候，混凝土保护层不会开裂；锈蚀达到一定程度时，锈蚀产物会向周围混凝土孔隙中扩散，混凝土中的孔隙是有限的，当孔隙中锈蚀产物的含量超过孔隙所能容纳量时，锈蚀产物的膨胀作用就会表现出来，对其周围混凝土产生环向拉应力，由于混凝土属于高抗压低抗拉的脆性材料，当锈蚀产生的拉应力（锈胀力）超过混凝土自身的拉应力时（如图 8-28），锈蚀产物体积膨胀力导致混凝土保护层开裂。在一定范围内，锈蚀量越大，裂缝越宽，而裂缝又会加速有害离子入侵，愈演愈烈。

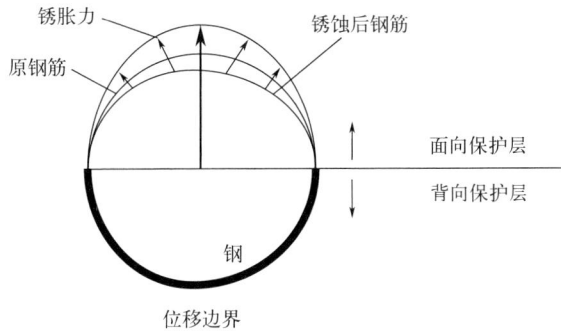

图 8-28　混凝土中钢筋锈胀力分布

针对这一问题，许多人提出了相对行之有效的解决方案，其中基于微胶囊技术的混凝土腐蚀自免疫是最为前沿解决方案之一，也就是让混凝土材料具有智能提升 pH 值的功能，以实现钢筋钝化膜的长久有效。

8.5.1　腐蚀自免疫体系材料设计

（1）微胶囊的囊芯设计

化学自修复微胶囊囊芯材料的设计需要满足功能性的需求，如需要针对混凝土内部的自由氯离子束缚和 pH 值提升做出相应的设计。针对自由氯离子的束缚，可选择单氟磷酸钠、亚硝酸盐，甚至可以选择有机物；针对 pH 值的提升，可以选择大部分强碱，如氢氧化钠、氢氧化钾、氢氧化钙等。此外，微胶囊囊芯的设计也需要考虑囊芯材料的溶解性，尽可能选择在水中溶解度相对比较低的囊芯材料，因为在水中溶解度太大，在囊芯材料受损后，可能会使得囊芯快速溶解出去，导致流失。最后，需要考虑的是囊芯材料的化学稳定性，化学稳定性是指囊芯材料不与囊壁材料发生化学反应，在混凝土服役过程中，微胶囊的囊芯和囊壁在未受损前能够稳定地相互独立存在。

（2）微胶囊的囊壁设计

化学自修复微胶囊囊壁材料的设计需要针对触发的目标进行相应的调整。例如，针对氯离子触发的环境，有研究人员尝试合成一种含有金属离子（如银离子和铅离子）的反应性囊壁，当氯离子与反应性囊壁接触的时候，氯离子与银离子发生化学反应生产沉淀，进而破坏囊壁，让囊芯材料得以释放。但是，目前存在的囊壁设计还处于初步阶段，未来还需要进一步去优化化学触发式微胶囊囊壁的设计，提升其智能可调控化的水平。

（3）微胶囊的制备方法

挤出滚圆法是制药工程中发明的一种制备方法。它的核心原理在于囊芯的处理、滚圆以及对囊芯的包裹三部分。第一部分将囊芯用一种黏合有机物混合在一起，制备成可挤压的"面状物"后对其进行挤出，将其形状处理成"面条状物"；第二部分是将挤出的"面条状物"进行滚圆，使得囊芯在高速离心、碰撞、摩擦的作用下形成细小的球状物再进行干燥；第三部分则是将干燥后的球状囊芯放入滚圆机中高速运转，配好的包衣液通过高速喷液口以雾状注入，随机黏附在囊芯表面，实现包裹。流床机主要由挤出系统与圆筒系统两部分组成。挤出系统由垂直漏斗与螺旋挤出棒、出口筛子组成。将拌合好的材料加入垂直漏斗，启动挤出模式，螺旋挤出棒旋转提供压力，囊芯混合物通过不同大小的筛孔可被挤压成丝状物。圆筒系统主要由钢制的圆筒，配套的可旋转底板，出料口与喷雾口以及相应的密封措施组成，底板旋转参数、出料口与喷雾口都可以被机器所配套的程序控制。工作时将丝状的囊芯投入钢制圆筒中，调节底盘旋转速度，以及风速等，掌握旋转时间，即可将丝状的囊芯滚成球状。

8.5.2 自修复微胶囊囊芯释放机制

在不同 pH 值环境下，微胶囊的释放量刚开始比较大，后来随着时间逐渐趋于平稳，这主要是因为微胶囊在包裹过程中，也存在一些包裹不均匀或是包裹出现不密实的情况。这些情况的存在会使得微胶囊表面出现裂缝或是微小的孔洞。由于单氟磷酸钠具有极强的溶解性，而微晶纤维素又具有很强的吸水功能，在水环境下，囊芯内部与外部又存在渗透压，这样，囊芯便从微胶囊表面的裂缝或是孔洞之中猛烈地释放出来。于是，在初期，具有微小损害的微胶囊便迅速地破裂开来，这也使得在初期微胶囊的释放量相当大。随着时间的推移，一些完整的微胶囊也随着囊壁的破裂而释放出来，只是这种过程不及初期迅猛，于是后期的微胶囊释放速率就会趋于稳定。也就是说，这种特性在混凝土碱性环境未遭受破坏时，微胶囊释放量小；当混凝土中的碱性环境受到外部影响而降低时，微胶囊释放量增大，更多的囊芯物质被释放从而达到阻锈效果。

8.5.3 混凝土腐蚀自免疫机制

微胶囊化学自修复机理研究由三部分组成，即微胶囊囊壁化学触发机理分析、囊芯材料释放机理分析以及化学环境调节机理分析。接下来，将以 pH 值敏感性微胶囊化学自修复为研究案例，进行具体的介绍。

基于混凝土材料科学和化学反应理论，pH 值敏感性微胶囊化学自修复机理研究主要分为三个部分：环境碳化模拟、微胶囊释放过程分析和 pH 值调节测试。其中，环境碳化模拟是指模拟混凝土孔溶液暴露在自然碳化的环境，微胶囊释放过程分析是通过释放产物的微观分析以及成分分析来表征囊芯材料的释放过程，而 pH 值调节测试则是对不同碳化时间的模拟孔溶液进行 pH 值测试。

在不同碳化时间内两个样品溶液（有微胶囊和无微胶囊）的 pH 值变化如图 8-29 所示。研究表明，微胶囊化学自修复体系会根据溶液中碱度的变化而变化，随着碳化程度的增加，微胶囊囊芯材料的释放量也会增加，以及时调节溶液内部 pH 值，使之保持在一个稳定的高碱度水平，进而为钢筋钝化膜提供一个稳定的化学环境。

微胶囊化学自修复混凝土钢筋阻锈过程主要包括钝化膜保护作用、延缓钢筋锈蚀作用、降低锈蚀率，以及延长钢筋混凝土的使用期限。如图 8-30 所示，微胶囊化学自修复体系对混凝土内部钢筋的阻锈过程主要通过三部分体现，即延迟钢筋锈蚀的起锈点、减缓钢筋锈蚀的开展速度，以及降低钢筋的锈蚀程度。

研究表明，测试样（有微胶囊）的钢筋锈蚀速度在 $0.002 \sim 0.006 \text{mm}^3/\text{h}$ 的区间内，明显低于空白样（$0.007 \sim 0.016 \text{mm}^3/\text{h}$）；测试样的钢筋锈蚀率在任何干湿循环作用时刻都明显低于空白样相对应的测试结果。另外，测试结果也进一步验证了微胶囊化学自修复体系的阻锈机理：①微胶囊体系通过调节 $[\text{Cl}^-]/[\text{OH}^-]$ 比值来维持混凝土内部化学环境的平

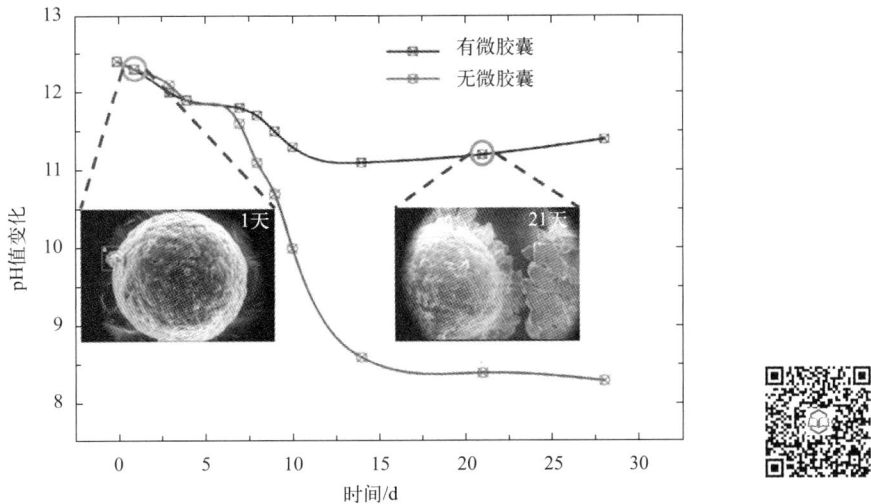

图 8-29 样品溶液中 pH 值随碳化时间的变化情况

衡，保护钢筋表面的钝化膜，延迟起锈点，起到阻锈目的；②在钝化膜遭到破坏后，释放出来的囊芯材料（氢氧化钙或者单氟磷酸钠等阻锈剂）一定程度上有助于束缚和阻止氯离子渗透，起到缓蚀目的。

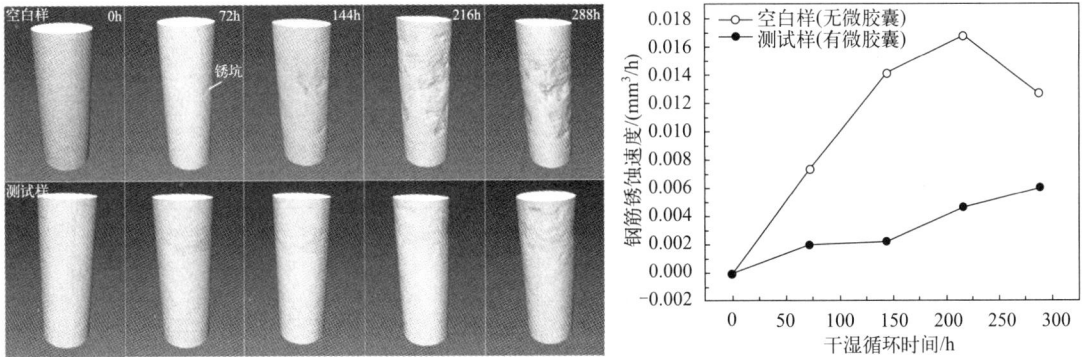

图 8-30 测试样（有微胶囊）和空白样（无微胶囊）的钢筋锈蚀情况对比

8.5.4 混凝土腐蚀自免疫过程

混凝土材料是一种多孔隙材料，一般而言，孔隙的大小与孔隙的特点是影响水泥基材料的重要因素。混凝土的孔隙主要分为两类，即外部孔隙与内部孔隙。外部孔隙主要由混凝土施工过程中存在的问题所引起，或由混凝土自身存在的泌水等原因引起；内部孔隙分为两种：一种是封闭型的孔洞，另一种则是未封闭的孔隙。这两类孔隙主要由水泥在水化过程中水分被蒸发而形成，但是封闭型孔洞对于混凝土而言，主要是影响混凝土结构的力学性能，对其耐久性并无明显的影响，甚至会起到积极的作用；而未封闭孔隙所形成细微的连续网状通道，为外部的恶性环境开辟了"道路"。一些有害的离子（如 Cl^-、SO_4^{2-} 等）会溶解于水中，借助这种毛细引力侵入到混凝土结构内部，渗透到钢筋表面，腐蚀钢筋，引起结构力学性能退化。因此，混凝土中钢筋的耐久性更多地决定于未封闭孔隙作用。

为解决上述问题，可以使用堵孔防止有害离子入侵的方法，也可以使用内部自我调节的

方法。其中，基于 MFP（单氟磷酸钠）/EC（乙基纤维素）微胶囊的混凝土自修复就是腐蚀自免疫技术之一，其主要功能就是 MFP 与钙离子反应生成难溶性沉淀物阻止有害离子入侵，达到混凝土内钢筋缓蚀的目的；而 Ca(OH)$_2$/EC 微胶囊的主要功能是释放氢氧化钙来调节钢筋保护层中的 pH 值，使钢筋长久处于钝化状态来达到缓蚀的目的。图 8-31 描绘了混凝土中钢筋在 190 天时的三次独立极化曲线，其中，图 8-31（a）为 lg（|I|）vs. E，图 8-31（b）为 I vs. E。从图 8-31（b）中可以看出在腐蚀电位值附近 I vs. E 曲线趋于直线，极化电阻为 I vs. E 图中腐蚀电位点处斜率的相反数，从极化曲线中可以得到腐蚀电位、极化电阻、腐蚀电流和塔菲尔斜率值。需要注意的是，混凝土中钢筋的腐蚀电位要明显高于饱和氢氧化钙中钢筋的腐蚀电位，这是由于水泥浆体的保护作用，相当于增加了钢筋在碱性溶液中钝化膜的厚度，同时在一定程度上隔绝了有害离子的入侵。

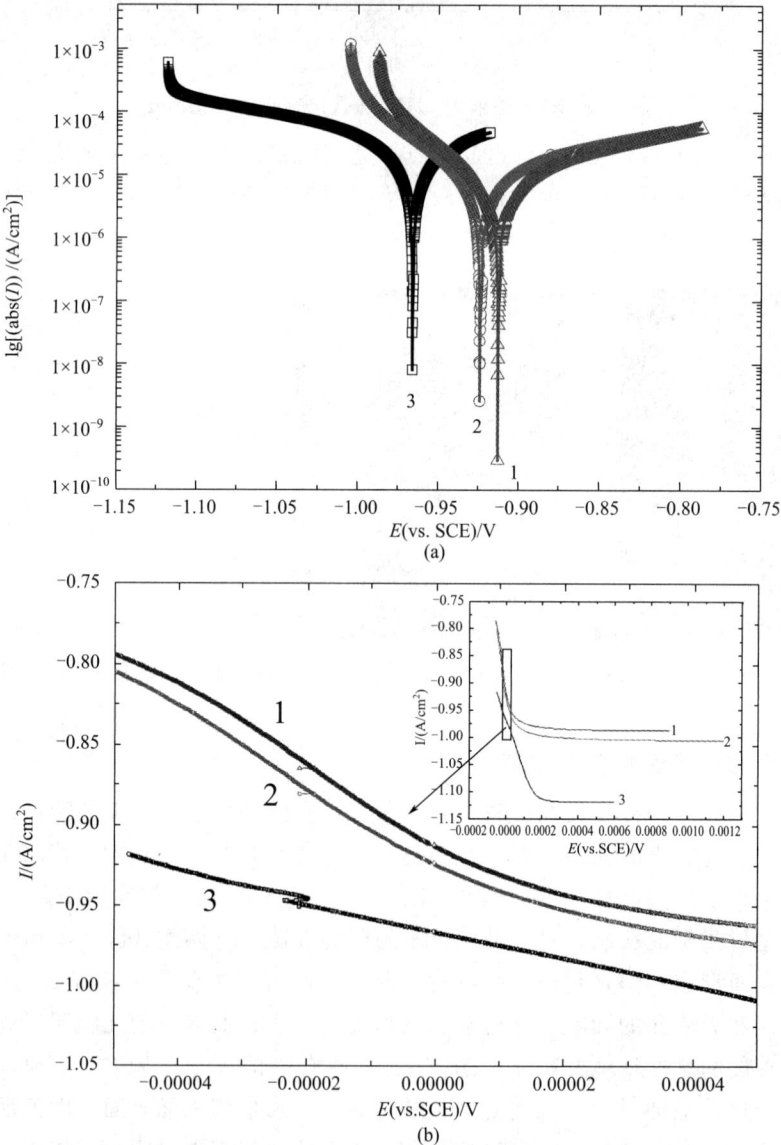

图 8-31　混凝土中钢筋在 190 天时的三次独立极化曲线
(a) lg（|I|）vs. E；(b) I vs. E

水泥基材料中钢筋的锈蚀程度，很大程度体现在极化电阻的大小上，表 8-2 列出了混凝土中的典型极化电阻，从表中可知，极化电阻越小，说明钢筋的锈蚀程度越严重。

表 8-2　混凝土中的典型极化电阻

腐蚀率	极化电阻/$(k\Omega \cdot cm^2)$	腐蚀渗透率/$(\mu m/a)$
很高	0.29～2.9	100～1000
高	2.9～29	10～100
低/中等	29～290	1～10
钝化的	大于 290	小于 1

微胶囊在水泥基材料中的触发过程：在离子入侵后 pH 值下降时，微胶囊囊壁受 pH 值下降机制而被触发。水泥基材料中钢筋在 190 天时并没有明显的锈蚀痕迹，但是处于保护层外侧的微胶囊在 pH 值触发机制作用下而受损，微胶囊的触发过程往往伴随着其周围裂缝产生后，外部水分（通常携带有害离子）沿裂缝方向到达微胶囊表面，当微胶囊表面周围的 pH 值下降到一定程度时，其囊壁受影响而破裂或产生微孔，进而外界水分进入到囊芯内部，使囊芯物质溶解后随着水分而流出。

在图 8-32 中，微胶囊囊壁处受到破损，而在破损位置有一条裂缝的存在，符合上述推断过程，而且此微胶囊的位置离保护层外边缘只有 3.36mm 的距离，这就是使得此微胶囊在 190 天的时间内囊芯物质可能被释放。

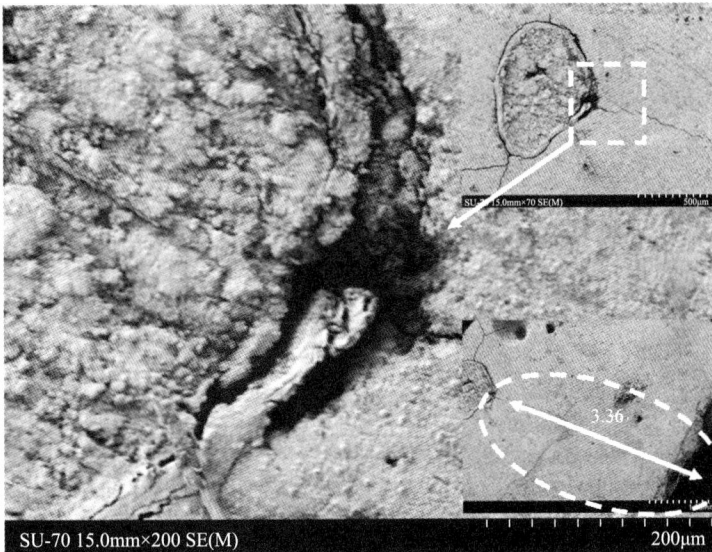

图 8-32　水泥基材料中微胶囊的触发机制

进一步观察发现，微胶囊其他位置的囊壁部分并没有受损，没有因为其他位置的收缩裂缝而受到损坏，这在一定程度上说明，微胶囊在水泥基材料中受到外力的作用不明显，而对周围 pH 的改变比较敏感。

目前对混凝土内钢筋的锈蚀问题采取了一定的措施，如增加保护层厚度、采用不锈钢代替普通钢筋、增加混凝土的密实度、对混凝土表面进行憎水处理、掺入缓蚀剂等，这些方法虽然有效，但从经济效益或实际效果方面都不尽如人意。混凝土中钢筋锈蚀问题的微胶囊自修复的方法虽尚处于实验室研究阶段，但已成为土木工程领域的研究热点。

目前研究的微胶囊自修复或自调节方法中，影响工程实用的技术问题主要集中在微胶囊制备工艺方面（其不能大批量经济化生产）、微胶囊在混凝土环境中的耐久性问题等。微胶囊制备工艺可以进行改善优化，通过工业化化学方法制备出更耐久的囊壁材料实现大批量经济化生产，而且囊壁材料可以选用触发机制能敏感、更耐久的材料，作为微胶囊芯材能够对混凝内的环境变化迅速作出反应以达到及时修复或调解的目的。总之，水泥基微胶囊技术具有突出的工程化应用的潜力。

8.6 其他混凝土自修复技术

混凝土材料由于水泥等的持续水化具有一定的自愈合能力，但修复速度缓慢，修复宽度有限，因此，为了提升混凝土的自修复能力，人们通过借助其他功能材料，分别从限制裂缝扩展、加速混凝土自愈合和外引自修复系统的角度，提升混凝土的自修复能力。

限制裂缝扩展以及加速混凝土自愈合的方式仍是利用混凝土材料的自愈合能力，修复机理与矿物自修复相同，因此，本节简要介绍限制裂缝扩展的方法及效果，以及激发和加速混凝土自愈合的方式。

8.6.1 混凝土本征自修复技术

本征自修复是指混凝土在水的作用下，通过继续水化，或与空气中二氧化碳反应生成碳酸钙填补裂缝的行为。本征自修复行为只发生在混凝土中有潮气或水但没有拉应力存在的情况下。

本征自修复可以修复的裂缝宽度有限，通常修复范围在 $10\sim100\mu m$，但有时也高达 $200\mu m$。获得的可修复裂缝宽度较为分散，难以控制和预测。修复效果取决于多个因素和参数，包括混凝土本身的龄期和成分、水，以及混凝土裂缝的宽度和形状。

（1）混凝土本身的龄期和成分

① 熟料含量：决定了可供应 Ca^{2+} 的量，以及生成碳酸钙沉淀的量。

② 混凝土中添加硅酸盐的类型和数量：决定火山灰反应的程度，与氢氧化钙的消耗有关，会影响后期碳酸钙的生成，从而影响自愈合行为的持续时间。

③ 骨料类型：决定开裂模式，因此它间接影响愈合过程。

④ 混凝土类别：高强度混凝土的特点是水灰比低和黏结成分增加，含有大量未水化水泥颗粒，在后期持续水化，可以很容易地产生大量的 C-S-H 凝胶。

⑤ 混凝土龄期：对于本征自修复至关重要，早期混凝土含有更多未水化的颗粒，可以通过进一步水化和碳酸钙沉淀填补裂缝，展现出更显著的修复效果。

（2）水

水是基体自修复的基本因素，是水化和结晶沉淀的必要条件，也是细颗粒的传输介质；水的温度、压力和压力梯度也会影响修复过程的效率。当混凝土暴露于空气中时，修复效果非常有限；但在浸水条件下自修复效果优异。与完全浸水条件相比，在干湿循环条件下修复效果更好，原因在于干湿循环过程中，空气中的二氧化碳含量更加丰富，可以促进 $CaCO_3$ 的形成。另外，水的碱度（增加的 pH 值）有利于 $CaCO_3$ 的形成。

（3）混凝土裂缝的宽度和形状

裂纹的几何参数决定自修复程度，包括裂纹宽度、长度和深度以及裂纹模式（分支裂纹和累积裂纹）。裂缝越窄，自体愈合就越有效。因此，通过限制和控制裂缝宽度，可以显著提高水泥基材料的自主愈合潜力。通过在水泥基体中添加纤维可以得到纤维增强混凝土和高性能纤维增强水泥基复合材料。天然植物纤维，也被用于制备纤维增强水泥基复合材料，能够提供双重作用。一方面，有助于控制裂纹扩展；另一方面，作为整个水泥基体的水库和载体，实现在湿/干循环的潮湿阶段吸收水分，以及干燥过程中释放水分，从而促进水泥颗粒在裂缝内持续水化和碳化。

从上面的介绍可以看出，当裂缝宽度受到限制时，自体愈合更有效。对于修复效果，水的存在是另一个重要因素。持续的水化或结晶可以促进自体愈合。因此，限制裂缝宽度、提供水、提升水化作用或结晶是改善自体愈合效的有效方式。具体的措施包括：①使用矿物添加剂，加快水泥水化，提高基体自体愈合能力；②添加渗透结晶材料，它们在有水的情况下发生反应，形成不溶于水的孔隙/裂缝堵塞沉淀物，从而增加 C-S-H 凝胶的密度和抗水渗透性；③添加超吸水聚合物的方法，通过缓慢释水，促进水泥水化，进而促进自体愈合。将对后两种方法展开介绍。

图 8-33 比较了干湿循环作用下仅含钢纤维的混凝土与含有钢纤维和剑麻纤维的混凝土裂纹愈合效果。样品在 2 个月时预开裂（0.5mm 开裂）。底部图像显示了含有钢纤维和剑麻纤维的样品在干湿循环中固化 3 个月后的裂纹愈合形貌，以及仅含有钢纤维的混凝土固化 6 个月后的裂纹愈合效果。

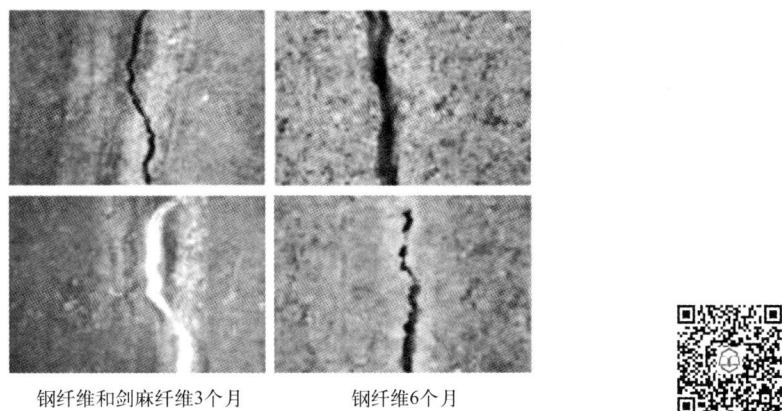

钢纤维和剑麻纤维3个月　　　　　钢纤维6个月

图 8-33　干湿循环作用下的混凝土裂纹愈合效果[17]

8.6.2　混凝土渗透结晶自修复技术

结晶外加剂（crystalline admixtures，CA）是由"活性化学物质"形成的产品，通常与水泥和沙子混合，具有高度亲水性。由于该类物质通常为市售产品，具体成分通常不公开，因此很难确定其具体成分。一些报道提到 CA 中含有氧化物，如三氧化硫或氧化钠等。CA在有水的情况下发生反应，形成不溶于水的沉淀物，堵塞孔隙达到增加 C-S-H 凝胶的密度和抗水渗透性的效果。不仅如此，CA还具有承受流体静力条件的能力，以及在被水分激活时密封细纹裂缝的能力，常被用作修复剂。实验证明，当CA使用量为水泥量的3%、5%和7%时，可以显著改善混凝土的力学性能。

添加CA后混凝土的自愈能力同样受到胶凝材料组分、裂缝宽度以及水分等条件的影响。但掺有CA的样品相比于对照组（未掺CA混凝土），在同样的条件下，展示出更好的自修复效果。

工业界鼓励通过掺杂结晶外加剂促进混凝土自愈合的方法，这对促进自愈合混凝土技术的落地使用是个难得的机会。但种类繁多的产品组合和推荐剂量阻碍了该技术的推广。因此，一方面，需要根据组成和作用，对应该命名为结晶外加剂的物质达成共识，另一方面，在测量和比较评估的测试方法方面达成共识。

8.6.3　基于超吸水聚合物的自修复混凝土技术

超吸水性聚合物（superabsorbent polymers，SAP）是天然或合成的三维交联均聚物或共聚物，具备优异的吸收液体的能力。其溶胀率取决于单体的性质和交联密度，最高可达 $1000g/g$。最大溶胀率由渗透压（与带电基团的存在相关）和聚合物弹性收缩力的平衡决定。此外，由于渗透压与离子浓度成正比，因此其吸水情况受到溶胀介质离子强度的显著影响。

由于SAP具有优异的吸水膨胀特性，近些年经常被作为促水化试剂引入到低水胶比的胶凝材料中，水的缓慢释放可以减少水泥基材料硬化过程中的干燥收缩。SAP在混凝土搅拌过程中吸收水并在混凝土硬化时收缩，留下大孔。这些大孔作为基体中的薄弱点，吸引或刺激多向开裂。SAP吸水膨胀并留下孔隙的特性，使得裂缝穿过大孔时，分散成更窄的多条裂纹，有利于裂缝修复。然而，这些大孔可能导致强度损失，但SAP作为促水化试剂对混凝土强度有提升作用，因此产生的大孔是否会引起强度损失并不确定。另外，在水泥浆体混合过程中，SAP吸收浆体中的水，可以显著减少水泥浆体的水灰比，有利于降低混凝土的孔隙率，提升抗渗性。因此，SAP对混凝土强度和抗渗性的影响与SAP类型、粒度、形状和数量，混合物的水灰比以及混合程序等紧密相关。

SAP在水泥基材料中的溶胀率是判断其对混凝土基本性能和修复性能作用效果的关键指标。由于SAP与水泥基材料中离子（如 K^+、Na^+、SO_4^{2-} 和 OH^-）的相互作用，SAP在水泥基材料中的溶胀率总是低于在普通水中的溶胀率[18]。具体影响情况取决于水泥的类型、试样的年龄以及添加剂的使用情况。孔溶液碱度和钙浓度对SAP溶胀和离子交换行为具有显著影响。SAP溶胀不是离子强度的简单函数：Ca^{2+} 络合作用抑制SAP溶胀，而碱度由于抑制离子交换过程，从而抑制 Ca^{2+} 络合作用，表现为促进溶胀。除了渗透压之外，这些也是控制水泥浆中SAP溶胀的重要因素。总之，离子交换程度越高，SAP的溶胀率越低。

尽管SAP对混凝土强度的影响需要综合考虑上述因素，尚不明确，但对于具有高水灰比和高SAP含量（为了实现自修复，SAP相对于砂浆中的水泥质量分数往往高达1%）的混凝土，大孔的形成很可能会影响其力学性能。为了克服SAP在新拌混凝土中溶胀的缺点，研究者们将SAP包覆在壳层中，从而抑制其膨胀，最大限度地减少大孔的形成。目前，阻隔性能最好的壳层为复合壳层，由聚乙烯醇缩丁醛内层、环烯烃共聚物作为阻隔层和锆-氧化硅溶胶-凝胶层组成。尽管只是将SAP完全吸附饱和的时间推迟了20分钟，但却可以补偿砂浆强度的部分损失。另外一种优化方式是合成具有较高膨胀率和 pH 值敏感性的高吸水性聚合物。

SAP 可否保持长期稳定性，取决于它们的聚合物骨架。一些聚合物会随着时间的推移而降解，并将失去溶胀能力。目前，大多数 SAP 的保质期超过 5 年，并且能够保持其特性和膨胀能力，与不含 SAP 的混凝土相比，含有 SAP 的试样可以保持更长时间的自愈合能力。

8.6.4　形状记忆合金自修复混凝土技术

形状记忆合金（shape memory alloy，SMA）智能混凝土是指将 SMA 埋入混凝土中，通过 SMA 自身特殊的材料性能来改变普通混凝土结构的使用性能，在满足普通混凝土结构功能的同时，又可以借助 SMA 的材料特性来改善普通混凝土结构的使用性能。目前，SMA 智能混凝土结构主要有两种：一种是对 SMA 进行一定的预拉伸使其产生初始应变，然后将其埋入混凝构件的适合部位，借助 SMA 在激励状态下回复力，来实现对混凝土结构的修复和变形控制；另一种是用 SMA 替代受力筋作为预应力筋，制成预应力混凝土构件。当混凝土结构因外力发生开裂时，通过激励 SMA 来实现混凝土结构裂缝的自修复。

8.6.5　中空管式自修复混凝土技术

中空管式自修复混凝土通过模拟生物体组织自愈合原理，通过在材料内部埋入与外界联通的中空管路，形成智能型仿生自愈合循环系统；当混凝土材料出现裂纹时，部分管路破裂，胶黏剂流入裂缝并固化，从而抑制开裂并修复。

混凝土自修复过程和自修复效果由内置载体和修复剂共同决定。修复剂的质量、强度、流动性以及释放等直接影响自修复效果。而载体的材料、形状尺寸以及与混凝土的匹配性影响修复体系的触发效率、修复剂的传输路径和范围。

中空管路载体包括有管壁和无管壁两种形式。有管壁中空管路通过在混凝土灌浆前或灌浆过程中预埋置入。而无管壁式则是通过向混凝土浆体中预埋牺牲模板，在混凝土固化后，在外界条件的辅助下移除模板，获得以混凝土自身为管壁的中空管路。两种形式的管路各有优势和不足。如图 8-34 所示，中空管式自修复混凝土经过 30 年左右的发展，管路结构逐渐从一维发展到三维，从封闭载体到灌注通道，从有限负载量到修复剂可源源不断地供给。一些新技术如 3D 打印等也开始用来构筑中空管路。

预埋中空管作为存放胶黏剂的容器，需要满足以下几方面的要求：载体与修复剂二者之间化学性质要互相匹配，不出现不良反应；载体自身化学性质稳定，能在混凝土材料的碱性、离子丰富的环境下长期存在，且不影响混凝土的性能；载体强度要与混凝土基体的强度相匹配。如果载体的强度过高，当结构产生较大损伤时，修复容器仍未断裂，胶黏剂无法流出；如果载体的强度过低，管路在混凝土灌浆和振捣过程中，以及混凝土结构受应力冲击但未损伤时，就会断裂，使修复剂提前流出，导致自修复功能无法发挥。基于上述原则，脆性玻璃管、液芯光纤和陶瓷管等均被开发用作修复剂载体。

除了使用脆性中空管材外，一些科学家将涂有蜡层的多孔软管或纤维作为修复剂载体。这种方法使材料选择更广泛，可以是多孔高分子中空管、高比表面积的纤维、无机多孔材料等。但管路在预埋前需要用密封材料进行处理，保持预埋过程中修复剂的稳定保存。密封材料通常为具有相变点的蜡，这种材料可以在混凝土固化后，利用温度变化失去隔绝效果，使

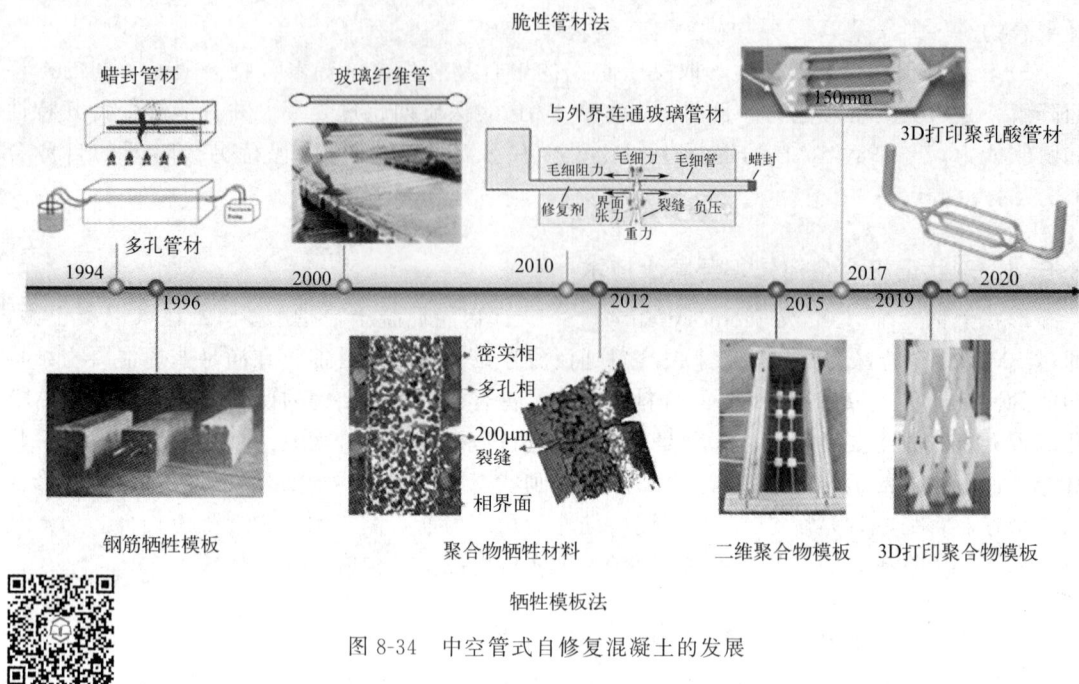

图 8-34　中空管式自修复混凝土的发展

多孔管壁暴露于混凝土中，释放液芯材料。

尽管人们对内置管路材料进行了一系列优化，但混凝土浇筑过程和开裂触发的修复过程对管壁强度要求始终是一对矛盾。因此，一些科学家反其道而行，采用模板法制备以混凝土本身为管壁的中空管路。目前，钢筋、可收缩高分子管、水溶性高分子等都已经开发作为模板材料。模板法带来额外的模板移除问题，模板去除应尽量温和，减少对混凝土水化过程的影响。为方便模板去除，钢筋作为模板需要经过涂油或涂蜡预处理；可收缩高分子模板一般在失水后或者在加热条件下收缩，如聚乳酸、聚乙烯、聚氨酯等；水溶性高分子则是在混凝土固化后，用大量的水浸泡冲洗去除，如聚乙烯醇。这些模板主要作为一维管路模板；其中一些材料被编织成二维结构，在浇筑后移除形成二维连通管路；最近几年，一些模板材料，如聚乳酸、聚乙烯醇等，可以通过打印的方式制备成三维结构，最终得到三维管路，如图8-35 所示。尽管模板法解除了混凝土对脆性管材的依赖，在一定程度上丰富了管路空间结构，但引入了模板去除问题，容易对混凝土结构造成二次伤害。另外，管路的空间延伸受限于模板的尺寸，过大的模板还会带来生产、运输及施工难度。

2021 年，深圳大学报道了通过直写式 3D 打印技术在混凝土中原位构建无管壁中空管路的方法［如图 8-36（a）所示］。该方法无须预制模板，避免了模板在混凝土灌浆过程中变形破坏，确保了管路的有效及准确构筑。该方法成功构建中空管路包括两个要点：一是混凝土浆体在水化早期具备剪切变稀特性，允许打印机喷嘴在其内部运动并写入墨水；二是墨水具备常温打印及温和移除的特性。根据混凝土不透光、水分散和水化易受温度影响的特点，研究者们设计了两相牺牲墨水实现在混凝土中原位构筑模板［如图 8-36（b）所示］。两相牺牲墨水由水相连续相和油相分散相组成，具备剪切变稀效应，可满足基本的打印需求。墨水的油相成分为疏水试剂，可以在混凝土固化后随着混凝土的干燥逐渐释放，对管壁进行密封

試块外观   管路+裂缝   管路   裂缝

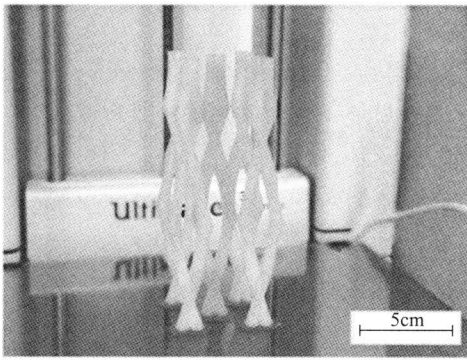

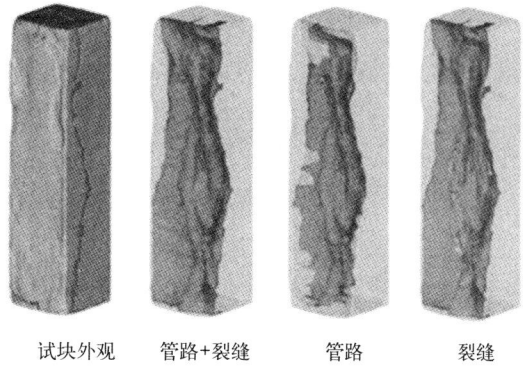

图 8-35   3D 打印聚乙烯醇双螺旋纤维用于自修复混凝土

或疏水化修饰，使得管路可以传输水性修复剂。同时，由于油相和水的占比在 95%（质量分数）以上，当水被吸收、油相完全释放后，墨水干燥收缩，释放管路空间，避免移除墨水的额外步骤。相比于预制埋入中空管路的方法，原位构筑方法不受混凝土灌浆过程限制，可以实现管路结构在三维空间内的自由构筑，并且管路的尺寸可以在微米和毫米范围内精细调节。由于原位构建无管壁混凝土的方法尚处于起步阶段，还缺少对其力学性能的系统研究。

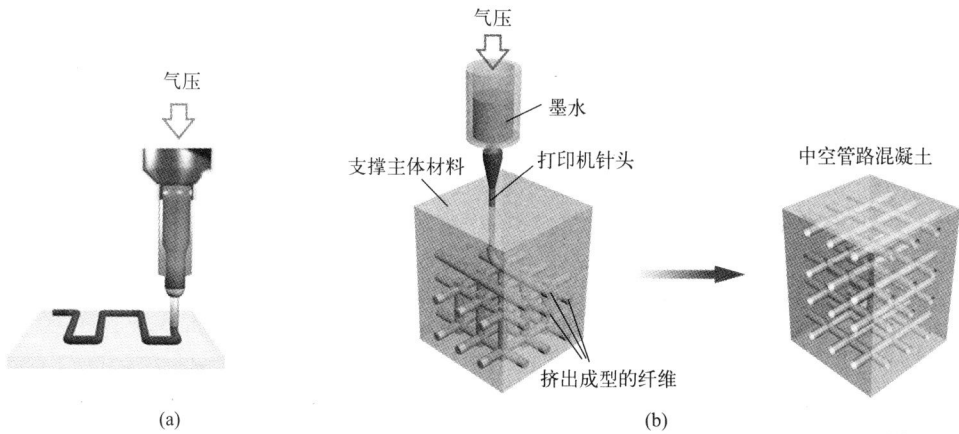

图 8-36   直写式 3D 打印示意图（a）和埋入式 3D 打印示意图（b）[19]

思考题

1. 混凝土自修复技术包含哪些类型？
2. 基于微胶囊的混凝土自修复技术的要点有哪些？
3. 用于微生物自修复混凝土的矿化菌需具有什么理化特性？
4. 微生物自修复混凝土体系中载体需具备哪两大基本特性？
5. 影响微生物自修复效果的因素有哪些？
6. 实际工程应用时微生物自修复混凝土可能遇到的挑战有哪些？

7. 简述钢筋混凝土锈蚀劣化的危害。

8. 混凝土腐蚀自免疫技术中微胶囊囊壁设计原则是什么？

9. 什么是混凝土本征自修复？包括哪些物理化学过程？

10. 纤维增强混凝土促进自愈合的作用原理是什么？目前工程上常用的纤维有哪些？

11. 超吸水聚合物具有哪些特性？在自愈合过程中起到什么作用？

12. 中空管式自修复混凝土的设计原理是什么？包括哪些实现方式？

参考文献

[1] Li Wenting, Dong Biqin, Yang Zhengxian, et al. Recent advances in intrinsic self-healing cementitious materials[J]. Advanced Materials, 2018, 17(30): 1705679.

[2] Wu Min, Johannesson Bjorn, Geiker Mette. A review: Self-healing in cementitious materials and engineered cementitious composite as a self-healing material[J]. Construction and Building Materials, 2012, 1(28): 571-583.

[3] Jonkers Henk M. Self Healing Concrete: A Biological Approach[M]. Dordrecht: Springer Netherlands, 2007: 195-204.

[4] De Muynck Willem, De Belie Nele, Verstraete Willy. Microbial carbonate precipitation in construction materials: A review[J]. Ecological Engineering, 2010, 2(36): 118-136.

[5] Esser-Kahn Aaron P, Sottos Nancy R, White Scott R, et al. Programmable microcapsules from self-immolative polymers[J]. Journal of the American Chemical Society, 2010, 30(132): 10266-10268.

[6] Van Tittelboom Kim, De Belie Nele. Self-Healing in Cementitious Materials—A Review[J]. Materials, 2013, 6(6): 2182-2217.

[7] Jiang Zhengwu, Li Wenting, Yuan Zhengcheng. Influence of mineral additives and environmental conditions on the self-healing capabilities of cementitious materials[J]. Cement and Concrete Composites, 2015, 57: 116-127.

[8] Liu Hao, Huang Haoliang, Wu Xintong, et al. Promotion on self-healing of cracked cement paste by triethanolamine in a marine environment[J]. Construction and Building Materials, 2020, 242: 118148.

[9] Kishi Toshiharu, Ahn Tae Ho, Hosoda Akira, et al. Self-healing behaviour by cementitious recrystallization of cracked concrete incorporating expansive agent[C]//The First International Conference on Self Healing Materials. 2007.

[10] Qureshi Tanvir, Kanellopoulos Antonios, Al-Tabbaa Abir. Encapsulation of expansive powder minerals within a concentric glass capsule system for self-healing concrete[J]. Construction and Building Materials, 2016, 121: 629-643.

[11] Qian Chunxiang, Zheng Tianwen, Rui Yafeng. Living concrete with self-healing function on cracks attributed to inclusion of microorganisms: Theory, technology and engineering applications—A review[J]. Science China Technological Sciences, 2021, 10(64): 2067-2083.

[12] Wang Jianyun, Dewanckele Jan, Cnudde Veerle, et al. X-ray computed tomography proof of bacterial-based self-healing in concrete[J]. Cement and Concrete Composites, 2014, 53: 289-304.

[13] Dong Biqin, Han Ningxu, Zhang Ming, et al. A microcapsule technology based self-healing system for concrete structures[J]. Journal of Earthquake and Tsunami, 2013, 3(7): 1350014.

[14] White Scott R, Sottos Nancy, Geubelle Philippe H, et al. Autonomic healing of polymer composites[J]. Nature, 2001, 6822(409): 794-797.

［15］ Fang Guohao，Liu Yuqing，Qin Shaofeng，et al. Visualized tracing of crack self-healing features in cement/microcapsule system with X-ray microcomputed tomography［J］. Construction and Building Materials，2018，179：336-347.

［16］ Dong Biqin，Fang Guohao，Wang Yanshuai，et al. Performance recovery concerning the permeability of concrete by means of a microcapsule based self-healing system［J］. Cement and Concrete Composites，2017，78：84-96.

［17］ De Belie Nele，Gruyaert Elke，Al-Tabbaa Abir，et al. A review of self-healing concrete for damage management of structures［J］. Advanced Materials Interfaces，2018，17(5)：1800074.

［18］ Mechtcherine Viktor，Snoeck Didier，Schroefl Christof，et al. Testing superabsorbent polymer (SAP) sorption properties prior to implementation in concrete：results of a RILEM Round-Robin Test［J］. Materials and Structures，2018，51：28.

［19］ Zhang Yuanyuan，Pan Pan，Li Weiqiang，et al. Freeform embedded printing of vasculature in cementitious materials for healing-agent transport［J］. Additive Manufacturing，2022，59：103140.

第 9 章

混凝土结构修复体系性能评估

⊘ **本章学习目标**

1. 掌握混凝土结构修复体系性能评估的基本原则。
2. 了解混凝土结构修复体系性能评估的主要内容。
3. 理解混凝土结构修复体系性能评估的主要方法。

修复体系性能评估是确保混凝土结构修复质量和耐久性的重要环节。本章从基本评估原则出发，系统介绍了修复后混凝土结构性能评估的主要内容和方法，包括外观质量评估、内部裂缝与空隙检测、结合面黏结性能测试、抗压强度与耐久性评估等。本章还探讨了不同环境条件下修复体系性能的变化规律，提出了修复体系长期稳定性与耐久性监测的策略。通过本章的学习，读者可以掌握如何科学地评估混凝土修复效果，并在实际工程中应用合适的评估方法来优化修复方案，确保修复后的混凝土结构在服役期内具备足够的安全性与耐久性。

9.1 基本原则

了解混凝土修复体系的结构有助于进一步理解混凝土修复体系的性能。图 9-1 展示了混凝土修复体系结构。

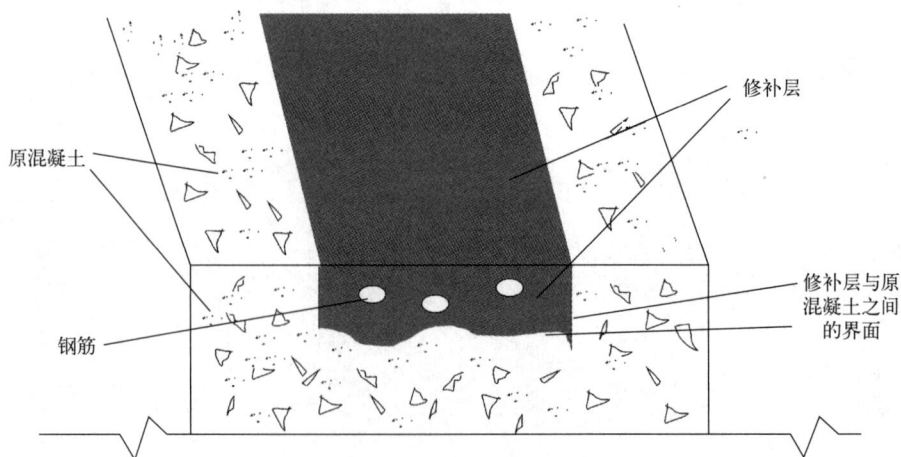

图 9-1 混凝土修复体系结构示意图

混凝土修复体系结构复杂，它是与原有混凝土体系相共存的复合结构体系，明显不同于新建结构的混凝土，新建结构的混凝土仅仅是单一的混凝土，而混凝土修复体系是多种材料共存的体系，内部存在新的修复材料与混凝土之间的界面系统。新的修复材料与原有混凝土在组成、微结构、性质上存在明显的差异，因此，混凝土修复体系的影响因素极其复杂。

对修复后混凝土结构进行性能评估时，应采用科学合理的检测方法，检测数据应当客观准确地反映混凝土结构的修复程度。评估时，应以单位工程中强度等级相同、龄期相同以及生产工艺条件和配合比基本相同的混凝土组成一个验收批或对照批，并且应分批进行统计、评估。具体性能评估时应符合以下基本原则：

① 考虑混凝土原始性能；
② 多种检测方式相结合；
③ 修复区域局部检测与混凝土全局检测相结合；
④ 合理评价修复材料与基底混凝土之间的界面结合质量；
⑤ 检测项目应该有相关标准支撑；
⑥ 检测区域应既能代表缺陷修复区也能代表混凝土或部件的整体性能；
⑦ 取样检测时取样位置应该具有代表性；
⑧ 应进行多次多量检测。

9.2 主要评估内容

修复体系评估的主要内容包括以下几点。

（1）实地勘查与外观评估

通过现场实地勘查，评估修复工程与原有结构的协调性、美学效果、修复区域的表面状况、外观尺寸、偏斜以及可见裂缝等。

（2）现场检测与性能评估

运用已有的检测方法，对相应的修复工程进行检测，包括外观质量、修复区域的匀质性、修复层与基底间的黏结性能、混凝土修复区域的电化学性能等。

（3）混凝土修复体系的耐久性评估

根据工程的环境条件、荷载条件、修复工程状况和设计使用寿命要求等，结合相关性能检测结果，确定影响修复工程耐久性的关键因素，根据可靠度理论和相关专家意见对修复体系进行预测和评估。

以上列出的仅是混凝土修复评估的基本内容，在具体实施过程中，应针对不同的混凝土修复工程特点，基于混凝土修复的具体要求和目标，有针对性地评估混凝土修复质量。

9.3 评估方法

9.3.1 外观质量

采用目测方法进行结构外观质量评估，主要包括以下内容：

① 修复材料与原有基底材料之间的相容性；

② 开裂及裂缝的部位与扩展分布情况；

③ 破损、表面蜂窝或起皮、表面气泡及色差等表面病害；

④ 表面潮湿的痕迹、接缝或裂缝处的渗流情况；

⑤ 尺寸偏差、偏斜、沉降等位移现象；

⑥ 钢筋外露甚至锈斑等。

将目测结果与设计图纸、施工记录进行对比，判断修复工程的质量及确定外观病害的成因和范围。

9.3.2 均质性

修复区域的匀质性是混凝土修复工程质量的重要部分。若修复材料与基底混凝土的界面存在缺陷，则会导致混凝土耐久性降低。可通过以下方式检测[1-3]。

（1）锤击法

用锤子敲击表面修复混凝土，通过声音来确定分层区域是一种费用低、效果好的方法。当敲击到混凝土分层区时，声音从"乒、乒"声变成"彭、彭"的空洞声。通过声音变化可以很容易地确定分层区域的边界。锤击法工作效率低、耗时长，不适用于大面积检测。

（2）拖链法

当铁链拖过混凝土表面经过分层区域时可以清楚地分辨出声音的变化，因此拖链法适合在平面上检测，可以获得与锤击法相同的效果。

（3）声发射法

声发射法是根据声能传递原理来判断混凝土内分层以及缺陷情况，但设备复杂、费用高，在现场操作复杂。

（4）红外热成像法

红外热成像是将来自目标的红外辐射转变成可见的热图像，建立红外辐射功能与物体表面的温度关系，通过直观地分析物体表面的温度分布，推定物体表面的结构状态和缺陷，并以此判断材料性质和受损情况。混凝土是一种导热性能很差的材料，因此当混凝土受热或冷却时，其内部存在温度梯度，分层或其他不连续的地方将打断热在混凝土中的传输，导致混凝土在加热时，表面温度会比周围混凝土的温度高，而混凝土冷却时，表面温度又会比周围混凝土的温度低。热成像设备可以记录和识别分层区并测出其在表面下的深度。红外热成像法检测示意图如图 9-2 所示。

$$M = \varepsilon \times \sigma \times T^4 \quad (0 < \varepsilon < 1) \tag{9-1}$$

式中，M 为物体表面单位面积辐射的红外辐射功能，W/cm^2；T 为物体表面的热力学温度，K；σ 为斯蒂芬-玻尔兹曼常数，$5.673 \times 10^{-12} W/(cm^2 \cdot K^4)$；$\varepsilon$ 为物体的发射率，随物体种类、性质及表面状况而变。

（5）超声波法

超声波技术主要通过超声波仪发射的声波信号判断混凝土结合界面的缺陷情况，其判断

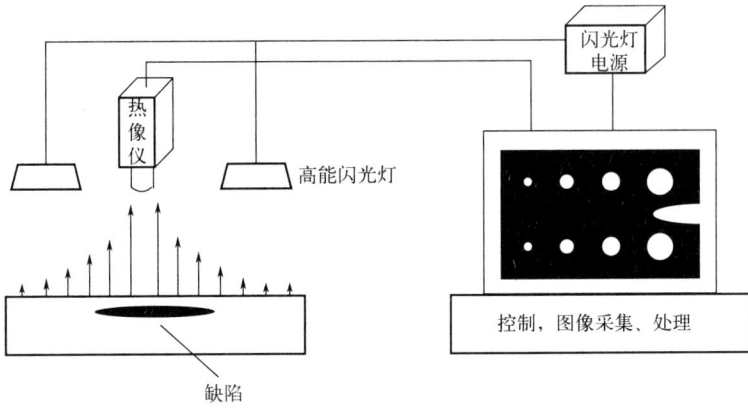

图 9-2 红外热成像法检测结构缺陷流程

参数包括波形图、波速、首波波幅等。通过超声波检测混凝土中不同材料之间结合界面质量时，采用的方法有斜测法和对测法两种，如图 9-3 所示。因此，超声波法常用于对混凝土结构内新老材料之间结合界面质量进行检测，同时也可用来检测混凝土的匀质性和内部缺陷。

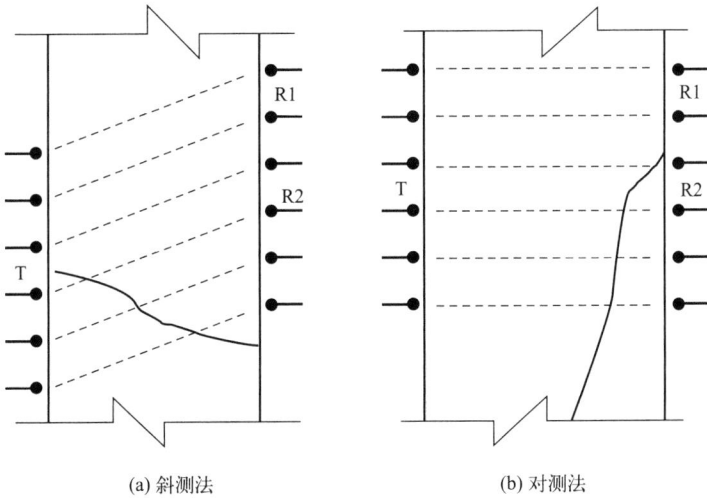

图 9-3　超声波检测结合面质量测点布置示意图
(图中 R、T 为超声换能器)

超声检测布置测点时应注意以下几点：

① 使测试范围覆盖全部结合面；

② 各对 T-R1（声波传播不经过结合面）和 T-R2（声波传播经过结合面）换能器连线的倾斜角及测距应相等；

③ 测点的间距根据结构尺寸和结合面外观质量情况而定，可控制在 100～300mm；

④ 按布置好的测点分别测出各点的声时、波幅和主频值。

测位混凝土声学参数的平均值（m_x）和标准差（S_x）应按式（9-2）和式（9-3）计算：

$$m_x = \frac{1}{n}\sum X_i \qquad\qquad (9\text{-}2)$$

$$S_x = \sqrt{(\sum_{i=1}^{n} X_i^2 - n m_x^2)/(n-1)} \tag{9-3}$$

式中，X_i 为第 i 点的声学参数［声时（或声速）、波幅、频率］测量值；n 为参与统计的测点数。

根据检测和计算得到的参数，按照以下方法判断异常情况。

① 将测位各测点的波幅、声速或主频值由大至小按顺序排列，即 $X_1 \geqslant X_2 \geqslant \cdots \geqslant X_n \geqslant X_{n+1}$ ……将排在后面明显小的数据视为可疑，再将这些可疑数据中最大的一个（假定 X_n）连同其前面的数据按式（9-2）和式（9-3）计算出 m_x 及 S_x 值，并按式（9-4）计算异常情况的判断值（X_0）。

$$X_0 = m_x - \lambda_1 S_x \tag{9-4}$$

式中，λ_1 可按表 9-1 进行选取。

将判断值（X_0）与可疑数据中的最大值（X_n）相比较，若 X_n 不大于 X_0 时，则 X_n 及排列于其后的各数据均为异常值，并且去掉 X_n，再用 $X_1 \sim X_{n-1}$ 进行计算和判别，直至判不出异常值为止；当 X_n 大于 X_0 时，应再将 X_{n+1} 重新进行计算和判别。

② 当测位中判出异常测点时，可根据异常测点的分布情况，按式（9-5）进一步判别其相邻测点是否异常：

$$X_0 = m_x - \lambda_2 \times S_x \quad \text{或} \quad X_0 = m_x - \lambda_3 \times S_x \tag{9-5}$$

式中，λ_2、λ_3 可按表 9-1 进行取值。当测点布置为网络状时取 λ_2；当单排布置测点时（如在声测孔中检测）取 λ_3。

表 9-1 统计数的个数 n 与对应的 λ_1、λ_2、λ_3 值

n	20	22	24	26	28	30	32	34	36	38
λ_1	1.65	1.69	1.73	1.77	1.80	1.83	1.86	1.89	1.92	1.94
λ_2	1.25	1.27	1.29	1.31	1.33	1.34	1.36	1.37	1.38	1.39
λ_3	1.05	1.07	1.09	1.11	1.12	1.14	1.16	1.17	1.18	1.19
n	40	42	44	46	48	50	52	54	56	58
λ_1	1.96	1.98	2.00	2.02	2.04	2.05	2.07	2.09	2.10	2.12
λ_2	1.41	1.42	1.43	1.44	1.45	1.46	1.47	1.48	1.49	1.49
λ_3	1.20	1.22	1.23	1.25	1.26	1.27	1.28	1.29	1.30	1.31
n	60	62	64	66	68	70	72	74	76	78
λ_1	2.13	2.14	2.15	2.17	2.18	2.19	2.20	2.21	2.22	2.23
λ_2	1.50	1.51	1.52	1.53	1.53	1.54	1.55	1.56	1.56	1.57
λ_3	1.31	1.32	1.33	1.34	1.35	1.36	1.36	1.37	1.38	1.39
n	80	82	84	86	88	90	92	94	96	98
λ_1	2.24	2.25	2.26	2.27	2.28	2.29	2.30	2.30	2.31	2.31
λ_2	1.58	1.58	1.59	1.60	1.61	1.61	1.62	1.62	1.63	1.63
λ_3	1.39	1.40	1.41	1.42	1.42	1.43	1.44	1.45	1.45	1.45
n	100	105	110	115	120	125	130	140	150	160
λ_1	2.32	2.35	2.36	2.38	2.40	2.41	2.43	2.45	2.48	2.50
λ_2	1.64	1.65	1.66	1.67	1.68	1.69	1.71	1.73	1.75	1.77
λ_3	1.46	1.47	1.48	1.49	1.51	1.53	1.54	1.56	1.58	1.59

9.3.3 结合面黏结性能

修复层与基底之间的黏结强度是混凝土修复工程中的重要力学性能指标，也是混凝土修复评估的重要检测内容。通常采用拉拔试验法现场检测修复层与基底之间的黏结强度，通过现场检测可以确定覆盖层或其他表面黏合材料与基层的黏合强度。采用此方法检测时，首先根据拉拔仪标准试块的尺寸，用切割设备在修复层进行断缝，以使测试区域与周围修复区域分离，确保测试的是修复层与基底层之间的黏结强度。根据图 9-4 所示安装好设备，并进行黏结强度测试。试验机可以产生一个作用于岩芯的拉力直到岩芯裂断。岩芯断裂模式有三种：

① 基层发生断裂；
② 结合面发生断裂；
③ 修复面层出现断裂。

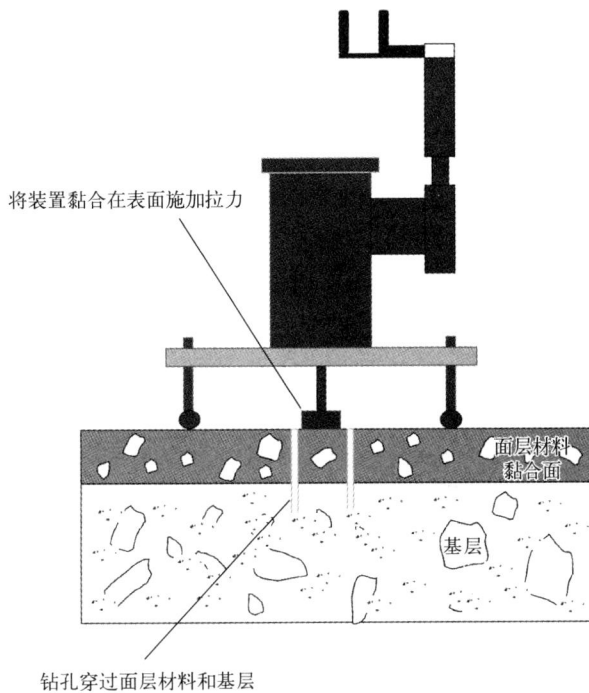

将装置黏合在表面施加拉力

面层材料
黏合面
基层

钻孔穿过面层材料和基层

图 9-4 混凝土修复层黏结强度测试

记录试件发生断裂时试验机作用的最大拉力，根据芯样试件的截面积，就可以获得抗拉强度。拉拔试验的结果通常受骨料大小、岩芯尺寸以及试验机与表面的垂直度影响。这种试验对检查材料间的黏结强度很有效。

在进行黏结强度检测时，应注意以下几点：

① 宜在黏结强度测试前的 2d 左右进行切割断缝；
② 断缝的深度应达到基底层，确保检测到的黏结强度是修复面层与基底层之间的界面黏结强度；
③ 标准金属试块与断缝测试区域的尺寸应一致；
④ 保证标准试块与测试区域之间有足够的黏结力且均匀黏结，标准块与测试区域之间

的黏结剂涂层厚度宜小于1mm。

9.3.4 电化学性能

混凝土修复体系的电化学性能是影响混凝土修复体系中钢筋锈蚀的重要因素。混凝土中钢筋锈蚀是一个电化学过程，当钢筋表面钝化膜被碳化反应或氯离子破坏后，如果电化学电池存在，就会发生锈蚀。当混凝土中钢筋发生锈蚀时，钢筋上阳极区和阴极区之间就会出现电位差。在混凝土修复区域表面放置一个铜-硫酸铜半电池，通过测量钢筋与潮湿海绵之间的电位差，就可以得到钢筋阳极区与阴极区之间的电位差。具体方法是：参考电池将混凝土表面与一个高电阻电压表连在一起，而电压表也与钢筋相连接，通过电压表可以读出检测点的电位差。检测点是呈网格分布的，可以将电压读数转换成电位梯度图，从而判断混凝土修复后对其内部钢筋的保护作用。测试装置如图9-5所示。结合半电池电位测量结果和以下的经验判据，可基本确定混凝土修复体系的电化学相容性及其对钢筋的保护作用。

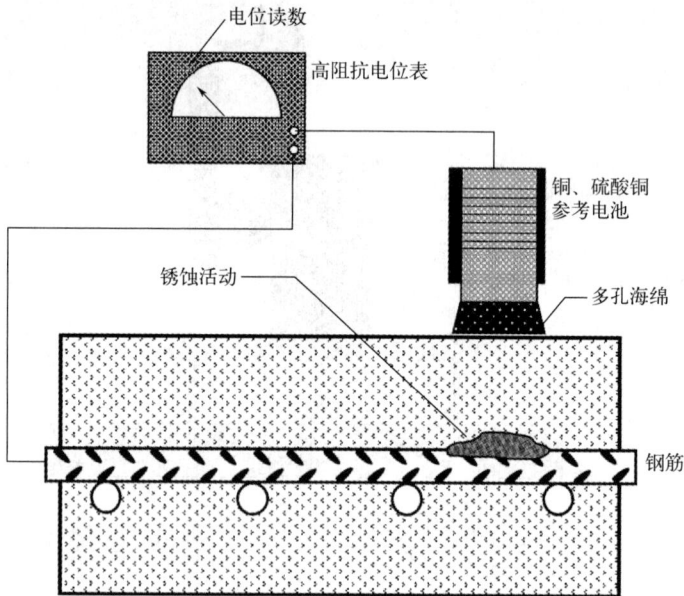

图9-5　混凝土腐蚀电位测定

腐蚀电位法判断钢筋锈蚀：

① 当负电压大于−0.2V时，无锈蚀的概率大于95%；

② 当负电压在−0.35～−0.20V之间时，无锈蚀的概率为50%；

③ 当负电压小于−0.35V时，发生锈蚀的概率大于95%。

如果电压的读数为正值，通常表明混凝土中的潮湿度不够，读数是无效的。混凝土内部钢筋锈蚀的过程非常复杂，这个判据只是一个定性的判据，并不能得到钢筋的锈蚀率，但能初步判断内部钢筋在修复施工过程的锈蚀污染物的清除以及内部致锈物质的存在情况。半电池法不能用来检测后张法预应力钢丝束的锈蚀。当钢筋与电压表未连接时，也不能检测钢筋的锈蚀。然而，半电池法的检测费用较低、速度较快，因此常被使用。

为了进一步对混凝土修复质量及其对内部钢筋的保护作用进行检测与评估，通常还可采用测点混凝土修复区域的电阻率，其是一种反映修复区域密实性的参数，同时也可用来判断混凝土内钢筋锈蚀,其判据见第 3 章中表 3-3。

另外,腐蚀电流密度参数也常用来判断混凝土内部钢筋锈蚀,其判别方法如下:

① 当混凝土的电阻率 $<0.2\mu A/cm^2$ 时,混凝土内钢筋表现出低锈蚀率;

② 当混凝土的电阻率在 $0.5\sim<1.0\mu A/cm^2$ 之间时,混凝土内钢筋表现出中等锈蚀率;

③ 当混凝土的电阻率在 $1.0\sim10\mu A/cm^2$ 之间时,混凝土内钢筋表现出高锈蚀率;

④ 当混凝土的电阻率 $>10\mu A/cm^2$ 时,混凝土内钢筋表现出极高的锈蚀率。

为了对混凝土内部钢筋锈蚀进行较为准确的判断,除了上述两种方法外,学者们还开发了其他检测方法,包括线性极化法、交流阻抗法、电位梯度法以及恒电流脉冲技术等方法。但是这些现有的检测评价方法,均是一种定性的概率方法,并不能进行定量检测与评价,且精度有待进一步提高。

线性极化法由于测量方便、快捷,测量精度较好,在试验研究与现场检测中应用广泛,是主要的电化学检测手段。

这一方法以过电位与极化电流成线性关系作为理论根据,根据腐蚀电化学理论,在极化曲线的微极化区,极化电流与过电位成正比,即 Stern-Geary 方程 [式(9-6)][4]。

$$\frac{I}{\eta}=i_{corr}\left(\frac{2.303}{b_a}+\frac{2.303}{b_c}\right)=\frac{1}{R_p} \tag{9-6}$$

$$i_{corr}=\frac{b_a b_c}{2.303(b_a+b_c)}\times\frac{1}{R_p}=\frac{B}{R_p}$$

式中,I 为过电流,mA;η 为过电位,mV;i_{corr} 为腐蚀电流;b_a 和 b_c 分别是阳极和阴极过程的塔菲尔常数;R_p 为极化电阻,Ω;$B=\dfrac{b_a b_c}{2.303\ (b_a+b_c)}$,通常对于钝化钢筋,$B=52mV$,对于活化锈蚀钢筋,$B=26mV$。

测得极化电阻率 R_p 后,通过 B 值就可以计算出腐蚀电流 i_{corr}。混凝土中钢筋的 B 值准确测量很困难,通常近似取用钢筋在 $Ca(OH)_2$ 饱和溶液中的 B 值。线性极化技术也存在一些缺点,除上面提到的不能直接测定 B 值外,过电位小,相应的极化电流也小,混凝土孔溶液欧姆压降引起的误差较大,因此要求测试仪器精度较高且能补偿欧姆压降,且线性极化测量建立在已知钢筋表面积的基础上,这限制了线性极化在现场检测中的应用,对新建建筑物而言,可以预埋已知面积的钢筋作为日常检测用。另外,线性极化技术不能区分各个因素的影响。

9.3.5 内部空隙、裂缝和蜂窝

随着先进仪器及计算机技术的不断发展,不少检测结构混凝土内部空隙、蜂窝等缺陷的新型方法也不断出现,而且检测的准确性也有较大的提高。常见的方法有冲击回声法、超声脉冲法等[5]。

冲击回声法的工作原理是在混凝土表面施加一个压力波短脉冲,该脉冲在缺陷的外表面处被反射回来,由接收传感器接收;接收到的信号被转换成频谱并显示在计算机屏幕上,用人工智能软件对频谱进行分析,推算缺陷的可能性和深度。这类系统工作速度很快,大约 2s 内就可以处理一个检测点。

超声波脉冲法是一种最为常用的检测混凝土内部缺陷的检测方法,可以通过检测超声波波速、波幅以及超声波的形状来判断被检测构件内部的缺陷。脉冲速度（超声波波速）是发射器和接收器之间超声波传输时间的度量。通过已知的发射器与接收器之间的距离，就可以计算超声波波速。通常，混凝土的密实度越高、抗压强度越大，超声波波速越大，超声波在混凝土内的传波速度更快。

采用超声波脉冲法进行混凝土检测时，用耦合剂将发射器和接收器黏合在混凝土表面。如果混凝土内部有空隙或裂缝，穿过混凝土的声波速度就会降低，超声波波形也将发生变化，首波波幅严重衰减。超声波检测混凝土内部缺陷可采用对测和斜测两种方法进行。当构件具有两对互相平行的测试面时，可采用对测法，其测试方法如图 9-6 所示；当构件只有一对相互平行的测试面时，可采用对测和斜测相结合的方法，如图 9-7 所示，即在测位的两个相互平行的测试面上分别画出网络线，可在对测的基础上进行交叉斜测；当测距较大时，可采用钻孔或预埋管测法，如图 9-8 所示。

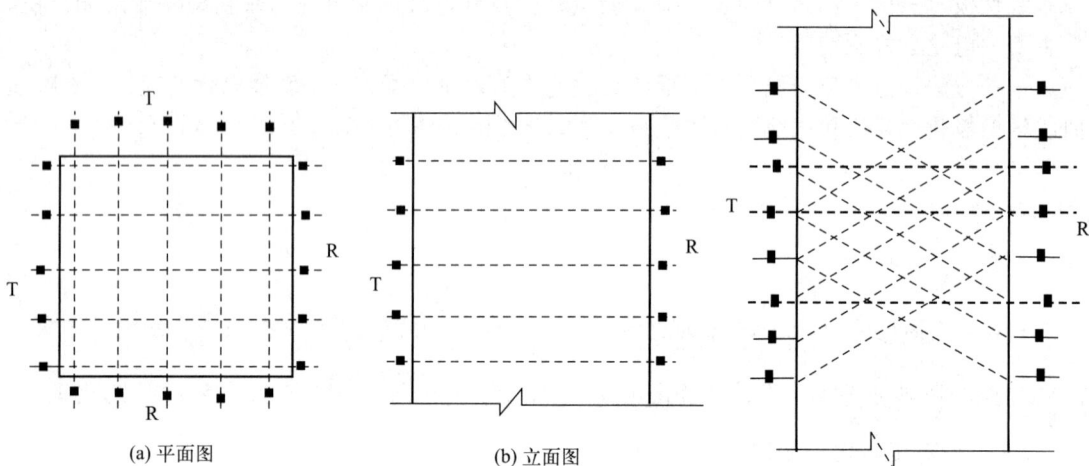

(a) 平面图   (b) 立面图

图 9-6　超声对测法示意图

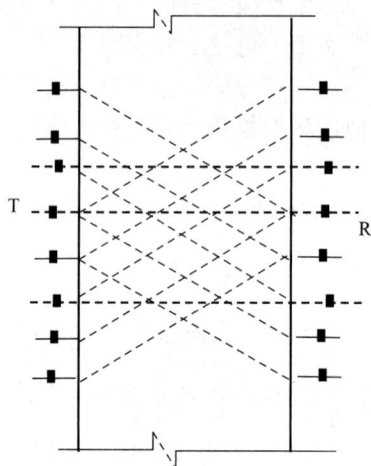

图 9-7　超声斜测法立面图

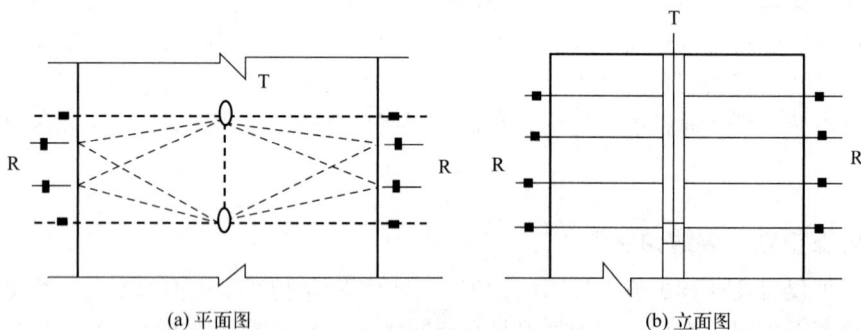

(a) 平面图   (b) 立面图

图 9-8　超声钻孔法检测示意图

按布置好的测点分别测出各点的声时、波幅和主频值，并根据式（9-2）～式（9-5）计算各超声参数，判断所测部位的异常情况。

混凝土中的钢筋会影响超声波的传输速度，超声波在钢筋内的传输速度是混凝土的 1.2～1.9 倍，如果钢筋与波的传播方向平行，测得的传输时间将减少，计算得到的超声波波速将增大。超声波的传播速度与混凝土的抗压强度也有一定的关系。混凝土的抗压强度越高，超声波波速则越大。

超声波法能够快速检测混凝土不同部位的匀质性，特别是能够应用于检测环氧灌浆修复裂缝的修复效果。将发射器和接收器放置在需要检测的裂缝两侧，设定超声脉冲波的传播方向与裂缝垂直。首先，在没有裂缝的地方校准波速，然后，测量通过裂缝的波速并与校准波速进行比较，可以检测修复质量。这种方法对于监督混凝土修复质量很有意义。

对于大坝、水下等结构物，检测设备很难直接接触被检测物体，因此只能采用间接方法来观察和判断其内部结构的缺陷。间接检测和观察方法包括光纤法等。光纤法是用一束玻璃纤维将光传输到需要观测的物体，再将图像传回，图像可以用肉眼观察，也可以用摄像机记录。这种方法的观测视野比较小。用摄像机和潜望镜观察的视野较大，但需要进行钻孔并且要求钻孔的尺寸也较大。

9.3.6 混凝土保护层厚度

钢筋表面的混凝土保护层可以确保结构物中的钢筋不受锈蚀，混凝土保护层厚度是确保结构物达到预期服役寿命的重要结构设计参数。对于配置钢筋的结构物修复，修复后结构的混凝土保护层厚度是一项重要的检测内容。

钢筋保护层厚度的检验，可采用非破损或局部破损的方法，也可采用非破损方法并用局部破损方法进行校准。结构混凝土保护层厚度检测应满足以下条件。

① 对梁类、板类构件，应抽取构件数量的2%且不少于5个构件进行检验；当有悬挑构件时，抽取的构件中悬挑梁类、板类构件所占比例均不宜小于50%。

② 对选定的梁类构件，应对全部纵向受力钢筋的保护层厚度进行检验；对选定的板类构件，应抽取不少于6根纵向受力钢筋的保护层厚度进行检验。对每根钢筋，应在有代表性的部位测量1点。

③ 当全部钢筋保护层厚度检验的合格率为90%及以上时，钢筋保护层厚度的检验结果应判为合格；当全部钢筋保护层厚度检验的合格率小于90%但不小于80%，可再抽取相同数量的构件进行检验；当按两次抽样总和计算的合格率为90%及以上时，则钢筋保护层厚度的检验结果仍应判为合格。

9.3.7 内部组成与微结构

混凝土修复体系中的内部组成及其微结构检测对于掌握混凝土修复体系的耐久性能具有重要的意义。混凝土修复体系内部组成与微结构的检测是从材料学角度对混凝土进行详细的检测，可以确定混凝土的组分和构成。一般而言，需要在现场取样，然后再采用相应的微观测试手段和理化测试分析手段，进行相应项目的测试与分析，因此该方法要用到很多测试仪器和测试分析手段，包括扫描电镜、孔结构测试仪、X射线衍射仪、离子分析色谱以及化学分析方法等，属于一种综合的检测方法。通过对混凝土修复体系的组成、微结构的测试分析，可以推断或确定混凝土修复体系的宏观性能。

9.3.8 抗压强度

抗压强度是混凝土修复体系重要的力学性能。检测抗压强度的方法常用的有回弹法和射钉法。回弹法是通过测试混凝土的表面硬度，根据表面硬度与混凝土抗压强度之间的关系，

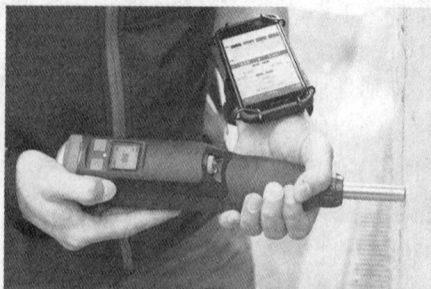
图 9-9　回弹仪测试混凝土强度

推测混凝土的抗压强度值，如图 9-9 所示。因此，回弹法是一种间接的非破损方法，应用方便。回弹法测试得到的回弹量受弹簧锤的入射角度、混凝土表面的光滑程度、骨料的种类、混凝土的碳化反应和含水量等因素的影响。

射钉法与回弹法类似，区别在于射钉法需要用更大的力将探针刺入混凝土表面。射钉法最常用探针是温莎探针，它将一个直径为 6mm 的硬质合金探针刺入混凝土，测量留在外面探针的长度从而计算出混凝土的强度。温莎探针测量的精确度与很多因素有关，如骨料的种类、混凝土标号、矿物掺合料种类等。校准温莎探针的最好方法是从被测的混凝土结构上取岩芯，在实验室测量岩芯的抗压强度。

9.3.9　耐久性

显然，修复体系结构的复杂性，导致了影响其性能的因素更多，不仅包括各因素的单独作用，而且包含各因素之间的相互影响。修复后的钢筋混凝土结构不仅暴露在一定的外部服役条件下，而且还存在内部新老混凝土的变化环境及其相互之间的作用。因此，混凝土修复体系的耐久性准则涉及的因素不仅包括正常外部环境的物理化学侵蚀，而且还包括内部环境以及内部环境变化的侵蚀因素。

与原有混凝土结构相比，混凝土结构修复体系的耐久性具有明显的特点。可以认为，修复体系的耐久性包含新的修复材料与结构的耐久性、原有混凝土材料与结构的耐久性以及新老材料的相互作用与界面微结构耐久性三方面的内容，数学表达式如式（9-7）所示。

$$\psi = f(Z_1, Z_2, Z_{12}) \tag{9-7}$$

式中，ψ 为修复后复合体系的耐久性函数；Z_1 为原有混凝土体系的耐久性影响因子；Z_2 为新修复结构体系的耐久性影响因子；Z_{12} 为新老材料相互作用及界面微结构耐久性因子。

由式（9-7）可知，修复后的复合体系的耐久性与新老材料及其相互作用密切相关。因此，为了确保修复工程的耐久性，必须采用整体论方法，明确修复工程体系的耐久性内涵，全面综合考虑各种因素对修复工程耐久性的影响，进行修复设计与修复施工。修复体系的耐久性评估是一项非常复杂的工作，必须对所涉及的材料与结构及其相互作用分别进行评估，然后确定最弱的环节，才能对修复体系的耐久性做出正确的评估，而且各单项的耐久性评估涉及的内容非常广泛，必须在对相应的环境条件、服役功能以及材料性能做深入检测的基础上，确定关键影响参数，选择和运用正确的模型和理论，才能最终进行评估；新老材料之间的相互作用及其界面微结构的耐久性评估必须考虑新老材料之间的相容性、界面微结构特征。

修复体系的结构体系相似，而且环境条件对混凝土劣化作用机理也基本相同，因此，仍然可借用既有的混凝土结构耐久性的相关成果和理论，并结合修复体系的结构特点和服役环境条件，进行混凝土修复体系的耐久性设计与评估。在对混凝土修复工程的环境条件和使用功能深入认识的基础上，确定合理的混凝土修复设计方案，选择性能优良的修复材料，进行正确的混凝土修复施工，可以保证修复后的混凝土具有较好的耐久性。

思考题

1. 为什么在对混凝土修复体系进行性能评估时，需要考虑混凝土原始性能？
2. 在评估混凝土修复后的性能时，应遵守哪些基本原则？
3. 在现场检测与性能评估中，修复层与基底间的黏结性能如何检测？
4. 混凝土修复体系评估的主要内容包括哪些？
5. 混凝土修复体系的电化学性能如何影响其内部钢筋的锈蚀？
6. 结构混凝土保护层厚度检测应满足哪些条件？
7. 红外热成像法在检测混凝土修复区域的匀质性时，有哪些优势和局限性？
8. 修复后的钢筋混凝土结构会出现再次破坏的现象，请分析出现这种现象的原因。
9. 混凝土修复体系耐久性评估中，为什么需要综合考虑新老材料的相互作用和界面微结构的耐久性？
10. 与原有混凝土结构相比，混凝土结构修复体系的耐久性具有哪些明显的特点？

参考文献

[1] Rehman Sardar Kashif Ur, Ibrahim Zainah, Memon Shazim Ali, et al. Nondestructive test methods for concrete bridges：A review[J]. Construction and Building Materials,2016,107:58-86.
[2] Li Dongsheng, Zhou Junlong, Ou Jinping. Damage, nondestructive evaluation and rehabilitation of FRP composite-RC structure：A review[J]. Construction and Building Materials,2021,271:121551.
[3] Qiu Qiwen. Imaging techniques for defect detection of fiber reinforced polymer-bonded civil infrastructures [J]. Structural Control and Health Monitoring,2020,8(27):e2555.
[4] Stern M, Geary A L. Electrochemical polarization[J]. Journal of The Electrochemical Society,1957,1 (104):56.
[5] 朱珊，周文杰，李晓莹. 混凝土健康监测技术综述[J]. 建筑结构,2022,S1(52):2248-2252.